# TRAITÉ DE LA CULTURE

## DE LA

# BETTERAVE A SUCRE

# TRAITÉ

## DE LA

# CULTURE

## DE LA

# BETTERAVE A SUCRE

PÁR

## GEORGES DUREAU

Rédacteur du *Journal des Fabricants de sucre*

2ᵐᵉ ÉDITION

PARIS

Bureaux du *Journal des Fabricants de Sucre*

160, BOULEVARD MAGENTA, 160

1886

# INTRODUCTION

La loi du 29 juillet 1884 qui a changé le mode d'assiette de l'impôt du sucre en France et remplacé le système de l'impôt sur le produit fabriqué par le système allemand, l'impôt sur la matière première, oblige désormais la fabrication du sucre à n'employer que des betteraves d'une haute teneur saccharine et d'une grande pureté. L'Allemagne nous a contraints, par sa concurrence, d'adopter sa législation. Il ne dépend plus que de nous de la battre par ses propres armes. Nous possédons sa législation ; il nous reste à acquérir sa betterave riche et à réaliser, à l'aide d'un outillage perfectionné, ses hauts rendements manufacturiers.

La production de la betterave riche dépend de plusieurs facteurs : 1º de la nature et de l'exposition du terrain ; 2º de la qualité de la graine ; 3º de la quantité et de la qualité de l'engrais ; 4º de la préparation de la terre ; 5º du mode de plantation ; 6º des façons données aux plantations dans le cours de la végétation.

Parmi ces facteurs, il en est deux qui ont une

importance considérable : la nature de la graine et la nature et la quantité des engrais.

L'Allemagne a concentré depuis longtemps ses efforts sur ces deux points ; elle a multiplié ses expériences et ses recherches sur l'amélioration des variétés de betterave par la sélection et la production rationnelle de la graine ; et elle a étudié avec soin les conditions de fumure les plus favorables pour obtenir le maximum de rendement quantitatif et qualitatif.

Les résultats récemment constatés dans la province de Saxe, où l'on a obtenu par l'emploi de graines améliorées et de fumures rationnelles, des rendements s'élevant jusqu'à 50.000 kg. et plus avec 12.5 % de sucre dans la betterave, montrent quel parti l'agriculture allemande a su tirer de la sélection et de l'emploi raisonné des engrais chimiques.

La France n'a certes rien à envier à l'Allemagne sous le rapport de la science appliquée à l'agriculture. Vilmorin n'a-t-il pas tracé la voie à suivre pour arriver sûrement à l'amélioration de la betterave à sucre par la sélection? L'illustre Georges Ville n'a-t-il pas posé, il y a plus de vingt ans, les principes de la fumure rationnelle de la betterave à sucre ? Et à l'heure où nous écrivons ces lignes, les résultats obtenus en Allemagne ne sont-ils pas l'éclatante confirmation des travaux et des doctrines des Vilmorin et des Georges Ville ? Il y a une vingtaine d'années, Georges Ville démontrait pratiquement la possibilité d'obtenir au moyen des engrais chimiques des rendements culturaux très élevés avec une qualité excellente. Le fait est assez important pour captiver notre attention pendant quelques instants.

En 1867, dans un rapport sur *les engrais chimiques, justification par la pratique*, M. A. Cavalier établissait de la manière suivante la comparaison des résultats qu'il avait obtenus avec les *engrais chimiques* d'une part et le *fumier* d'autre part :

|  | AVEC | |
| --- | --- | --- |
|  | *Engrais chimiques.* | *Fumier.* |
| Dépense par hectare....... | 350 fr. | 600 fr. |
| Produit, racines.......... | 57.700 kg | 34.800 kg |
| Rendement industriel en sucre brut .............. | 6.17 % | 5.90 % |
| Sucre obtenu à l'hectare... | 3.251 kg | 2.053 kg |

57,700 kg. de racines et 3.251 kg. de sucre avec une dépense de 350 fr. contre 34,800 kg. de racines, et 2.053 kg. de sucre d'autre part, c'est-à-dire un produit agricole et manufacturier beaucoup plus élevé, grâce à l'emploi de l'engrais chimique, quel contraste ! Quel enseignement pour le cultivateur intelligent !

Aussi M. Cavalier terminait-il son rapport dans les termes suivants :

« Je m'arrête. Mais en déposant la plume, je ne puis m'empêcher de répéter que Georges Ville pourrait avoir rencontré la solution d'un problème qui jusqu'ici paraissait insoluble et qui se définissait ainsi : élever le rendement en poids des betteraves à l'hectare en développant leur richesse saccharine. Et l'on conviendra, si le présent répond de l'avenir et si nos espérances se réalisent, qu'une révolution agricole et industrielle se prépare, révolution dont personne ne peut prévoir aujourd'hui les conséquences, tant leur portée est incalculable. »

Cette révolution s'est opérée ; mais c'est en Allemagne qu'elle s'est faite, et, partis du rendement de 15 à 20.000 kg. il y a vingt ans, les Allemands sont parvenus, à cette heure, à réaliser ces rendements de 40 à 50.000 kg. de betteraves extra-riches que depuis longtemps Georges Ville obtenait par l'application raisonnée de la sélection et des engrais chimiques.

Ainsi, il dépend de la volonté du cultivateur français de produire de la betterave de bonne qualité et d'un rendement agricole très rémunérateur. Qu'il se mette donc à l'œuvre !

Quant à nous, nous avons eu pour but, en écrivant cet ouvrage, de réunir le plus grand nombre de faits et d'observations possible, car en cette matière l'expérience constitue un guide des plus sûrs.

Les praticiens, auxquels ce livre s'adresse, le consulteront, nous l'espérons, avec fruit, et pourront se convaincre, par sa lecture, des immenses progrès qu'il est possible de faire faire à la culture de la betterave riche et de l'importance des profits que l'agriculture et la sucrerie peuvent tirer d'une culture perfectionnée.

Georges Dureau.

Paris, avril 1885.

# TRAITÉ

## DE LA

# CULTURE DE LA BETTERAVE

## A SUCRE

---

## CHAPITRE PREMIER.

### Les variétés de la betterave.

Origine de la betterave. — Son introduction en France. — Les variétés de betteraves d'après Linné, Achard, Thaer, Dubrunfaut, Payen, Vilmorin, Knauer. — Influence de la culture sur la composition de la betterave. — Betteraves fourragères. — Betteraves à sucre. — Définition des caractères de la betterave à sucre. — Création des races de betteraves à sucre.— Betteraves Vilmorin. — Betteraves Simon-Legrand. — Betteraves Desprez. — Betteraves Knauer.— Betterave Klein-Wanzleben originale. — Betteraves Klein-Wanzleben de Dippe frères. — Betteraves Olivier-Lecq. — De la forme et de la couleur des betteraves.

### ORIGINE DE LA BETTERAVE.

La betterave, bette, poirée — *Beta vulgaris* et *Beta maritima*, Linné — *Beta vulgaris*, Moquin — est cultivée tantôt pour ses racines charnues (betterave) et tantôt pour ses feuilles employées comme légume (Bette, Poirée) ; mais, remarque de Candolle (1), les botanistes s'accordent généralement à ne pas distinguer deux espèces. On sait, par d'autres exemples, que des plantes à racines minces dans la nature prennent facilement des racines charnues

(1) *Origine des plantes cultivées*, p. 47.

par un effet du sol ou de la culture. La forme appelée
*Bette*, à racines maigres, ajoute le même auteur, est sauvage dans les terrains sablonneux surtout du bord de la
mer, aux îles Canaries et dans toute la région de la Mé-
diterranée, jusqu'à la mer Caspienne, la Perse et Ba-
bylone, et peut-être même dans l'Inde occidentale, d'a-
près un échantillon rapporté par Jacquemont, sans que
la qualité spontanée en soit certifiée. La flore de l'Inde
de Roxburgh et celle, plus récente, du Pimjab et du
Sindh, par Aitchison, ne mentionnent la plante que
comme cultivée.

Elle n'a pas de nom sanscrit, d'où l'on peut inférer que
les Aryens ne l'avaient pas apportée de l'Asie tempérée
occidentale où elle existe. Les peuples de leur race émi-
grée en Europe antérieurement ne la cultivaient probablement pas non plus, car, dit de Candolle, je ne vois pas
de nom commun aux langues indo-européennes. Les
anciens Grecs, qui faisaient usage des feuilles et des racines, appelaient l'espèce *Teutlion*, les Romains *Beta*.
M. de Heldreich donne aussi comme nom ancien grec
*Sevkle* ou *Sfekelie* qui ressemble au nom arabe Selg, chez
les Nabathéens *Silq*. Le nom arabe a passé en portugais,
*Selga*. On ne connaît point de nom hébreu. Tout indique une culture ne datant pas de plus de quatre à six
siècles avant l'ère chrétienne.

Les anciens, d'après de Candolle, connaissaient déjà
les racines rouges et blanches ; mais le nombre des variétés a beaucoup augmenté dans les temps modernes
surtout depuis qu'on a cultivé la betterave en grand, pour
la nourriture des bestiaux et la production du sucre.
C'est une des plantes les plus faciles à améliorer par la
sélection, comme le prouvent les travaux de Vilmorin.

Selon Olivier de Serres (1) la betterave serait entrée en

(1) *Guide du fabricant de sucre*, par Basset, tome I, p. 330.

France, en franchissant les Alpes, vers 1595. Oubliée pendant longtemps, elle fut rappelée à l'opinion publique en 1784 par un mémoire de l'abbé Commerelle sur la betterave *disette* ou champêtre, que l'on croit être originaire d'Amérique (1). Ce n'est qu'à l'époque du blocus continental qu'elle commence de prendre un rang sérieux dans nos cultures. Elle permit de résoudre le problème posé par de Morel-Vindé (1759-1842) : « Trouver pour remplacer la jachère une plante dont les produits aient un emploi ou un débit certain, et dont la culture exige dans le cours de l'année, des binages et des sarclages ».

Olivier de Serres parle de la betterave dans les termes suivants (2) :

« Une espèce de pastenades est la bette-rave, laquelle nous est venue d'Italie n'a pas longtemps. C'est une racine fort rouge, assez grosse, dont les feuilles sont des bettes et tout cela bon à manger, appareillé en cuisine ; voire la racine est rangée entre les viandes délicates, dont le jus qu'elle rend en cuisant, semblable à syrop au sucre, est très beau à voir par sa vermeille couleur. »

La *betterave*, dit Littré (3), est une variété de l'espèce dite *bette ordinaire (beta vulgaris*, etc.), qui comprend comme variétés principales la *poirée* que l'on emploie pour les cataplasmes et les vésicatoires et la *carde poirée*, dont les feuilles (côtes) sont comestibles.

La betterave (4), dit Achard, est une variété de l'espèce *beta vulgaris* (bette ordinaire) du genre beta, qui appar-

(1) Larousse, *Dictionnaire universel du XIX⁰ siècle.*

(2) Littré, *Dictionnaire de la langue française.* Hist. XVIᵐᵉ siècle.

(3) Littré, *Dictionnaire. lang. franc.*

(4) *Traité complet sur le sucre européen de betterave.*

tient à la Pentandrie digynie de Linné (cinq étamines et deux pistils) à la famille des Arroches de Jussieu (plantes dont la feuille affecte la forme d'une patte d'oie). Les caractères du genre sont : calice persistant à cinq divisions profondes, sans corolles, cinq étamines attachées à la base du calice, l'ovaire un peu au-dessus du réceptable, deux pistils courts, capsule à cinq cellules dont chacune, lorsqu'elle est parfaite, contient une graine réniforme et bien serrée dans la substance de la capsule, qui, quoique mûre et sèche, ne s'ouvre pas d'elle-même. »

Linné indique dans son ouvrage sur les espèces de plantes quatre espèces de bettes (1) :

1º La bette commune (*beta vulgaris*) ;

2º La bette à chevron ;

3º La bette blanche (*beta cicla*) ;

4º La bette maritime.

Il admet cinq variétés de bettes communes :

La bette rouge ; la grande bette rouge ; la bette rouge racine de rave ; la grande bette jaune ; la grande bette vert clair.

Linné ne parle d'aucune variété de la bette blanche ou poirée (*beta cicla*). Toutes les variétés de betteraves à sucre, disait Achard, doivent appartenir à l'espèce *beta vulgaris*, puisque Linné n'admet pas de variété dans la *beta cicla* et qu'il est reconnu que les autres espèces ne sont pas cultivées. D'après Achard, la betterave est donc une variété de la bette commune de Linné. Il regarde les betteraves qui se distinguent par la forme diverse de leurs racines, par leurs couleurs, par la grandeur et le port de leurs feuilles, comme des sous-variétés de cette variété de l'espèce de bette commune.

Achard reconnaissait que toutes les variétés de betteraves donnent du sucre en plus ou moins grande quan-

_______________

(1) Achard, *Traité de fabrication du sucre.*

tité, mais il préférait la betterave blanche ; il la décrivait ainsi :

« Betterave à pulpe et à peau blanche, tiges peu larges, feuilles petites, racine fusiforme ne sortant pas de terre en grossissant, très petit collet.»

Achard attribuait à la betterave blanche une haute teneur saccharine, une grande faculté de résistance au froid et à la sécheresse, une faible tendance à se ramifier. De plus, il pensait que, les feuilles de la betterave blanche couvrant moins la terre que celles des autres variétés, les rayons solaires pouvaient être mieux utilisés, et par suite favoriser la formation d'une plus grande quantité de sucre.

Dubrunfaut de son côté, dans son *Art de fabriquer le sucre de betterave* (1825), s'exprimait ainsi sur la betterave blanche :

« On s'accorde généralement à donner la préférence à la betterave blanche. Cette variété, en effet, donne toujours une petite racine dont la chair est ferme, difficile à râper, peu aqueuse, et par conséquent, peu généreuse en jus ; mais aussi, d'un autre côté, ce jus est-il toujours plus doux, toutes circonstances agricoles étant d'ailleurs les mêmes, et par conséquent plus riche en sucre. Elle est aussi d'un travail et d'une conservation plus faciles. La richesse saccharine et la fermeté de sa chair sont les causes de ces deux avantages. »

Thaer (1) qui écrivait, il y a plus d'un demi-siècle, un excellent chapitre sur la culture de la betterave à sucre, exprimait l'opinion que « la betterave, ou *racine de disette*, ou *racine d'abondance*, descend, ainsi que toutes ses variétés, de la *beta vulgaris* seule, ou bien qu'elle provient d'un mélange de celle-ci avec la *beta cicla* : « Car,

_________

(1) *Principes raisonnés d'agriculture*, traduct. française 1830, tome IV, p. 356-359.

dit le célèbre agronome, j'envisage la différence que les botanistes indiquent entre les deux espèces comme trop insignifiante, et, selon mes observations, comme trop vague, pour qu'elle puisse servir de fondement à une distinction positive. Selon moi, du croisement et du mélange des étamines de la *betterave des jardins d'un rouge foncé* et de la *betterave blanche*, sont nées toutes les variétés qui se rapprochent tantôt de l'une, tantôt de l'autre, et qui produisent encore chaque jour de nouvelles dégénérations parmi lesquelles on découvre, de temps en temps, des individus de l'une ou de l'autre de ces espèces primitives. On ne saurait donc pas caractériser d'une manière précise les diverses espèces, pas plus que de diverses autres plantes que nous cultivons, desquelles les variétés passent, insensiblement et par nuances, de l'une à l'autre. »

Les deux variétés de betteraves qui occupent les deux extrêmes, ajoute Thaer, sont la *rouge foncée* que nous cultivons depuis longtemps dans nos jardins potagers, et celle qui est tout à fait *blanche*. Entre les deux il y a la grande betterave couleur ponceau, celle couleur de chair ou mêlée d'anneaux de la même couleur, celle qui est en dehors rouge et en dedans tout à fait blanche, la jaune, et celle qui est mêlée de blanc et de jaune. Le plus souvent, la couleur de la racine est en rapport avec celle de la fane ou plutôt de ses côtes, lesquelles sont plus ou moins rouges ou tout à fait vertes ou blanchâtres.

« Quoiqu'on ne prenne de la semence que sur une seule et même plante, ajoute Thaer, il en naît toujours de dissemblables. Cependant la variété qui est tout à fait rouge, et celle qui est tout à fait blanche, sont les plus constantes. C'est l'espèce qui est d'un rouge pâle qui devient la plus grande et donne le plus grand produit. On la cultive le plus ordinairement pour le bétail. On en distingue deux variétés : l'une dont la racine demeure enfoncée en terre et l'autre qui a de la disposition à pousser hors du sol. Cela tient à la variété et aussi, pour une part considérable, à la profondeur et la préparation du sol. Les jaunes et les blanches résistent mieux au froid et contiennent la plus grande proportion de sucre. *

Payen a donné, d'après Vilmorin père (1), une énumération des variétés et sous-variétés de betteraves connues ou cultivées en France ; ce sont :

1<sup>re</sup> *Variété* : La disette, betterave champêtre, blanche intérieurement et extérieurement, pétioles blancs.

*Sous-variété* : Rose extérieurement, présentant à l'intérieur, si on la coupe perpendiculairement à son axe, des cercles concentriques roses et blancs.

2<sup>me</sup> *Variété* : Betterave blanche de Silésie (*beta alba*) arrondie, piriforme, pétioles blancs, chair blanche, ferme, recommandée par Achard.

*Sous-variété* : Pétioles veinés de rose, cercles concentriques roses et blancs dans l'intérieur de la racine.

3<sup>me</sup> *Variété* : Betterave blanche, longue et fusiforme, à chair blanche. Elle ressemble aux racines de chicorée par sa longueur et sa forme. C'est celle qui est connue dans quelques départements sous le nom de *corne de bœuf*. On ne la cultive pas parce qu'elle exige une terre trop profonde.

4<sup>me</sup> *Variété* : Betterave rouge, oblongue, bien conformée, pétioles des feuilles rouges, cultivée pour la table ainsi que ses sous-variétés, qui sont : la jaune, pétioles des feuilles jaunes ; la petite rouge fusiforme, pétioles et chair rouges, très foncés, mêlés de jaune ; la petite rouge ronde, toupie, précoce, se cultive dans les jardins. On la fait cuire pour la manger en salade.

(1) *Dictionnaire technologique*, d'après *l'Art de fabriquer le sucre*, par Dubrunfaut, 1825, page 8.

5ᵐᵉ *Variété* : Betterave jaune (la grande bette jaune de Linné), piriforme, allongée, d'une moyenne grosseur, chair jaune, pétioles des feuilles jaune-verdâtre.

*Première sous-variété* : Rouge, à pétioles rouges. Elle est toujours mêlée à la précédente, quoique la graine semée ne provienne que de jaunes. Sur quatre graines de cellules agglomérées en un seul et même grain, il en vient quelquefois trois jaunes et une rouge.

*Deuxième sous-variété* : Petite, jaune, fusiforme, semblable à la carotte, à pétioles jaunes. N'est pas cultivée.

*Troisième sous-variété* : Jaune extérieurement et blanche intérieurement, piriforme, arrondie, pétioles blancs.

Payen (1) indique ailleurs deux sous-variétés de la *disette*, l'une *camuse*, courte, à demi-enfoncée dans la terre, l'autre plus longue et plus sortie de terre, toutes deux roses, à chair veinée de rose. Ce sont probablement les mêmes variétés que celles décrites par Thaer. Puis la *betterave à sucre* : blanche, courte, enterrée, chair blanche, comprenant deux sous-variétés : l'une à *collet vert*, ou *betterave de Silésie*, l'autre à *collet rose*, en général plus sucrée.

Basset (2) distingue quatre variétés principales : la blanche à collet rose, et la blanche à collet vert ou betterave de Silésie, la betterave jaune blanche de Castelnaudary, quelquefois aussi riche que celle de Silésie, et enfin, la jaune pâle à chair blanche. Ces quatre variétés appartiennent, selon Basset, à la race française des betteraves sucrières ou betteraves de Silésie. Basset range dans la race allemande : la betterave blanche allemande à collet vert ; la betterave blanche de Magdebourg ; la betterave blanche de

(1) *Précis d'agriculture*, 1851, p. 480.

(2) *Guide pratique du fabricant de sucre*, tome I, p. 333.

Breslau ; la betterave blanche à sucre impériale ; la betterave blanche à sucre électorale.

Knauer (1) pense que toutes les variétés de betteraves à
sucre cultivées sur le Continent proviendraient de cinq
races principales ; ces variétés se seraient produites par
des croisements volontaires ou involontaires. Les cinq
races en question seraient les suivantes :

1° Betterave belge ;
2° Betterave de Quedlinbourg ;
3° Betterave de Silésie ;
4° Betterave de Sibérie ;
5° Betterave Impériale.

Les quatre premières seraient les plus répandues ;
mais on travaillerait surtout des variétés bâtardes issues de ces espèces. La cinquième, nommée Impériale
(Knauer) se rencontrerait rarement. Knauer, se basant
sur les avantages que présente, à ses yeux, cette race de
betterave, s'est efforcé de la propager et il en préconise
chaudement l'emploi. Nous verrons plus loin les résultats obtenus jusqu'ici avec la betterave *impériale* créée
vers 1854 par Knauer, ainsi qu'avec l'*électorale*, créée en
1860 par le même agronome.

Il existe, en définitive, un nombre considérable de variétés de betteraves, qui diffèrent soit par la forme de
leurs racines, soit par celle des feuilles, soit par la couleur
de leur peau, la couleur et la dureté de leur chair, leur
précocité, etc., etc.

Importée d'Italie en France, la betterave a subi, sous
l'influence de la culture, de la sélection, du climat, etc.,
des transformations profondes, non seulement dans sa forme et dans sa composition chimique, mais aussi dans son
mode de végétation. D'annuelle qu'elle est dans les pays
de l'Europe méridionale (Knauer, Rimpau, etc.), elle est

(1) *Der Rübenbau*, 1882, p. 59.

devenue bisannuelle dans les régions septentrionales, où elle est cultivée pour les besoins de la fabrication du sucre.

Les producteurs de graines et les sélecteurs de profession sont parvenus, par une culture raisonnée et une sélection méthodique, à créer et à fixer des races et des variétés qui répondent pleinement aux exigences et aux nécessités de la culture et de la fabrication dans les diverses parties de la zone sucrière.

La culture modifie profondément la nature chimique la betterave (1).

|  | Betterave à l'état sauvage d'après Way. | Betterave cultivée d'après Boussingault. |
|---|---|---|
| Potasse . . . . . . . . . | 30.1 | 48.9 |
| Soude. . . . . . . . . . | 34.2 | 7.6 |
| Chaux. . . . . . . . . . | 3.1 | 8.8 |
| Magnésie. . . . . . . . . | 3.2 | 5.5 |
| Chlore. . . . . . . . . . | 18.5 | 6.5 |
| Acide sulfurique . . . . . | 3.8 | 2.0 |
| Acide phosphorique . . . | 3.5 | 7.6 |
| Acide silicique. . . . . . | 3.0 | 10 0 |

Dans la betterave cultivée la haute teneur de potasse est constante. La teneur en potasse, en magnésie, en acide phosphorique, en chaux, s'élève par la culture, et la teneur en soude et en chlore diminue.

On verra plus loin quelle est l'influence qu'exerce le mode de culture sur la forme des racines.

### BETTERAVES FOURRAGÈRES.

*Champêtre ou disette d'Allemagne.* Fusiforme, de deux tiers hors de terre ; peau rouge en terre et rose grisâtre

(1) *Fühling. Der praktische Rübenb auer.* 1877, page 441.

hors de terre. Rendement à l'hectare : 50,000 à 100.000 kg. de racines. Sucre : 6 à 7 %. Azote : 0,178 %.

*Disette blanche à collet vert hors de terre.* Cylindrique enterrée de moitié, peau blanche en terre : 50 à 100,000 kg. à l'hectare. Sucre : environ 6 % à 7.5 %. Azote : 0,244 %.

*Jaune d'Allemagne à chair blanche.* Cylindrique, longue, très grosse ; sort de terre de plus de moitié ; peau jaune en terre, brun verdâtre hors de terre, feuilles d'un vert blond : 40 à 80.000 kg. à l'hectare, 6 à 6.5 % sucre.

*Disette géante ou rouge ovoïde.* Forme ovoïde ; enterrée de moitié ; peau rouge en terre, brun rougeâtre hors de terre : 40 à 60.000 kg. à l'hectare, 7.6 % sucre.

*Champêtre ordinaire ou disette camuse.* Forme en fuseau, enterrée aux trois-quarts, peau rouge en terre, rouge brun hors de terre. 40 à 60.000 kg. à l'hectare.

*Disette corne de bœuf.* Forme très allongée et tortillée, presque entièrement hors de terre ; peau rougeâtre en terre, rouge brun hors de terre : 35 à 65.000 kg. à l'hectare.

*Globe jaune.* Sphérique, volumineuse, un peu moins de moitié en terre ; peau jaune rouge en terre ; jaunâtre hors de terre. 50 à 100.000 kg. à l'hectare, 8.7 à 9 % sucre, 0.267 % azote.

*Jaune ovoïde des barres.* Ovoïde ; trois quarts hors de terre ; peau orangée en terre, brun grisâtre hors de terre : 60 à 120.000 kg. à l'hectare, 8.35 % sucre.

*Jaune grosse ou jaune longue.* Très cylindrique, enterrée au tiers ; peau jaune orangé en terre, gris rougeâtre hors de terre : 30 à 60.000 kg. à l'hectare, 9 % sucre, 0,255 % azote.

*Globe rouge.* Sphérique, enterrée de moins de moitié ; peau rose violacé en terre, brune hors de terre : 40 à 80.000 kg. à l'hectare, 8.6 % sucre, 0.416 % azote.

Toutes ces betteraves ont la peau lisse, la chair molle, et donnent un rendement élevé à l'hectare, mais sont pauvres en sucre, très aqueuses, et finalement impropres à la fabrication du sucre. Elles diffèrent sous tous les rapports des betteraves dites à sucre.

## BETTERAVES A SUCRE.

Une betterave à sucre de bonne qualité doit présenter les caractères suivants, d'après Vivien (1) :

« Racine fusiforme, très pivotante, ne sort presque pas de terre ; elle est blanche ou rosée ; la peau, au lieu d'être lisse, comme dans les betteraves fourragères, est rugueuse et souvent plissée circulairement dans toute sa hauteur, comme la peau du crapaud ou du radis gris ; suivant les variétés, on remarque un ou le plus souvent, pour ne pas dire toujours, deux sillons légèrement contournés en spirales, partant du collet et mourant à la racine.

« Ces sillons, que nous pouvons appeler sillons *saccharifères*, sont un indice de qualité ; ils sont très marqués dans les espèces riches en sucre et portent plusieurs radicelles très minces et chevelues, qui forment quelques petites solutions de continuité ; leur profondeur et la multiplicité du chevelu sont des indices de richesse. La chair de la betterave à sucre est blanc mat, serrée et cassante ; divisée par le râpage, elle ne donne pas de jus sans pression et les betteraves contiennent d'autant moins de jus qu'elles sont plus riches ; les zones concentriques de vaisseaux que l'on observe dans une coupe transversale sont toujours au nombre de sept et la betterave est d'autant meilleure que ces zones sont plus également distantes les unes des autres, et le tissu utriculaire intermédiaire peu volumineux. L'axe ou pivot central est

(1) Vivien, *Traité de fabrication du sucre*, 2ᵉ fascicule.

fibreux, dur comme du bois et très accentué, tandis que, dans les betteraves fourragères, il se confond avec la chair ; ce pivot est une agglomération de petits filets qui mettent en relation avec chaque feuille les radicelles extrêmes et les plus profondes composant le chevelu de la betterave ; réunis en un faisceau, ils traversent la betterave, suivant son axe central, s'épanouissent dans le collet et apportent, dans les feuilles, au contact de l'air, les sucs nutritifs du fond de la terre ; plus le pivot est fort et ligneux, meilleure est la betterave pour la production du sucre. Les feuilles sont épaisses, vertes et moins abondantes que dans les variétés de la betterave fourragère.»

Les bonnes variétés de betteraves à sucre cultivées en France, en Belgique, en Hollande, en Allemagne, en Autriche-Hongrie, en Russie, en Pologne présentent toutes à un degré plus ou moindre ces caractères essentiels.

Les producteurs de graines, par l'application des méthodes de sélection, sont parvenus, avons-nous dit, à améliorer certaines variétés et à créer des *races* dont les caractères et les propriétés sont nettement définis.

Dans le règne animal, la *race* est la descendance d'un couple primitif (1) et la *variété* une collection ou un groupe d'individus de même race ayant un ou plusieurs caractères secondaires communs (2). M. de Quatrefages définit ainsi la variété: « Un individu ou un ensemble d'individus appartenant à la même génération sexuelle, qui se distingue des autres représentants de la même *espèce* par un ou plusieurs caractères exceptionnels », et la race : « L'ensemble des individus semblables appartenant à une même *espèce*, ayant reçu et transmettant par voie

(1) Samson, *Traité de Zootechnie*, vol. II, p. 106.

(2)     —      —      — p. 139.

de génération les caractères d'une variété primitive. »
D'après Ferdinand Knauer, il faut entendre par race
de betteraves « une collection d'exemplaires dans laquelle les individus isolés ont un lieu de parenté commun, qui se traduit par leur grande ressemblance entre
eux, due à ce qu'ils procèdent d'ancêtres de la même espèce et produisent à leur tour des descendants doués de
qualités identiques. Ils transmettent leurs qualités à un
certain nombre de générations alors même qu'ils sont
transplantés dans un autre sol et sous un autre climat » (1).

Vilmorin et Andrieux ont créé et cultivent des *races*
en ce sens que « l'ensemble des individus possède des
caractères communs et un aspect aussi uniforme que
possible (2). Leurs betteraves proviennent d'individus
choisis isolément et dont la descendance reste distincte
pendant un certain temps, mais qui n'ont été choisis que
parce qu'ils présentaient à un degré parfaitement satisfaisant : 1° les caractères extérieurs, forme, couleur, volume, feuillage, etc. ; 2° les qualités intrinsèques, richesse
et pureté de jus, qui caractérisent la race à laquelle ils
appartiennent ».

De ces individus choisis comme reproducteurs, ceux-là
seulement sont admis à faire souche qui, par un premier
essai de leurs graines, ont prouvé qu'ils sont réellement
doués de la faculté de transmettre à leur descendance les
bonnes qualités qui les ont fait choisir.

### Betteraves Vilmorin.

MM. Vilmorin et Andrieux, de Paris, cultivent les races suivantes :

(1) F. Knauer. *La graine de betterave à sucre*, p. 38.

(2) *Journal de l'Agriculture*, de J.-A. Barral.

# Betteraves Vilmorin.

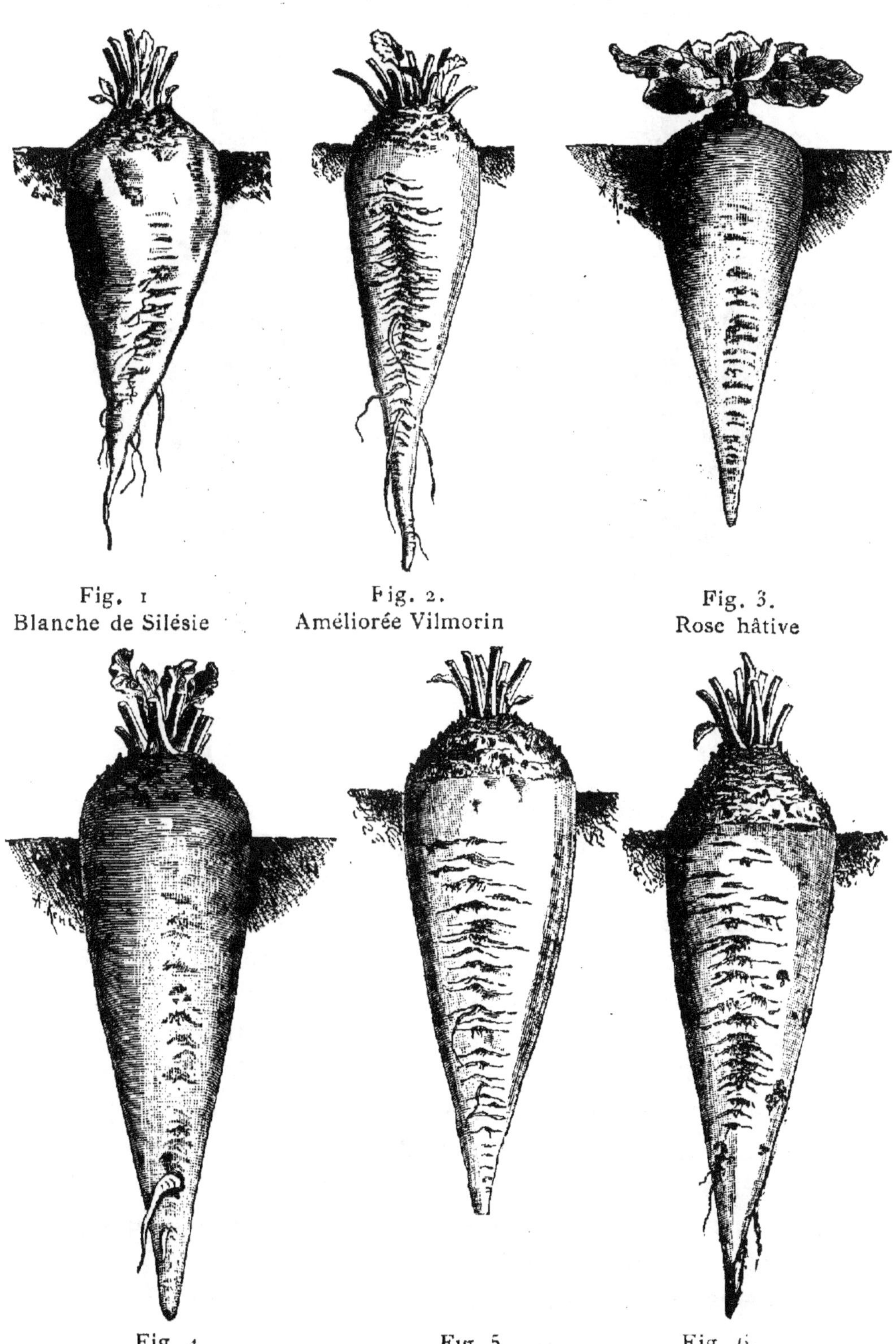

Fig. 1
Blanche de Silésie

Fig. 2.
Améliorée Vilmorin

Fig. 3.
Rose hâtive

Fig. 4.
B. à collet rose

Fig. 5.
B. à collet vert

Fig. 6.
B. Brabant.

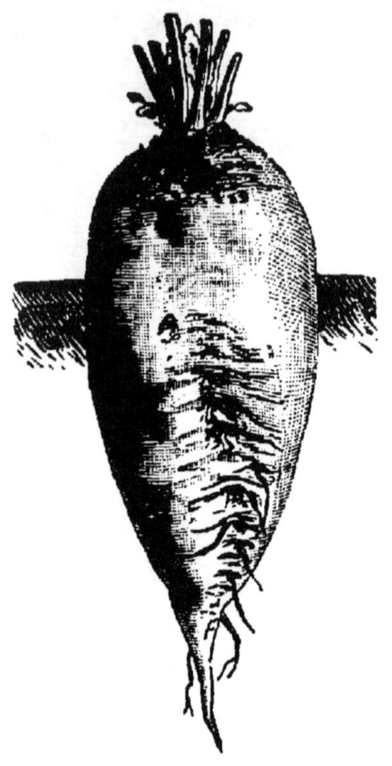

Fig. 7.
B. à collet gris.

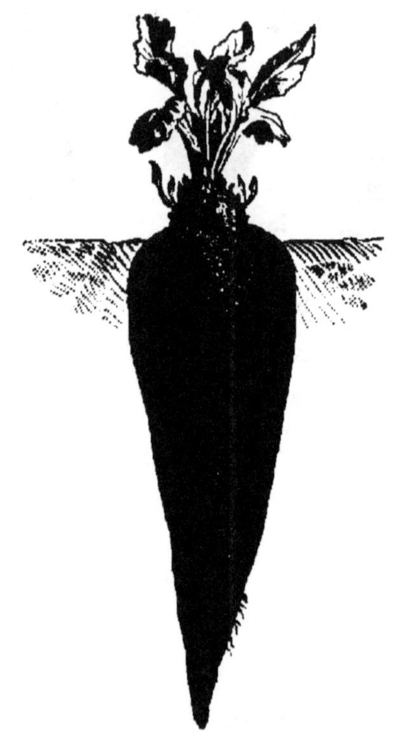

Fig. 8.
B. noire à sucre.

Parmi les betteraves riches, il convient de mentionner
tout d'abord, comme étant le point de départ et l'origine
des autres, la **B. à sucre blanche de Silésie** ou
**blanche allemande** (*fig*. 1). C'est une race de grosseur
médiocre, un peu courte, à peu près entièrement enterrée,
à peau blanche entièrement rugueuse, à feuillage plutôt
étalé que dressé. Elle est riche en sucre, titrant en général de 12 à 14 p. 100 de sucre ; son rendement, dans
de bonnes conditions, est d'environ 45,000 kil. à l'hectare ;
elle se prête facilement à la culture serrée et n'exige pas
des terres très profondes. Cultivée en France pendant
quelques années, elle gagne en volume et arrive à rendre
facilement 50,000 kil. à l'hectare.

Elle est encore fort cultivée en Allemagne où, d'après

Vilmorin, il en existe un nombre très considérable de
sous-variétés présentant entre elles des différences légères
de forme, de volume et de richesse saccharine. Elles sont
recherchées les unes ou les autres suivant que les terres
où on les cultive sont plus ou moins fortes ou légères,
plus sèches ou plus humides. Les principales de ces sous-
variétés sont celles de *Breslau* et de *Magdebourg*, l'*Impériale* et l'*Electorale de Knauer*, celles de *Bestehorn*, de
*Klein-Wanzleben*, etc. Mais la tendance générale, en
Allemagne, est à l'adoption de la **B. améliorée Vilmorin**, soit *de provenance directe*, soit *modifiée par une
année de culture en Allemagne*, et beaucoup de races
allemandes ont été, dans ces dernières années, plus ou
moins croisées avec la *B. Vilmorin*.

Celle-ci (*fig.* 2), dont l'histoire est bien connue, a été
obtenue de la *blanche de Silésie* en 1855, et amenée par
*M. Louis Vilmorin*, au moyen de la sélection, à présenter au bout de quelques générations une richesse de
15 à 18 p. 100 de sucre. Elle en est là depuis de longues
années et l'expérience a prouvé qu'il serait chimérique
de chercher à obtenir une richesse plus grande, car la
plante cesserait alors de végéter avec une force suffisante.
Les efforts ont tendu, dans ces dernières années, vers
l'amélioration de la forme et l'augmentation du produit,
et il a été réalisé d'importants progrès dans ce sens, puisque la B. améliorée, qui était représentée à l'origine
comme donnant à l'hectare un produit de 20 à 25,000 kil.
et titrant de 15 à 16 p. 100 de sucre, a donné, ces années
dernières, des rendements de 40 à 45,000 kil., avec une
richesse en sucre variant de 15 à 18 p. 100. Outre sa richesse et la pureté de son jus, qui sont ses caractères do-
minants, elle a encore l'avantage de se conserver longtemps sans rien perdre de sa qualité et elle présente une
grande constance et une grande fixité de caractères.

La **B. rose hâtive** (*fig.* 3), race nouvelle obtenue dans les cultures de Vilmorin, correspond à peu près au point de vue du rendement cultural et de la richesse en sucre, aux bonnes races de betteraves allemandes. Elle en diffère par sa couleur rose et par la forme de ses racines qui sont régulièrement amincies sans renflement, complètement enterrées et à peau assez rugueuse. C'est une race qui doit donner, dans de bonnes conditions moyennes de sol et de culture, 45 à 50,000 kilogrammes de racines à l'hectare, avec une richesse saccharine de 13 à 15 p. 100. Le feuillage en est léger, abondant, très étalé sur terre et prompt à s'éteindre à l'automne. Il nous a paru que cette race mûrissait un peu plus tôt que les autres et pouvait être arrachée et portée à l'usine une quinzaine de jours avant elles.

Après les betteraves très riches, il en existe plusieurs races de richesse moyenne et de fort rendement, qui peuvent être excellentes, même dans les conditions actuelles, surtout lorsque par une culture bien faite et par le rapprochement des plants, la richesse saccharine a été augmentée et la forme rendue encore plus parfaite. Ce sont, on ne doit pas l'oublier, ces betteraves qui donnent les plus forts rendements en sucre à l'hectare.

Au premier rang des variétés de cette catégorie il faut placer la **B. à collet rose** *de race française* appelée aussi **B. rose de Pologne** (*fig.* 4). Cette excellente variété justifie la faveur dont elle a été jusqu'ici l'objet par un ensemble de qualités qui paraissent en faire une race des plus avantageuses dans les conditions ordinaires de la culture de notre pays. Elle réunit en effet une grande vigueur, qui lui permet d'atteindre des rendements de 65 à 70,000 kil. à l'hectare, avec une forme généralement régulière et une richesse très satisfaisante, qui varie de 11 à 13 p. 100 de sucre ; elle est en même temps d'une conservation facile. Le feuillage en est vigoureux et abondant et le collet très légèrement sorti de terre, de sorte que l'arrachage en est aisé sans que la qualité sucrée de la racine en soit amoindrie. Les plus forts rendements en sucre par hectare que nous connaissions, dit Vilmorin, ont été obtenus avec cette variété. On peut dire qu'elle occupe parmi les betteraves roses la même place que la *B. Brabant* parmi les variétés à collet vert.

La **B. à sucre à collet vert**, *de race française (fig*. 5) est bien moins en faveur aujourd'hui qu'il y a une quinzaine d'années. C'est cependant une race excellente, plus grosse, mieux faite et plus lisse que la *B. de Silésie*. Le collet, qui sort de terre de quelques centimètres seulement, est teinté de vert ; la racine est longue, lisse et blanche. Cette variété peut donner jusqu'à 60,000 kil. par hectare, et titrer de 11 à 14 p. 100 de sucre. Les fabricants qui ont continué à la cultiver ont lieu d'en être satisfaits.

La **B. Brabant**, race créée par MM. *Brabant, d'Onnaing (fig.* 6), est une excellente sous-variété de la *B. à collet vert française*. Elle est très productive, rustique, vigoureuse et très riche en sucre eu égard à son volume. Les racines, longues et bien blanches en terre, sont teintées de vert dans la portion qui dépasse le sol. Elles sont longues et demandent une terre profonde et bien travaillée. Au point de vue du rendement total en sucre par hectare, la **B. Brabant** égale et dépasse même parfois la production moyenne de la *B. à collet rose française*.

Nous ne devrions citer que pour l'exclure de la liste des betteraves à sucre la **B. à collet gris** ou **gris rosé du Nord** (*fig.* 7), qui n'est à recommander que pour la distillerie ou pour quelques circonstances tout à fait exceptionnelles. Cependant on l'a vue souvent donner des rendements en sucre par hectare qui rivalisent avec ceux des autres races.

Nous ne ferons que mentionner en passant les *Betteraves à sucre* **jaune**, **rouge**, ou même **noire** (*fig.* 8), que les fabricants emploient quelquefois, mêlées en très faible proportion dans les races ordinaires, pour s'assurer que les cultivateurs ont bien semé les graines qui leur ont été fournies. Aucune de ces races n'a par elle-même un mérite industriel; elles ne sont bonnes qu'à servir de *témoins*, ou comme on dit dans le Nord, de « *gendarmes* ».

« Nous ne saurions, dit M. Henry Vilmorin dans une notice sur ses variétés de betteraves, trop insister sur l'importance extrême qu'il y a à préparer convenablement les terres en vue de la culture des betteraves à sucre. Nous serons d'accord avec tous les auteurs qui ont écrit sur cette question, en disant que les mécomptes éprouvés dans la culture des betteraves proviennent bien plus souvent d'une préparation défectueuse des terres que de la nature des graines employées. Celle-ci a son importance, mais ne suffit pas à assurer le succès ; il faut encore que les terres soient profondément labourées et défoncées avant l'hiver, les engrais bien incorporés au sol et autant que possible dès l'automne, et enfin, que la terre soit tenue propre et meuble pendant toute la végétation des betteraves. Les labours profonds et bien faits donnent les *betteraves riches et non racineuses* en même temps que les gros rendements. Les produits *maxima*, en poids et en qualité, ne s'obtiennent qu'au moyen de bonnes graines bien cultivées. »

Les diverses races cultivées par MM. Vilmorin forment les degrés d'une échelle dans laquelle la richesse en sucre va croissant à mesure que le rendement cultural diminue, mais où tous les efforts tendent à *associer à chaque degré de l'échelle à un rendement cultural donné le maximum de richesse saccharine compatible avec ce rendement.* C'est ce que montre le diagramme suivant :

Rendement en poids — Richesse en sucre

```
4.   Better. Vilmorin blanche améliorée      1
   ( Betterave allemande ou de Silésie )
3. {     acclimatée........ ........... }    2
   ( Betterave rose hâtive............ )
2. ) Betterave à collet rose.......... (     3
   ( Better. à collet vert, race Brabant )
1.   Better. à collet gris ou rosée du Nord  4
```

Voici quelques résultats :

*Moyenne des expériences faites à Verrières, pendant les années de 1878 à 1882, avec les betteraves Vilmorin.*

| | Rendement à l'hect. | Sucre % | Sucre à l'hect. |
|---|---|---|---|
| | k. | | k. |
| Vilmorin blanche améliorée........ | 44.260 | 16.9 | 6.588 |
| Allemande de Silésie acclimatée.... | 54.400 | 13.4 | 6.504 |
| Betterave à collet vert race Brabant | 58.580 | 12.7 | 6.707 |
| Betterave à collet rose race française | 56.330 | 12.3 | 6.279 |
| Betterave à sucre rose hâtive. ..... | 48.890 | 14.0 | 6.157 |
| Betterave à sucre collet gris....... | 65.070 | 11.0 | 6.526 |

Il est constant que jusqu'à un certain point le rendement cultural va grandissant plus vite que la richesse ne va décroissant, de telle sorte que le maximum de produit en sucre par hectare se rencontre en général dans les betteraves qui occupent le second rang pour le produit en racines : la *betterave à collet rose française* et la *betterave Brabant.*

Dans les conditions où opérait la sucrerie française, avant la loi du 29 juillet 1884, ces betteraves étaient celles que Vilmorin croyait utile de recommander de préférence à toutes autres.

L'introduction de *l'impôt sur la betterave* en donnant au fabricant un grand intérêt à travailler de la *betterave riche*, appelle forcément son attention sur des races de betteraves que leur petit rendement avait rendues jusqu'ici peu populaires en France, malgré la vogue dont elles jouissent à l'étranger. Aujourd'hui, remarquent MM. Vilmorin dans une notice sur leurs variétés de betteraves, c'est vers ces races, et en particulier vers la **B. blanche améliorée Vilmorin**, *la plus riche de toutes*, que les fabricants tournent leurs vues, et c'est en effet celle qui peut leur procurer les plus grands bénéfices, s'ils peuvent se la faire livrer par les cultivateurs dans des conditions raisonnables.

Mais là où des difficultés locales ou des préjugés insurmontables ne permettront pas d'introduire une betterave d'une richesse naturellement si élevée, il nous semble qu'il est possible d'obtenir de fort bons rendements industriels avec plusieurs des races françaises, de richesse moyenne et de grande production, qu'une culture bien entendue peut enrichir très notablement. Ces variétés peuvent donner un grand rendement cultural qui permet de les obtenir à bas prix des cultivateurs et cependant produire encore sur le chiffre de base de l'impôt un excédent de rendement industriel qui laisse une belle marge de bénéfice.

Il nous semble donc qu'on ne doit pas se borner à recommander la **B. blanche améliorée Vilmorin**, mais rappeler aussi les autres races qui, employées à propos, peuvent encore, comme la **B. Brabant** et la **B. blanche à collet rose**, donner des résultats industriels fort satisfaisants.

La question ne peut plus être entre *betteraves riches* et *betteraves pauvres*, comme le remarque Vilmorin, mais elle se pose entre *betteraves plus ou moins riches*, et même sous l'empire de la nouvelle loi, même pour les fabriques abonnées, il peut y avoir avantage à choisir une race de betteraves qui heurte moins qu'une autre les habitudes et les préférences des cultivateurs. La couleur *blanche* ou *rose* des betteraves à sucre est sans importance au point de vue de la valeur industrielle, mais souvent elle en présente aux yeux des cultivateurs, et il y a dans bien des cas avantage à tenir compte de leurs préférences, surtout si l'on peut le faire sans y perdre. La **B. Brabant**, par exemple, qui est encore et justement en faveur, déplait à certains cultivateurs parce qu'elle est blanche. La **B. à collet rose**, *de race française*, dont le produit et la richesse sont sensiblement égaux à ceux de la **B. Brabant**, pourrait chez eux la remplacer avec avantage.

## Betteraves Simon-Legrand.

Simon-Legrand, d'Orchies (Nord), cultive trois variétés, qui comprennent :

*Variété n° 1.*

*Améliorée blanche ;*
*Améliorée blanche forme conique.*
*Améliorée rose.*

Cette variété n° 1, dit Simon-Legrand, tout en conservant sa belle forme est d'une grande richesse saccharine ; elle n'a pas été appreciée jusqu'ici à sa juste valeur en France où, par suite du mode d'impôt, on cherchait plutôt à obtenir un fort rendement en poids sans trop s'inquiéter de la richesse. Mais à l'étranger, où la question du rendement cultural est secondaire, on ne plante chez tous les fabricants que les races améliorées et tous n'ont eu qu'à se louer des résultats. Dans les champs d'expériences en Allemagne, en Autriche et en Russie, c'est notre betterave améliorée qui a donné le plus de poids et le plus de sucre à l'hectare. Les analyses qui suivent, faites sur des betteraves provenant de mes diverses variétés de graines et récoltées dans différentes fabriques et dans différents pays, démontrent bien que mes variétés de betteraves et surtout ma variété améliorée, sont d'une richesse très élevée, tout en donnant un rendement cultural satisfaisant.

**L'améliorée blanche** et **l'améliorée rose** proviennent de betteraves-mères de forme allongée et pivotantes, à chair dure, sans racines latérales. Elles conviennent aux terrains riches, à couche végétale profonde.

**L'améliorée blanche forme conique**, produite par des mères moins longues que les précédentes, convient aux terrains riches également, mais d'une couche végétale moins profonde. Sous le rapport de la forme, elle a beaucoup d'analogie avec la Silésienne et la Klein-Wanzleben.

Ces trois variétés améliorées peuvent donner en bonne culture et en bon sol :

14 à 18 p% de sucre.

30 à 40 mille kilog. par hectare pour les blanches.

35 à 45      —         —            pour les roses.

Voici quelques analyses :

*Sucrerie d'Abbeville (Somme).*

Variété : rose améliorée.

| | |
|---|---|
| Poids moyen . . . . . . . . | 400 gr |
| Densité . . . . . . . . . . | 107 |
| Sucre par c. c. de jus. . . . . | 15.20 |
| Quotient de pureté . . . . . | 83 |

Variété : blanche améliorée.

| | |
|---|---|
| Poids moyen . . . . . . . | 490 gr. |
| Densité . . . . . . . . . | 107.04 |
| Sucre par c. c. de jus . . . . | 16.20 |
| Quotient de pureté . . . . . | 84 |

*Laboratoire spécial des fabriques de sucre de Julien de Puydt, à Bruxelles.*

Variété : rose longue.

Poids moyen . . . . . . . 830 gr.

| | Dans le jus. | Dans la betterave o[o. |
|---|---|---|
| Sucre cristallisable. . | 16.287 | 14.802 |
| Cendres alcalines . . | 0.773 | 0.640 |
| Matières organiques . | 0.707 | 2.80) |
| Eau . . . . . . . | 89.199 | 81.758 |
| Degré de pureté. . . | 90 | |
| Valeur . . . . . . | 14.65 | |

Variété : blanche forme conique.

| | |
|---|---|
| Poids moyen . . . . . . . | 780 |
| Sucre cristallisable . . . . . | 17.061 |
| Cendres alcalines . . . . . . | 0.802 |
| Matières organiques . . . . . | 1.123 |
| Eau. . . . . . . . . . . | 88.214 |
| Pureté du jus . . . . . . . | 89 |
| Valeur. . . . · . . . . . | 15.13 |

*Sucrerie zélandaise (Hollande).*

Champs d'expériences de Westdorp.

| | Blanche. | Rose. |
|---|---|---|
| Poids moyen. . . . | 670 gr. | 180 gr. |
| Sucre cristallisable. . | 15.35 | 15.95 |
| Cendres alcalines . . | 0.91 | 0.98 |

|                          | Blanche. | Rose.   |
|--------------------------|----------|---------|
| Matières organiques .    | 2.34     | 1 57    |
| Eau . . . . . . . .       | 88.38    | 88..50  |
| Poids de l'hectolitre .  | 106.98   | 107     |
| Quotient . . .. . .       | 83       | 86.20   |

*Champs d'expérience à Bergen-op-Zoom.*

|                          | Blanche. | Rose.   |
|--------------------------|----------|---------|
| Balling . . . . . .       | 15.52    | 16.75   |
| Sucre % de betterave .   | 12.78    | 14.10   |
| Pureté . . . . . .        | 82.20    | 84.20   |

*Sucrerie Stoebnitz (Allemagne).*

| PARCELLES | MARQUE | | DÉSIGNATION des VARIÉTÉS | POIDS par hectare | RENDEMENTS | | | | | POIDS de la betterave |
|---|---|---|---|---|---|---|---|---|---|---|
| | | | | | Brix | sucre | Non sucre | Non sucre par 100 k sucre | Quotient | |
| 1 | AN | 1057 | Blanches provenant de mères analysées....... | kilog. 39.000 | 19.5 | 17.56 | 1.94 | 11.0 | 90.1 | 535 |
| 2 | DR | 104 | Roses améliorées. | 46.200 | 17.3 | 15.55 | 1.75 | 11.3 | 89.9 | 510 |
| 3 | RR | 103 | Roses nᵒ 1 ..... | 48.600 | 17.5 | 15 37 | 2.13 | 13.9 | 87.8 | 621 |
| 4 | RO | 102 | Roses tenant le milieu entre le RR et le DR.... | 46.500 | 17.0 | 15.18 | 1.82 | 12.0 | 89.3 | 876 |
| 5 | BF | 101 | Blanches améliorées coniques.. | 44.200 | 18.0 | 16.00 | 2.00 | 12.5 | 88.9 | 586 |
| 6 | BA | 100 | Blanches nᵒ 1.... | 41.500 | 18.5 | 17.38 | 1.12 | 6.4 | 93 8 | 550 |

*Ecole d'agriculture de Kaaden (Autriche-Hongrie).*

|                          | Sacch. | Pol.   | Diff. | Quotient. |
|--------------------------|--------|--------|-------|-----------|
| Rose améliorée . .        | 17.3   | 15.20  | 2.1   | 87.8      |
| Blanche améliorée .       | 17.7   | 15.90  | 1.8   | 89.7      |

*Sucrerie Benatek (Autriche).*

|                          | Blanche conique. | Rose.   |
|--------------------------|------------------|---------|
| Sacch. . . . . . .        | 15.60            | 15.70   |
| Polarisation . . . .      | 13.20            | 12.70   |
| Différence. . . . .       | 2.40             | 3       |
| Quotient . . . . .        | 84.6             | 80.9    |

*Sucrerie Spikow (Podolie).*

Betteraves produites sur les terres de M. C. Wiedner, à Rachny.

|  | Blanche. | Rose. |
|---|---|---|
| Brix . . . . . . . . | 18.40 | 19.30 |
| Sucre . . . . . . . | 15.55 | 17.03 |
| Non-sucre. . . . . | 2.85 | 2.22 |
| Quotient . . . . . | 84.51 | 88.50 |

*La variété n° 2 comprend : la betterave Hâtive blanche et la Hâtive rose.*

La variété **Hâtive** est une betterave qui, d'après Simon-Legrand, mûrit un peu plus tôt que les autres : quand on la sème un peu tard, elle est mûre généralement en même temps que les autres variétés semées précédemment ; lorsqu'elle est semée la première, elle arrive presque toujours à maturité de quinze jours à trois semaines plus tôt que les autres. Cette variété est issue de betteraves-mères, également à chair dure, pivotantes, mais un peu moins longues que les variétés améliorées, sans racines latérales et de forme irréprochable. Le développement de cette variété s'opère plus facilement que celui de la variété améliorée et le rendement cultural en est plus élevé ; elle convient par conséquent aux terres moins fertiles. En terrain ordinaire et en bonne culture, on peut obtenir avec cette variété un rendement cultural par hectare de :

40 à 45 mille kg. pour les blanches.

45 à 50 mille kg. pour les roses.

Voici quelques analyses de cette variété hâtive :

### *Sucrerie Prérau (Autriche).*

#### Variété hâtive blanche.

| Balling . . . | 16.88 | 17.00 | 17.61 | 18.43 |
| Sucre . . . | 14.66 | 14.51 | 15.22 | 16.48 |
| Diff. . . . . | 2 22 | 2.49 | 2 38 | 1.95 |
| Quotient . . | 86.85 | 85.35 | 86.48 | 89.42 |

*La Variété n° 3 ou* **Conciliatrice rose** provient également de mères pivotantes et allongées, de très belle forme et pouvant donner, d'après Simon-Legrand, en culture convenable, une bonne récolte même dans les terres les moins riches ; mais, par contre, la teneur saccharine n'est pas aussi élevée que dans les améliorées et hâtives. Pour les terres fortes, la conciliatrice est d'une végétation un peu trop puissante, mais cela n'empêche pas qu'on peut y obtenir d'excellents résultats, en rapprochant les plants entre eux et en se guidant sur la nature du sol pour que les betteraves ne puissent arriver qu'au poids de 600 à 800 grammes au maximum. Dans les terres argileuses, sablonneuses et peu fertiles, la conciliatrice peut donner, en bonne culture, d'excellents résultats en sucre et en poids. Le rendement cultural peut être, suivant la nature du sol, de 45 à 50, même 60 mille kilogr. Quant à la teneur saccharine, elle varie de 12 à 14 % et atteint quelquefois 15 %.

Voici quelques analyses :

### *Sucrerie Gross-Wossow (Autriche).*

| Sacch. | Pol. | Diff. |
| --- | --- | --- |
| 17.80 | 15.00 | 2.7 |

### *Sucrerie Rjawa (Russie). Quotient de pureté.*

| Sacch. | Sucre | Diff. | Pureté |
| --- | --- | --- | --- |
| 16.40 | 12.55 | 3.85 | 76 |

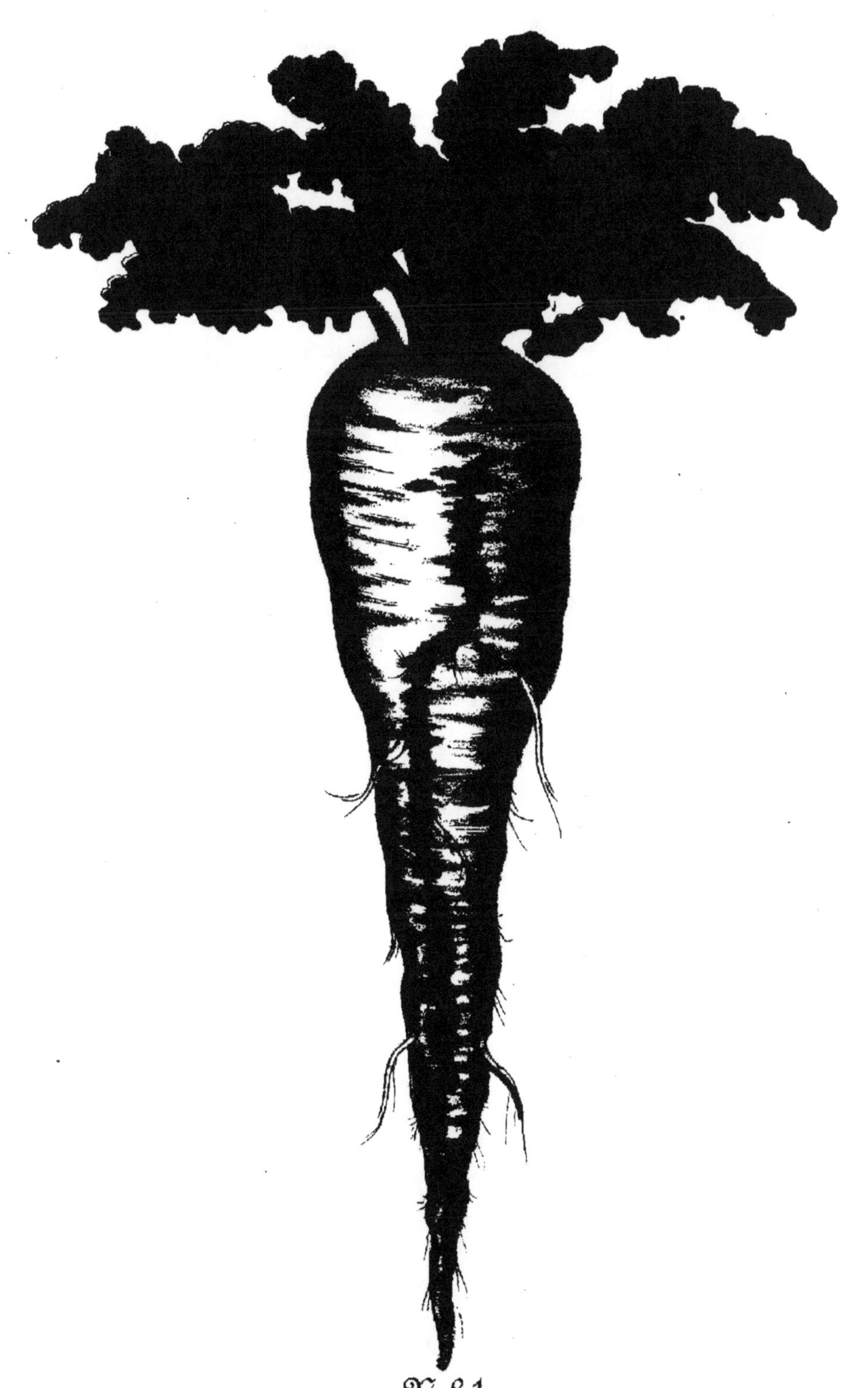

N° 1.
*Améliorée Blanche.*

SIMON-LEGRAND.

Nº 1.
Améliorée Rose.

SIMON-LEGRAND.

N.° 1.
Améliorée Blanche forme conique.

SIMON-LEGRAND.

N.º 2.
Blanche - Hâtive.

SIMON-LEGRAND.

N.° 2.
Rose-Hâtive.

## Betteraves Desprez.

MM. Desprez, à Cappelle, près de Templeuve (Nord), cultivent trois races de betteraves, classées d'après certains caractères, notamment d'après la dureté de la chair.

N° 1. Betterave *rose ou blanche*, **à chair dure**, belle forme, pivot très long, collet peu développé, feuilles abondantes, peau rugueuse, plissée, sillons sacchariféres bien accusés. Cette betterave est très difficile à entamer avec le couteau. Elle exige une terre très fertile, bien défoncée avant l'hiver, sans fumier. Rendement en bonne culture, de 50 à 54,000 kg. à l'hectare, avec 13,90 % sucre et une grande pureté.

N° 2. Betterave *blanche ou rose* **à chair intermédiaire,** moins dure que le n° 1. Collet moyen, feuilles moyennes, racine sortant peu de terre, convient aux terres moyennes bien cultivées, mais moins chargées d'engrais que pour le n° 1. Rendement jusqu'à 59.000 kg. à l'hectare avec 12 % de sucre.

N° 3. Betterave à *collets verts, roses ou gris*, **à chair tendre**; peau moins rugueuse que les n°ˢ 1 et 2, petits collets sortant de terre suivant la nature du sol et de la fumure ; feuilles assez abondantes. Convient aux terres les moins fertiles et les moins bien préparées.

MM. Desprez ont observé que :

1° Les variétés de betteraves à chair dure donnent plus de sucre du poids de la betterave que toutes les autres espèces ; mais elles ne peuvent être employées que dans les terres très fertiles si l'on veut obtenir un rendement à l'hectare satisfaisant ;

2° Dans beaucoup de terrains, les variétés à chair intermédiaire produisent un rendement en poids à l'hectare au moins égal à celui des variétés à chair tendre et à peau lisse et toujours plus de matière sucrée à l'hectare que cette dernière espèce ;

3° Dans les terres moins bien préparées et peu fertiles, on peut cultiver les variétés à peau lisse avec succès.

Voici quelques résultats de culture avec les betteraves Desprez (1) dans de bonnes conditions :

|  | Rendement à l'hect. | Sucre o|o de betterave. |
|---|---|---|
| Rose n° 1 . . . . . | 63.500 kg. | 13.88 |
| Rose n° 2 . . . . . | 65.700 | 13.32 |
| Rose n° 3 . . . . . | 75.400 | 11.50 |
| Blanche n° 2 inférieure | 72.200 | 12.78 |

Ces résultats ont été obtenus avec une culture très soignée sous tous les rapports. Ils montrent à quel résultat magnifique l'on peut arriver avec du soin, de l'intelligence et l'emploi de variétés de bonne qualité.


## Betteraves Knauer.


M. Ferdinand Knauer, à Groebers (Prov. de Saxe), cultive les quatre races de betteraves suivantes :

1° *Impériale ancienne* ;

2° *Impériale améliorée rose* ;

3° *Impériale améliorée blanche* ;

4° *Electorale.*

Nous avons vu que, d'après Knauer, il n'y avait, au début de la culture betteravière, que cinq races principales de betteraves, dont l'une (l'*Impériale*) ne comptait que quelques rares spécimens. Knauer la prit pour point de départ de sa sélection.

(1) Rapport de la commission chargée d'examiner une culture de betteraves, par Ch. Viollette, 1882.

La betterave **Impériale** Knauer primitive possède une racine blanche, allongée, piriforme, bien pivotante ; les

Ancienne Impériale Knauer.

feuilles sont frisées, assez plates et retombent vers le sol ; le collet est petit. A la maturité, les pétioles des feuilles accusent, à leur naissance, une légère teinte rosée. Par une longue sélection, M. Knauer a amélioré cette race et l'a rendue plus productive en poids.

L'*Impériale améliorée* rose et l'*Impériale améliorée*

Impériale Knauer améliorée rose.

*blanche* conviennent surtout aux terrains meubles, riches, en bon état de culture. Elles donnent assez de poids à l'hectare pour être acceptées par le cultivateur français. L'impériale rose surtout produit un rendement cultural élevé, tout en étant très riche en sucre.

En 1860, M. Knauer entreprit de créer une race plus

Impériale Knauer  améliorée blanche.

productive  en poids que l'Impériale et contenant néanmoins  une grande  proportion de sucre.  Il fit  venir, du
département  du Nord, une variété d'excellente qualité,
et, au bout de quelques années de sélection, il obtint une
betterave riche en  sucre, d'un bon  rendement en poids

qu'il baptisa du nom d'**Electorale**. Cette betterave convient à une foule de terrains peu riches en humus, faiblement fumés, argileux, calcaires, argilo-sablonneux,

Electorale Knauer.

sablonneux, etc.: « La betterave Electorale serait sans
aucun doute la betterave de l'avenir, dit M. Knauer, si
les partisans du libre-échange réussissaient à faire rem-

placer le régime actuel de l'impôt sur la betterave par l'impôt sur le produit fabriqué. »

Ce qui revient à dire que la betterave électorale, d'ailleurs peu cultivée en Allemagne, est celle qui concilie le mieux les deux termes : poids et qualité.

La betterave Impériale, la plus riche, mais d'un moindre rendement à l'hectare, est surtout cultivée en Allemagne où l'impôt sur la betterave oblige à produire des racines très riches.

L'**Electorale** a rapporté, en Belgique, en 1883 :

| CULTURE DE : | Poids à l'hectare | Sucre de la betterave |
|---|---|---|
| M. Cartuyvels, à Waleffe. . | 50.000 k. | 13.01 |
| M. Flaba, à Remicourt . . | 53.000 | 14.21 |
| M. Reginster, à Freloux. . | 49.000 | 12.85 |
| M. Henri, à Acosse. . . . | 40.000 | 15.49 |
| Moyenne des 4 cultures . | 48.000 | 13.89 |

## Betterave Klein-Wanzleben originale.

MM. Rabbethge et Giesecke, fabricants de sucre à Klein-Wanzleben, près de Magdebourg, cultivent une excellente betterave, la Klein-Wanzleben **Originale**, de 13 1/2 à 16 % de sucre, qui a pris son origine dans la race impériale de M. Ferdinand Knauer.

Ces Messieurs (1) comme presque tous les fabricants de sucre en Allemagne avant 1860, produisaient eux-mêmes les graines dont ils avaient besoin ; chacun prétendait avoir la meilleure espèce ; mais, à cette époque, il fut constaté que c'était la fabrique de Klein-Wanzleben qui plantait les graines dont les produits donnaient le plus grand rendement, non seulement en sucre, mais

(1) D'après une brochure de M. Huwart, représentant de MM. Rabbethge et Giesecke.

originale.

aussi en poids. A partir de ce moment, la Klein-Wanzleben fut plantée par presque tous les fabricants de ce pays qui possédaient un sol répondant aux exigences de cette race.

La **Klein-Wanzleben originale** demande pour le succès de sa culture une très forte couche de terre arable. Elle donnera un résultat médiocre, insuffisant même, dans des labours de 5 à 6 pouces, alors qu'elle atteindra d'énormes rendements tant en poids qu'en richesse, dans de bonnes terres labourées à 8 pouces.

La reproduction de la graine Klein-Wanzleben originale est la base de toute une industrie en Allemagne. Des cultivateurs et jardiniers achètent cette graine originale pour en faire des *porte-graines* dont les fruits entrent dans le commerce après leur première, seconde ou troisième génération. Ces marchands les offrent comme Klein-Wanzleben **améliorée**.

La Klein-Wanzleben **originale** (1) est de race très pure : TOUTES les betteraves possèdent une magnifique forme conique à base plus ou moins carrée. Sa racine blanche, dure, à côtes fortement prononcées, rentre complètement en terre ; sa forme remarquable en tire-bouchon facilite son enfoncement dans le sol. Ses abondantes feuilles frisées, à bords dentelés, se dressent serrées les unes contre les autres.

La **Klein-Wanzleben originale** a rapporté en Belgique en 1883 :

| CULTURE DE : | Poids à l'hectare | Richesse de la betterave | Pureté — |
|---|---|---|---|
| M. Cartuyvels, à Waleffes | 58.000 k. | 13.33 | 85.60 |
| M. Flaba, à Remicourt. | 54.800 | 14.24 | 87.66 |
| M. Henri, à Acosse . . | 50.000 | 15.52 | — |
| M. Reginster, à Freloux. | 46.200 | 13.12 | 85.53 |
| Moyenne. . . . . | 52.250 | 14.05 | — |

(1) D'après une notice de M. Huward sur la graine de Klein-Wanzleben.

Il y a lieu de remarquer que les graines avaient été semées en mai, dans des terres n'ayant reçu aucune préparation spéciale ; semées trois semaines plus tôt et dans un labour profond, les résultats eussent été certainement de beaucoup supérieurs.

La graine *Klein-Wanzleben originale*, comme d'ailleurs toutes les autres variétés allemandes, a donné des résultats absolument insignifiants (poids, richesse, forme) dans des terres argileuses qui n'avaient été labourées qu'en avril.

## Betteraves de Dippe frères.

MM. Dippe frères, grands producteurs de semences et de graines de toute espèce, à Quedlinbourg, dans la province de Saxe, ont amélioré la *Klein-Wanzleben* et l'*Impériale*. Ils cultivent les trois variétés suivantes :

1° *Klein-Wanzleben améliorée* de Dippe frères ;

2° *Impériale améliorée* de Dippe frères ;

3° *La plus riche* de Dippe frères.

Ces betteraves, qui proviennent d'une sélection extrêmement soignée, sont très belles de forme, bien pivotantes, sortent peu de terre. La peau est rugueuse, le collet est petit. Elles sont faciles à arracher.

Le n° 1, betterave blanche **Klein-Wanzleben améliorée**, convient surtout aux sols labourés profondément à l'automne, rendus meubles au printemps et en bon état de fumure.

Le n° 2, **Impériale améliorée** de Dippe frères, un peu moins riche que le n° 1, convient surtout aux terres peu profondes qui ne sont pas en très bon état de culture.

Le n° 3, **la plus riche** de Dippe frères, accuse une richesse extrêmement remarquable.

Klein-Wanzleben améliorée de Dippe frères.

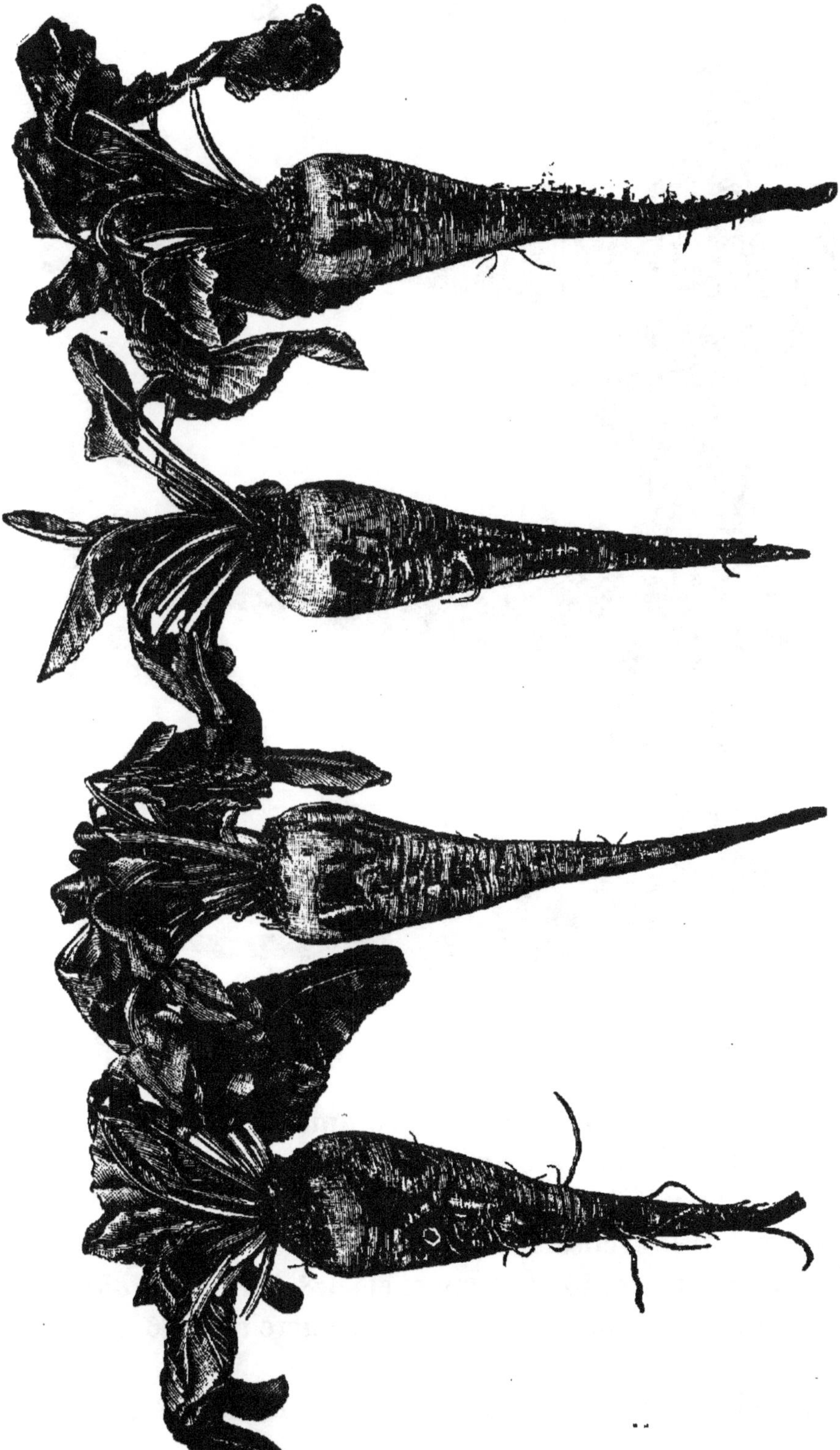

Impériale améliorée de Dippe frères.

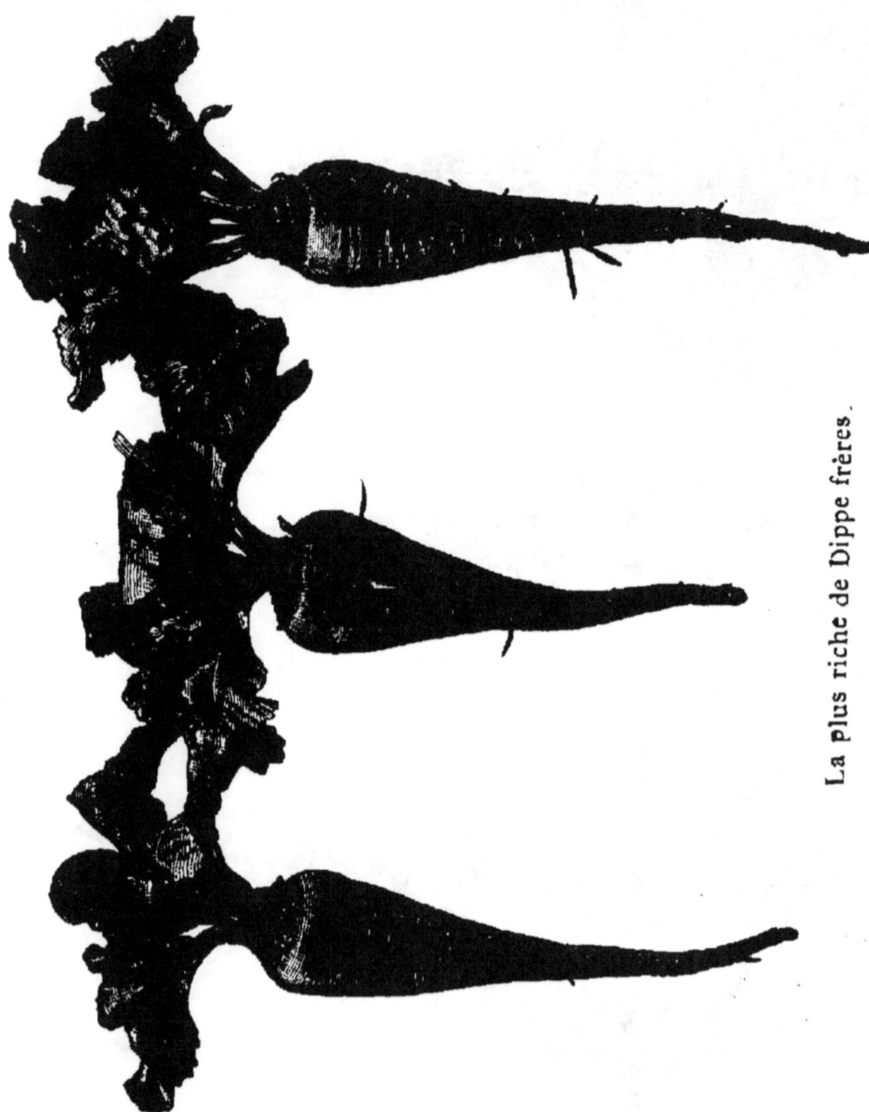



Les spécimens que nous nous sommes procurés accusaient jusqu'à 18.49 % de sucre du poids de la betterave
avec une pureté du jus de plus de 90.

L'*Améliorée* accusait 18.23 % avec 90 de pureté ; l'*Impériale améliorée*, 16.34 % sucre et 86.3 pureté ; la *blanche à collet rose améliorée*, 15.51 % sucre avec 86.3 pureté.

Des fabricants de l'Oise ont obtenu, en 1884-85, avec

l'**Améliorée** de Dippe frères, une richesse allant jusqu'à 15.48 % de sucre de la betterave et 90 de pureté. Le rendement cultural s'est élevé de 35 à 40.000 kg. à l'hectare.

Mais la culture avait été faite avec beaucoup de soin.

## Betteraves Olivier-Lecq.

M. P. Olivier-Lecq, de Templeuve (Nord), cultive les variétés suivantes :

1º *Betterave Jules Robert*;

2º *Betterave Olivier-Lecq améliorée*;

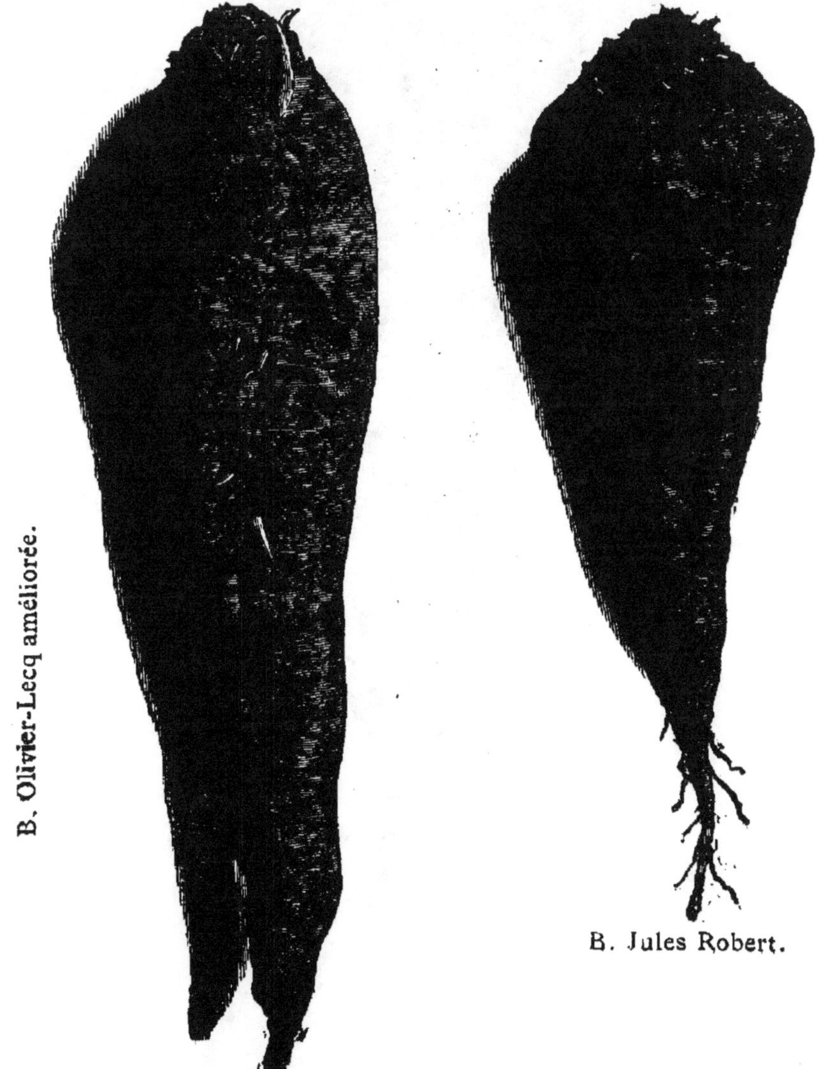

*3° Betterave Brabant ;*

La **Betterave Jules Robert**, cultivée par M. Jules Robert, de Seelowitz, en Moravie, a été introduite en

Betterave Brabant.

France par M. Olivier-Lecq. C'est une betterave hâtive, courte, à peau légèrement rugueuse. Les lignes doivent être assez rapprochées pour que le poids moyen des betteraves varie de 5 à 600 grammes. Elle donne jusqu'à 50,000 kilog. à l'hectare en bonne culture. M. Jules Robert a obtenu l'année dernière un rendement de 11 % de sucre en premier jet.

La **Betterave Olivier-Lecq améliorée**, blanche, longue, à peau très rugueuse, est une betterave très riche qui donne des rendements en poids et en sucre élevés dans les bonnes terres, fumées et défoncées avant l'hiver.

La **Brabant** est moins rugueuse, moins longue. Elle exige une culture moins perfectionnée.

Nous avons passé en revue les variétés de betteraves les plus connues en France et à l'étranger.

Nous ne pourrions citer toutes les variétés de betteraves à sucre cultivées en Europe et dont on estime le nombre à une soixantaine, sans entrer dans de longs développements qui surchargeraient notre travail sans profit réel pour le lecteur.

Il appartient au cultivateur et au fabricant de sucre de choisir la variété qui convient à leurs terres et qui répond le mieux aux conditions d'achat qui sont offertes par le fabricant. C'est surtout à l'aide des *carrés d'essais* qu'on parviendra à résoudre ce problème.

Dans les carrés d'essais, la terre doit être fumée, engraissée, labourée, ameublie avec soin, de façon à présenter la plus grande homogénéité de composition possible. Les variétés cultivées doivent être semées et éclaircies avec une précision mathématique, de façon à conserver sur toutes les parcelles le même nombre de pieds par mètre carré. La semaille et l'arrachage doivent être effectués le même jour. Dans ces conditions, on obtient des résultats comparatifs très exacts. Et si l'on détermine la ri-

chesse en sucre, la pureté (rapport du sucre aux matières dissoutes totales dans le jus) et le poids à l'hectare,
on obtient la valeur de chaque variété en multipliant la
*richesse en sucre par le quotient de pureté et par le poids
à l'hectare*, ou en d'autres termes, en multipliant la qualité par la quantité.

Knauer, qui conseille l'emploi de cette formule, a obtenu ainsi les résultats suivants que nous citons à titre
d'exemple :

| | Rendement à l'hect. | Sucre $0_{|0}$ | Pureté | Valeur industrielle formule Knauer |
|---|---|---|---|---|
| | kg. | | | |
| a) Impériale améliorée rose de Knauer............... | 47.160 | 13.90 | 88.90 | 6000 |
| b) Impériale de Knauer.... | 42.960 | 13.83 | 85.48 | 5068 |
| c) Impériale blanche amé-liorée de Knauer...... . | 40.560 | 14.09 | 86.96 | 4975 |
| d) Electorale de Knauer... | 44.520 | 12.91 | 85.98 | 4939 |
| e) Graine du duché d'Anhalt | 39.984 | 13.79 | 85.63 | 4722 |
| f) Blanche de Vilmorin.... | 40.326 | 13.76 | 85.44 | 4717 |
| g) Klein-Wanzleben. ...... | 38.504 | 13.78 | 86.62 | 4603 |
| h) Collet rose de Vilmorin, | 39.750 | 12.76 | 84.91 | 4319 |

On voit que c'est l'*Impériale améliorée* rose de Knauer
qui a obtenu la supériorité sur le terrain où ont eu lieu
les essais. Nous recherchons ailleurs, dans un chapitre spécial, le meilleur mode de détermination de la valeur relative des différentes variétés, car la formule de
Knauer ne tient pas compte de certains facteurs des plus
importants.

Le choix de la variété a une influence considérable sur
le résultat des récoltes et le bénéfice net varie dans une
proportion énorme selon que la variété choisie est plus ou
moins appropriée au terrain cultivé.

On peut poser comme un principe qui ne souffre pas
d'exceptions que la *variété de betterave à cultiver est*

*commandée par la nature du terrain et les ressources du cultivateur.*

Les Vilmorin ou les Knauer impériales améliorées, semées sur des terres peu profondes, pourront être riches en sucre, mais ne donneront qu'un rendement cultural misérable. Les électorales Knauer, les betteraves de conciliation, semées en terres d'alluvion profondes donneront un bon poids à l'hectare, mais seront pauvres en sucre et riches en sels.

Voici une coupe que nous reproduisons d'après Knauer (1) :

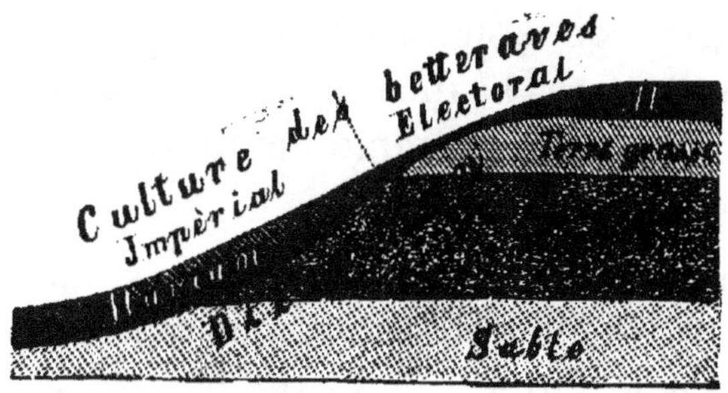


Fig. 1.— Profil typique de terre arable située en pente.

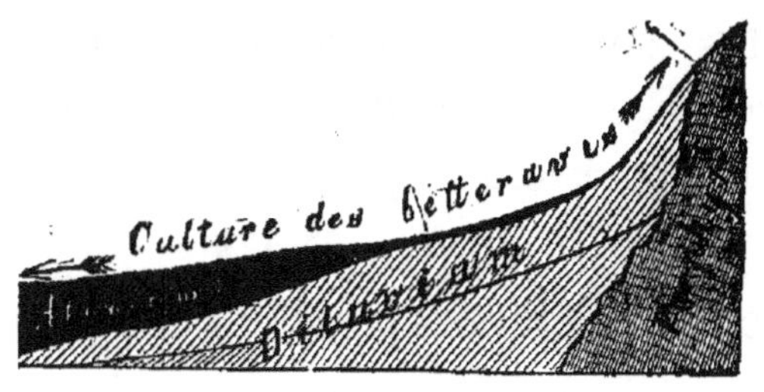


Fig. 2. — Autre profil typique.

La figure 1 montre clairement où il faut semer l'*Impériale améliorée Knauer*, ainsi que l'*Electorale*. Quoique la couche alluviale ait gardé sur le plateau une profondeur de plus de 35 centimètres, il faudra quand même y semer l'Electorale, ou une variété analogue, parce que

(1) *La graine de betterave*, p. 59-60.

l'humidité, ayant une tendance à descendre vers les fonds y fera défaut et que l'air ambiant exerce à cette hauteur une influence nuisible sur le sol. Il n'y a que des races robustes qui pourront y donner un poids suffisant pour la culture. Située dans la plaine, cette même couche de terre formerait des champs superbes, aptes à produire des betteraves magnifiques de la variété *Impériale améliorée* à feuille crispée et ondulée et à racine pivotante. Ces plateaux, par contre, sont le véritable domaine des Electorales à feuilles plus lisses et à racines plus trapues, quoique à peau rugueuse et à sillons latéraux très prononcés, restant tout en terre. Tel est, en partie, d'après Knauer, le secret des gros rendements obtenus par les usines allemandes. On évitera beaucoup de mécomptes en se conformant à cette règle si simple : cultiver des variétés appropriées à la nature du sol.

La forme de la betterave est très variable. Nous donnons plus loin quelques dessins, qui représentent les formes les plus communes. La forme pivotante, ou ovoïde, ou cylindrique, est évidemment la plus avantageuse. Les betteraves ainsi conformées laissent peu de déchet en terre à l'arrachage, se lavent facilement et donnent de belles cossettes au coupe-racines.

Les betteraves racineuses (XIII et XI) sont au contraire très désavantageuses pour le cultivateur et le fabricant.

Les betteraves à large collet donnent un gros déchet au décolletage. Les meilleures betteraves, sous tous les rapports, sont celles de forme bien pivotante, de longueur moyenne, et affectant la forme d'une spirale. Ces betteraves, lorsqu'elles ont la chair dure, et c'est le cas le plus général, sont très sucrées, s'arrachent aisément, se découpent avec facilité et se conservent bien en silos.

### Légende (1)

Forme de boule (I), de poire (II), de cœur (III), de cône (IV), d'olive (V), la betterave à large tête (gros collet VI), à tête pointue (petit collet VII), la betterave courte (VIII), la pivotante (IX), la svelte (X), la cylindrique (XII) racineuses et fourchues (XI) et (XIII).

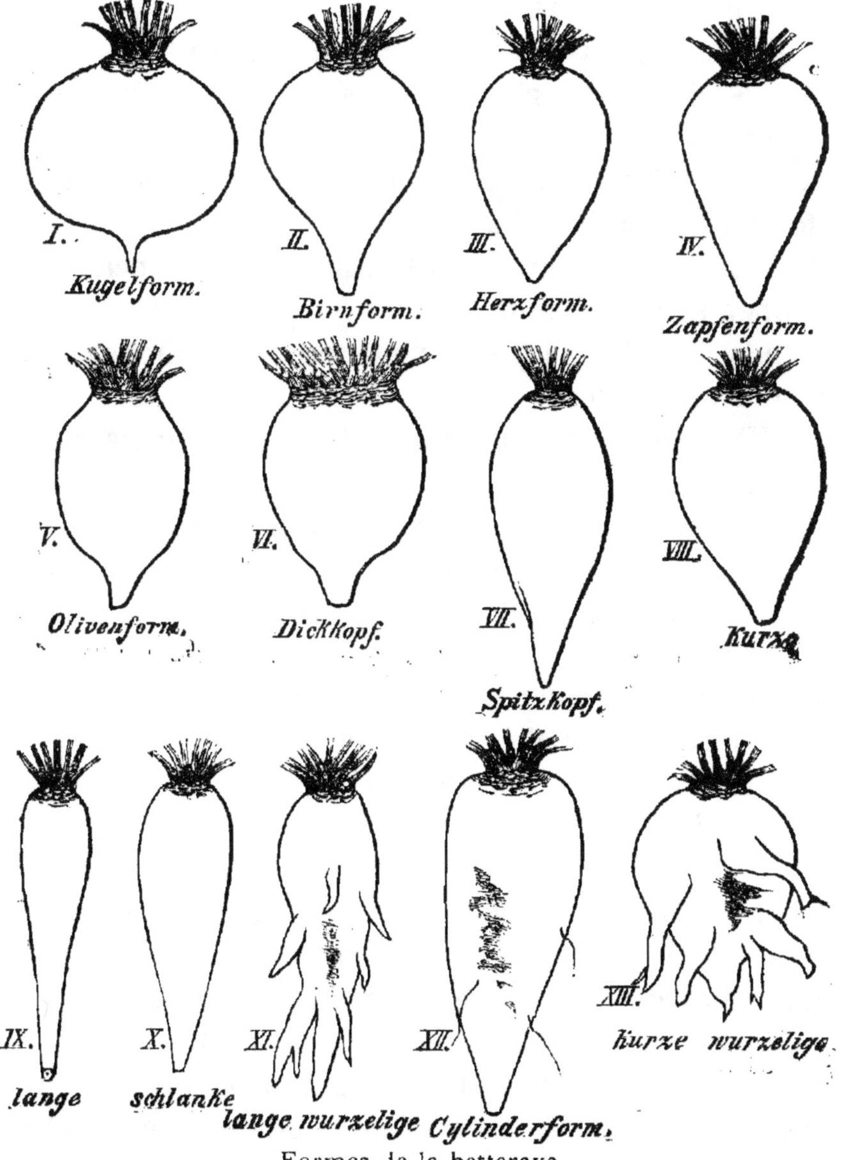


Formes de la betterave.

(1) Nous indiquons à titre de renseignement la dénomination en langue allemande, d'après Knauer.

La couleur de la betterave est considérée par quelques-uns comme étant en relation avec sa richesse. Vilmorin, Pellet, Viollette, Desprez, Simon-Legrand pensent que la betterave rose, dans les variétés riches, peut égaler la blanche. Pagnoul estime qu'en thèse générale la betterave rose est la moins riche.

Il ne nous paraît pas douteux que l'on peut, par la sélection, arriver à des richesses très élevées avec les betteraves roses.

De 1850 à 1859 on ne cultivait, pour ainsi dire, que la betterave à peau blanche.

De 1860 à 1873 et même 1874, les espèces à peau rose étaient en grande faveur.

Depuis cette dernière époque la variété blanche est redevenue à la mode.

Ch. Viollette pense que ce n'est là qu'une « question de mode ».

« Dès le début de mes recherches, dit ce savant, je me suis préoccupé de cette question de la valeur relative des betteraves blanches et des betteraves roses. Chaque année, je faisais établir dans mes champs d'expériences de Cappelle, près Templeuve (Nord) et autres, des semis de variétés roses et blanches de *même valeur sucrière*, dans le but de résoudre la question. J'avais soin de comparer entre elles les variétés roses et blanches, appartenant toutes deux à la race à *chair très dure*, à *peau rugueuse*, à *racine pivotante* et provenant toutes deux de mères analysées ayant même richesse, ou bien des variétés roses et blanches de races inférieures, à peau lisse, à chair molle, à racine peu pivotante et provenant toujours de mères de même richesse. J'ai toujours constaté que dans la même race, dans la betterave rose ou blanche de *même valeur sucrière, la couleur de la racine n'exerçait aucune influence*, ni sur la richesse, ni sur le rendement, ni sur le coefficient de pureté. Il n'en serait plus de même, évidemment, si l'on comparait la rose de la première qualité avec la blanche de la dernière ou les blanches d'une année avec des roses d'une autre année. Ce sont probablement des comparaisons de cette nature, faites dans des conditions identiques, qui ont donné naissance au préjugé que je viens de combattre. Que les intéressés soient donc complètement convaincus que la couleur de la peau de la betterave, qu'elle soit blanche, rose, jaune ou grise, n'exerce aucune influence, et que la *constitution de la chair* de la plante saccharifère est le facteur dominant, et que c'est d'elle que dépend la richesse en sucre, le rendement en poids et le coefficient de pureté de la variété. »

# CHAPITRE II.

## Production de la graine de betterave à sucre.

Mode de végétation de la betterave. — Porte-graines. — Importance de leur culture en Europe. — Conservation de la pureté des races et des variétés et causes de dégénérescence. — Atavisme. — Croisements. — Renouvellement de l'espèce. — Hybridation. —Rafraîchissement du sang. — Changement de climat. — Choix des porte-graines. — Influence de la grosseur des porte-graines sur les générations suivantes. — Observations de Marek. — Expériences de Leplay sur la végétation des porte-graines. — Méthodes de culture et de sélection des porte-graines. — Méthode de Louis Vilmorin.— Méthode actuellement suivie par la maison Vilmorin. —Méthode de Knauer, de Dervaux-Ibled, de Georges Ville, de Desprez, de J. Simon-Legrand. —Appareils analyseurs de P. Olivier-Lecq.—La sélection chez MM. Dippe frères, à Quedlinbourg; chez MM. Rabbethge et Giesecke, à Klein-Wanzleben; chez MM. Fouquier d'Herouel et Lhote, à Vaux-sous-Laon. — Résumé.

La betterave à sucre est bisannuelle dans toute la région sucrière du nord de l'Europe. Elle accomplit le cycle de sa végétation en deux périodes de six mois environ. La graine semée en mars ou avril lève au bout de peu de jours, la plante se développe et arrive à maturité en septembre ou octobre.

On l'arrache à cette époque, et si l'on veut en obtenir de la graine, on la prive de ses feuilles, et on la conserve en silos ou en cave pendant l'hiver. Au printemps, on replante cette racine et elle entre alors dans sa seconde période de végétation.

Elle pousse cette fois des tiges rameuses en nombre variable, sur lesquelles se développent finalement les fleurs et les fruits, ou graines, qu'on recueille à la fin de la saison lorsque leur maturité est complète.

La production de la graine de betterave à sucre a donné naissance à une industrie dont l'importance est devenue considérable. On cultive, en effet, en Europe, d'après nos calculs (1), environ un million d'hectares de betteraves à sucre. A raison de 20 kg. de graine par hectare, il faut donc semer annuellement une quantité de 20 millions de kg. de graines.

Le rendement des betteraves plantées pour la production de la graine ou betteraves porte-graines, est très variable. Un hectare de *porte-graines* produit de 1,800 à 3,000 kg. de graines. Admettons une moyenne de 2,400 kg. Il faudrait, d'après cela, cultiver annuellement plus de 8,000 hectares de porte-graines pour subvenir aux besoins de la fabrication du sucre européen.

On voit par là quelle est l'importance de l'industrie de la production de la graine de betterave à sucre.

Il existe un certain nombre de principes auxquels il est indispensable de se conformer dans la production des graines de betterave à sucre lorsqu'on veut conserver et propager les caractères des variétés.

Si l'on suppose deux champs de betteraves en seconde année de végétation, séparés par un sentier ou une route, et composés l'un de betteraves roses peu sucrées, bouteuses, betteraves fourragères par exemple, et l'autre de betteraves à sucre très riches, de belle forme, il se produira, au moment de la floraison, un échange de pollen, surtout si le temps est sec et s'il fait du vent, et il résultera de cet échange un croisement des deux variétés. Si

(1) Voir le chapitre : « Statistique de la production de la betterave à sucre en Europe.»

l'on sème séparément, au printemps suivant, les graines des deux champs, on constatera que la graine de betteraves blanches produit non seulement des betteraves de toutes les nuances, mais encore de forme variable, et en définitive très différentes, comme caractères extérieurs et qualité, des racines plantées comme porte-graines. Il en sera de même des betteraves du champ semé avec la graine de betterave rose. Le type en sera plus ou moins modifié. Ce croisement, ou plutôt si l'on se place au point de vue de la production de la betterave riche, cet *abâtardissement*, sera d'autant plus profond que la diffusion du pollen d'un champ vers l'autre aura été plus grande. Le phénomène peut se produire entre des champs distants de plusieurs centaines de mètres.

Ce fait nous montre avec quelle facilité, avec quelle rapidité une race ou une variété de betterave très pure peut être altérée.

Ferdinand Knauer a souvent appelé l'attention des intéressés sur cette cause d'abâtardissement.

En 1854, Knauer planta dans un jardin et isolées de ses cultures de graines de betteraves, deux betteraves, l'une rouge, cornue, fourragère et l'autre une excellente *Impériale* blanche. Ces deux betteraves furent plantées côte à côte. Après la floraison, on arracha la betterave rouge et on la jeta. Puis on récolta la graine de la betterave blanche et on la sema l'année suivante. Les betteraves que l'on obtint offrirent un aspect des plus curieux. Il y en avait de toutes les formes et de toutes les nuances entre le rouge et le blanc. La richesse de ces nombreux spécimens variait de 7 jusqu'à 17 % sucre !

Comme la floraison de la betterave à sucre dure quatre semaines, dit Knauer, il est tout à fait certain que les porte-graines qui se trouvent dans un même champ, quelque vaste qu'il soit, se fécondent les uns les

autres par le pollen que soulève le vent et que toutes les
graines obtenues et celles qu'elles pourront produire parta-
geront une origine commune. Dans un laps de temps de
quatre semaines, le vent change si souvent qu'il parcourt
toute la rose des vents, de sorte qu'un jour les plantes qui
se trouvent à l'est féconderont celles qui se trouvent à
l'ouest et réciproquement celles de l'ouest féconderont
celles de l'est ; il en sera de même du nord au sud, du
sud au nord-ouest, etc., de telle façon qu'au terme de
cette longue floraison toutes les graines tiendront de la
même espèce. Cette longue floraison a souvent ses inconvénients, comme le prouve l'expérience des cultivateurs de
Quedlinbourg, Brunswick, Aschersleben, Erfurth, régions
où l'on cultive souvent côte à côte des betteraves fourragères jaunes et rouges pour salades et des betteraves à sucre. Les cultivateurs qui opèrent dans ces conditions
n'auraient pas à craindre l'abâtardissement si les betteraves avaient une floraison de courte durée ; malheureusement, il n'en est pas ainsi ; dans les plantations où les
porte-graines des plus belles espèces de betteraves à sucre se trouvent, par exemple, à l'est, ils sont protégés
contre toute fécondation étrangère tant que le vent souffle
de l'est; mais que le vent vienne à changer subitement
et qu'il tourne à l'ouest, il favorise la fécondation des plus
belles espèces par des betteraves fourragères rouges et
jaunes.

Voilà donc une première cause de dégénérescence que
le producteur de graines de betterave à sucre doit s'atta-
cher à éviter.

Il existe d'autres causes de dégénérescence dépendantes du milieu de végétation. Si l'on sème dans un terrain
caillouteux, peu profond, fumé avec du fumier de ferme
pailleux, mal décomposé, une variété de betteraves à sucre d'essence riche, à chair dure, bien pivotante, irrépro-

chable de forme, on obtiendra des betteraves très différentes comme forme et qualité. Le terrain, mal préparé,
ne permettra pas au pivot de se développer en profondeur;
il se formera des ramifications, des racines latérales, etc.
La betterave sera *racineuse* au lieu d'être pivotante
comme le type primitif, et si le fumier a été mis tardivement, la richesse saccharine sera de beaucoup inférieure
à celle des racines qui ont servi de point départ. Si l'on
emploie ces betteraves comme porte-graines, et si dans
les reproductions suivantes les mêmes causes de dégénérescence subsistent, ces défauts s'accentueront de plus en
plus et les caractères primitifs de la variété finiront par
disparaître.

Ainsi les races ou les variétés les plus pures peuvent
subir des modifications ou des transformations profondes
selon les conditions dans lequelles s'effectue leur végétation et les précautions que l'on prend pour les soustraire
aux influences étrangères. On voit tout de suite, par ces
quelques faits, combien la tâche du producteur de graines de betteraves à sucre qui crée ou propage des races de
betteraves pures est complexe et combien elle exige de
soins.

Aussi certains producteurs de graines de betteraves à
sucre sont-ils fondés à se qualifier *d'éleveurs* de betteraves
pour se distinguer de ceux qui se bornent à produire de
la graine sans chercher à prévenir toutes les causes de
dégénérescence et sans tendre à l'amélioration des variétés.

L'*éleveur* de betteraves à sucre se propose ou de créer
des races et des variétés qui possèdent certaines qualités
déterminées, ou de maintenir ces qualités lorsqu'elles sont
acquises. Tel éleveur s'attachera à faire acquérir à une
variété productive en poids une richesse supérieure, tout
en lui conservant sa forme, son feuillage, etc. Tel autre

cherchera à rendre plus hâtive ou plus productive en poids une variété riche, ou bien à améliorer la forme d'une variété satisfaisante sous tous les autres rapports, etc.

C'est par l'application de la *sélection* qu'on arrive à ces résultats.

Dans la création ou la propagation des races et des variétés de betteraves à sucre d'essence noble, on doit se guider d'après les principes suivis par les éleveurs d'animaux et ne point perdre de vue cette règle que le noble seul peut engendrer le noble.

Les mêmes phénomènes se produisent chez l'animal et chez le végétal. Chez celui-là comme chez celui-ci, on observe l'influence de l'*hérédité*, phénomène en vertu duquel les ascendants transmettent aux descendants les propriétés qui leur appartiennent à un titre quelconque ; la puissance héréditaire, ou aptitude à transmettre ces propriétés ; la puissance héréditaire individuelle ou hérédité individuelle ; enfin l'hérédité de race ou puissance héréditaire de la race, ou *atavisme*.

D'après la définition de Baudement, l'*atavisme* est ce phénomène qui fait que *dans la suite des générations d'une espèce pure de tout mélange, chaque individu n'est plus qu'une épreuve tirée une fois de plus, d'une page une fois pour toute stéréotypée.*

Le but que doit se proposer tout créateur ou propagateur de races de betteraves, est ainsi nettement défini : une race étant donnée, ses caractères physiques et chimiques étant connus : forme, couleur de la racine, des feuilles, dureté de la chair, richesse, etc., pratiquer la sélection dans des conditions telles que dans la suite des générations chaque individu ne soit plus en quelque sorte qu'une épreuve tirée une fois de plus de ce type primordial.

Cependant, malgré une sélection rigoureuse, remarque

Knauer, la betterave a une tendance à retourner aux types primitifs des sauvageons. Aussi la sélection n'est-elle pas une opération que l'on puisse pratiquer de temps à autre : elle doit être renouvelée fréquemment, à chaque génération autant que possible, sous peine de prompte dégénérescence.

Et si l'on suppose une race parfaitement pure créée, la tâche du producteur de graine consciencieux, de l'éleveur pour mieux dire, consistera à choisir chaque année comme porte-graines les sujets qui réuniront de la façon la plus complète les caractères distinctifs de cette race : forme des feuilles, couleur des nervures, du collet, de la peau, dureté de la chair, forme et longueur de la racine, richesse en sucre et pureté. La sélection exécutée dans ces conditions conduit à des résultats absolument certains et remarquables.

Nous avons vu avec quelle facilité les variétés de betteraves peuvent se croiser ou s'abâtardir. On peut provoquer les croisements dans un but spécial, soit pour renouveler le sang (rafraîchissement du sang) d'une race donnée, reproduite longtemps par elle-même et que l'on craint de voir dégénérer ou s'affaiblir, soit pour obtenir une nouvelle race ou une nouvelle variété.

C'est ainsi que le professeur Nowoczek, de l'Institut agronomique de Kaaden (Bohême), avait songé à croiser l'*Electorale* de Knauer avec la *Vilmorin*. La valeur de l'Electorale, d'après ses essais, était de 10,6, valeur proportionnelle (1) multipliée par le rendement à l'hectare (42,122 kg.) soit 44,64.

Si l'on multiplie, disait Nowoczek, le rendement quan-

(1) La *valeur proportionnelle* s'obtient en multipliant la richesse saccharine par le *quotient de pureté*. Le quotient de pureté est le rapport qui existe entre le sucre et la totalité des matières dissoutes dans le jus de betterave.

titatif élevé de l'Electorale par la valeur proportionnelle élevée de la Vilmorin, on obtient une valeur idéale de 45,74 qu'il serait possible d'atteindre par la création d'une nouvelle variété, issue de l'*Electorale* et de la *Vilmorin*. On associerait ainsi le rendement quantitatif élevé d'une très bonne variété avec la qualité supérieure d'une autre variété moins productive en poids.

Knauer pense que le résultat de ce croisement serait absolument mauvais, car, dit-il, les deux races sont hétérogènes. De ce croisement il résulterait à coup sûr des betteraves de toutes les formes et de toute espèce de feuilles. Après dix ans d'une sélection rigoureuse, on pourrait peut-être obtenir quelques sujets de la même forme, mais ils seraient continuellement exposés aux influences de l'atavisme et sujets à dégénérer.

Lorsqu'on a pratiqué pendant quelque temps la reproduction par des sujets de la même famille ou par des sujets de même espèce, il se produit fatalement une dégénérescence, qui résulte de la consanguinité ou parenté plus ou moins proche des individus qui se sont fécondés. Pour éviter cette dégénérescence, il est nécessaire de procéder de temps en temps au *rafraîchissement du sang*. Cette opération doit avoir lieu au moyen de la même race. On peut, par exemple, suivant Knauer, employer l'Impériale blanche améliorée de Knauer pour rafraîchir la betterave de Klein-Wanzleben, ou inversement, car cette dernière, formée avec l'Impériale de Knauer, est de même race ; c'est en quelque sorte une betterave impériale (1). Si on voulait, par contre, rafraîchir une impériale avec une électorale, il en résulterait une hybridation de la pire espèce. En 1857, Knauer choisit parmi les betteraves blanches améliorées de Vilmorin quelques types avec lesquels il opéra la régénération de sa betterave

(1) F. Knauer. *Der Rübensamen.*

impériale. Il réussit du premier coup, car par leur forme et leurs caractères, les betteraves améliorées de Vilmorin ressemblent beaucoup à la betterave impériale (1). C'est depuis ce temps-là que les premières pousses de graines de betteraves impériales sont roses.

La régénération est une opération qui ne présente pas de difficulté. Si l'on est satisfait de la variété de betterave que l'on cultive, on fera venir d'une contrée éloignée une graine qui donne des betteraves de forme et de qualité analogues, on mélangera cette graine avec celle de sa propre culture, ou bien on cultivera les deux espèces de graines à part, on choisira les porte-graines et on les plantera entremêlés, une ligne de l'un, une ligne de l'autre. La régénération s'effectuera par l'échange du pollen des deux variétés. Si le fabricant n'est pas satisfait des betteraves qu'il cultive, il sèmera des graines d'une autre espèce et pratiquera le croisement. Il choisira dans la récolte les betteraves qui présenteront les caractères requis. Mais les croisements sont très difficiles à opérer et, d'après Knauer, la régénération au moyen de betteraves de même forme et de même qualité est plus facile et donne sûrement d'excellents résultats. La création de nouvelles espèces par le croisement, l'amélioration de la graine de betteraves à sucre par la régénération au moyen d'espèces reconnues meilleures doit être laissée aux soins des producteurs de graines.

Le changement de climat exerce sur les résultats donnés par une graine déterminée une influence très sensible. M. Sombart, d'Emersleben, a constaté que les graines obtenues par lui, sous le climat rude du Harz, en Allemagne, réussissent mieux sous des climats plus doux que celles cultivées depuis longtemps sous ces climats.

(1) F. Knauer. *De l'abâtardissement et de la régénération des betteraves à sucre.*

Le changement de semences est une opération recommandable ; mais il ne constitue pas une régénération, à moins que les graines importées ne proviennent d'une variété de betterave de meilleure qualité que celle que l'on cultivait. Et dans ce cas, si la nouvelle variété est capable de s'adapter au sol et possède les qualités que l'on recherche, il sera très avantageux de pratiquer la régénération de la vieille graine.

*Choix des porte-graines.* — On a beaucoup discuté sur la question de savoir s'il convient de cultiver comme porte-graines des betteraves de petite dimension de préférence aux betteraves de gros volume.

Chez les producteurs de graine de profession, on donne, en général, la préférence aux petites betteraves porte-graines dont le poids varie de 250 à 300 grammes : elles offrent de nombreux avantages. Par contre, de grands cultivateurs qui produisent leur graine eux-mêmes, MM. Fouquier d'Herouel et Lhôte, d'Aulnois-sous-Laon, MM. Rabbethge et Giesecke, de Klein-Wanzleben (Saxe) cultivent comme porte-graines des racines d'un poids relativement élevé (850 gr. en moyenne). Georges Ville recommande de se tenir entre 1,000 et 1,500 grammes (1).

Ainsi les uns prétendent que les petites betteraves porte-graines ne peuvent jamais donner des graines bien constituées, capables d'engendrer des betteraves riches de bonne qualité et d'un bon poids ; les autres, et notamment les producteurs de graine de profession, affirment qu'il n'y a pas de différence dans la qualité de la graine provenant des petites ou des grosses betteraves choisies comme mères, pourvu que la sélection soit bien faite, que l'on tienne rigoureusement compte de la forme et de la richesse des sujets destinés à porter la graine et

(1) Conférence sur la culture de la betterave à sucre, à Bruxelles, 1874. Voir *Journal des fabricants de sucre*, du 7 mai 1874.

5.

que celle-ci soit récoltée lorsque la maturité est complète.

D'après M. G. Vibrans, agronome allemand, les bette-raves porte-graines ne servent que d'intermédiaire entre le sol et la graine ; il en résulte qu'elles ne fournissent pas leurs principes salins à la graine. La théorie qui consiste à dire qu'il faut choisir de grosses betteraves afin qu'elles puissent céder aux graines une quantité de substance nutritive proportionnelle à leur volume. c'est-à-dire la plus grande possible, ne serait pas fondée. M. Vibrans conseille donc de semer très rapproché pour obtenir de petites betteraves porte-graines. Pellet est du même avis. Il indique comme écartement 10 à 12 cent. entre les plants dans les lignes et 25 cent. entre les lignes. On laisse ainsi à la plantation 300 à 400 mille pieds par hectare et à la récolte, par suite des manques, on retrouve 250 à 300 mille betteraves dont le poids ne dépasse pas 300 grammes en général et varie, en moyenne, entre 180 et 250 gr. De ces betteraves, il ne reste, élimination faite des sujets fourchus, avariés ou de forme défectueuse, que 50 % de racines propres à la plantation pour porter de la graine. M. Pellet pense que la sélection ainsi faite est parfaitement rationnelle et que les producteurs de graines sont fondés à suivre cette méthode.

Il a été publié en Allemagne une étude très complète faite par le professeur Marek, de l'Institut agronomique de Kœnigsberg, en vue d'élucider cette question de l'influence de la grosseur des porte-graines. Les expériences ont duré trois années. L'auteur a semé des graines de choix dans le courant de 1879, à partir du mois de mai jusqu'au mois de juillet. Il a semé sur le même sol, mais à des écartements variables. Il a obtenu ainsi des grosses betteraves et des petites betteraves qu'il a conservées en cave l'hiver suivant, puis triées et plantées au printemps comme porte-graines. Il a suivi le développement des tiges, constaté l'époque de la maturité des graines, le poids des graines, leur pouvoir germinatif, etc. Ces graines ont été semées l'année suivante dans deux régions très différentes, dans la Prusse occidentale et dans la Basse-Autriche. Il est résulté de ces expériences ce fait important que les graines des petites betteraves-mères ont produit des betteraves tout aussi bonnes et même un peu plus riches que celles issues des graines que les grosses betteraves-mères avaient portées. D'après ces expériences, il semblerait établi que la grosseur des porte-graines n'a pas d'influence sur la qualité des betteraves de la génération suivante. La théorie de Vibrans, à savoir que la betterave-mère ne sert que d'intermédiaire entre le sol et la graine, serait ainsi confirmée.

L'argument principal en faveur de la sélection par les petites betteraves porte-graines résiderait, semble-t-il, dans le bon marché, le rendement et une série d'autres avantages attribués à cette méthode, avantages qui se résument comme suit d'après le professeur Marek :

La semaille tardive en juin ou juillet permet d'utiliser doublement le champ dans la même année. La récolte précédant la betterave peut être une plante hâtive, colza, navette, etc., ou bien on peut semer la betterave sur une récolte de seigle fauché en vert, sur des vesces, etc.

L'écartement normal des betteraves à 45 centimètres entre les lignes et 20 à 25 cent. dans les lignes donne une plus petite quantité de semenceaux pour l'année suivante. Si la semence est bonne, on compte qu'un hectare de betteraves semées fournira assez de porte-graines pour deux hectares. Si la semence est moins bonne, un hectare seulement. En général, on compte de un hectare 1/4 à 1 1/2.

Avec les semailles rapprochées on obtient au contraire, d'habitude, pour un hectare semé de quoi planter 8 à 10 hectares de porte-graines. La petite betterave procure donc une économie de terrain et la même quantité de porte-graines est obtenue avec le 1/4 ou le 1/8 de la surface dans le cas contraire. Avec les betteraves semées tard, le premier binage, le démariage et le second binage suffisent : avec les betteraves semées tôt, il faut, suivant les circonstances, 4 ou 5 binages. Les derniers binages sont profonds et, pour cette raison, ce sont ceux qui coûtent le plus cher. Avec la petite betterave, ils sont inutiles. Aussi la culture de cette dernière est-elle plus économique.

Les petites betteraves se récoltent plus vite et à meilleur marché : elles occupent moins de place, exigent des silos de moindre importance pour passer l'hiver. Elles coûtent moins comme transport et une voiture peut en contenir de quoi planter cinq ou six fois plus au printemps. Il y a donc sur les grosses betteraves économie de récolte, de silos et de frais de transport.

Les petites betteraves se plantent aux distances marquées comme des choux, sans plus de difficulté. Cette opération est rapide. Au contraire, les grosses betteraves exigent que l'on ouvre le terrain à la bêche, qu'on remette la terre en place : il y a plus de frais de transport pour mettre les racines à leur place et pour les planter : il y a une plus grande dépense de temps.

En somme, si nous récapitulons ce qui précède, nous voyons, dit le professeur Marek : *qu'avec les petites betteraves comme porte-graines, on peut planter un champ qui a déjà porté une récolte dans la même année : on réalise une économie de terrain, de frais de culture, de récolte, de silos, de transport, et l'on réduit la dépense de travail et de temps à la plantation* (1).

_______

(1) Nous avons donné une traduction complète de cette étude dans le journal *Le Cultivateur de betteraves*, 1882. — N° 2.

D'autre part, il résulte des expériences de Marek :

*Que la formation de nombreuses tiges d'un développement en hauteur relativement faible, avec la présence de rares tiges principales, se produit de préférence sur les porte-graines de grosse dimension provenant des semailles faites de bonne heure ; tandis que la formation de hautes tiges principales, mais avec un faible nombre de tiges latérales, se produit surtout avec les petites betteraves porte-graines provenant de semailles tardives, à petit écartement.*

« Il me semble important d'ajouter, dit Marek, que la structure buissonneuse des plantes poussées sur les grosses racines n'a pu rendre inutile l'emploi de tuteurs et d'attaches qu'à la condition de butter énergiquement et en temps opportun. Souvent, en l'absence de cette précaution, les tiges se sont courbées sur le sol. Dans les plantes venues sur de petites racines, le buttage a parfaitement suffi, et on n'a pas remarqué que les tiges fussent courbées vers la terre. Je tiens ceci pour un très grand avantage au point de vue de la culture en grand, et la sélection par les petites betteraves-mères permettra certainement, dans les grandes exploitations, la suppression des tuteurs. »

Les petites betteraves-mères possèdent, d'après le même expérimentateur, beaucoup d'autres particularités que n'ont pas les grosses racines porte-graines. Les tiges des premières s'élèvent plus haut dans l'air, reçoivent plus de lumière et produisent moins d'ombre sur le champ, grâce à leur nombre de tiges restreint. Ces tiges, par suite, durcissent mieux, présentent plus de résistance, et, pour ces raisons, poussent des graines plus grosses, plus claires qui mûrissent plus tôt. La première récolte, dans ces essais, a pu avoir lieu sur les betteraves provenant des semailles du 15 juillet. Cette récolte de graines a été faite le 7 septembre de l'année suivante ; puis quatre jours après, on a récolté les graines sur les betteraves semées les 19 et 26 juin et enfin 4 jours plus tard, on a récolté sur les betteraves des semailles du 8 mai au 5 juin. Les graines des petites betteraves avaient donc mûri beaucoup plus vite que celle des grosses betteraves mères.

Eu égard aux nombreuses tiges latérales développées sur les grosses racines, on pouvait penser que ces plantes donneraient la récolte de graines la plus forte. La récolte n'a pas confirmé cette conjecture ; le maximum a été plutôt en faveur des plantes obtenues avec les petites racines.

Leplay s'est livré à une série d'études sur la végétation des porte-graines (1), d'où il résulte que la racine porte-graines ne contient pas une quantité de potasse et de chaux suffisante pour les besoins de la végétation et que la quantité de ces bases qui a dû être fournie (dans ses essais) par le sol dans la $2^{me}$ année est 10 fois plus grande que celle qui était contenue dans la racine de la $1^{re}$ année. Ceci confirmerait la théorie de Vibrans. La racine de porte-graines ne servirait que d'intermédiaire entre le sol et les tiges. Sa fonction ne se bornerait pas seulement à alimenter les tiges avec sa propre substance, mais encore à puiser dans le sol, pour les transmettre aux tiges et aux graines, les matières nutritives nécessaires à la formation de ces dernières. Il n'est pas inutile de reproduire ici les conclusions de Leplay, qui expliquent le mode de végétation des porte-graines :

1° Le sucre contenu dans la betterave racine au début de la végétation de $2^{me}$ année va sans cesse en diminuant jusqu'à la maturité de la graine, époque où il disparaît à peu près complètement, comme l'ont observé MM.

(1) *Journal des fabricants de sucre*, supplément du 11 février 1885.

Péligot, Corenwinder, Champion et Pellet, etc., etc.

2º Les tiges, les feuilles et les graines encore vertes, c'est-à-dire en pleine végétation, telles qu'elles se trouvent vers le milieu de juillet, soit six semaines avant leur maturité, ne contiennent pas de sucre.

3º La densité du jus de la betterave (racine) va également en diminuant dans la racine et en augmentant dans les tiges, puis dans les feuilles, puis dans les graines, dans la proportion de 2 pour la racine ; 2,7 pour les tiges ; 3,4 pour les feuilles et 4,2 pour les graines vertes.

4º Les sels à acides végétaux à base de potasse existent dans les jus des différentes parties des betteraves porte-graines soit dans la racine, les tiges, les feuilles et les graines vertes ; leur quantité dans la betterave racine est à peu près le double de celle contenue dans la racine, à la fin de la 1re végétation.

5º Les sels de chaux à acides végétaux solubles, et la chaux en combinaison organique insoluble dans les tissus, existent également dans toutes les parties des betterave porte-graines, en végétation, soit racine, tiges, feuilles et graines.

6º Les tissus des parties aériennes de la betterave porte-graines paraissent contenir plus de chaux en combinaison organique insoluble que les parties aériennes de la betterave en végétation de 1re année, à l'exception des tiges de 2me année, comparées aux pétioles des feuilles de 1re année, qui n'en contiennent qu'une quantité égale à 11º pour 100 gr. de tissus, alors que les pétioles de 1re année en contenaient jusqu'à 210º. Le contraire a lieu pour les feuilles de 2me année dont les tissus en contiennent pour 100 grammes 244º, alors que les tissus des feuilles de 1re année n'en contiennent au maximum que 155º.

7º Les graines vertes contiennent également une assez

grande quantité de chaux en combinaison organique insoluble dans leurs tissus.

8° Il se produit dans la betterave en $2^{me}$ année un mouvement ascensionnel des bases potasse et chaux contenues
dans le sol vers les feuilles comme dans la végétation de
la betterave en $1^{re}$ année, et vers les graines, tout à fait
semblable à celui observé dans la végétation du maïs au
moment de la formation de la graine.

Dans ce mouvement ascensionnel, l'acide carbonique et
les bicarbonates contenus dans le sol, en pénétrant dans
la betterave racine par les radicules, y subissent la même
transformation organique que dans la végétation de $1^{re}$
année.

9° Les sels de potasse et de chaux à acides organiques
ne se fixent qu'en partie dans la betterave (racine), mais
se répandent dans les parties aériennes et surtout dans
les feuilles et dans les graines.

Le mouvement de la chaux vers les feuilles et les graines est si fort que les tissus des tiges n'en contiennent
qu'une quantité égale à 11° alors que les tissus des feuilles en contiennent sous le même poids 244° et celui des
graines 135°.

10° Les bases potasse et chaux en combinaison organique contenues dans la betterave (racine) dans la $1^{re}$ année
de végétation ne suffisent pas aux besoins de la végétation
en $2^{me}$ année et la quantité de ces bases qui ont dû être
fournies par le sol dans la $2^{me}$ année est 10 fois plus grande que celle qui était contenue dans la betterave racine
dans la $1^{re}$ année.

11° Les bases potasse et chaux en combinaison avec
des acides végétaux à l'état soluble dans le jus des différentes parties de la betterave paraissent avoir pour fonc-
tions terminales dans la betterave, plante bisannuelle,
comme dans le maïs. plante annuelle, la potasse, de con-

tribuer à la formation de la graine, et la chaux, de contribuer à la formation des tissus.

## DES DIFFÉRENTES MÉTHODES DE SÉLECTION.

Vers 1850, Vilmorin avait appliqué à la sélection des betteraves porte-graines une méthode basée sur la relation qui existe entre la densité et la richesse saccharine de la racine.

Il est établi que, en général, plus une betterave est dense, plus sa richesse saccharine est élevée : mais la présence constante de l'air et de certains gaz dans les cellules de la betterave fait qu'il n'existe point de corrélation rigoureusement exacte entre ces deux termes. La méthode employée par Vilmorin, au début de ses recherches, consistait à faire un triage des racines mères par ordre de densités. On préparait des bains d'eau salée de densités croissantes et on y plongeait les betteraves. Elle s'enfonçaient ou surnageaient suivant leur densité.

Vilmorin reconnut bientôt de nombreux inconvénients à ce mode de procéder, et, en 1852, il pratiqua la sélection d'après la densité du jus. On enlevait un petit cylindre de betterave à l'emporte-pièce, on le râpait et on déterminait la densité du jus extrait (7 à 8 cent. cubes) à l'aide d'une balance et d'un petit lingot d'argent d'un poids et d'un volume connus. Cette méthode était assurément plus exacte que la précédente ; mais elle reposait sur cette hypothèse que les jus les plus denses sont les plus riches. On sait aujourd'hui que densité n'est pas toujours synonyme de qualité. Cependant Vilmorin avait très bien reconnu que, dans les densités élevées, la proportion des matières denses solubles, étrangères au sucre, qui peuvent se trouver dans le jus, suit une marche décroissante. A l'aide d'une correction fournie par la moyenne de ses observations, Vilmorin était arrivé à un classement assez exact de ses racines porte-graines. A la troisième génération, la transmission héréditaire de la qualité sucrée était devenue telle que cet agronome constatait des densités de 1075 et 1087 correspondant à 16 et 21 0/0 de sucre, tandis que dans le même terrain et dans les mêmes conditions de culture, des plantes non soumises à la méthode d'amélioration accusaient au maximum 1066 et en moyenne 1042 de densité.

Le fait de la transmission héréditaire de la *qualité sucrée* était donc parfaitement acquis. Mais il est un point que la méthode de sélection de Vilmorin avait négligé : c'était l'amélioration des formes extérieures de la plante. Ce point a une importance considérable. Tous les cultivateurs recherchent, avant tout, une variété de betteraves peu racineuse d'une forme bien pivotante, facile à arracher, laissant peu de déchet, retenant peu de terre et faisant peu de tare. Le fabricant, de son côté, préfère aussi les racines de forme régulière, plus faciles à tarer, se lavant sans difficulté. Or, quand on ne tient pas compte dans la sélection de tous ces desiderata, quand on s'attache uniquement à la qualité saccharine de la plante, on s'expose à propager les sujets mal conformés, pourvus d'un collet volumineux, de racines adventives et de ramifications nombreuses, qui occasionnent maint inconvénient pour le cultivateur et pour le fabricant. Vilmorin avait précisément négligé les caractères extérieurs, de sorte que ses premiers types, quoique très riches, étaient pour ainsi dire incultivables. La Vilmorin améliorée que nous connaissons actuellement, diffère en tout point de la Vilmorin primitive ; une sélection très soignée a fait disparaître les défauts physiques du type primitif. (1)

(1) Le procédé de sélection appliqué à la betterave à sucre par Louis Vilmorin et toujours continué jusqu'à présent est le pro-

Ferdinand Knauer, suivant une voie pour ainsi dire opposée, appliqua pendant longtemps la sélection basée sur les caractères extérieurs de la plante. Cet agronome

cédé généalogique employé depuis longtemps à l'égard de toutes les plantes dont l'amélioration a été entreprise par la maison Vilmorin. Il consiste dans l'évaluation des qualités à développer ou à fixer chez un certain nombre de sujets dont les plus parfaits seulement sont choisis comme reproducteurs, la descendance de chaque porte-graine étant conservée à part, éprouvée par un essai de culture et employée à la reproduction en grand seulement après qu'il a été constaté qu'elle a hérité dans la mesure voulue des bonnes qualités de la plante mère. C'est un procédé long, minutieux, dispendieux, mais extrêmement sûr et, à la longue, le plus avantageux de tous, comme les résultats le prouvent.

En ce qui concerne spécialement la betterave à sucre, voici la marche suivie. Sur des betteraves cultivées dans les conditions normales de la grande culture, quelques milliers de racines sont choisies qui présentent, avec un poids suffisant, toujours supérieur à 600 grammes, tous les caractères de forme et d'apparence extérieure propres à la race. Ces racines sont toutes marquées d'un numéro d'ordre ineffaçable, puis elles sont sondées à la main et le jus en est pesé en vue de connaître la densité, puis examiné au polarimètre, afin de déterminer la teneur réelle en sucre. A la suite de ces essais, quelques douzaines seulement de racines sont conservées pour porte-graines de choix et la graine de chacune est récoltée séparément.

L'année qui suit la récolte, tous ces lots, provenant chacun d'une seule racine, sont essayés individuellement et si quelqu'un donne des résultats inférieurs, en richesse ou en rendement, à ce qu'on est en droit d'attendre, ce lot est rejeté et détruit. Les autres, à part un petit échantillon qui est conservé pour servir à des essais comparatifs avec les générations suivantes, sont alors réunis et servent à élever des porte-graines qui, sans nouvelle analyse, sont employés à la production directe des semences.

Grâce à la sévérité et à la persévérance apportées à l'application de ce procédé, la race blanche améliorée Vilmorin a acquis une fixité de caractères remarquable et telle qu'il ne se trouve plus que fort rarement dans les porte-graines de choix une racine avait reconnu que les feuilles et le collet des betteraves riches présentent certaines particularités. Connaissant les caractères de la variété que l'on cultive, il est facile de pratiquer cette sélection dans le champ même, avant l'arrachage. On s'y rend au mois d'octobre, avec des ouvriers exercés, et on fait arracher et mettre de côté les sujets qui, par l'aspect de leurs feuilles et de leur collet, semblent les plus avantageux.

En France, quelques producteurs de graines de betteraves pratiquent la sélection d'une manière très complète en tenant compte d'abord des caractères extérieurs et ensuite de la richesse saccharine de la racine. On classe en deux catégories les mères à collet rose et les mères à collet vert : cela fait, on recherche dans chaque catégorie les sujets les mieux constitués, réunissant les caractères phy-

dont la descendance n'atteigne pas la richesse en sucre qui caractérise la race.

Un des points de leur procédé auquel MM. Vilmorin ont toujours attribué une extrême importance, c'est la culture, dans des conditions absolument normales, des racines destinées à être analysées au laboratoire. Il leur semble que les désappointements souvent éprouvés avec des graines provenant de betteraves analysées et ayant donné au laboratoire de merveilleuses richesses, sont dus précisément à ce qu'on avait opéré sur des racines dont la qualité sucrée provenait non pas des mérites mêmes de la race, mais d'une culture spéciale, faite avec ou sans intention, de manière à exagérer la richesse en sucre des racines au détriment de leur poids.

Depuis une quinzaine d'années, le système de sélection suivi dès l'origine pour la betterave blanche améliorée a été étendu par MM. Vilmorin à toutes les races de betterave à sucre qu'ils cultivent et que nous avons décrites dans le premier chapitre de cet ouvrage. Cette manière de faire a eu pour résultat de donner à ces diverses races une grande régularité, tant au point de vue des caractères extérieurs de grosseur, de couleur et de forme, que sous le rapport de la richesse saccharine particulière à chaque variété.

siques de la betterave riche et que nous avons exposés dans notre précédent chapitre, à savoir : racine allongée, conique, sans racines adventives, sillons saccharifères, fin chevelu, peau plissée circulairement ; petit collet ; chair blanche et cassante, cédant difficilement sous l'ongle, pivot central très ligneux, etc., etc.

Ce deuxième triage terminé, on procède à l'analyse de la plante. On prélève un petit cylindre au moyen d'une sonde qu'on enfonce perpendiculairement à l'axe de la racine. On dose le sucre de cet échantillon par la méthode de Viollette. L'analyse de nombreux échantillons de betteraves exige, il est vrai, un laboratoire et une organisation assez compliquée ; ces moyens de sélection ne sont guère qu'à la portée des producteurs de graines qui opèrent sur une grande échelle.

Le cultivateur qui ne possède ni laboratoire, ni installation spéciale pour l'analyse de ses betteraves mères devra recourir à des moyens plus simples. La sélection devra s'opérer d'après les caractères extérieurs et à l'aide du bain d'eau salée. La détermination des caractères extérieurs doit se faire dans le champ, en tenant compte de la forme et du développemant des feuilles.

Il existe une certaine relation entre le développement des feuilles et la qualité de la racine. Corenwinder déclarait, en 1876, dans une communication à l'Académie, que les betteraves qui ont des feuilles larges et très développées sont généralement plus riches en sucre que celles qui ont des feuilles petites et étroites. Dans une étude publiée en 1879 (1), cet agronome constatait le même fait sur un grand nombre de betteraves. Le D<sup>r</sup> Karmrodt a remarqué aussi que les feuilles larges, retombantes, correspondent à une plus grande richesse. Il y

---

(1) *Journal des fabricants de sucre*, 1879, n<sup>os</sup> 27 et 28.

a donc lieu de tenir compte de la forme des feuilles. Après la récolte, on fait une nouvelle sélection d'après les caractères extérieurs, puis on met en silos et on procède, au printemps suivant, à la sélection d'après la densité, en faisant usage d'un bain d'eau salée d'une densité déterminée. On lave d'abord les betteraves, on les plonge dans le bain, et on conserve pour la plantation toutes celles qui coulent à fond. Assurément, ce mode de sélection est moins précis que celui basé sur l'analyse saccharimétrique de chaque sujet. Mais il peut suffire dans la plupart des cas.

On peut affirmer que la sélection d'après les caractères physiques, l'examen des feuilles, du collet, la forme de la racine, la dureté de la chair, sa couleur, etc., suivie de la sélection d'après la densité constatée au bain salé, on peut affirmer que cette double sélection doit infailliblement produire, en quelques générations, une amélioration remarquable de la variété cultivée.

Le mode de sélection par l'eau salée est beaucoup plus rapide que celui qui consiste à classer les racines par ordre de richesse saccharine, c'est-à-dire en analysant par les procédés saccharimétriques usuels un échantillon prélevé sur chaque racine, et en mettant de côté, pour les replanter, toutes celles qui accusent une teneur en sucre égale ou supérieure à un taux minimum donné. La sélection par le bain d'eau salée présente certains inconvénients quand on opère sur les racines entières. Au bout de quelque temps, la terre, les impuretés qui entourent les betteraves, changent la densité des bains et il faut en préparer de nouveaux. Si l'on veut éviter cet inconvénient, il faut d'abord laver les betteraves, ce qui occasionne un surcroît de besogne assez onéreux.

Dans le but d'éviter ces manipulations, M. Louis Dervaux-Ibled, de Wargnies-le-Grand (Nord), a imaginé une méthode très ingénieuse de sélection par le bain d'eau salée. Ayant observé, dans des essais répétés sur plusieurs milliers de plantes, qu'un tampon prélevé avec une sonde dans le corps de la betterave, au tiers de la hauteur à partir du collet, et perpendiculairement à l'axe, a une densité inférieure de 1° à 1°2 à celle des jus, M. Dervaux a eu l'idée de baser sur cette observation une méthode de sélection très simple et très expéditive. Un petit tampon de betterave, prélevé comme il a été dit, flotte dans un bain d'une densité de 105° par exemple ; on en conclura que le jus de la betterave a une densité de 106 à 106°2.

Voici comment M. L. Dervaux décrit sa manière d'opérer :

« Nous choisissons, au moment de l'arrachage, de belles betteraves, c'est-à-dire celles qui, outre tous les caractères extérieurs recherchés d'ordinaire, ont un poids de 700 à 900 grammes. Elles sont déposées sur le bord des silos où on doit les conserver jusqu'au printemps. Là, des femmes munies chacune d'une sonde et d'une série de vases contenant 2 à 300 grammes d'eau salée, trient les betteraves en trois lots :

« 1° Celles dont l'échantillon prélevé au tiers flotte dans un bain à 105° sont envoyées à la fabrique.

« 2° Celles qui plongent dans un bain à 105°5 sont réservées pour être envoyées au laboratoire. C'est parmi celles-ci que l'analyse chimique désigne les mères destinées à régénérer l'espèce.

« Le reste, qui a une densité supérieure à 105, est mis en silos pour produire la graine livrée aux planteurs et au commerce.

« Cette méthode, outre les avantages établis précédemment, a donc de plus celui d'être expéditive ; elle permet à une ouvrière d'essayer 2 à 3.000 betteraves par jour. On comprend alors que pour répondre aux nécessités d'un

travail considérable, il ne faut pas une grande dépense
de main-d'œuvre. Quant à la blessure faite à la racine,
elle n'a aucune influence marquée sur sa végétation. La
pratique l'a démontré chez nous et chez tous les producteurs de graines qui sélectionnent en analysant le tampon prélevé à la sonde. »

Georges Ville procède à l'amélioration de la betterave
à sucre par la sélection basée sur les caractères physiques, le poids et la richesse de la racine (1).

« Il faut, en premier lieu, dit ce savant, choisir des betteraves bien faites, éviter les formes irrégulières, repous-
ser à la fois les racines trop grosses et les racines trop
petites. Entre 1,000 et 1,500 grammes on est dans de
bonnes conditions. Ce premier choix opéré, il faut analyser une à une chacune des betteraves. Pour cela, on enlève un morceau de racine de 20 à 30 grammes, à l'aide
d'une sonde en acier, au tiers de la hauteur à partir du
collet ; la zone à cet étage possède la richesse moyenne
de toute la racine. Au-dessous de 13 à 14 % de sucre, une
racine ne peut servir de porte-graines.

« La petite lacération que les racines ont subie ne nuit ni
à leur bonne conservation, ni à la production de la graine ;
mais il faut les conserver dans un silo très aéré et éviter
par-dessus tout la dessiccation. La graine ainsi obtenue
est affectée à la production d'une récolte sur laquelle on
opère une nouvelle sélection ne portant cette fois que sur
la forme et le poids des racines. La graine issue de cette
deuxième génération est la graine industrielle. Vous bor-
nez-vous à semer toujours la même graine : à mesure que
les générations se succèdent, le poids des récoltes diminue,
et la racine, qui avait à l'origine une forme si parfaite,
s'altère et devient fourchue. Donc altération de la forme

(1) Conférences de Bruxelles, 1874.

et abaissement du rendement. Il y a un moyen d'obvier à cet inconvénient : c'est de ne jamais arrêter la sélection. Il faut renouveler tous les deux ans les porte-graines, souches de la race. A cette condition seulement, le poids, la forme et la richesse se maintiennent. »

Les conditions dans lesquelles ont végété les betteraves parmi lesquelles on choisit les porte-graines ont naturellement une influence considérable. Nous avons vu comment le milieu de végétation peut modifier les caractères des races ou des variétés et en altérer plus ou moins la pureté. Aussi tous les producteurs de graines de betterave à sucre apportent-ils un soin tout spécial à la préparation du sol, du milieu de végétation des betteraves choisies pour la reproduction.

Chez MM. Desprez, à Cappelle (Nord), la production de la graine s'effectue dans les conditions suivantes :

Les terres destinées à recevoir la graine qui produira les betteraves-mères parmi lesquelles on choisira les sujets reproducteurs ou porte-graines, est préparée avec beaucoup de soin. On la laboure et la fume avant l'hiver, on donne au printemps les engrais chimiques et on exécute les façons nécessaires pour mettre le sol dans les meilleures conditions chimiques et physiques possibles. Sur cette terre ainsi soigneusement préparée, on sème au semoir, en lignes rapprochées, de manière à obtenir 10 sujets au mètre carré. On sème de fin mars au 10 mai. La betterave semée à la fin mars et dans la première quinzaine d'avril donne en général plus de poids et plus de sucre que celle semée tardivement. On donne de fréquents binages, en un mot on applique rigoureusement les principes de la culture rationnelle dont on trouvera l'exposé au cours de cet ouvrage.

Les betteraves produites dans ces conditions sont longues, à pivot unique, de forme régulière, et ont une richesse saccharine plus ou moins élevée suivant la variété. En septembre ou octobre, la betterave est arrivée à maturité. On procède à l'arrachage à la charrue. Cette opération se fait par un temps sec. Avant l'arrachage, on fauche le champ, afin d'enlever les feuilles. Le travail de la charrue est dirigé de telle sorte que les betteraves ne soient jamais atteintes par le soc. A mesure que la charrue s'avance, des enfants suivent le sillon, prennent les betteraves une à une, les secouent, les mettent dans des corbeilles, puis les transportent sur le bord du champ où on les met en silos. Ces silos ont une section verticale de forme triangulaire. La base mesure un mètre. La longueur est indéterminée. On recouvre les betteraves avec de la paille, puis avec de la terre ; mais on a soin de ne pas recouvrir le sommet du silo, afin d'éviter l'échauffement à l'intérieur. On augmente l'épaisseur de la couche de terre qui garnit les deux faces du silo à mesure que la température atmosphérique devient plus froide. Ainsi protégées, les betteraves se conservent sans altération jusque vers le mois d'avril, époque où elles sont replantées pour achever leur végétation en seconde année.

Avant la plantation, on procède au choix des porte-graines. On fait une première sélection d'après les caractères physiques, couleur, forme, dureté de la chair, etc., puis une seconde sélection, dans chaque catégorie, d'après la richesse saccharine. Nous avons vu (chap. 1er) que MM. Desprez cultivent trois races de betterave : 1° Race à chair dure ; 2° race à chair intermédiaire ; 3° race à chair tendre. Pour MM. Desprez, dureté de chair est synonyme de richesse et, en fait, l'analyse montre que la richesse s'élève en proportion de la dureté de la chair.

Ces trois races, qui, on l'a vu, exigent chacune (chap. I) des terres d'une fertilité spéciale, sont cultivées séparément, dans les conditions voulues pour le maintien des caractères physiques et chimiques.

La sélection par voie d'analyse se fait dans un vaste laboratoire installé d'après les indications de M. Viollette, doyen de la Faculté des Sciences de Lille, où l'on analyse plus de 2,500 betteraves par jour. On prélève sur chaque sujet, au moyen d'une sonde, un petit échantillon cylindrique et on détermine la teneur saccharine de cet échantillon par la méthode Viollette (inversion du sucre et titrage par la liqueur cuivrique). Grâce à la bonne organisation du laboratoire, ces opérations se font avec rapidité et ont une précision très suffisante.

Dans chaque race, cette double sélection, physique et chimique, permet donc de reconnaître les sujets les mieux doués comme forme, comme poids et comme qualité, et, par suite, les plus aptes à la reproduction.

MM. Desprez ont constaté que :

Les graines produites sur des betteraves classées d'après l'analyse donnent toujours 1 à 2 0/0 de richesse en sucre en plus et autant de rendement en poids que les graines venant de betteraves non analysées de la même race ;

On peut, sans rien craindre, semer sans les acclimater des graines de races françaises, dans n'importe quelle contrée, pourvu que la variété convienne au sol et aux engrais employés ;

Le poids de la betterave-mère n'exerce aucune influence tant au point de vue du rendement en sucre qu'au point de vue du rendement en poids, pourvu que les graines proviennent de betteraves mûres ;

Les betteraves semées en avril donnent un plus fort rendement en poids que celles semées en mai, et celles semées dans la première quinzaine de mai donnent un meilleur résultat que celles semées dans la première ou la seconde quinzaine de juin ;

Il est préférable, pour avoir un bon rendement en poids et en sucre, d'observer entre les plantes un écartement tel qu'il y ait au moins 10 betteraves par mètre carré ;

L'influence de la richesse en sucre de la betterave porte-graines se fait sentir sur les betteraves produites par sa graine ;

Les graines produites sur des sujets classés après analyse ne donnent pas les mêmes résultats, si ces sujets sont de race différente ; ce qui démontre l'influence de la race.

MM. Desprez ont étudié la question de savoir si le *poids des mères* influe sur la qualité des graines et la valeur qualitative et quantitative de la génération suivante. Voici ce qu'ils ont constaté :

« En ce qui concerne l'influence du poids des betteraves-mères sur la graine et sur la valeur quantitative de la récolte suivante, les nombreuses observations faites par nous, confirmées par des expériences faites à l'étranger, montrent que cette influence est nulle lorsque les semenceaux ont été récoltés à *maturité* ; exemple : deux semenceaux pesant l'un 90 grammes, l'autre 1 kg. 220 et riches à 12 0/0 ont fourni de la graine. Celle-ci, semée dans les mêmes conditions, a donné : d'une part, 56,866 kg. betteraves à l'hectare et 13.93 0/0 sucre ; d'autre part, 55,926 kg. et 13,52 0/0 sucre, soit une différence de poids et de richesse à l'avantage des graines du semenceau de 90 grammes. Les semenceaux de grosseur moyenne, 400 à 700 gr., seraient les meilleurs. »

Les terres destinées à recevoir les porte-graines reconnues aptes à la reproduction doivent être en excellent état. C'est un point sur lequel il y a lieu d'insister. Chez

MM. Desprez, le sol est peu ondulé, argileux, glaiseux en beaucoup d'endroits et dépourvu de calcaire. La couche végétale était, il y a vingt ans, de 0 m. 20 à 0.25 ; elle est en ce moment de 0.25 à 0.30 et sera dans quelques années de 0.30 à 0,35. Cette augmentation de la terre végétale a été obtenue au moyen d'engrais et de labours faits chaque année de plus en plus profondément. Le terrain était humide ; il a été drainé. Toutes les terres devant produire de la betterave, on en laboure une partie à l'automne, à 0.35. Ce labour ramène à la surface une couche d'argile d'environ 0.05 dont on combat l'acidité par la chaux de marne, à raison de 10,000 kg. à l'hectare.

C'est ainsi que MM. Desprez sont arrivés à posséder un sol profond, meuble, calcaire, très favorable à la production de la betterave riche.

Pour la culture des porte-graines, on laboure avant l'hiver de 0.25 à 0.30 et au printemps de 0.20 à 0.25 pour enfouir le *fumier*, les *tourteaux, chiffons de laine, sang desséché, engrais chimiques*, qui sont toujours mis *au printemps*. La somme de ces engrais est de 550 à 650 francs. M. Desprez estime que la betterave porte-graines, qui est très épuisante, absorbe les deux tiers de ces engrais. L'autre tiers figure au compte du blé qui vient ensuite et est cultivé sans nouvel apport d'engrais. Après la plantation des porte-graines, on donne quatre ou cinq façons de houe à cheval à une profondeur variant de quelques centimètres à $0^m15$. Puis on billonne dans la dernière quinzaine de juin.

La plantation des porte-graines se fait en carrés, ou en rectangles de 70 cent. sur 50 cent. On coupe les queues trop longues, puis, au moyen d'une bêche, longue et étroite, on ouvre le sol et on y introduit une betterave. On tasse la terre avec le pied.

Lorsque les graines sont mûres, vers la fin d'août, on coupe les tiges avec une faucille. La graine mûre prend une teinte jaune tirant sur le brun. Les tiges sont mises en moyettes, les graines en haut, et la maturité s'achève. On sépare les graines en peignant les tiges sur une table munie de dents en fer ou en bois. Puis la graine est criblée et mise en sacs, que l'on conserve dans un endroit sec et à l'abri des rongeurs.

Chez M. J. Simon-Legrand, à Auchy (Nord), la culture de la betterave à sucre pour porte-graines et la sélection présentent certaines particularités. M. Simon-Legrand attache notamment une grande importance au changement de climat.

« Soumise, comme toutes les autres plantes, aux lois de la physiologie végétale, plus que toutes les autres peut-être, la graine de betterave, dit M. Simon Legrand, a besoin d'être renouvelée, de changer de sol et de climat pour conserver ses qualités et aussi pour les améliorer. Cette transplantation, à laquelle nous obligent les lois de la physiologie, est cause que des cultivateurs ont parfois observé que la graine produite chez eux levait plus vite que celle provenant d'autres régions de la France, cultivée, par conséquent, sur un sol de composition différente. Les betteraves provenant des graines de leur propre récolte, poussant dans les mêmes conditions de sol et de climat que les graines qui les ont produites, peuvent lever moins lentement que les sujets issus des graines de nos races, récoltées dans une autre région. Mais, à l'arrachage, il s'en faut de beaucoup que les deux produits soient identiques.

« Dès la première année, en effet, on a observé que la betterave de graine récoltée dans le pays commençait à dégénérer et cette dégénérescence va en s'accentuant de plus en plus, chaque année ; tandis que le produit venant de graine originaire de chez nous, récoltée par conséquent dans une autre contrée, était bien supérieur à l'autre sous tous les rapports, et surtout au point de vue de la richesse en sucre et de la pureté des jus. La constatation des mêmes faits, souvent renouvelés, semble bien indiquer du doigt la nécessité de régénérer la betterave, en la changeant de terrain et de climat, sous peine de lui voir perdre toutes ses qualités sucrières. »

Walkhoff, une autorité en ces matières, est aussi d'avis qu'il est souvent très utile de changer la graine pour les betteraves, comme on est obligé de le faire pour les céréales, en faisant venir de temps en temps des semences de provenance étrangère :

« Il importe de ne pas oublier, remarque cet auteur, que les qualités de la semence se modifient souvent dans d'autres conditions de végétation, et cette dégénérescence est encore un motif pour renouveler fréquemment les graines, si l'on veut s'assurer une récolte de betteraves de bonne qualité. J'ajouterai que le renouvellement de la graine est essentiel surtout dans l'intérêt du fabricant de sucre. Les graines provenant des pays froids transportées dans des climats tempérés donnent des betteraves plus robustes et plus vivaces. »

L'influence du renouvellement de la graine est donc incontestable, si nous nous en rapportons aux praticiens que nous venons de citer. C'est à la suite de nombreuses recherches et de ses essais comparatifs sur ce point que M. Simon-Legrand s'est mis à cultiver la betterave destinée à produire la graine alternativement en France et en Allemagne. M. Simon-Legrand avait reconnu, en effet, que les variétés étrangères d'Allemagne et de Pologne semées directement en France ne produisaient d'abord que des sujets très racineux, même dans les terrains les plus fertiles. Au bout de quelques années d'acclimatation, lorsque ces graines étaient arrivées à produire des sujets de forme régulière, d'un rendement cultural plus satisfaisant, les betteraves avaient déjà beaucoup perdu de leurs qualités saccharines.

« Le problème qui se présentait à nous, dit M. Simon-Legrand, réclamait donc une double solution. Obligé de tenir compte de l'alliance des intérêts qui lient l'agriculture à l'industrie, il fallait, en effet, pour trouver l'amélioration de notre betterave, lui faire acquérir la même richesse que les sujets de race étrangère, et en la plaçant dans les mêmes conditions de sol et de climat, la régénérer en lui infusant un sang nouveau, si l'on peut s'exprimer ainsi, tout en lui conservant les mérites et les qualités éminemment précieuses qui caractérisent les races que nous cultivons.

« Or, voici comment nous procédons : nous faisons revenir, chaque année, d'Allemagne, de Belgique, de Hollande, pays dont le climat et le sol sont tout à fait diffférents des nôtres, une grande quantité de betteraves provenant de nos races de meilleur choix et dont les graines ont été produites chez nous. Nous avons le soin d'en faire effectuer le transport dans des caisses, pour éviter à la plante toute blessure qui pourrait la détériorer. Issus de nos graines de bonnes races, ces sujets, récoltés en Allemagne, sont plantés à nouveau dans nos fermes du nord de la France, pour produire la graine. Par contre, on expédie, en employant les mêmes précautions que plus haut, dans diverses régions d'Allemagne qui nous servent de cultures régénératrices, un grand nombre de lots de betteraves, provenant tous de nos meilleurs choix, récoltés dans nos fermes du Nord.

« Ayant constaté que ces transplantations, faites alternativement sous des climats différents, dans des sols de natures diverses et en suivant des modes de culture variés, produisaient le meilleur effet, en contribuant beaucoup à l'amélioration de la plante, nous avons continué, pendant plusieurs années de suite, ce *chassé-croisé* de produits récoltés en France, transplantés en Allemagne pour s'y régénérer, puis rapportés en France et plantés à nouveau pour servir de porte-graines.

« Depuis l'époque où nous avons mis en pratique ce mode d'opérer, les bons résultats obtenus ont dépassé de beaucoup notre attente et certains fabricants ont été à même d'apprécier, à leur grande satisfaction, la bonne influence exercée sur la betterave par ces transplantations successives. »

Quant à la sélection, elle s'opère chez M. Simon-Legrand à l'aide du contrôle de l'analyse chimique. Un vaste laboratoire est installé au centre des cultures, dans la ferme d'Auchy. Un personnel expérimenté procède au triage des meilleurs plants, d'après certains caractères extérieurs et on choisit, parmi les lots, les sujets les plus beaux et de meilleure forme, pour les envoyer au laboratoire.

On prélève un échantillon sur chaque racine au moyen de la sonde et, si la teneur saccharine accusée par l'analyse, confirme la bonne opinion que la forme et les caractères extérieurs avaient fait concevoir, ce sujet est alors admis à la plantation. Après avoir procédé de la même façon, sur chaque variété de betteraves, on les range par catégories de richesse, correspondant comme aux degrés d'une échelle, au sommet de laquelle est placée la betterave la plus riche. En écartant, aussi scrupuleusement que possible, tous les plants ne présentant pas une densité satisfaisante, et tous ceux qui sont racineux ou de forme défectueuse, on a la certitude de n'avoir que des sujets de premier choix pour porte-graines.

Grâce à cette application de la sélection physique et chimique, combinée avec la régénération des graines par le fréquent changement de climat et de sol, M. Simon-Legrand est arrivé à produire des variétés de betteraves pouvant satisfaire les intérêts de la culture et de la sucrerie dans la plus large mesure possible.

M. Olivier-Lecq, producteur de graines de betteraves à sucre, à Templeuve (Nord), a imaginé une série d'appareils permettant d'effectuer avec rapidité l'analyse d'un grand nombre de betteraves porte-graines. Son procédé n'est autre que celui de M. Viollette. Dans un rapport à la Société d'encouragement, M. Aimé Girard, professeur au Conservatoire des Arts et Métiers, a donné la description de la méthode et des appareils Olivier Lecq. Appliquant à la betterave elle-même le procédé d'analyse par la liqueur cuprique que Barreswill avait imaginée, en 1838, pour l'analyse des sucres, M. Viollette, doyen de la Faculté des sciences de Lille, a mis à la disposition de ces producteurs une méthode simple et rapide, qui, bientôt, est devenue classique dans leurs laboratoires.

C'est à ce procédé qu'a recours M. Olivier-Lecq ; mais, si rapide qu'en soit la pratique, M. Olivier-Lecq a cherché à la rendre plus rapide encore, en modifiant la sonde à l'aide de laquelle on prélève sur la betterave porte-graine l'échantillon qui doit être analysé ; en remplaçant le bain-marie, ordinairement employé, par un bain de sable tournant, en donnant enfin à l'appareil d'analyse lui-même une mobilité telle que l'opérateur n'ait aucun déplacement et, par suite, aucune perte de temps à subir.

La sonde dont on fait habituellement usage se compose d'une sorte de gouge demi-cylindrique que l'on introduit dans le corps de la betterave, pour ensuite détacher, par un mouvement de rotation, un fragment cylindrique de la racine. L'emploi de cet outil présente plus d'un inconvénient. Celui par lequel M. Olivier Lecq propose de le remplacer se compose d'un cylindre vertical fonctionnant à l'aide d'un levier. A la partie inférieure, sont disposés, sur deux plans, quatre couteaux ; à la partie supérieure est réservée une échancrure de 8 centimètres de longueur environ, échancrure dans laquelle vient se loger le fragment de la betterave divisé d'un seul coup en neuf morceaux, et qu'aussitôt, à l'aide d'un couteau à poignée, on enlève pour le porter à la balance.

L'inversion du sucre contenu dans la betterave a lieu comme d'habitude, et en suivant la méthode de M. Viollette, au moyen de l'acide sulfurique étendu ; dans de petits matras de $100^{cc}$, on jette les fragments de betterave pesés, on les recouvre de la solution acide, et les matras sont portés au bain de sable.

Celui-ci se compose de deux plateaux en tôle couverts de sable , portés par deux arbres verticaux, dont l'un est commandé directement par un mouvement d'horlogerie, dont l'autre reçoit du premier, au moyen d'une chaîne de Vaucanson, un mouvement de même vitesse. Au-dessous de chacun de ces plateaux est disposée une rampe circulaire à gaz ; sur chacun d'eux on peut placer environ 50 matras à la fois, et le travail, d'ailleurs, est conduit de telle façon que l'un des deux plateaux soit à point pour être dégarni au moment même où l'on achève de garnir l'autre. Chaque matras, bien entendu, est soigneusement numéroté.

L'appareil d'analyse enfin se compose de trois étoiles superposées, à cinq branches chacune, et qu'entraîne dans un même mouvement de rotation le manchon commun sur lequel ces étoiles sont montées. Chacune des branches de l'étoile inférieure est percée de cinq trous fermés par une toile métallique ; sur cette toile métallique, on asseoit cinq tubes à essai dont l'extrémité supérieure est prise dans les trous correspondants de l'étoile qui, placée au-dessous de la première, est destinée à remplir le rôle de guide ; au-dessus de ce guide, enfin, est montée une troisième étoile portant à chaque branche cinq pipettes graduées à robinet. La manœuvre d'un semblable appareil est aisée à comprendre : l'opérateur amène devant lui l'une des cinq séries d'appareils placés dans un même plan vertical ; dans chaque tube il verse 10$^{cc}$ de liqueur cuprique ; dans chaque burette soigneusement numéro-tée, il introduit le liquide sucré inverti, provenant d'une betterave déterminée, et dans la solution cuprique cor-respondante, il fait écouler une certaine proportion de ce liquide sucré. Aussitôt toute la série d'appareils est tour-née de 72 degrés, et les tubes sont amenés au-dessus d'une petite rampe à gaz, à cinq becs, qui bientôt déter-mine l'ébullition du liquide que ces tubes contiennent, et détermine, par conséquent aussi, la précipitation d'une partie de l'oxydule de cuivre.

Pendant ce temps, la série suivante a été préparée de la même façon ; comme la première, elle est conduite au-dessus de l'appareil de chauffage ; et les choses se continuent ainsi jusqu'à ce que l'analyse ait pris fin par la décoloration complète de la liqueur cuprique.

« Il est inutile d'insister davantage sur la description de ces appareils, ajoute M. Aimé Girard ; ils sont simples, d'un maniement commode, et peuvent certainement contribuer à vulgariser l'emploi de l'analyse chimique pour la détermination de la richesse saccharine des bet-teraves, aussi bien de celles qui, chez les producteurs de graines, sont destinées à la sélection, que de celles qui, chaque jour, sont par le cultivateur amenées à la porte de la sucrerie. »

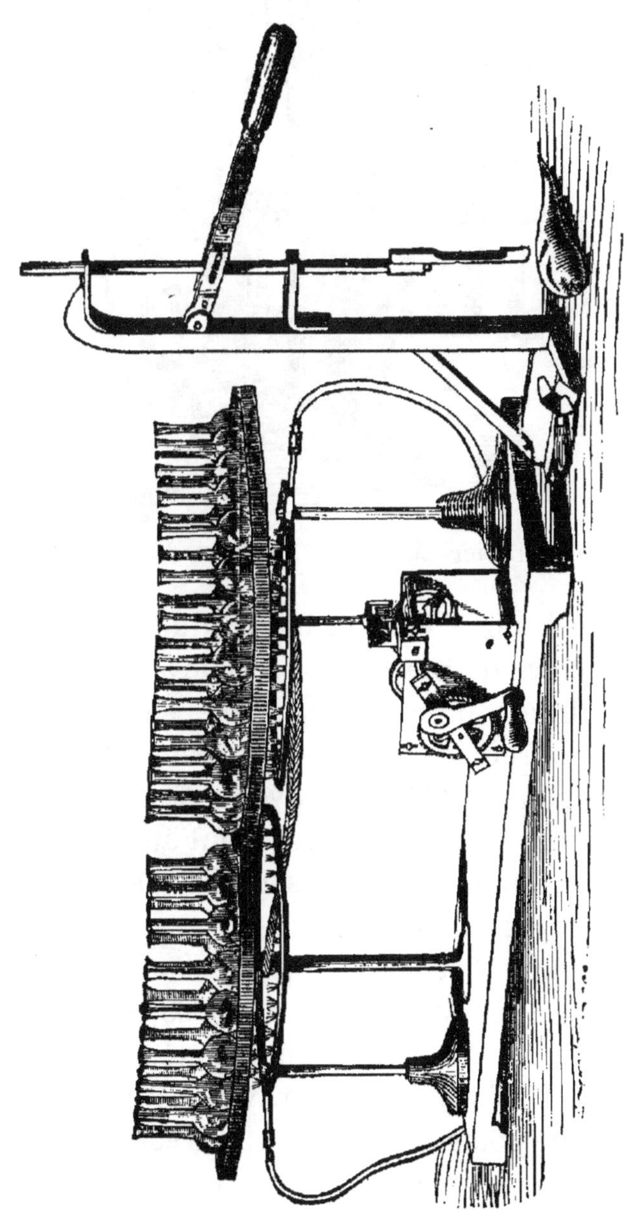

Appareil Olivier-Lecq pour l'analyse des betteraves.

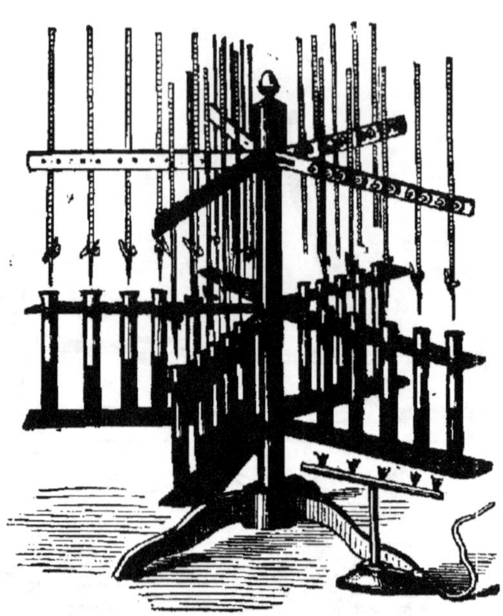

Appareil Ollivier-Lecq pour l'analyse des betteraves.

Chez MM. Dippe frères, grand producteurs, à Quedlin-bourg (Province de Saxe), on procède à la sélection phy-sique et chimique dans les conditions suivantes.

MM. Dippe frères conservent soigneusement, pendant l'hiver, environ 100,000 betteraves-mères ; puis, au prin-temps, de mars à avril, ils procèdent au choix de bette-raves d'élite en opérant le classement d'après la richesse indiquée par l'essai polarimétrique.

Sur les 100,000 betteraves mères conservées pendant l'hiver, MM. Dippe ne choisissent que 33,000 racines, dites *betteraves d'élite*. Du moins telle a été la proportion en 1883. Le reste, soit 67,000 betteraves, est donné au bétail.

La méthode polarimétrique employée pour la sélection chimique est celle qu'à décrite M. Rimpau (1), l'agronome

(1) *De la selection appliquée aux plantes cultivées*, par W. Rimpau. Voir le calendrier agricole de Mentzel et V. Lengerke pour 1883 : production de la graine de betterave.

de Schlanstedt, dont le nom est bien connu de tous ceux qui se sont occupés de la sélection. On verra plus loin en quoi consiste cette méthode.

On ne soumet à l'essai saccharimétrique que les mères pesant plus de 400 grammes. MM. Dippe estiment que l'essai par la liqueur cuivrique (méthode Violette, Fehling, etc.) est inexacte, et c'est pourquoi ils se servent du polarimètre.

Afin d'obtenir une grande précision dans l'amélioration de leurs racines par la sélection, MM. Dippe n'essayent jamais les betteraves d'un faible poids, attendu qu'avec de petites racines, les variations de la teneur saccharine sont, disent-ils, trop minimes. Les meilleures betteraves sont celles de 600 grammes. Toutes celles au-dessous de 400 gr. ne sont pas essayées pour la raison que nous venons de dire.

Comme fumure, MM. Dippe emploient, en général, au printemps, pour les betteraves-mères, 50 kg. de nitrate de soude et 100 kg. de Guano du Pérou (à 4 % d'azote et 13 % d'acide phosphorique) par arpent de 1/4 d'hectare. Jamais on ne met de fumier sur la betterave. Les champs sont labourés à l'automne, soit avec des bœufs, soit à la vapeur.

L'exploitation de MM. Dippe frères comprend plus de 1,800 hectares dont 500 à 600 sont consacrés à la culture des porte-graines de betteraves à sucre.

Voici comment on procède à la sélection des mères :

Les betteraves destinées à être analysées au point de vue de leur richesse, sont semées en lignes distantes de 18 pouces (0 $^m$ 47) (1), chaque betterave est éloignée de ses voisines de 10 pouces (0 $^m$ 26). Cette distance, assez grande pour des betteraves sucrières, est choisie ainsi afin que

(1) Le pouce allemand = 0 m. 02615.

les betteraves se développent librement. Lors de l'arrachage, ces betteraves sont soigneusement triées ; toutes celles qui ne paraissent pas être de bons représentants de l'espèce sont rejetées, les autres sont ensilotées dans des silos plats, de telle sorte que chaque betterave est complètement entourée de terre ; les betteraves ainsi conservées poussent d'une manière UNIFORME. Pendant huit semaines environ, au mois de mars, on procède au choix des betteraves les plus riches.

Pour analyser les sujets, un homme transperce la betterave au moyen d'une sonde, de haut en bas, suivant une direction qui fait un angle de 45° avec l'axe de la betterave. Le cylindre de 1 centimètre de diamètre ainsi obtenu, est remis à la place qu'il occupait dans la betterave. Chaque betterave est placée ensuite sur une des cinq tables de l'atelier, divisées en seize carrés numérotés, et y occupe une case ; à côté de la betterave se place le ballon gradué, le filtre et le verre nécessaires à l'analyse. Le cylindre enlevé hors de la betterave est pressé, sans être râpé, dans deux puissantes presses à vis, spécialement construites dans ce but. Ces presses sont manœuvrées par deux hommes vigoureux qui agissent sur un volant de 1 mètre de diamètre. La tige filetée de la presse agit sur un cône en cuivre qui comprime le cylindre de betterave dans un réceptable également conique. Dans ce réceptable sont disposés plusieurs doubles d'un tissu métallique, et le jus s'écoule par un trou pratiqué dans la partie inférieure de la boîte. Un joint en caoutchouc empêche le jus de s'échapper entre le cône en cuivre et la boîte conique. Le jus recueilli dans un petit réservoir est aussitôt placé à côté de la betterave dont il provient. On prélève 5$^{cc}$ de ce jus au moyen d'une pipette graduée et on l'introduit dans un flacon gradué de 25$^{cc}$ préalablement garni d'un peu de sous-acétate de plomb. On remplit ensuite le flacon jusqu'à la marque. Le jus filtré est introduit dans des tubes de polarisation, dont on possède un grand approvisionnement; ces tubes sont disposés côte à côte sur un support numéroté. Le jus est ensuite polarisé. Le polarimètre est disposé pour marquer une teneur en sucre de 12,34 %. *Les betteraves qui n'atteignent pas ce chiffre sont rejetées.*

Un second polarimètre est ensuite disposé pour marquer 14 % *de sucre.* Le petit nombre de betteraves qui atteignent ce chiffre sont conservées spécialement *comme betteraves d'élite.* On ne détermine donc pas la teneur exacte en sucre du jus de chaque betterave, mais simplement, *et cela seul est nécessaire, si la betterave reste dans de certaines limites relativement au sucre qu'elle contient.* Il est évident que les erreurs d'observation sont augmentées par suite de la dilution de 5$^{cc}$ de jus à 25$^{cc}$, mais on obtient quand même un titrage parfait. Le nombre des betteraves ainsi analysées oscille, d'après le livre d'analyses, de 700 à 800 par jour, soit 750 en moyenne.

Le personnel occupé dans le laboratoire était de 50 hommes et femmes au printemps de 1883, soit :

1 homme pour la surveillance des travaux ;

1 homme pour sonder les betteraves ;

4 hommes pour les deux presses ;

1 homme pour introduire le jus dans les ballons gradués ;

2 hommes pour compléter le volume de 25$^{cc}$ et introduire le jus dans les tubes polarimétriques ;

1 homme observait le polarimètre et notait les résultats ;

1 homme introduisait les betteraves dans différents paniers suivant leur qualité ;

4 jeunes filles nettoyaient le matériel ;

1 jeune fille fabriquait les filtres.

7.

Les betteraves d'élite renfermant 14 p. c. de sucre et au delà servent à produire les graines pour les betteraves dont nous avons parlé au commencement de cette description, et qui, par conséquent, seront analysées à la génération suivante. Les autres betteraves, jugées dignes d'être utilisées produisent suffisamment de graines pour produire les porte-graines de l'année. La possibilité résulte du calcul suivant :

Si on analyse, pendant 4 semaines, 750 betteraves pendant les 6 jours ouvrables de chaque semaine, et en admettant, selon MM. Dippe, que les 2/3 de betteraves analysées soient jugées bonnes, on a 12,000 betteraves.

Si on plante celles-ci à trois pieds de distance, de tous côtés, cela donne une superficie de 4 arpents ; si on récolte par arpent 8 quintaux (de 50 kg.) de graines, ce qui est un minimum, on peut ensemencer avec les 33 1/2 quintaux produits, une superficie de 225 arpents, en comptant 15 livres par arpent. Comme un arpent de betteraves destinées à servir de porte-graines, peut suffire pour planter 8 à 10 arpents de porte-graines, il en résulte que les betteraves analysées suffisent à une superficie de 1,800 arpents de porte-graines.

*MM. Dippe font leur triage au printemps et non en automne, afin de laisser de côté les betteraves qui ont une tendance à ne pas se conserver.*

En 1881, l'analyse a pris 6 semaines, et on est parvenu à analyser 1,500 à 2,000 betteraves par jour. La culture de porte-graines de MM. Dippe se montait, en 1882, à 2,000 arpents (plus de 500 hectares).

Au printemps de 1883, les installations de l'atelier de polarisation avaient été doublées, de sorte que l'on analysait par jour plus de 1,700 betteraves. Les travaux de polarisation ont duré, cette même année, environ 8 semaines et on a analysé plus de 66.000 betteraves, dont

36,000 environ furent jugées assez riches pour être employées comme porte-graines. Les cultures propres de MM. Dippe, affectées à la production de la graine de betterave ont occupé, dans l'été de 1883, plus de 500 hectares.

MM. Rabbethge et Giesecke, à Klein-Wanzleben, près de Magdebourg, les créateurs de la betterave *Klein-Wanzleben originale*, procèdent dans des conditions particulières.

Jusqu'en 1858, la sélection des porte-graines ne se faisait à Klein-Wanzleben que d'après la forme, l'aspect des betteraves, de leurs feuilles ; certaines remarques faites sur les racines permettaient de distinguer les sujets riches. Cette sélection empirique continuée avec une grande persévérance et un soin minutieux a produit ce résultat que le type de la Klein-Wanzleben de MM. Rabbethge et Giesecke est devenu d'une pureté idéale. Les sujets, disent-ils, ne se ressemblent pas seulement comme des frères, mais comme des jumeaux.

A partir de 1859, on compléta la sélection par l'épreuve au bain d'eau salée, puis par l'analyse chimique et la détermination de la polarisation.

Ce qui distingue surtout la sélection de MM. Rabbethge et Giesecke, c'est la *grande importance qu'on attache au poids des sujets analysés*. Une betterave de 1,500 grammes et de 16 % de sucre est plus précieuse aux yeux de MM. Rabbethge et Giesecke qu'un sujet de 400 grammes à 20 % de sucre. On n'analyse jamais à Klein-Wanzleben sans peser les sujets, et les sujets choisis réunissent toujours *un grand poids et une grande richesse*. Voilà pourquoi ce ne sont pas les sujets de 300, 400 ou 500 gr. de la Klein-Wanzleben originale qui sont les plus riches, mais bien les sujets d'un poids normal de 700 à 800 grammes. Quant aux betteraves de 400 gr., MM.

Rabbethge et Giesecke les considèrent comme des « estropiées ».

Voilà aussi pourquoi des sujets de 1,000 à 2,000 gr. conservent une richesse relativement énorme. Le but qu'ont poursuivi MM. Rabbethge et Giesecke leur a été tout indiqué par le fait qu'ils étaient à la fois fabricants de sucre, cultivateurs et propriétaires. Ils tenaient à obtenir le maximum de sucre et le maximum de rendement à l'hectare.

Malgré son rendement cultural considérable, la Klein-Wanzleben conserve une supériorité marquée comme richesse saccharine.

Les graines de la Klein-Wanzleben originale offertes au commerce proviennent directement de porte-graines d'un poids normal de 800 à 900 grammes. Les sélecteurs de la Klein-Wanzleben originale n'ont jamais recours à la production des porte-graines d'un faible poids, provenant de semailles tardives et très serrées. Il faut dire que ce qui permet à MM. Rabbethge et Giesecke de faire la sélection sur des betteraves d'un poids normal de 800 à 900 gr., c'est l'étendue considérable de leur domaine. Ils plantent de 1,000 à 1,400 hectares de betteraves pour leurs propres besoins.

« Nous pesons, nous écrivent ces messieurs, et polarisons les sujets d'abord reconnus comme types *purs* de notre race provenant d'un champ de betterave d'élite, jusqu'à ce que nous ayons un nombre de 20,000 sujets qui répondent à toutes nos exigences au point de vue du poids et de la richesse. Ces 20,000 *mères élites*, toutes individuellement pesées et analysées, nous fourniront un hectare de *mères* produisant de 2,000 à 3,000 kilos de *graines élites*. Selon la quantité récoltée, ces *graines élites* nous procureront de 60 à 100 hectares de *betteraves-élites*, soit cinq à sept millions de plantes. C'est dans celles-ci que nous choisissons les 1,500,000 *porte-graines* nécessaires pour occuper 100 hectares qui produisent les graines que nous plantons nous-mêmes en grand pour notre fabrique et que nous livrons à nos clients.

« Comme autre moyen de sélection et de régénération, nous appliquons la *sélection en famille*. Des centaines de *sujets élites*, spécialement remarquables sous tous les rapports, sont plantés, isolés les uns des autres ; la graine de chaque sujet est récoltée à part pour être plantée séparément. Si dans les descendants nous découvrons des sujets qui surpassent la *souche-mère*, sous tous les rapports, et si l'amélioration reste constante pour quelques sujets à travers plusieurs générations, nous nous en emparons pour les introduire dans les mères-élites.

« En ce qui concerne le doute qui a été émis qu'il ne nous serait pas possible de trouver suffisamment de porte-graines du poids élevé que nous exigeons, ce doute disparaîtra par l'examen des analyses suivantes qui, pour votre édification, ont été exécutées sur 200 sujets prélevés dans notre champ de betteraves d'élite de 1883, et qui l'année passée, ont produit les graines que nous livrons actuellement. Ces betteraves ont été arrachées quelques jours avant la récolte du champ, les unes à la suite des autres, sans en passer aucune, et par groupes de 50 sujets ; l'arrachage et la polarisation ont eu lieu le 30 octobre :

| Grammes. | Sucre | Grammes. | Sucre | Grammes. | Sucre | Grammes. | Sucre |
|---|---|---|---|---|---|---|---|
| 1550 | 11.24 | 1050 | 15.02 | 400 | 16.13 | 850 | 16.23 |
| 1450 | 13.68 | 950 | 5.67 | 550 | 15.62 | 1650 | 15.62 |
| 600 | 16.13 | 850 | 15.78 | 750 | 16.63 | 700 | 15.11 |
| 700 | 16.48 | 1350 | 16 03 | 800 | 16.38 | 600 | 16.13 |
| 1000 | 14.93 | 550 | 16.68 | 700 | 16.33 | 950 | 16.28 |
| 800 | 15.11 | 500 | 15.87 | 1000 | 16.33 | 1050 | 15.62 |
| 1250 | 14.35 | 850 | 15.62 | 400 | 16.83 | 900 | 13.84 |
| 1200 | 14.75 | 900 | 15.73 | 1000 | 16 43 | 1100 | 14.60 |
| 1100 | 15.62 | 1150 | 15.26 | 700 | 15.92 | 900 | 14.35 |
| 700 | 15.37 | 1450 | 14.71 | 850 | 16.13 | 900 | 15.26 |
| 900 | 15.72 | 400 | 15.01 | 800 | 16 88 | 650 | 15.87 |
| 850 | 15.01 | 400 | 16.02 | 1050 | 16.38 | 700 | 15.11 |
| 750 | 15.37 | 800 | 15.82 | 1050 | 15.47 | 1150 | 15.87 |
| 950 | 14.70 | 750 | 15.77 | 800 | 16.83 | 450 | 15.26 |
| 600 | 15.11 | 800 | 16.78 | 550 | 16.88 | 450 | 16.13 |
| 1000 | 15.37 | 500 | 15.72 | 650 | 16.13 | 800 | 16.13 |
| 800 | 15.52 | 500 | 15.11 | 650 | 16.63 | 800 | 15.52 |
| 1000 | 14.04 | 500 | 16.13 | 700 | 17.63 | 1900 | 14.60 |
| 950 | 14.60 | 950 | 15.37 | 750 | 16.23 | 1150 | 13.52 |
| 1250 | 14.29 | 750 | 15.42 | 1350 | 16.13 | 1450 | 12.95 |
| 1100 | 16.38 | 850 | 15.62 | 1000 | 15.62 | 850 | 14.91 |
| 1150 | 15.26 | 650 | 15.67 | 900 | 16.13 | 800 | 15.87 |
| 1250 | 15.21 | 1000 | 15.62 | 850 | 16.23 | 850 | 14.86 |
| 700 | 15.11 | 600 | 15 87 | 700 | 16.78 | 700 | 14.86 |
| 1250 | 14.51 | 1600 | 14.29 | 1050 | 16.62 | 850 | 15.11 |
| 1050 | 14.19 | 1100 | 13.26 | 1400 | 16.13 | 1100 | 15.11 |
| 1000 | 15.21 | 1050 | 12.65 | 850 | 16.88 | 1050 | 15.87 |
| 1100 | 13.73 | 950 | 15.77 | 900 | 16.42 | 800 | 15.62 |
| 600 | 16.28 | 650 | 15.11 | 1000 | 15.62 | 650 | 16.13 |
| 950 | 14.92 | 1350 | 15 62 | 650 | 17.13 | 1250 | 14.86 |
| 1500 | 15.87 | 950 | 15.21 | 1050 | 16.63 | 1000 | 15.11 |
| 1350 | 15.26 | 750 | 15.62 | 800 | 18.13 | 900 | 16.38 |
| 1450 | 14.60 | 950 | 16.13 | 750 | 17.13 | 900 | 16.53 |
| 1250 | 15.06 | 700 | 15.82 | 400 | 16.63 | 1050 | 15.87 |
| 1050 | 15.26 | 700 | 15 26 | 550 | 17.13 | 950 | 15.82 |
| 950 | 15.26 | 650 | 16.38 | 500 | 16.63 | 700 | 16.38 |
| 850 | 14.19 | 600 | 16.58 | 800 | 16.73 | 850 | 14.09 |
| 1700 | 11.76 | 700 | 16.38 | 800 | 15.23 | 750 | 14.06 |
| 650 | 14.24 | 1250 | 13.11 | 1050 | 17.43 | 1000 | 15.06 |
| 1000 | 14.86 | 900 | 15.11 | 1250 | 16.63 | 650 | 16.06 |
| 600 | 16.28 | 950 | 15.97 | 550 | 16.63 | 2100 | 14.35 |
| 1860 | 14.86 | 800 | 15.21 | 900 | 17.43 | 1300 | 12.95 |
| 1200 | 13.52 | 650 | 15 87 | 300 | 17.18 | 1100 | 15.24 |
| 1000 | 14 35 | 550 | 16.23 | 950 | 17.13 | 600 | 13.06 |
| 1000 | 14.73 | 400 | 16 23 | 1100 | 14.86 | 750 | 13.84 |
| 950 | 14.00 | 500 | 16.13 | 1100 | 14.45 | 1150 | 14.65 |
| 1100 | 14.75 | 350 | 16 42 | 700 | 16.13 | 600 | 15.77 |
| 700 | 15.62 | 700 | 17.13 | 700 | 15.62 | 1250 | 14.35 |
| 1050 | 16.13 | 900 | 14.19 | 750 | 16.68 | 1200 | 13.32 |
| 900 | 15.62 | 1200 | 14.45 | 600 | 15.62 | 950 | 13.84 |

« De l'examen de ces chiffres, il résulte que sur 200 sujets il n'y avait :

que 11 sujets au-dessous d'un poids de 500      grammes.
   12       »      »      »      500-600    »
   29       »      »      »      600-700    »
   21       »      »      »      700-800    »

« Enfin, 127 racines pesaient de 800 à 2,100 grammes, soit 63 1/2 %, qui excédaient 800 grammes.

« On constatera également que les racines de 700 à 1,000 grammes sont sensiblement de la même richesse, *ce qui est une qualité toute spéciale à notre variété*, conséquence de notre mode de sélection.

« Ces sujets représentant exactement la moyenne de tout le champ élite, on trouvera donc qu'il nous est facile de choisir dans 5 à 6 millions de sujets un nombre de 1.500,000 qui donnent entièrement satisfaction à nos prétentions *au point de vue du poids*. Quant au poids normal, il n'en existe évidemment pas pour la betterave sucrière en général ; mais il existe, nous paraît-il, un poids normal pour chaque variété. Selon l'année, nous cherchons ce poids normal de notre betterave dans les sujets de 600 à 900 grammes. Le poids normal d'une variété de betterave est le poids moyen des sujets d'un champ normal. Le poids moyen de nos betteraves d'élite de 1883 ayant été de 807 grammes, il est tout évident que dans ces conditions nous ne prenions pas de sujet *en-dessous* de 800 grammes pour nos porte-graines. Certaines variétés, comme l'impériale rose, auront un poids normal plus élevé, tandis que d'autres, comme cette belle création française, « la Vilmorin blanche améliorée », auront leur poids normal en dessous de la nôtre. »

MM. Fouquier d'Hérouel et Lhote, fabricants de sucre et cultivateurs, à Aulnois-sous-Laon, produisent eux-mêmes leurs graines depuis quelques années et sont arrivés à des résultats très remarquables.

Aux yeux de ces Messieurs, le fabricant de sucre a le plus grand intérêt à produire lui-même sa graine. La betterave d'Aulnois, acclimatée, améliorée par une sélection rigoureuse et continuelle, descend de betteraves Brabant cultivées jadis dans la région.

MM. Fouquier d'Héroucl et Lhote choisirent, il y a quelques années, parmi les betteraves de la variété Brabant qu'ils cultivaient sur leurs terres, une série de sujets qui réunissaient tous les caractères de la betterave riche, c'est-à-dire une racine d'un *poids moyen*, bien fusiforme, très dense, à peau rugueuse, à petit collet, avec sillons saccharifères nettement accusés et un abondant feuillage. Comme on sait, il est rare qu'une betterave qui présente ces caractères ne renferme pas une haute teneur saccharine. Cependant, pour contrôler le résultat de cette première sélection, les expérimentateurs eurent recours à l'analyse chimique, qui leur permit de déterminer avec exactitude la richesse de chacun des sujets et de les classer en plusieurs catégories. Chacune de ces catégories fut plantée à part dans un terrain préparé à cet effet, les lots étant suffisamment distants les uns des autres, pour éviter tout croisement.

Les betteraves ainsi plantées (1), et qui étaient des porte-graines de choix, donnèrent, à la fin de leur végétation, des graines dites du 1er degré. La récolte fut opérée séparément dans chaque catégorie et les graines furent étiquetées et mises en grenier.

Au printemps suivant, on sema ces graines (2) et on en

______

(1) L'écartement varie de 0 m. 80 à 1 m. dans tous les sens.

(2) Cette semaille se fait à la main ; il suffit de 5 à 6 kgr. de graine par hectare, au lieu de 15 à 20 kgr. par la méthode ordinaire. L'écartement est de 45 cent. sur 30 centimètres.

obtint des betteraves du 2^{me} degré destinées à la reproduction.

Mais avant d'admettre ces sujets du second degré à la reproduction, on élimina tous ceux qui présentaient quelque caractère de dégénérescence. On ne conserva que les racines d'une forme parfaite et d'une richesse convenable.

Ces porte-graines du 2^{me} degré donnèrent de la graine du 2^{me} degré et avec celle-ci, on obtint, par la même méthode, des betteraves du 3^{me} degré, des graines du 3^{me} degré et ainsi de suite. Telle est, en quelques mots, la méthode très pratique, suivant laquelle MM. Fouquier d'Hérouel et Lhote ont appliqué la sélection.

Les résultats constatés par MM. Fouquier d'Hérouel et Lhote sont les suivants :

En 1880, on a fait 1,300 analyses portant sur des sujets choisis dans la récolte de la variété Brabant, cultivée jusqu'alors. Le poids de ces sujets variait de 450 à 800 gr.

En 1881, on a fait 1.736 analyses sur des sujets de 650 gr. à 1 kgr., soit 800 gr. en moyenne.

En 1882, on a obtenu des betteraves du 2^{me} degré sur lesquelles on a prélevé des sujets d'une bonne forme, mais d'un poids trop élevé, 1.200 gr., et qui, par suite de ce poids, accusaient une richesse inférieure à celle des betteraves primitives. L'influence du poids était désormais bien établie aux yeux de ces Messieurs et il ne restait plus qu'à revenir aux racines de 800 à 850 gr.

En 1883, on analysa 2.969 sujets du 2^{me} degré, qui accusèrent un progrès très sensible sur les résultats constatés en 1881.

En comparant les résultats des analyses de chaque année, on a reconnu que la proportion des sujets riches avait augmenté considérablement sous l'effet de la sélection. Sur 100 betteraves analysées, on a trouvé, en effet, pour

les richesses de 14, 15, 16 et 17 %, les proportions suivantes :

| | RICHESSES | | | |
|---|---|---|---|---|
| 14 % | 15 % | 16 % | 17 % | 14 %<br>et au-dessus |
| 1883....... 28.20 | 11.5 | 2.05 | 0.4 | 41.65 % |
| 1881...... 11.00 | 3.0 | 0.30 | 0.0 | 14.30 % |

C'est-à-dire qu'en 1881, aucun sujet n'accusait 17 % de
sucre, tandis qu'en 1883, il y en avait 0.4 % accusant cette
haute teneur saccharine ; en 1881, il n'y avait que 0.30 %
de sujets riches à 16 % de sucre et en 1883, on en trouvait, grâce à la sélection, 2.05 %.

Et si l'on totalise la proportion des sujets riches à 14 %
de sucre et au-dessus, on ne trouve que 14.3 % de ces
sujets en 1881 contre 41 65 % en 1883, soit *trois fois plus*.

Ajoutons que la betterave améliorée de MM. Fouquier
d'Herouel et Lhote n'est que très rarement racineuse et
ne monte que fort peu à graine. Sa richesse et son rendement cultural élevés en font une véritable betterave de
conciliation.

Le principe de la méthode de sélection suivie par
MM. Fouquier d'Hérouel est, en définitive, le suivant :
obtenir des betteraves mères bien pivotantes, de forme irréprochable, d'un poids n'excédant pas 1.000 grammes et
ne descendant pas au-dessous de 700 grammes, et d'une
richesse aussi élevée que possible. En d'autres termes,
employer comme betteraves porte-graines des betteraves
identiques comme rendement en poids à celles de la grande culture (5 à 6 pieds au mètre, à 800 gr. l'un, soit 48.000
kg. à l'hectare), mais supérieures comme forme et qualité. Ce principe est appliqué de la manière suivante au
laboratoire d'essai de la sucrerie d'Aulnois.

Toutes les betteraves mères, conservées en silos pendant l'hiver et présentant une forme pivotante parfaite,

sont pesées sur une balance réglée de façon à déterminer rapidement les poids. Toute racine qui pèse moins de 700 ou plus de 1.000 grammes est rejetée. Les racines dont le poids varie entre ces limites sont immédiatement analysées. Pour cela, on prélève, au moyen d'une sonde, un échantillon cylindrique que l'on découpe en lamelles très minces. On pèse 5 gr. de lamelles, on les introduit dans un matras en verre jaugé à 100 et 110 cent. cubes, et on ajoute une certaine quantité d'eau, avec une liqueur sulfurique diluée. On porte le matras au bain marie et on laisse bouillir pendant vingt minutes. L'inversion du sucre cristallisable est terminée au bout de ce temps. Il suffit alors de doser le sucre interverti au moyen de la liqueur cuivrique de Violette pour connaître, par un calcul très simple, la proportion de cristallisable que contenait la betterave soumise à l'essai.

Ces opérations se font très rapidement au laboratoire d'Aulnois, grâce à la division du travail. On emploie les appareils Olivier-Lecq. Le personnel se compose de : 1 peseur, 1 sondeur, 1 peseur d'échantillon, 1 emplisseur des ballons, 1 intervertisseur, 1 filtreur, 1 aide-filtreur, 1 préparateur du titreur, 1 titreur enregistreur, 1 manœuvre.

Les opérations sont facilitées par l'emploi d'appareils ingénieux, qui permettent aux jeunes ouvriers affectés à cette besogne d'ajouter avec précision dans les ballons les quantités voulues d'acide dilué, ou d'introduire dans les tubes d'essai les volumes de liqueur cuprique et de solution intervertie nécessaires au dosage du sucre.

Les flacons qui renferment ces liqueurs sont à jauge automatique ; ils ont été imaginés par MM. Vigneron et Défez, chimistes à Laon. Les tubes d'essai sont supportés par un appareil analyseur d'Olivier-Lecq. Enfin, le bain-marie permet de chauffer un grand nombre de matras.

On a fait, en 1884, au laboratoire d'Aulnois, environ 10.000 analyses. La moyenne a été de 600 par jour, avec un personnel de 9 à 11 jeunes gens.

Les betteraves analysées sont classées en plusieurs catégories, suivant leur richesse. On bouche, au moyen d'un peu d'argile ou de sable, le trou fait par la sonde, puis on descend les racines dans une cave placée au-dessous du laboratoire. Nous avons visité cette cave et nous y avons noté les catégories suivantes : betteraves à 12 %, 13 %, 14 %, 15 %, 16 %, 17 % et même 18 % de sucre.

Toutes ces betteraves sont bien conformées et pèsent de 700 à 1.000 grammes. Les analyses terminées, on procède à la plantation de ces mères en lots distincts et suivant les conditions que nous avons déjà indiquées.

Les analyses de 1884 n'ont révélé qu'un seul sujet à 18 % de sucre. Peut-être en eût-on trouvé d'autres en ne tenant pas aussi rigouseusement compte du poids et de la forme. Mais, nous le répétons, le but poursuivi par MM. Fouquier d'Hérouel et Lhote est d'obtenir des mères de *plus en plus riches, parfaites de forme et identiques comme poids aux betteraves de grande culture.* Il faut donc analyser un nombre considérable de racines pour obtenir les sujets d'élite désirés, soit le plus grand nombre possible de sujets pesant 800 gr. environ et renfermant au moins 12 0/0 de sucre.

Chaque lot, avons-nous dit, est planté séparément dans un terrain préparé, choisi à distance des autres lots. Pour les planter, on trace sur le terrain, à l'aide d'un rayonneur, des lignes parallèles à 0ᵐ80 ou à 1 m. de distance et des lignes perpendiculaires aux premières, également distantes de 0ᵐ80 ou de 1 m. Les porte-graines sont plantés aux points d'intersection, et, par conséquent, sont distants entre eux, de 0ᵐ80 ou de 1 m. Les espacements de 1 m. sont réservés aux trois ou quatre catégories les plus riches, variant entre 14, 15, 16, 17 p. 100 de sucre. Ceux de 0<sup>m</sup>80 sont réservés aux autres catégories moins riches ; leurs graines seront livrées à la grande culture. Ces plantes reçoivent les soins habituels ; cependant, aux quatre catégories les plus riches, on donne un tuteur à chaque pied pour en soutenir les pampres. La récolte des graines se fait en plusieurs fois, à mesure qu'elles mûrissent. Finalement, on coupe les pieds et on les bat sur place, sur des bâches. On recueille de 200 à 300 grammes de graine par pied. En 1882, par extraordinaire, on a récolté 500 grammes par pied. La première récolte ainsi faite donne les graines dites du 1<sup>er</sup> degré. Les graines de chaque lot sont recueillies séparément, étiquetées et déposées dans des greniers. Quand elles sont sèches et criblées, elles sont enfermées dans des récipients cubiques, portés sur des pieds de 15 à 30 centimètres de hauteur. Les montants et les traverses sont en bois et les panneaux en toile métallique ; de cette façon la graine est aérée de tous côtés et à l'abri des rats et des souris.

*Résumé.* En résumé, dans la production de la graine de betteraves à sucre, on doit se conformer aux règles suivantes :

1° Culture rationnelle des betteraves parmi lesquelles on choisira les porte-graines. Cette culture rationnelle consiste dans l'application des principes et des méthodes reconnus les plus propres à porter l'élaboration du sucre au maximum ;

2° Sélection des betteraves qui présentent les caractères physiques recherchés : forme des feuilles, de la racine, couleur, rugosité de la peau, poids, grosseur de la racine, dureté de la chair, etc.

3° Sélection chimique des betteraves qui réunissent les caractères physiques voulus. Cette sélection peut s'effectuer soit par l'analyse au moyen des liqueurs titrées, soit par la polarimétrie soit par le bain d'eau salée. Dans ce dernier cas, on admet que la richesse saccharine de la betterave est d'autant plus grande que la densité est plus élevée, ce qui est exact pour les densités élevées ;

4° Conservation soigneuse des porte-graines jusqu'au moment de la plantation ; éviter avec soin les atteintes de la gelée, l'échauffement ;

5° Culture des porte-graines en terrain convenable, bien ameubli, suffisamment chaulé et fumé au moyen d'engrais organiques et chimiques, de nature et de proportion variables suivant la nature et la fertilité du terrain ;

6° La récolte des graines se fait à la fin de l'été, lorsque les graines commencent à jaunir. On peut les récolter au fur et à mesure de leur maturité ou couper toutes les tiges au moment où la maturité commence, puis en faire des moyettes qu'on laisse sécher et qu'on égrène ensuite. La graine doit être conservée dans des endroits bien secs et aérés, à l'abri des attaques des rongeurs.

7° Régénération de la variété conformément aux indications données au commencement de ce chapitre.

# CHAPITRE III

## La graine de betterave.

Composition et structure de la graine. — Rôle de l'enveloppe rugueuse ou capsule. — Considérations sur l'influence de la grosseur de la graine. — Observations de Nobbe, de Marek, de Walkhoff, Pellet, Champion, Fühlang, Basset, Ladureau. — Nécessité d'essayer la graine. — Germoirs. — Appareil de Nobbe, de Michel, d'Israël, de Coldewe et Schonjahn, dit germoir rapide ; de Breuer. — Étuves à veilleuses de Pellet. — Expériences de germination. — Détermination de la valeur de la graine ; observations de Maercker sur les conditions que doit remplir une bonne graine. — Observations de Knauer, Rabbethge, Dippe, Pellet, Nobbe, Sempolowsky, Bretfeld. — Densité de la graine. — Composition chimique. — Identité d'aspect des graines de betteraves à sucre et fourragères. — Influence de l'âge de la graine sur le pouvoir germinatif. — Utilisation des vieilles graines. — Phénomène de la germination en pleine terre. — Epoque des semailles. — Observations de divers agronomes. — Préparation des graines. — Pralinage. — Influence du traitement chimique. — Profondeur de la semaille. — Montée en graines ; observations diverses.

La graine de la betterave se compose d'une capsule rugueuse ou enveloppe qui renferme de 3 à 5 ovules. Ces ovules constituent la graine proprement dite, qui donne naissance à l'embryon et à la plante. L'enveloppe rugueuse paraît avoir pour fonction d'abriter la graine et d'absorber la quantité d'humidité nécessaire à la germination.

Des expériences faites sur des graines séparées de leurs capsules ont montré que l'absorption de l'humidité est plus grande et plus rapide pour les graines munies de leur enveloppe que pour celles qui en sont isolées. La capsule de la graine de betterave retient également mieux l'humidité que la graine proprement dite (1). La capsule peut donc être considérée comme un véritable régulateur d'humidité, indispensable à l'accomplissement normal du phénomène de la germination.

On a souvent agité la question de savoir si la valeur de la graine de betterave, son pouvoir germinatif ou sa valeur culturale pouvait être déterminé par l'examen de ses caractères extérieurs. Jusqu'ici, on ne possède aucun critérium, et le seul moyen exact de connaître la valeur de la graine de betterave, c'est de la soumettre à des essais de germination.

De nombreuses observations ont été faites sur la relation qui existe entre la valeur de la graine et sa grosseur.

Il est un fait constaté théoriquement et pratiquement, dit Nobbé, c'est que les grosses semences contiennent un embryon plus vigoureux, une réserve de matière plus forte, et donnent un germe plus robuste, ce qui se traduit par une plus forte récolte en poids que si le grain est moins pesant. Birner et Haenlein ont fourni récemment une nouvelle preuve de ce fait évident *a priori*.

Dans les graines de betteraves, les conditions semblent un peu différentes. Ici, la grosseur de la capsule n'est point, *a priori*, identique à celle de la semence. Le poids d'une capsule dépend en premier lieu du nombre de semences qu'elle contient, puis du ballast ou enveloppe qui les accompagne, de sorte que la masse réelle de la semence est plus faible que dans les autres graines.

La question est de savoir si les semences contenues

(1) Knauer : *Der Rübensamen*, 1884.

dans les grosses capsules sont plus grosses que celles contenues dans les petites capsules. Quelques expériences nous ont prouvé que la grosseur de la semence est, en effet, en rapport avec celle de la capsule. Ainsi :

1000 graines desséchées à l'air pesaient :

Très grosses capsules (1.000 = 55.200 gr.) 3.700 milligrammes.

Très petites capsules (1.000 = 6.840 gr.) 1.600 milligrammes.

Comme 1 kg. de grosses capsules contenait, d'après le calcul, 67,257 semences, et 1 k. de petites capsules 234,551 semences, les poids respectifs, d'après l'expérience ci-dessus, sont de 248 gr. 15 pour les grosses et 375.28 gr. pour les petites; il en résulte que le ballast contenu dans 1 kg. de capsules est de :

Pour les grosses capsules : 1000 — 248.15 = 751.85 gr.

Pour les petites : 1000 — 375.28 = 624.72 gr.

Ainsi, les grosses capsules contenaient 75.19 % de ballast et les petites 62.47 %.

De la grosseur des semences seules, on pourrait conclure que l'on doit employer de préférence les grosses capsules si l'on veut obtenir la meilleure récolte. Mais on voit qu'on prendrait en même temps la graine contenant le maximum de ballast. Avec les petites semences, bien qu'elles aient la supériorité du nombre de germes par kilogr., la vitalité et la force du produit sont généralement problématiques. Les capsules de grosseur moyenne devront donc avoir la préférence (1). Il serait avantageux d'avoir des graines aussi régulières que possible.

(1) Si 1 kg. de capsules coûte 1 mark 50, les 1.000 semences capables de germer coûteront dans les petites graines 1.813 pfennig, et dans les grosses 2.711 pfennig. Mais si nous faisons le calcul d'après le poids des semences nous trouvons : 1 kg. de

M. le prof. Marek, de l'Université de Kœnigsberg, a conclu de ses expériences de 1884 (1) que : *au point de vue de la culture de la betterave à sucre, les grosses et les petites graines se valent, l'appréciation de leur qualité doit reposer sur les différences qui existent dans le degré de maturité de ces semences.*

Walkhoff pense qu'il est préférable de choisir de grosses semences, qui donneraient des racines plus riches.

Une méthode de sélection qui consisterait à passer les graines au crible et à ne planter que celles ne dépassant pas un diamètre déterminé a été proposée par Champion et Pellet (1876). Ces auteurs s'expriment ainsi à ce sujet (2) :

« Sans observer une grande différence dans la richesse en sucre, on constate cependant une pureté plus grande dans les jus de racines provenant des petites graines. Quant à la différence de poids, elle a été notable dans nos essais. Si on suppose une récolte de 70,000 pieds, on aurait eu : dans le cas des grosses graines, 43,470 kg.; dans le cas des petites, 37,940 kilog. soit près de 12 % de différence en faveur des grosses graines. »

D'après cela, il faudrait, suivant les indications de Champion et Pellet, semer de grosses graines; elles donneraient de grosses récoltes au cultivateur, et les betteraves n'accusant pas une richesse sensiblement inférieure à celle des petites graines, il n'en résulterait aucun préjudice pour le fabricant. Dubrunfaut avait, dit-on, entrepris des études sur la sélection appliquée aux grai-

semence (supposées isolées de leur enveloppe) reviendrait à 11.162 marks dans les petites capsules et 7.342 marks dans les grosses (Nobbé).

(1) *Zeitschrift des Vereins,* etc. 1884, p. 321.

(2) *Journal des fabricants de sucre,* Nº du 12 septembre 1877.

nes ; mais nous ne sachons pas que des résultats pratiques aient jamais été obtenus par ce savant.

Le docteur Fühling et M. Basset recommandent de
choisir les graines les plus lourdes.

Ladureau, dans sa remarquable étude sur l'*Atavisme*(1),
a recherché quelle pouvait être l'influence de la grosseur
de la graine sur la qualité des racines obtenues :

« Si les betteraves transmettent leur descendance au
moyen de leurs graines, les caractéres physiques de ces
graines exercent-ils une influence sur les produits, les
grosses graines donnent-elles de grosses racines et les
petites graines de petites? » Les expériences de Ladureau
l'ont amené à répondre négativement à cette question : il
n'y aurait, suivant lui, aucun intérêt, ni pour le cultivateur, ni pour le fabricant à employer de grosses graines.
La grosseur de la graine ne semble donc pas être en relation avec sa valeur.

*Influence de la grosseur de la graine.*
*Champ de Bersée.*

| DIAMÈTRE des GRAINES | NATURE de la BETTERAVE. | RENDEMENT à L'HECTARE. | RICHESSE moyenne en sucre 0|0 | OBSERVATIONS |
|---|---|---|---|---|
| | | kil. | | |
| 0 m006 | Silésie collet rose | 54.000 | 11.90 | Levée assez bonne, quelques manquants. |
| 5 | (n. 2) | 52.000 | 13.17 | Un peu plus de manq. que dans la précédente |
| 4 | Id. | 55.000 | 19.09 | Bonne levée, assez régulièrement venue. |
| 0 m006 | Silésie collet vert | 64.000 | 14.47 | Betteraves assez racineuses à cause de la sé- |
| 5 | (n. 3.) | 65.000 | 11.60 | cheresse. — Pas de manquants |
| 4 | Id. | 62.000 | 11.32 | Id. Quelques manquants. |
| 0 m006 | Silésie blanche | 18.000 | 15.19 | Levée régulière et satisfaisante. |
| 5 | (n. 1) | 47.500 | 14.71 | Peu de manquants. — Carrés réussis. |
| 4 | Id. | 48.000 | 14.80 | Betteraves régulières et riches en sucre. |

Ces résultats tout à fait négatifs montrent que la grosseur de la graine n'exerce aucune action sur celle des bet-

(1) *Journal des fabricants de sucre*, N° du 12 septembre 1877.

teraves qu'elle produit. Il n'y a donc aucun intérêt ni pour
le cultivateur, ni pour le fabricant de sucre à employer
des grosses graines plutôt que des petites.

### ESSAI DES GRAINES.

Il existe plusieurs appareils pour l'essai des graines.
Le plus ancien est celui de Nobbé.

L'essai des graines avec l'appareil de Nobbé indique
non seulement la valeur germinative d'une semence,
mais encore s'il y a, dans les graines à essayer, des semences étrangères, du sable, des impuretés, etc. Cet appareil réalise en petit les conditions de la germination.
Comme on sait, il faut, pour que ce phénomène s'accomplisse, le concours de la *chaleur*, de l'*humidité* et de *l'air*.
Ces trois facteurs sont réunis dans le germoir de Nobbé,
que l'on peut se procurer chez tous les fabricants d'appareils de laboratoires. Dans un bloc prismatique d'argile
cuite se trouvent ménagées deux ouvertures circulaires
concentriques. La cavité intérieure reçoit les graines qui
doiventêtre séparées les unes des autres, et dans la cavité extérieure on verse de l'eau ; cette eau pénètre dans
les pores de l'argile et s'évapore en entourant ainsi l'appareil d'une atmosphère humide. On place un couvercle
qui permet l'accès de l'air. Un thermomètre disposé au
centre de l'appareil indique la température. Celle-ci doit
varier de 15 à 20° centigrades environ. Avant d'introduire
les graines, il est bon de les faire digérer dans de l'eau de
pluie pendant une journée.

Nous empruntons à l'opuscule de Knauer *Der Rübensamen*, l'intéressant chapitre suivant relatif à l'essai des
graines.

LA PRISE D'ÉCHANTILLONS. — Nobbé a donné des
préceptes très détaillés et assez généralement adoptés,

sur la prise d'un échantillon représentant la moyenne
d'un lot de semence de betterave, en sorte que nous ne
croyons pas nécessaire de les reproduire ici. Ce qui est
moins connu dans les sphères agricoles, c'est la manière
de procéder relativement à ce qu'on est convenu d'appe
ler (*Engere Probenahme*) le choix d'un échantillon-type
exact dans le but de déterminer la force germinative,
les degrés de propreté, d'humidité, etc. M. le Baron de
Bretfed (1) décrit de la manière suivante les manipulations usitées aux laboratoires de Halle et de Tharandt,
pour obtenir un échantillon type : « Pour obtenir un
échantillon moyen exact on se sert, dans le laboratoire de
Tharandt, d'une boîte de carton couverte de papier noir
(35 cm. de long., 25 de larg. et 4 cm. de haut). Sur cette
boîte, on verse la semence qui, par des secousses horizon-
tales, s'étend d'une manière uniforme ; il faut avoir soin
que cette couche n'excède pas la hauteur d'une graine.
Au moyen d'une palette de corne on en isole une partie
en forme d'îles ou de croix. » Au laboratoire de Halle,
comme aussi au nôtre, on a eu soin d'entailler une figure semblable dans le fond d'une boîte ronde en fer-blanc ;
de sorte que si on lève cette boîte dont le fond est couvert
de graines, il reste une partie de l'échantillon dans une
autre boîte ronde qui entoure exactement la première, de
façon à ce que leurs deux fonds soient appliqués l'un contre l'autre. Les graines restées sur le fond de la boîte extérieure forment une figure qui correspond aux trous
dans le fond de la boîte intérieure. Ces trous ont la grandeur nécessaire pour laisser passer environ 5 grammes
de graines de betterave ; ces 5 gram. représentent un
échantillon-type très exact du lot de graines et contien-

(1) *Das Versuchswesen auf dem Gebiete der Pflanzenphysio-
logie*, pag. 22.

nent la même proportion de grosses, petites et moyennes
graines que ce dernier.

Que, du reste, malgré toutes les précautions et en se
servant même des meilleurs appareils, il ne soit pas toujours facile d'obtenir un échantillon représentant exactement la valeur moyenne, c'est un fait fréquemment observé dans les laboratoires. La différence de résultats
dans des essais de germination comparatifs doit comprendre, au 5ᵐᵉ jour, 15 %, et après la fin de l'essai, 10 % au
maximum pour les semences de betterave.

Germoirs, Appareils a germer. — Non seulement la
manière de faire l'échantillonnage, mais aussi l'appareil
à faire germer peut, selon ses qualités, considérablement
altérer le résultat des essais sur la germination. Aussi
avons-nous fait dans notre laboratoire quelques essais
comparatifs avec les germoirs de J. Michel, jardinier à
Kaiserlautern, d'Israël, à Dresde, avec l'appareil à sable
humide Breuer, de même qu'avec la caisse de terre. Il
se pourrait bien que les appareils de Michel et d'Israël
fussent peu connus ; aussi, allons-nous consacrer à chacun
d'eux une courte description, en y ajoutant quelques
mots relativement à l'appareil dit *germoir rapide* de
Coldewe et Schoenjahn.

L'appareil de J. Michel ressemble extérieurement à
celui de Nobbé ; il se compose d'une boîte carrée en zinc,
longue de 25 cm. et haute de 3,5 cm. Dans cette caisse se
trouve une plaque de plâtre reposant sur quatre pieds
courts formant bouton. Sa surface supérieure est sillonnée
par 16 rainures parallèles, dans lesquelles on place les
graines qui doivent être essayées. Au moyen d'un couvercle de la même matière et perforé au milieu, on peut
protéger la plaque soit contre la lumière, soit contre une
trop rapide évaporation. La plaque de plâtre intérieure

absorbe par sa porosité l'eau nécessaire à l'excitation de l'activité germinative.

L'appareil de M. Israël, de Dresde, breveté en Allemagne sous le N° 20,070, ressemble extérieurement à une caisse en zinc longue de 4 cm., large de 23 cm. et haute de 15 cm., et fermée à sa partie supérieure par une plaque de verre. Dans cette caisse, il y a des petites boîtes à germination (au nombre de 3 à 6) dont le fond est entièrement couvert d'une bande d'étoffe en laine pour l'aspiration de l'eau. Cette bande s'avance encore sur le bord inférieur de l'avant, de même que sur le bord supérieur opposé de la petite caisse. Un deuxième morceau d'étoffe en laine ayant la grandeur exacte du fond et le couvrant entièrement repose sur la longue bande aspirante. On fait plonger le bout de la bande aspirante, qui pend sur le grand bord de la petite caisse à germination, dans un récipient d'eau qui se trouve dans l'appareil, la bande de laine représentant, grâce à sa capillarité, un siphon; car dès que le bout postérieur de la bande s'est imbibé d'eau, l'autre bout, rejeté sur le bord inférieur de l'avant de la petite boîte à germination, fait que l'eau s'échappe du récipient sous la plaque de laine et coule lentement, mais continuellement, dans le fond de l'appareil, d'où on peut la laisser sortir.

Le premier modèle de l'appareil breveté à germination rapide, de Coldewe et Schoenjahn (voir fig. p. 116) de Brunswick, n'a pas accusé les qualités requises pour faire germer les graines de betteraves. Il se compose d'un récipient d'eau en verre qui porte intérieurement une enflure circulaire, sur laquelle repose la plaque à germination. Celle-ci, faite de faïence, renferme au fond des trous ou bien des rainures, selon la semence à étudier; on met la graine dans ces trous ou rainures et on les couvre de sable humecté. Ce dernier, en mouillant la semence, la fait

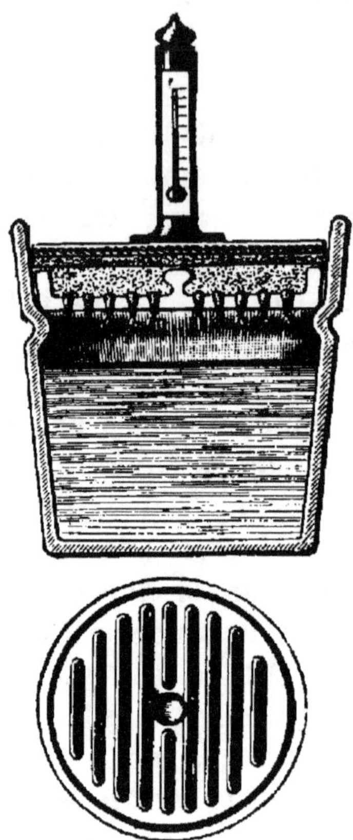

Germoir rapide de Coldewe et Schœnjahn de Brunswick.

germer ; la vapeur montant sans cesse de la surface libre
du recipient d'eau contribue puissamment au résultat.
L'appareil est recouvert par un couvercle de feutre sur lequel est fixé un thermomètre. Cet appareil a donné de bril-
lants résultats pour la germination de l'orge. Les divers
essais donnèrent des résultats rapides et en complète har-
monie entre eux. On put aussi déterminer l'énergie
germinative des jeunes pousses d'orge ; de sorte que l'appareil de Coldewe et Schoenjahn est un instrument excellent pour juger rapidement de la valeur des échantillons
d'orge et autres céréales quant à leur force germinative.
Comme tel, il mérite d'être recommandé à l'attention des
agriculteurs et surtout des brasseurs. Tout récemment,

les deux inventeurs ont apporté une modification ingénieuse à leur appareil, modification qui réunit tous les
avantages du simple appareil à sable et qui a sur lui
l'avantage d'une conduite d'eau constante et très facile
à régulariser. Dans cette forme, l'appareil Coldewe et
Schœnjahn est très pratique pour déterminer exactement
le pouvoir germinatif des graines de betteraves, des papi-
lionacées et des graines oléagineuses.

Voici quelques expériences faites au laboratoire de
Knauer avec ces divers appareils.

### Appareil Michel.

| 100 capsules (1) | Après 6 jours | Après 14 jours | Total | N'ont pas germé |
|---|---|---|---|---|
| Betterave imp. bl. am. | 150 | 82 | 232 | 13 graines |
| III. grandeur . . . . . | 112 | 118 | 230 | 10 » |
| Moyenne . . . . . | 131 | 100 | **231** | 11 » |

### Appareil Israël.

| 100 capsules. | Après 6 jours | Après 14 jours | Total | N'ont pas germé |
|---|---|---|---|---|
| Betterave imp. bl. am. | 118 | 72 | 190 | 21 graines |
| III. grandeur . . . . . | 126 | 47 | 173 | 27 » |
| Moyenne . . . . , | 122 | 59 | **181** | 24 graines |

### Appareil à sable : Système Breuer.

| 100 capsules. | Après 6 jours | Après 14 jours | Total | N'ont pas germé |
|---|---|---|---|---|
| Betterave imp. bl. am. | 221 | 51 | 272 | 4 graines |
| III. grandeur . . . . . | 202 | 62 | 264 | 2 » |
| Moyenne . . . . . | 211 | 57 | **268** | 3 graines |

(1) Nous appelons capsule la graine y compris son enveloppe
rugueuse.

## *Caisses remplies de terre.*

**Les graines enfoncées à 9 mm. de profondeur.**

| 100 capsules. | Après 6 jours | Après 14 jours | Total | N'ont pas germé |
|---|---|---|---|---|
| Betterave imp. bl. am. | 33 | 133 | 166 | — |
| III. grandeur . . . . . | 26 | 119 | 145 | — |
| Moyenne . . . . . | 30 | 126 | **156** | — |

Pour plus de clarté, voici le tableau des moyennes obtenues :

| | Après 6 jours | Après 14 jours | Total | N'ont pas germé |
|---|---|---|---|---|
| Appareil Michel. . . . | 131 | 100 | 231 | 11 graines |
| » Israël. . . . . | 122 | 59 | 181 | 24 » |
| Germoir Breuer. . . . | 211 | 57 | 268 | 3 » |
| Caisses à terre. . . . . | 30 | 126 | 156 | — » |

L'appareil à sable syst. Breuer, dit Knauer, peut donc être regardé comme le meilleur appareil germinateur pour la graine de betterave ; car les capsules qui n'ont pas germé sont très peu nombreuses et celles qui l'ont fait ont donné, aussi bien après 6 jours qu'au total, le plus grand nombre de germes. Un autre avantage de cet appareil, c'est qu'il ne s'y forme que très rarement ou pour ainsi dire jamais de ces moisissures qui se montrent si fréquemment dans les autres, si l'aspiration de l'eau n'est pas soigneusement régularisée. Il est bien entendu que ce que j'en dis ici ne s'applique qu'aux expériences sur la graine de betterave ; quant aux expériences à faire sur l'orge, l'appareil Israël est peut-être excellent. Nous ne l'avons pas étudié sous ce rapport. Comme l'appareil germinateur à sable possède une grande importance pour contrôler la semence de la betterave,

il nous sera permis de lui consacrer encore quelques lignes. Prenant pour point de départ l'observation
de M. le Professeur Maercker, de Halle, à savoir que le
sable humide est un lit excellent pour faire germer la semence de betterave, Breuer emploie, pour ses essais de
germination, exécutés dans notre laboratoire, de petites
boîtes de zinc peu profondes et carrées, à parois un peu
inclinées. Par suite de l'inclinaison des parois, ces petites caisses peuvent s'emboîter l'une dans l'autre, de sorte
qu'elles occupent peu d'espace quand on ne s'en sert
plus. On les remplit aux deux tiers de sable blanc et très
pur, qu'on mouille avec de l'eau de pluie en aussi grande
quantité qu'il peut en absorber, sans excès cependant.
Pour lui donner le degré nécessaire de fermeté on
saupoudre sa surface à l'aide d'un petit tamis rempli de
sable sec. Avec un peu d'exercice, on arrive à ce résultat
avec une grande précision.

On a obtenu ainsi une bouillie de sable, dure et ferme,
dont la surface est aplanie avec un petit rouleau très
bien construit pour la circonstance par Breuer. On presse
dans ce sable, jusqu'à 1/3 de leur diamètre, 100 graines
qui représentent autant que possible la valeur moyenne
de la semence à expérimenter et on les charge d'une plaque de verre qui arrive jusqu'aux parois de la petite
boîte. Sur cette dernière, on met une plaque de verre
plus grande, qui reposant sur les bords, s'avance tout
autour sur eux en saillie, de un à deux centimètres.

Cette méthode de germination, remarque Knauer, a le
grand avantage de ne pas donner prise à la moisissure.
Le mieux est de prendre du sable nouveau pour chaque
expérience. Si on veut le faire servir plusieurs fois, il
faut, après l'avoir employé, le faire fortement chauffer
sur un foyer de cheminée pour détruire les spores de
moisissure qui pourraient s'y être formées. M. de Bret-

feld a (1) traité du maniement du germoir à sable, et avancé que le sable montre, après 14 jours, la même humidité qu'au premier jour, affirmation que nous ne saurions partager. Un appareil à sable qui, avant de recevoir les capsules bien séchées, avait 25,1 % d'humidité, en montra :

après le 1ᵉʳ jour   20.7 %
»    2    »   20,2 »
»    3    »   18,9 »
»    4    »   18,8 »
»    5    »   17,2 »
»    6    »   17,0 »

L'humidité diminue donc un peu, mais non toutefois de manière à ce qu'une interruption de la germination puisse se produire.

Par suite de leur forme, ces petites boîtes n'exigent, pour y mettre cent graines, que de compter une rangée de dix en long et en large ; on n'a besoin que d'adapter les autres au carré sans qu'il soit nécessaire de plus de contrôle. Mais pour éviter complètement ce comptage, Breuer a construit un petit instrument représenté par la fig. ci-après, p. 122. Il se compose tout simplement d'une petite planche pourvue d'une poignée et dont le côté inférieur est faiblement bombé et adapté à la surface de l'appareil germinatif dont on fait usage. Sur le côté inférieur s'élèvent en saillie les têtes de 100 petits clous à cime arrondie, distribués d'une manière conforme au résultat à obtenir. Ces 100 têtes de clous, pressées sur la surface de l'appareil germinateur avec un mouvement de balancement, produisent autant de petites excavations, dans lesquelles on met les graines destinées à l'expérience, sans

(1) *Journal de l'Association des fabricants de sucre allemands.* **Juillet 1884.**

être obligé de les compter. La fig. ci-après représente cet appareil pratique et facile à construire soi-même.

Chaque boîte de zinc porte, sur une petite plaque de laiton soudée, son numéro d'ordre fait au poinçon, correspondant avec les numéros d'un registre destiné à contenir les résultats obtenus par l'appareil germinateur.

Il faut remarquer, dit Knauer, que, pendant la durée de l'expérience, les plaques de verre recouvrent les caisses sans laisser de lacunes. Il est arrivé, en effet, dans notre laboratoire que de petites mouches déposaient leurs œufs sur les graines imbibées et en germination. Les animalcules qui se développaient de ces œufs avaient bientôt dévoré quelques germes, de sorte qu'on devait regarder l'expérience comme manquée.

Les manipulations décrites plus haut et relatives à la préparation de l'appareil germinateur à sable sont seules cause que, même pour un seul et même expérimentateur, les différents appareils germinateurs n'ont pas toujours la même humidité : c'est à cette circonstance qu'on pourrait bien attribuer les différences obtenues dans les expériences non seulement dans un seul et même laboratoire, mais surtout dans celles de laboratoires différents. Pour éviter ces différences, nous donnons, dans notre laboratoire, une fois pour toutes, de 25 à 26% d'humidité au lit de sable. Afin d'atteindre rapidement et d'une manière sûre ce degré d'humidité, nous mettons 200 gr.=140 cm.c. de sable dans l'appareil ; des secousses lui font prendre une position régulière et horizontale, après quoi nous versons dessus 52 cm.c. d'eau. On se sert pour cela avec avantage de deux petites mesures de verre contenant l'une 140 cm. c., et l'autre 52 cm. c.

Quant à la durée de l'expérience pour la germination de la graine de betterave, il faut remarquer qu'elle est calculée chez nous, comme du reste presque partout ailleurs, sur un espace de 14 jours. Après le sixième jour, on fait le premier dénombrement et on compte les germes déjà sortis. Ensuite on sépare les graines qui ont germé de celles qui ne l'ont pas fait; on met ces dernières à part, afin de pouvoir constater á la fin de l'expérience le nombre de celles qui n'ont pas du tout germé. Après avoir retiré soigneusement de leurs alvéoles les germes qu'on a comptés, on porte les graines qui ont germé et celles qui ne l'ont pas fait dans un lit frais et on attend encore 8 jours, après lesquels on détermine le résultat total de la germination. Au laboratoire de Halle s/S., on détermine le nombre des germes aux $5^{me}$, $7^{me}$ et $14^{me}$ jours, ce qui toutefois n'amène pas de différence sensible dans le résultat final.

Appareil Breuer pour la prise d'échantillon des graines de bette-rave.

Appareil Breuer pour imprimer les 100 excavations dans le sable humide du germoir Breuer.

Appareil Breuer pour l'essai des graines.

La température de 20 à 25° centigrades qu'il est nécessaire de maintenir dans les germoirs n'est pas toujours facile à obtenir. Dans les laboratoires spéciaux, on peut avoir des étuves chauffées au gaz et qui conservent nuit et jour une température uniforme. Dans les fermes ou dans les laboratoires de sucrerie qui n'ont plus de gaz en février et mars, on peut avoir recours au moyen suivant proposé par Pellet.

Lorsque l'appareil d'essai se compose de vases, petits pots à fleurs, assiettes, plateaux en terre cuite, etc., on le place dans des armoires en bois pouvant recevoir plusieurs de ces appareils. Au bas de l'armoire, on met un récipient en fer-blanc renfermant de l'huile à brûler et on allume 1, 2 ou 3 veilleuses suivant la capacité de l'armoire. En bas et à la partie supérieure de l'armoire, on pratique des trous pour la sortie et le renouvellement de l'air. Une veilleuse durant au moins 12 heures, il suffit de faire le changement matin et soir. Si on emploie des germoirs spéciaux munis d'une couche d'eau au-dessous du plateau, on peut encore recourir au chauffage par les veilleuses. On place le germoir sur un support en tôle représentant un tuyau de poêle ; à une certaine hauteur on pratique des ouvertures pour la sortie du gaz et dans le bas, on laisse une porte pour pouvoir introduire au-dessous du germoir un godet contenant de l'huile et permettant de brûler une seule veilleuse. La masse d'eau s'échauffe assez vite et maintient une humidité constante.

D'après M. le D<sup>r</sup> Maercker (1), pour établir la valeur de la graine de betterave, il faut :

1° S'assurer de son *identité*, c'est-à-dire si la graine provient réellement de la variété de betterave indiquée par l'acheteur ;

2° Déterminer la proportion des *impuretés* mélangées avec la graine, par exemple la terre, les graviers, les débris des tiges de porte-graines, etc. ;

3° Déterminer la teneur en *humidité* (teneur très variable comme on le verra plus loin) ;

4° Déterminer la *faculté* et *l'énergie germinatives*, deux termes très différents, le premier se rapportant au nombre de plantes qu'on peut obtenir d'un nombre dé-

(1) Assemblée générale des fabricants de sucre allemands. Voir *Vereinszeitschrift*. Juillet 1882, page 490 et suivantes.

terminé de graines ; le second indiquant la *rapidité* et la régularité de la levée.

Nous allons résumer sur chacun de ces points l'opinion formulée par le professeur Maercker, une autorité en ces matières.

*Identité de la graine.* On ne peut établir l'identité de la graine que par un essai de culture. Lorsque la plante est devenue assez grosse, on reconnaît si elle appartient réellement à la variété désirée. Les stations d'essais ne peuvent pas, on le conçoit, effectuer ce contrôle. Il appartient au cultivateur de faire lui-même l'expérience. Remarquons qu'il est aisé de s'adresser à des maisons de confiance et d'exiger des garanties.

*Impuretés.* La proportion des impuretés se détermine sans difficulté. D'après les résultats d'un grand nombre d'essais faits sur diverses graines, en 1881 et en 1882 le prof. Maercker croit pouvoir dire qu'une graine de bet-terave bien nettoyée ne doit pas contenir plus de 3 % de matières étrangères, tiges, terre, petites pierres, etc. M. Maercker a constaté jusqu'à 30 % d'impuretés, prove-nant sans aucun doute d'une falsification. Le minimum de 1881 a été 0.7 % et celui de 1882 de 0.9 %. La moyen-ne de 1881 = 3 % ; celle de 1882 = 2.8 %.

*Humidité.* La teneur en humidité dans la graine varie suivant la température de l'année, le mode de récolte, le degré de maturité, etc. La moyenne a été, en 1881 = 13 % ; en 1882 = 14.9 %. M. le D^r Maercker propose, avec réserve cependant, comme une moyenne normale que la graine ne devrait pas dépasser la teneur de 15 % d'eau. Sans même procéder au dosage de l'eau, le culti-vateur peut se rendre compte, à l'aide d'une expérience facile, de l'influence d'un excès d'humidité sur la con-servation de la graine. Si l'on met dans un verre bien clos de la graine contenant sensiblement plus de 15 %

d'eau et si l'on maintient ce verre dans une pièce chaude, on constate au bout de 4 ou 5 jours que la semence dégage une odeur de moisi ; elle moisit en effet et perd sa faculté germinative. Si, au contraire, la graine contient moins de 15 % d'eau et préférablement moins de 13 %, elle se conserve à volonté dans un verre fermé, sans subir aucune altération. Une observation importante pour les chimistes : le dosage de l'eau doit se faire sur la graine non pulvérisée. On pèse 5 gr. de graine, telle quelle, et on procède à la dessiccation. La graine broyée, triturée, perd ou absorbe très vite quelques % d'eau, suivant son degré d'humidité et celui de l'air ambiant.

*Capacité germinative.* Comme on sait, sur chaque graine poussent plusieurs germes. Nobbé a indiqué 6 germes comme maximum. M. Maercker en a constaté jusqu'à 8, parfaitement développés sur une seule graine. En 1881, on a obtenu, en moyenne, pour 100 graines, 151 germes ; en 1882, on en a obtenu 192 ; de sorte que la capacité germinative moyenne de la graine de betterave en 1882 a été supérieure de 41 % à ce qu'elle avait été en 1881. En général, il est rare que la graine normale donne moins de 150 germes. Aussi M. le D$^r$ Maercker croit-il pouvoir dire, avec réserve cependant, qu'une bonne graine de betterave ne doit pas pousser beaucoup moins de 150 germes bien développés pour 100 graines.

Ici se pose un problème intéressant : le cultivateur sème par hectare un poids de graines déterminé ; il ne s'attache pas au nombre de graines. Or, si pour 100 graines, grosses ou petites, on obtient le même nombre de germes, il est clair que, pour un égal poids de semences, on obtiendra un plus grand nombre de plantes avec les petites graines qu'avec les grosses. Pour éclaircir cette question, le D$^r$ Maercker a institué des essais et il a constaté, en 1881, que les graines les plus petites étaient au nombre de 73.000 environ par kilogramme : tandis qu'il n'y en avait que 11.437 de grosses pour le même poids. Ainsi, on a semé, avec les petites graines, 7 fois plus de semence qu'avec les grosses graines. Il y aurait peut-être lieu, dès lors, de fixer la valeur d'une graine non pas d'après le nombre de graines, mais bien d'après le nombre de germes correspondant à 1 kg. de semence. En moyenne, 1 **kg.** de bonne graine a donné 70.000 germes.

On peut objecter, il est vrai, que si les petites graines fournissent un plus grand nombre de germes, les grosses graines poussent des germes plus vigoureux et donnent, en somme, des plantes plus aptes à se développer, propriété qui devrait faire accorder la préférence aux grosses graines. M. le Dr Maercker cite, à ce sujet, les expériences de Marek, d'où il résulte que, dans une même sorte de graines, les grosses semences ont donné le rendement le plus faible à l'hectare et les betteraves les moins sucrées :

Grosses graines 10°,9 Brix et 7.25 % sucre ;

Petites　　—　　12°,3 Brix — 8.73 % sucre.

D'après les expériences de Champion et Pellet, que nous avons citées précédemment, les racines provenant des petites et des grosses graines contenaient un jus de richesse à peu près égale ; la pureté était plus élevée pour les petites graines ; le rendement en poids, par contre, était supérieur de 12 % avec les grosses graines : d'où cette conclusion que l'on doit choisir les grosses graines. On voit que les résultats des expériences de Marek indiquent une conclusion opposée. De son côté, Ladureau a, on l'a vu, conclu de ses expériences qu'il n'y aurait aucun intérêt ni pour le cultivateur ni pour le fabricant à employer de grosses graines. La proposition du Dr Maercker semble résoudre heureusement la question : 1 kg. de graines normales, y compris des impuretés, doit donner au moins 70.000 germes. La durée de l'essai dans l'appareil de Nobbé doit être de quinze jours.

*Energie germinative.* En outre de la capacité, il y a à considérer l'énergie germinative, c'est-à-dire la rapidité avec laqu'elle s'opère la levée. Combien de germes poussent dans les premiers jours, combien dans les derniers ? D'après les expériences de Maercker, avec des graines normales, on a obtenu dans les cinq premiers jours 100 germes. Avec la graine fraîche de la dernière récolte, le résultat a été plus favorable qu'avec des graines anciennes ; on a constaté 140 germes au septième jour.

*Proportion de graines non germées.* Cette proportion est utile à connaître. Il peut arriver, en effet, que sur 100 graines, on obtienne le nombre normal de germes, mais que 30 ou 40 graines, par exemple, ne poussent aucun germe, ce qui est un inconvénient. Ce que le cultivateur désire, c'est que partout où il place une graine, une plante se développe. Ce but ne peut être atteint que si la proportion des graines incapables de germer est faible. Il ne suffit donc pas de connaître le nombre de germes fourni par 100 graines, il faut aussi déterminer le nombre de graines ne pouvant pas germer. Maercker, dans de nombreuses expériences, a trouvé que ce nombre s'est élevé, en 1881, à 18 % en moyenne, contre 17 % en 1882. En d'autres termes, 82 % des graines semées ont réellement produit des betteraves en 1881, contre 83 % en 1882. En chiffre rond, on peut donc admettre dans une graine normale 20 % au plus de graines incapables de germer.

En résumé, d'après le professeur Maercker, une graine de betterave normale devrait satisfaire aux conditions suivantes :

1° L'humidité, dosée sur 5 gr. de graines non broyées, ne doit pas dépasser 15 %.

2ᵒ Sur 100 graines, on doit obtenir au moins 150 germes vigoureux.

3ᵒ Dans les cinq premiers jours de l'essai, les graines doivent pousser au moins 100 germes, et, dans les 7 jours, 125 germes. La durée de l'essai doit être de 14 jours.

4ᵒ Avec 1 kg. de graines, y compris les impuretés, on doit obtenir au moins 70.000 germes.

5ᵒ Sur 100 graines, il ne doit pas en exister plus de 20 complètement incapables de germer.

6ᵒ La graine ne doit pas être mélangée avec plus de 3 % d'impuretés.

D'après ce que nous avons dit dans les lignes qui précèdent, M. le Dʳ Maercker a conclu de ses expériences de 1881 et 1882, qu'une bonne graine de betterave à sucre doit donner sur 100 grains 150 germes vigoureux; 100 de ces germes doivent pousser dans les cinq premiers jours.

Dans son rapport présenté à l'assemblée générale des fabricants de sucre allemands en 1884, Maercker a donné les normes suivantes : *Humidité*, 15 % au maximum. *Impuretés* 2 à 2.5 %. — *Capacité germinative* : 1 kg. de graine doit donner de 50 à 60.000 germes. (Maercker a renoncé à déterminer cette valeur d'après le *nombre* de graines). Par gramme de graine on doit donc obtenir au moins 50 germes. — *Energie germinative*. Elle est en corrélation avec la capacité germinative. Une graine qui ne donnera que 40 germes au gramme germera moins vite qu'une graine à 60 germes. — *Proportion de graines non germées*. Une bonne graine doit donner par *gramme* 30 à 35 capsules germées. Mais une graine à 25 capsules germées par gramme est encore marchande. Ici encore Maercker a adopté la détermination d'après un *poids* et non pas un *nombre* donné de graines.

Ces normes diffèrent quelque peu, on le voit, de celles posées en 1883 par le même auteur.

### OPINION DE DIVERS OBSERVATEURS

### SUR LA DÉTERMINATION DE LA VALEUR DE LA GRAINE.

Ces conclusions, il ne faut pas l'oublier, ont été formulées avec une certaine réserve par leur auteur. Pour permettre au lecteur de se rendre compte des objections qu'elles ont soulevées, citons tout d'abord l'opinion de Ferdinand Knauer, l'un des plus grands producteurs de graines de betterave à sucre de l'Allemagne. M. Knauer est d'avis que les chiffres indiqués par M. Maerker ne sont nullement des moyennes. D'ailleurs, il n'est pas possible de modifier la qualité de la graine. Le producteur ne peut que la livrer telle qu'il l'a récoltée. Tout ce qu'on peut exiger de lui, c'est qu'il livre de la graine fraîche, de la dernière récolte, bien nettoyée et issue de la variété demandée par l'acheteur. C'est là une question de confiance et de garantie. En ce qui concerne l'humidité et le pouvoir germinatif, le producteur ne peut rien changer aux propriétés de la graine. Si le temps est humide, la graine devient très humide. Ainsi, l'année dernière, M. Knauer a constaté 17 % d'eau ; il a été impossible de descendre au-dessous. On avait beau rentrer la graine aussi sèche que possible, à 15 %, elle absorbait rapidement une nouvelle dose d'humidité et accusait de nouveau 17 %.

Quant à la capacité germinative, M. Knauer estime que la proportion de 150 % indiquée par Maerker est trop élevée. M. Knauer s'est procuré des graines de la récolte de 1881 ; il en a fait venir des localités et des producteurs les plus renommés, de Stœbnitz, de Wendelstein, de Koerbisdorf, Walwitz, Biendorf, du Brabant, d'Auchy,

en France, de Paris. Ces graines ont été essayées concurremment avec celles des variétés cultivées par M. Knauer.
La détermination de la capacité germinative a eu lieu
sur 5 gr. de chaque échantillon, et non pas sur 100 graines. M. Knauer évite ainsi l'inconvénient de cette sorte
de triage qu'on opère instinctivement entre les grosses et
les petites semences, quand on fait l'essai sur un nombre déterminé de graines. Dans ces essais, exécutés avec
le plus grand soin, au 28 avril 1882, M. Knauer a constaté,
en moyenne, 241 graines et 271 germes pour 5 grammes
de graines. En éliminant la meilleure graine et la moins
bonne, il a constaté 240 graines et 273 germes, soit une
capacité germinative de 112 %. Tel a été le résultat obtenu avec les graines les plus renommées provenant de
la récolte de 1881. Voici d'ailleurs un tableau que le lecteur consultera peut-être avec intérêt ; il résume les essais de M. Knauer, dont nous venons d'indiquer le résultat moyen :

| GRAINES DE : | Moyennes sur 5 gr. de graines. | |
| --- | --- | --- |
| | Grains. | Germes. |
| Stœbnitz . . . . . . . . . . . . . . . . . | 282 | 361 |
| Electorale Knauer. . . . . . . . . . . | 250 | 292 |
| Impériale améliorée d° . . . . . . . . | 230 | 235 |
| Wendelstein . . . . . . . . . . . . . . | 200 | 264 |
| Impériale Knauer . . . . . . . . . . . | 225 | 381 |
| Vilmorin blanche originale. . . . . | 200 | 245 |
| Blanche de Pologne (française). . . | 266 | 139 |
| Impériale améliorée Knauer. . . . | 220 | 295 |
| Electorale Knauer. . . . . . . . . . . | 202 | 253 |
| Impériale rose améliorée d°. . . . . | 257 | 273 |
| Brab.-Laurent-Mouchon (France).. | 214 | 277 |
| Klein-Wanzleben originale. . . . . | 253 | 306 |
| Braune, Biendorf . . . . . . . . . . | 212 | 343 |
| Vilmorin rose, originale. . . . . . . | 250 | 206 |
| Kœrbisdorf. . . . . . . . . . . . . . | 237 | 247 |
| Knoche, Wallwitz. . . . . . . . . . | 254 | 221 |
| Moyennes. . . . . . . . | 241 | 271 |
| | Soit : 112 %. | |

D'après ce tableau, on voit que le maximum de grains dans 5 gr. a été de 300 ; le minimum de 200, soit respectivement 60,000 et 40,000 grains par kg. de semence. Les moyennes ont été de 241 grains et 271 germes ou par kg. de semence, 48,200 grains et 54,200 germes, soit une capacité germinative moyenne de 112 %.

La capacité germinative la plus élevée, rapportée au poids ou au nombre de grains, appartient à l'Impériale Knauer : 381 germes pour 225 grains = 169.3 %. La capacité la plus faible est accusée par la graine Blanche de Pologne (française) : 139 germes pour 263 grains = 52.2 %.

En éliminant ces deux extrêmes, la capacité germinative moyenne est de 113.3 %. Si l'on examine ces graines au point de vue du poids, en exceptant les extrêmes, on voit que le plus grand nombre de germes a été fourni par la graine de Stœbnitz : 361 germes pour 5 gr. ou 72,200 germes par kg. de graine. La graine Vilmorin, rose originale, a donné le plus petit nombre de germes : 206 pour 5 gr. ou 41,200 germes par kg. de graines.

Quant à l'influence de la grosseur des graines sur la capacité germinative, il résulte des chiffres du tableau ci-dessus que la supériorité n'appartient pas, sous ce point de vue, à la graine la plus grosse. La meilleure graine, sous tous les rapports, est celle de dimension moyenne. A cet égard, Knauer partage entièrement l'opinion de Nobbé.

En résumé, les expériences de Knauer sur des graines renommées, provenant de la récolte de 1881, accusent des différences très considérables, soit dans la capacité germinative, soit dans le nombre de grains et le nombre de germes correspondant à un poids donné de semence. Il serait difficile, d'après cela, de formuler une règle pouvant servir de base absolue dans la détermination de la valeur des graines. Et comme, d'autre part, les graines des races de betteraves les plus pures ne se distinguent des graines des variétés fourragères les moins sucrées par aucun caractère extérieur, le mieux serait, selon Knauer, de s'en rapporter à la bonne foi du producteur.

Les normes indiquées par le D^r Maercker ne sont donc pas confirmées par les expériences de Knauer. Des divergences très notables ont été observées ailleurs. Ainsi M. Koch, d'Oryszew, a trouvé, dans un kilogr. de graines, 68 mille, 72 mille, 33 mille et même 27 mille grains. La moyenne de 4 échantillons a varié de 72 à 60,000 grains. M. Koch est d'avis de déterminer la capacité germinative sur un poids donné de semence et non sur 100 graines. Il pense que l'on fera sagement en exigeant des producteurs de graines qu'ils se livrent à des essais de germination ; ils s'interdiraient la vente des semences donnant moins de 50 à 60,000 germes par kg., ou bien ils subiraient une réfaction variable selon l'infériorité du produit.

M. Rabbethge, grand producteur de graines de betteraves, à Klein-Wanzleben (Saxe), partage, sur certains points, l'opinion du D^r Maerker. M. Rabbethge fait ses essais de germination sur 100 graines. Pour lui, la question n'est pas de savoir combien de plantes fournissent ces 100 graines, mais combien de graines lèvent et combien sont inertes. Chose remarquable, M. Rabbethge a trouvé, comme M. Maercker, que la proportion des grains germés est de 80 à 90. Avec de bonnes graines, on ne trouve jamais moins de 80 %. Pour quelle raison existe-t-il toujours une vingtaine de grains inertes ? C'est ce qu'on n'est pas encore en état d'expliquer.

M. Rabbethge admet comme normale la proportion de 150 plantes pour 100 grains. A Klein-Wanzleben, il n'a jamais constaté, l'an dernier, moins de 200 germes. Pour ce qui est du degré d'humidité, M. Rabbethge est d'accord avec M. Maercker : 15 % est une moyenne acceptable, à la condition de laisser au producteur une certaine latitude, suivant les années. Ainsi, dans les années sèches, le degré d'humidité pourra descendre à 12 % ; tandis que, dans les années humides, il pourra aller jusqu'à 17 %.

Remarquons, pour terminer ces observations, que les opérateurs ne semblent pas procéder de la même façon dans la détermination de l'humidité et de la capacité germinative. De là des divergences notables dans les résultats constatés sur une même graine. M. Dippe, producteur de graines à Quedlinbourg, a fait essayer une même graine dans diverses stations : la capacité germinative trouvée a été de 132 % à Ueffingen, 178 % à Brunswick et 222 % à Halle. Des différences très sensibles aussi ont été constatées dans la teneur en eau déterminée en plusieurs stations. L'unification des méthodes d'essai de la graine est donc très désirable.

Si maintenant nous voulons tirer une conclusion des considérations qui précèdent, nous ne pouvons manquer d'éprouver quelque embarras. Il est difficile, ce nous semble, d'exprimer en une formule fixe, invariable, les conditions auxquelles doit satisfaire une bonne graine. La graine peut varier dans sa capacité germinative suivant l'influence plus ou moins favorable de la température pendant la végétation des porte-graines ; le fruit subit la loi commune et les meilleures variétés, comme l'ont montré Knaeur et Briem, accusent, dans certaines années, une faculté germinative très faible. Pellet a plusieurs fois appelé l'attention des fabricants sur ce fait. Les influences nuisibles, capables d'altérer les propriétés germinatives de la graine, sont l'excès d'humidité, la sécheresse prolongée, les excès d'engrais, la mauvaise préparation du sol, etc. De plus, les graines sont exposées à l'*échaudage*, produit par de véritables coups de soleil. La graine échaudée ne germe plus, comme l'a montré M. Joulie. Quant au mode d'expérimentation, il a une grande importance. Pellet nous a communiqué des résultats d'essais de germination faits en Allemagne sur des graines de betteraves françaises. Ces essais ont été faits dans l'appareil à germer ou germoir de Nobbé, et concurremment dans de la terre, avec une humidité modérée et une température à peu près constante, 15 à 17°5 C.

La graine mise dans l'appareil à germer n'a pas donné de résultats. Au contraire, l'essai en terre a accusé une germination satisfaisante. L'expérience en terre a été divisée en deux parties : avec la graine normale et avec la graine humectée dans l'eau pendant 6 heures. On avait employé 43 grains. Le nombre de germes a été de

|  |  |  |  | Graine non humectée. | Graine humectée. |
|---|---|---|---|---|---|
| Après | 6 jours. | Germes. | » | 6 | 8 |
| » | 7 | » | » | 15 | 15 |
| » | 8 | » | » | 18 | 19 |
| » | 9 | » | » | 6 | 15 |
| » | 10 | » | » | 10 | 8 |
| » | 11 | » | » | aucun | aucun |
| » | 12 | » | » | » | » |
| | Totaux. . . . . . . | | | 55 | 65 |
| | ou. . . . . . . . | | | 123 % | ou 151 % |

La graine humectée accusait donc un excédent de 23 % sur la graine non humectée et l'appareil à germer n'a produit aucun résultat.

Le professeur Nobbé, directeur de la station d'essais de graines de Tharand, conseille de procéder comme suit dans les essais de graines de betterave (1) :

(1) *La technique de l'essai des graines de betteraves*, traduction publiée dans le *Cultivateur de betterave*, n° du 26 mai 1882.

On choisit dans l'échantillon prélevé suivant les conditions convenues deux ou trois centaines de grains, de telle façon que chacun de ces deux ou trois échantillons représente le caractère moyen de l'échantillon primitif. On mouille ces graines pendant 12 heures, puis on les place dans le germoir. Toutes les capsules qui germent sont ensuite enlevées et placées dans un germoir spécial suivant leur nombre de germes. Au bout de 14 jours, à la fin de l'essai, on se trouve ainsi avoir, pour chaque centaine de capsules, de 3 à 8 lits (généralement 4 à 6) de capsules germées classées suivant leur nombre de germes. On multiplie le nombre de germes de chaque lit par le nombre de capsules de ce lit, on additionne le tout et on a ainsi la force germinative brute de l'échantillon et en même temps la proportion dans laquelle chacun des grains a concouru au résultat général.

Puis on extrait chacune des semences restantes non germées, et l'on calcule la force germinative réelle, rapportée aux semences soumises à la germination.

D'autre part, en pesant trois fois 1.000 capsules, on a le poids moyen et on peut calculer combien il y a dans un kilogramme de graine de capsules et de semences capables de germer.

Enfin, on détermine la proportion des matières étrangères et la teneur d'humidité.

Pendant la durée de l'essai de germination, il faut reviser les germoirs au moins une fois par jour.

En ce qui concerne l'humidité, la détermination de sa proportion a une certaine importance, car, d'après les données de M. O. A. Rimpau, les graines sont quelquefois humectées à dessein, en vue d'augmenter leur poids. Le résultat de cette manœuvre, de même que celui d'une dessiccation insuffisante de la récolte avant sa rentrée, est de diminuer la force germinative.

Il serait plus exact d'établir la valeur d'après le poids des graines absolument sèches. Mais il est plus conforme et plus juste de l'établir en prenant les graines séchées à l'air libre, c'est-à-dire avec la teneur d'humidité que comporte l'état hygrométrique de l'atmosphère. En 1882, nous avons trouvé, dit Nobbé, des teneurs d'humidité variant de 11.470 à 15.335 %. En moyenne dans tous nos essais, 13.301 %. M. Maercker a trouvé en 1881 : moyenne 13 % ; 1882 : 14.9 %, et en général des oscillations de 9.2 à 20.5 %. Une haute teneur d'humidité, se manifestant extérieurement par l'aspect et la consistance de la graine, doit motiver l'essai et l'on doit rapporter le calcul du nombre de semences germées par kilogr. aussi bien à la graine absolument sèche qu'à la graine desséchée à l'air libre. Si les graines paraissent sèches, la détermination de l'humidité est inutile.

Le D<sup>r</sup> A. Sempotowski (1) conseille de calculer la valeur de la graine de betterave en tenant compte du nombre de graines contenu dans l'unité de poids. « Comme nous n'achetons, dit-il, la graine de betterave qu'au poids et que nous ne la comptons pas, mais la pesons avant la semaille, il est absolument nécessaire de connaître non seulement la faculté germinative de 100 graines, mais encore celle d'un poids donné (l'unité) de graines. Nous multiplions donc la valeur obtenue par la méthode usitée jusqu'ici, faculté germinative p. 100 graines, par le nombre de graines contenues dans l'unité de poids et divisons par 100. Nous avons ainsi la valeur réelle de la graine. »

Soit une graine donnant 125 germes pour 100 graines et possédant une pureté de 98.5 %, nous avons $125 \times 98.5 = 123.12$ ou valeur de la graine d'après l'ancienne méthode.

(1) *Deutsche Zuck. Ind.* 1884, n° 11.

Supposons que 5 grammes de graine contiennent 256 graines et que 5 gr. soient admis comme unité de poids, nous avons $256 \times 123.12 = 315.18$ % ou valeur réelle de la graine d'après la nouvelle méthode. Sempotowski a trouvé ainsi pour divers échantillons les valeurs suivantes :

| Ancienne méthode | Nouvelle méthode |
|---|---|
| 123.12 | 315.18 |
| 155.02 | 182.92 |
| 130.52 | 276.15 |
| 124.74 | 204.57 |
| 93.10 | 313.74 |

Résultats qui montrent que des graines trouvées bonnes par l'ancienne méthode peuvent être mauvaises en réalité.

Le Dr Bretfeld (1) pense qu'une graine de betterave marchande doit contenir :

1° Eau, au maximum. . . . . . . . . . 14 %

2° Impuretés » . . . . . . . . . . 4 %

3° Germes p. 100 graines ou capsules :

Pour les grosses graines, au moins. . . . . . 150

» les petites » . . . . . . . 130

4° Graines non germées p. 100 :

Pour les grosses graines, au plus. . . . 20

» les petites » . . . . . 30

5° Germes par gramme, ou *valeur* :

Pour les grosses graines . . . . . . . . . . . . 50

» les petites » . . . . . . . . . . . . . . . 60

*Densité de la graine de betterave.*—Ferdinand Knauer a trouvé en moyenne, pour la graine de betterave récoltée en 1883, et desséchée à l'air sec jusqu'à 11 % d'humidité : 1 litre = 185 grammes 34.

*Composition chimique.* — Voici quelle est la compo-

(1) *Vereinszeitschrift*, février 1885.

sition de la graine de betterave normale à l'état sec, d'après Knauer :

       11,416  eau
        0,846  acide silicique et matières insolubles
        0,815  acide phosphorique
        0,280  acide sulfurique
        0,167  chlore
        1,268  potasse
        0,657  soude
        1,315  chaux
        0,947  magnésie
        0,069  acide nitrique
        0,108  ammoniaque
        8,406  substances azotées
        5,010  matières grasses et colorantes
       17,420  fécule, dextrine
       24,600  cellulose
        4,211  protéine soluble
       25,526  substances indéfinies.
       —————
      100,000

Jusqu'ici les observations faites sur la composition chimique, la forme et la structure de la graine de betterave n'ont pas permis de déterminer les différences qui peuvent exister entre la graine de betterave à sucre et la graine de betterave fourragère.

*Influence de l'âge de la graine sur son pouvoir germinatif.* — Vilmorin pense que de la graine de cinq ans de conservation peut encore lever. Champion et Pellet ont constaté que la graine de neuf ans n'était plus capable de germer (1). Walkhoff dit qu'une graine de deux ans met plus de temps à germer qu'une graine fraîche. Nobbé pense que les graines de betteraves bien mûres et conser-

————————

(1) *Recherches sur la betterave à sucre,* 1876.

vées dans un endroit convenable conservent leur pouvoir germinatif pendant trois ans. Ladureau a observé que l'oxydation de la matière grasse des graines nécessaire à la germination s'opère avec le temps et que par suite le pouvoir germinatif doit diminuer avec l'âge.

Simon-Legrand utilise les vieilles graines de betteraves dans l'alimentation de ses animaux à l'engrais. Il donne aux bœufs un mélange de 3 kg. de vieilles graines réduites en farine, 75 kg. de pulpes de diffusion et 1 kg. de foin. La farine de graines de betteraves aurait la même valeur nutritive que les tourteaux de lin.

## CONDITIONS DE LA GERMINATION.

La graine de betterave se compose, comme on l'a vu, d'une capsule rugueuse ou enveloppe renfermant de trois à cinq ovules. Au moment de la germination, cette enveloppe se déchire et l'embryon se développe en empruntant ses premiers aliments aux matières azotées et amylacées de l'ovule qui lui a donné naissance.

Pour que ce phénomène s'accomplisse, il faut le concours simultané de l'humidité de l'air et de la chaleur. Grâce à l'humidité, l'enveloppe corticale se ramollit et se déchire sans résistance pour laisser passer le germe. L'air agit par l'oxygène qu'il contient en opérant la transformation de l'amidon et des matières azotées de la semence. Enfin la chaleur détermine et entretient le développement de l'embryon en favorisant la combustion ou l'oxygénation des substances huileuses, qui, d'après Ladureau, doivent toujours exister en proportion notable dans les graines normales (5 % d'après l'analyse de Knauer).

Cette humidité, cette température, cette aération, suffisantes pour provoquer la germination de la graine de betterave, nous les trouvons réunies dans les conditions les plus favorables, sous nos climats, vers le commencement du printemps. Les terres ayant été préparées de la manière que nous indiquerons plus loin, les labours profonds ayant eu lieu avant l'hiver, le fumier et autres engrais de lente décomposition ayant été enfouis également avant cette saison, le sol, exposé à l'influence des gelées, de la neige et des pluies hivernales, se trouve au printemps en excellent état. Il se brise et s'émiette avec facilité, tout en conservant son humidité, sa porosité et sa faculté de se laisser pénétrer par l'air ambiant. Aussi, dès que les rayons du soleil ont pris une certaine intensité, dès que la terre s'est échauffée jusqu'à une faible profondeur, la graine de betterave qui lui est confiée commence à germer sous l'action combinée des trois facteurs essentiels : l'eau, la chaleur et l'oxygène. L'époque des semailles est, on le conçoit, différente suivant le climat ; cette époque varie aussi suivant les habitudes, l'opinion des cultivateurs. Les uns pensent que les semailles tardives sont préférables aux semailles hâtives, les autres sont d'un avis opposé.

Dans l'Allemagne du centre, on sème au commencement ou au milieu d'avril ; il est rare que l'on n'ait pas terminé au 15 mai. La tendance actuelle des cultivateurs allemands est, croyons-nous, de semer dans les premiers jours d'avril. En Russie, on peut, en général, commencer les semailles du 14 au 18 avril (Walkhoff). En France, on sème tardivement, et ce pour plusieurs raisons.

En premier lieu, les terres ne sont labourées et fumées que passé l'hiver, à l'encontre de ce qui se fait dans les bonnes cultures allemandes. Or, si le temps est défavorable, si les travaux préparatoires subissent de ce fait un retard sensible, il est clair que l'époque des semailles doit être reculée. En second lieu, beaucoup de cultivateurs redoutent l'influence des gelées nocturnes, la montée en graine, les déficits de récolte qui en seraient la conséquence. Ce sont là des appréhensions généralement peu fondées. En principe, il faut semer le plus tôt possible.

Les auteurs allemands recommandent les semailles hâtives. Fühling conseille de ne pas se laisser arrêter par la crainte des gelées nocturnes : « Dans notre longue pratique, dit cet agronome, nous avons toujours commencé les semailles du 6 au 12 avril, et nous n'avons jamais remarqué que les jeunes plantes, poussées en touffes bien drues, eussent souffert des gelées nocturnes : même après les gelées les plus intenses, les plantes extérieures seules accusaient des traces de froid. » Rimpau, de Schlanstedt (Saxe), sème d'aussi bonne heure que possible et ne craint pas de s'exposer au danger des gelées et à l'inconvénient des réensemencements.

Comme nous le verrons plus loin, on attribue la montée en graines dès la première année à plusieurs causes, notamment aux gelées de printemps qui suspendraient la végétation de la jeune plante; malgré cette explication, donnée par Rimpau, cet agronome préconise les semailles hâtives et, le mois d'avril arrivé, il considère, de même que Fühling, les ensemencements les plus précoces comme les meilleurs (1). Knauer conseille de semer du 20 avril au 15 mai (2). Mais il ajoute que l'époque peut varier suivant les conditions locales.

M. Henry Vilmorin (3) pense que dans les pays qui ne sont pas humides, qui n'ont pas un été frais et pluvieux, les semailles très précoces ne sont peut-être pas à re-

_______

(1) *Der praktische Rübenbauer*, page 219.
(2) *Der Rübenbau*, page 97.
(3) *Congrès betteravier de Paris, 1882.*

commander. Dans les environs de Paris, d'après M. Vilmorin, les semailles de la deuxième quinzaine d'avril donnent les récoltes les plus égales et qui réussissent le mieux. Il en est ainsi dans toutes les régions où se produisent successivement des périodes de chaleur et de sécheresse. L'excès de chaleur aurait la même influence que l'excès de froid : arrêt momentané de la végétation et montée en graines. D'après M. Vion, de la Somme, il est bon, dans le Nord, de semer dans les premiers jours d'avril et au plus tard vers la fin d'avril. En fait, les cultivateurs de la région du Nord sèment généralement plus tôt que ceux des autres départements français ; ils se rapprochent, en ce point, des pratiques allemandes.

Ces pratiques semblent, en effet, très rationnelles : plus on sème de bonne heure et plus la betterave a de chances de se développer normalement, de résister aux insectes que font naître les premières chaleurs et d'acquérir un poids satisfaisant. La qualité n'y perd absolument rien, au contraire ; car la durée de la végétation étant plus longue, la plante arrive à maturité dans de meilleures conditions et à l'époque normale de l'arrachage.

Quant à l'inconvénient de la montée en graines, phénomène dû, suivant Rimpau, aux gelées nocturnes, suivant Vilmorin, à la chaleur et à la sécheresse extrêmes au début de la végétation, cet inconvénient n'a, au fond, qu'une médiocre importance.

Il résulte, en effet, des expériences de Le Lavandier, directeur du laboratoire de la maison Simon-Legrand, que, si les betteraves ont été semées assez rapprochées, les racines montées en graines la première année, quoique moins riches en jus (2 à 3 %), sont sensiblement égales comme valeur aux racines ayant végété d'une manière normale. Ainsi, dans la culture à *petit écartement*, il n'y aurait pas lieu de s'inquiéter des conséquences de la montée en graines et, dès lors, les cultivateurs que la crainte de ce phénomène empêche de semer de bonne heure pourraient, à cet égard, modifier avantageusement leurs habitudes. Telle est d'ailleurs la conclusion que Le Lavandier a tirée de ses expériences :

« Loin de donner à la culture le conseil de retarder ses semis de graines de betteraves, dit ce chimiste, nous l'engagerons fortement, au contraire, à les effectuer le plus tôt possible, aussitôt que les grandes gelées ne seront plus à craindre et que le temps lui permettra de faire un bon travail, car dût-elle obtenir jusqu'à 5 et 10 % de betteraves montées, nous lui conseillerons néanmoins les ensemencements faits de bonne heure, et en voici la raison. Les 90 ou 95 p. % de betteraves non montées, qu'elle obtiendra dans ces conditions, seront des betteraves qui auront eu le temps nécessaire pour parcourir toutes les phases de la végétation, et qui, à l'époque de l'arrachage, seront arrivées à complète maturité; de plus, les 10 ou 5 % de betteraves montées qui s'y trouveront mêlées, quoique étant constituées d'un tissu plus fibreux, donneront encore des sujets contenant presque la même teneur saccharine que les betteraves normales avec un quotient de pureté sensiblement supérieur à ces dernières (1). »

Vivien est d'avis que, dans les terres froides ou situées à une grande altitude, 150 mètres au-dessus du niveau de la mer par exemple, il faut semer de bonne heure, vers fin mars et commencement d'avril, au 15 avril au plus tard. Dans les autres terres, on peut se contenter de semer du 1er au 30 avril. Fühling attribue, au contraire, des inconvénients aux semailles faites avant le mois d'avril.

De ce qui précède, nous pouvons donc conclure que

(1) *Journal des fabricants de sucre*, 24-31 mai 1882.

les semailles doivent avoir lieu aussitôt que possible, dès que la température terrestre, atmosphérique et l'état du sol le permettent.

La préparation qu'on a fait subir au sol avant et après l'hiver, sa nature, sa teneur plus ou moins élevée en sable, en calcaire, en argile, en humus, sont autant de facteurs qui influent sur son aptitude à retenir l'humidité ou à s'échauffer; par conséquent, il appartient au cultivateur d'étudier sous ce rapport les propriétés de ses terres et de déterminer par cette étude, combinée avec celle des conditions météorologiques, quelle est, dans sa localité, l'époque la plus propice aux semailles. S'il résulte de cet examen que les graines semées du 10 au 15 avril, par exemple, germent normalement dans les années ordinaires, il est clair qu'il devra faire tous ses efforts pour semer régulièrement à cette date.

En ce qui concerne la faculté d'absorption de l'humidité des terres, l'époque où leur préparation en vue des semailles peut être achevée, le cultivateur est le seul juge compétent. Il est plus facile de donner quelques indications générales en ce qui concerne les conditions de température les plus favorables à la germination. De nombreuses expériences ont été faites sur cette question.

Pour que la graine de betterave puisse germer, il faut, d'après Walkhoff, que la température moyenne du sol, à la profondeur où la semence est placée, se maintienne à 6 ou 7°5 C. La détermination de la température moyenne doit être faite à l'aide de trois observations : l'une le matin, à huit heures, l'autre à deux heures et la troisième à huit heures du soir. Si la moyenne se maintient de 6 à 7°5, c'est que le sol est arrivé au point où il se laisse travailler facilement. On peut semer à ce moment.

Une graine normale semée au printemps, avec une température du sol de 11 à 12°, exige de dix à onze jours pour lever. Dans ce cas, la somme de chaleur nécessaire, ou le produit du temps par la chaleur, est de 120 à 150 unités de chaleur. Les limites normales seraient, d'après Walkhoff, 125 et 135 unités. Le temps que met la graine à germer varie en sens inverse de la température; cependant la proportionnalité est loin d'être absolue entre les deux facteurs. Ainsi Haberland a constaté un délai de 22 jours avant la germination pour une température de 9°38 C; tandis qu'il a suffi de 3 jours 3/4 avec une température de 15°75.

Briem, dans une étude sur l'influence de la chaleur sur la betterave à sucre et la pomme de terre (1), a enregistré une série de résultats d'où il a tiré la conclusion déjà formulée par Haberland : les basses températures ont une action moins grande que les hautes températures, alors même qu'elles agissent pendant plus longtemps et que la somme de calorique est la même. Ainsi, des graines de betteraves semées au 1er mars ont levé le 4 avril, c'est-à-dire après 35 jours. La somme de chaleur avait été de 128°7 Celsius, et la température journalière moyenne 3°6. La même graine semée le 1er juin a levé 7 jours après; la somme de calorique avait été de 127°2 ou 18°2 en moyenne par jour. La même graine semée le 13 avril et le 16 juin a levé après 12 et 7 jours respectivement; les sommes de température avaient été de 117°8 et 117°5, c'est-à-dire à peu près égales; mais la moyenne journalière dans le premier cas avait atteint 9°8 seulement, contre 19°6 dans l'autre cas.

D'où il résulte que, pour une même somme de température, la germination est d'autant plus rapide que la température journalière moyenne est plus élevée. Les tableaux résumant les expériences de Briem nous montrent que la température la plus favorable, à la surface du sol.

(1) *Organe de la sucrerie austro-hongroise.*1880. p. 449.

varie entre 15 et 19° Celsius. Il est bien entendu que cette température ne peut agir qu'avec le concours de l'humidité du sol. Ainsi Briem a semé au 1er septembre 1879 des graines qui n'ont levé qu'au bout de 24 jours par suite de l'état de siccité du sol (3.7 % d'eau). La pluie étant survenue les 17, 18 et 19 du même mois, et le sol s'étant humecté (11 % d'eau), la germination a commencé. Quelle que soit la température, la graine est donc frappée d'inertie tant que le sol n'est pas chargé d'humidité en quantité suffisante. Le même phénomène a été constaté par Briem en 1880. La graine semée au 16 juillet a levé 17 jours après. La somme de chaleur avait été de 356 degrés, c'est-à-dire très considérable ; mais le sol était resté sec jusqu'au 27 juillet ; la pluie survenue à cette date provoqua la germination. Par contre, la graine semée le 16 août suivant leva 7 jours après, avec une somme de température considérablement moindre, 120 degrés, grâce à l'état d'humidité du sol.

Briem a cherché à se rendre compte des limites que le degré d'humidité de la terre ne peut franchir sans empêcher la germination de la graine de betterave. Il a opéré dans une chambre close, à la température constante de 19 et 20° C. avec de la terre pulvérisée et maintenue à une humidité déterminée.

Les graines employées étaient de deux sortes : l'une séchée à l'air ; l'autre trempée à l'eau ordinaire. Voici les résultats obtenus :

| Humidité de la terre | JOURS ÉCOULÉS AVANT LA LEVÉE | |
| --- | --- | --- |
| | Graine normale | Graine préparée |
| 22.3 % | Pas de levée | » |
| 19.7 » | 11 | » |
| 17.1 » | 4 | » |
| 15.0 » | 5 | » |
| 12 8 » | 4 | 4 |
| 11.8 » | 5 | 4 |
| 9.9 » | 5 | 4 |
| 7.3 » | 8 | 4 |
| 6.2 » | 15 | 6 |
| 5.0 » | pas de levée | 5 |

Avec 6.2 % d'eau dans la terre, les graines normales ont germé au bout de 15 jours, mais n'ont pas percé le sol. Avec 5 % d'eau, les graines mouillées ont bien germé. mais n'ont pas percé non plus le sol. De ces essais, il résulte que si la terre est trop humide, 22 % d'eau dans les expériences en question, la germination n'est pas possible. A 19 et 20 %, elle se fait, mais très lentement. De 17 à 7 % d'eau, le sol semble être dans les conditions les meilleures, pourvu que la chaleur ne fasse pas défaut. Au-dessous de 5 % d'humidité, la germination paraît impossible, à moins que la graine n'ait subi un mouillage préalable qui supplée, dans une certaine mesure, au manque d'humidité naturelle du sol. Ces observations justifient pleinement la pratique du mouillage des graines dans le cas des semailles tardives, à l'époque où la terre tend à se dessécher. La graine de betterave, qui absorbe jusqu'à 100 et 170 % d'eau, se prête parfaitement à cette opération.

En vertu de la loi formulée par Haberland, et dont nous avons parlé plus haut, il est toujours avantageux de se placer dans des conditions telles que la germination s'opère dans le plus bref délai, sous l'effet de la température diurne moyenne la plus élevée. On peut raccourcir le temps qui sépare le jour des semailles de celui de la levée en se basant sur ce fait que le produit du temps par la température ou la somme totale de chaleur doit atteindre 125 à 135°, dans les conditions normales, et en faisant absorber artificiellement à la graine une certaine partie de ce calorique nécessaire. La quantité d'eau absorbée par la graine variant suivant la température ; on peut, en trempant les graines dans de l'eau tiède, les humecter rapidement et leur fournir en même temps une dose de calorique suffisante pour hâter la germination.

D'après Haberland, des graines mouillées à l'eau pure

ont absorbé, au bout de 24 heures, 69 % d'eau à 18°50. Ceci étant, si on maintient la graine pendant trois jours dans de l'eau à 20°, il se produira simultanément une absorption d'humidité et de chaleur. L'humidité amollira la capsule de la graine ; quant à la somme de calorique absorbé, elle sera de $3 \times 20 = 60$, et la graine ainsi préparée et mise en terre pourra, si elle est de bonne qualité, germer en 6 jours au lieu de 12. On saisit l'importance de ces faits. Dans le cas où, par suite de l'état de siccité du sol ou d'un retard occasionné dans sa préparation par une cause quelconque, les semailles auront été différées, le mouillage de la graine permettra de gagner du temps et de semer, malgré l'époque avancée, dans des conditions convenables.

M. Ladureau a appliqué avec succès, sur l'exploitation de M. Derôme, le mouillage des graines. Au Congrès betteravier, M. Ladureau a recommandé cette pratique : « Nous avons remarqué, dit cet agronome, que l'on pouvait obvier à l'inconvénient des semailles tardives en faisant préalablement germer des graines, en les maintenant dans un tonneau avec de l'eau à la température de 30 ou 35 degrés pendant quelques heures. Quand la graine est gorgée d'eau, on fait écouler celle-ci au moyen d'un double fond, et l'on obtient ainsi une graine qui germe facilement en 48 heures. Mise en terre, il ne faut pas plus de trois jours pour avoir la levée complète. Voilà donc une méthode qui permet de gagner une quinzaine de jours quand les semailles sont tardives. »

L'emploi de l'eau pure semble avoir cependant des inconvénients. Si on en croit Walkhoff, l'eau dissout en effet une notable proportion de matière azotée ; c'est une perte d'aliments pour la jeune plante. Pour parer à ces inconvénients, Walkhoff propose de mouiller la graine avec du purin. Ses expériences lui ont donné de bons résultats. Les sels hygroscopiques apportés par le purin maintiennent la graine dans une humidité très favorable. Une mouillade de trois jours, à 18°, est avantageuse.

On a proposé aussi le *pralinage* des graines. M. Ladureau recommande l'enrobage dans le phosphate de chaux précipité. La jeune plante trouve ainsi, au début de la végétation, de l'acide phosphorique et de la chaux en quantité suffisante ; la levée est plus régulière, et le végétal résiste mieux aux attaques des insectes. M. Derôme (1) semble préférer la préparation à l'eau pure au pralinage. Si le temps est sec après la plantation, la levée sera d'autant plus défectueuse avec la graine pralinée que le temps sec persistera plus longtemps.

M. J. E. Rivière Verninas a proposé une autre méthode pour préparer les graines de betteraves. Ce procédé est assez simple. On délaye cent kilos de plâtre cuit ordinaire dans cent litres d'eau, puis on ajoute cinquante kilos de guano du Pérou qu'on incorpore intimement à cette bouillie épaisse. Puis, sans désemparer on prend deux cents kilos de graines de betteraves pour les mélanger lestement avec l'enduit préparé. On les étend ensuite et fait sécher. De cette manière les graines de betteraves se trouvent dans une enveloppe solide qui favorise la végétation de la jeune plante et empêche les insectes d'attaquer les germes dès le début.

Le Dr Hollrung a fait à la station expérimentale de Knauer, à Grobers, des essais en vue de déterminer l'influence de la gelée sur les graines trempées à l'eau (2). Il a constaté que : 1° les gelées peuvent exercer une influence très nuisible sur les graines de betterave ; 2° Les graines

(1) *Observations sur la graine préparée*, 1880. A. Derôme, à Bavay (Nord).

(2) *Vereinszeitschrift*. Avril 1885.

qui ont été soumises à la trempe sont  plus exposées que
les graines non trempées à l'action nuisible des gelées.

Le D$^r$ Fühling pense  que la  préparation de la  graine,
excepté  le mouillage ou le pralinage avec du superphosphate, n'est pas à recommander.

Dans le but  d'étudier l'influence  du traitement chimique des graines, Ladureau a fait des  expériences dont il
a rendu  compte en ces termes (1):

« Toute  graine  végétale  renferme, comme chacun le
sait, au nombre de ses  éléments, une  certaine quantité
d'acide phosphorique et d'azote indispensable à la nutrition
de la jeune plante à  laquelle elle doit  donner naissance.

Nous nous  sommes demandé quel résultat on  obtiendrait  en  augmentant beaucoup,  d'une  manière artificielle, la proportion de ces éléments dans la graine, avant
la semaille. Il était  présumable  que la plante  nouvelle,
trouvant à  sa disposition  une  plus grande  quantité de
nourriture immédiatement assimilable,  aurait une levée
plus facile, plus régulière, une  croissance plus vigoureuse, et donnerait par suite au moment de la récolte des
produits  plus abondants et plus riches que ceux obtenus
avec la même graine n'ayant pas subi ce traitement. C'est
ce dont nous  avons voulu  nous assurer en nous livrant
aux expériences suivantes :

Nous avons pris une graine homogène et de bonne qualité, de grosseur moyenne et récoltée  l'année  précédente,
variété Silésie à collet rose de  Vilmorin, et après l'avoir
partagée en cinq  lots, de 2 kilos  chacun, avons soumis
chaque lot au traitement que nous allons décrire :

Nous avons fait dissoudre dans 10 litres d'eau 5 kilogr.
de sulfate d'ammoniaque et y avons immergé le  1$^{er}$ lot,
soit 2 kilogr., durant 15 heures consécutives. Au  bout de

_________

(1) *Association française pour l'avancement des sciences.* Congrès du Havre, 1877.

ce temps, les graines étant bien imprégnées de liquide et très gonflées, ont été retirées, mises à égoutter, puis semées.

Nous avons fait de même tremper le 2e lot de graines dans une solution de nitrate de soude, 5 kil. dans 10 litres d'eau, durant le même temps.

Pour le 3e lot, nous avons pris 5 kil. de superphosphate de chaux renfermant 12.10 % d'acide phosphorique soluble et l'avons fait dissoudre également dans 10 litres d'eau. C'est dans cette dissolution un peu acide qu'on a immergé les graines du 3e carré.

Le 4e lot a été plongé dans un liquide renfermant pour 10 litres d'eau : 5 kil. de sulfate d'ammoniaque et 5 kil. de superphosphate de chaux.

Enfin le 5e carré renferme les graines ayant séjourné dans une dissolution de 5 kil. de nitrate de soude et 5 kil. de superphosphate de chaux dans 10 litres d'eau.

La levée de toutes ces graines, semées vers le 15 mai 1876, s'est faite d'une manière très régulière et très égale. Elles ont végété fort bien au début, se sont ralenties d'une manière notable durant la sécheresse de l'été, mais la végétation a repris assez vigoureusement lorsque les pluies sont arrivées et les betteraves sont parvenues à maturité avec un rendement moyen de 42,000 kil. à l'hectare.

La différence entre les betteraves de ces divers carrés a paru si faible au cultivateur sur les terres duquel a eu lieu notre expérience, M. Hellin, vice-président du Comice agricole de Lille, à Houplines, qu'il n'a pas cru devoir peser chaque carré séparément. Nous ne pourrons donc donner ici les rendements à l'hectare, ce que nous regrettons vivement, et devons nous borner à enregistrer les résultats des analyses auxquelles nous nous sommes livré, sur une douzaine de sujets choisis par nous dans la moyenne de chaque carré d'essais.

Les betteraves de ce champ d'expériences ont été plantées à 0^m25 sur 0^m39, ce qui, avec la nature supérieure de leur graine, explique les densités élevées obtenues et leur grande richesse en sucre.

La comparaison des chiffres ci-après montre que les betteraves du carré n° 5 qui ont absorbé de l'acide phosphorique soluble, de l'azote nitrique et de la soude, c'est-à-dire les trois éléments que la betterave s'assimile le plus volontiers, sont celles qui ont eu la densité la plus élevée, la plus grande richesse saccharine, avec une proportion de sels assez faible, tandis que les betteraves du n° 2, dont les graines n'avaient absorbé que du nitrate de soude, ont avec une proportion de sels à peu près égale, près de 2 % de sucre en moins, une densité inférieure de 0.75, soit près d'un degré en moins.

Il est remarquable que la richesse saccharine est plus élevée dans les trois carrés qui ont eu de l'acide phosphorique soluble que dans ceux qui n'ont reçu que de l'azote.

Cette petite dose d'acide phosphorique mise à la disposition des racines de la jeune plante à son berceau a donc eu une efficacité marquée.

Nous avons du reste toujours observé jusqu'ici, ainsi que notre maître et ami M. Corenwinder, que, même dans les sols les plus abondamment pourvus de phosphates, l'emploi des engrais azotés et phosphatés produisait des betteraves de meilleure qualité que l'emploi des engrais azotés seuls. Cette observation se trouve encore confirmée ici.

Je crois donc pouvoir conclure de cet essai que l'immersion momentanée des graines, immédiatement avant les semailles, dans une solution assez concentrée d'azote nitrique ou ammoniacal et d'acide phosphorique soluble, a pour effet d'augmenter dans des proportions notables (puisque nous avons ici environ 15 % d'augmentation) la quantité de sucre dans les betteraves ainsi produites.

| Numéro du carré | Nature de la graine. | Traitement subi par la graine. | Densité des jus à + 15. | Sucre par décilitre. | Sels minéraux par décilitre. | Coefficient salin. |
|---|---|---|---|---|---|---|
| I | Vilmorin | 5 k. sulfate d'ammoniaque | 1061.5 | 12.64 | 0.810 | 15.60 |
| II | améliorée | 5 k. nitrate de soude. | 60.5 | 12.02 | 0.837 | 14.36 |
| III | collet | 5 k. superphosphate. | 64.( | 13.21 | 0.882 | 16.11 |
| IV | rose | 5 k. superph. +5 k. sulf. ammoniaque. | 65.0 | 13.44 | 0.891 | 16.20 |
| V | — | 5 k. superph. + 5 k. nitrate de soude. | 68.( | 13.93 | 0.846 | 16.46 |

La profondeur à laquelle la graine est placée dans le sol exerce une influence sensible sur la levée de la plante. D'après Grouven, la plus grande partie des manquants des récoltes résulterait de ce que la graine a été placée trop profondément. Walkhoff a fait des expériences sur ce point, et il en a conclu que, sur une quantité donnée de graines, les plantes qui réussissent sont d'autant plus nombreuses et plus fortes que la semence a été enfouie moins profondément dans le sol. Grouven a semé des graines à une profondeur variant de 1 à 9 centimètres. A 1 centimètre, les premières plantes sont apparues au bout de 5 jours, et 16 jours après les semis, il y avait 24 plantes. A 9 centimètres, la même graine n'a donné que 7 plantes 16 jours après les semis, et l'apparition des premières n'a eu lieu qu'au bout de 10 jours.

La profondeur la plus convenable varie, d'après Walkhoff, entre 12 et 25 millimètres. Cependant, ces limites ne sont pas absolues ; elles peuvent varier suivant la nature du terrain. Achard, dans son *Traité complet sur le sucre*

*de betterave* (1809), avait appelé l'attention des cultivateurs sur ces faits : « Si la semence est trop peu couverte.
disait-il, elle se gâte ; si elle l'est trop, elle ne germe pas
du tout. La profondeur peut varier de un demi-pouce à
un pouce. »

Le D^r Fuhling conseille de placer la graine aussi superficiellement que possible, en tenant compte de la nature du terrain. Si le sol est doux, meuble, et ne forme
qu'une très mince croûte en se desséchant après les pluies,
on pourra semer plus profondément que si la tendance
du sol à se durcir est très accentuée.

Le professeur Wollny, de Munich, est d'avis qu'il ne
faut pas dépasser la profondeur de 2 centimètres 1/2 :
« Il résulte d'une série d'expériences, dit cet auteur, que
le nombre de graines germées, le développement de la
jeune plante et sa croissance vers la fin de la végétation
sont influencés par la profondeur où la semence a été
placée. Des expériences faites jusqu'ici par nous et par
d'autres, il faut conclure que, même dans un sol très poreux, il faut semer superficiellement, à 2 centimètres et
2 1/2 au plus. »

Il va de soi que la régularité de la levée dépend de la
régularité avec laquelle on sème à la profondeur voulue.
Sous ce rapport, les semoirs mécaniques fournissent un
travail excellent dans les terres bien préparées, et qu'il
est impossible de réaliser avec les semailles à la main.
L'usage des semoirs à betterave est d'ailleurs général.

## LA MONTÉE EN GRAINES.

La betterave est originaire des côtes méridionales de
l'Europe. Un certain nombre d'auteurs, notamment Rimpau, Knauer, qui ont fait une étude approfondie des conditions de végétation de la betterave à sucre, pensent qu'à

l'origine cette plante était annuelle et que c'est sous l'influence de la culture, du climat et de la sélection qu'elle est devenue bisannuelle (1). Quelle que soit la valeur de cette opinion, il n'en est pas moins certain qu'il se rencontre tous les ans dans les champs de betteraves à sucre une proportion variable de plantes annuelles, c'est-à-dire de plantes qui ont accompli en un an le cycle de leur végétation et portent de la graine dans l'année même de leur plantation.

Si l'on admet que la betterave était à l'origine une plante annuelle, il faut évidemment attribuer la montée en graines à un phénomène d'atavisme. Et, en fait, telle est l'opinion de nombre de spécialistes.

La betterave aurait donc une tendance à revenir à son état primitif et cette tendance ne pourrait être combattue que par une culture et une sélection irréprochables.

Le phénomène de la montée en graines a été observé dans diverses circonstances et les observateurs en ont fourni plusieurs explications. On a remarqué, par exemple, que la graine âgée donne lieu à la montée en graine plus facilement que la graine fraîche. Quelle est la valeur de cette observation ? Nous l'ignorons. Les gelées provoqueraient également ce phénomène. Deux carrés semés en mars 1876 et dont l'un était à l'abri des gelées ont donné : carré abrité, 3.8 % de sujets montés et carré non abrité, 7.5 %. Les gelées nocturnes, lorsqu'elles atteignent les jeunes plantes, paraissent favoriser la montée en graines. On aurait observé également une plus forte proportion de sujets montés dans les semis de graines de petite dimension que dans les semis de grosses graines.

D'après Knauer, la cause principale de la montée en

_______

(1) Il en serait de même de la carotte, de la chicorée, etc.

graines proviendrait de semailles trop hâtives. Par exemple, de deux champs semés à trois ou quatre semaines d'intervalle, celui qui a donné la plus forte proportion de sujets montés est le premier ensemencé ; mais si la semaille hâtive était la seule cause de la montée, toutes les betteraves du premier champ devraient monter ; or il n'en est pas ainsi. Les betteraves qui montent sont celles qui étaient prédisposées au phénomène et chez lesquelles cette prédisposition s'est trouvée favorisée ou accentuée par la semaille hâtive. D'où vient cette prédisposition ? D'une sélection négligée. Telle est l'opinion de Knauer.

Pour se rendre compte de l'influence des semences mal développées, sur la montée, M. Rimpau, de Schlanstedt (Saxe), a choisi, parmi des graines provenant de racines montées, issues d'une troisième génération de betteraves annuelles, les semences les plus grosses et les semences les plus petites (sans tenir compte du poids). Ces deux catégories ont donné 67,2 % de sujets montés pour les grosses semences et 60 % pour les petites semences. Il semble donc que la tendance héréditaire à monter en graines était telle, dans ce cas, que le degré de développement des semences n'a pu exercer d'influence sensible. La profondeur d'enfouissement des semences paraît influer dans certains cas sur la montée en graines. Des graines enfouies à 1 centimètre ont produit 46 % de sujets montés ; les mêmes graines (de racines annuelles). enfouies à 5 ou 6 centimètres. ont fourni 59 % de sujets montés. Dans un essai en grand, fait en 1879, l'influence de la profondeur d'enfouissement a été peu sensible.

Les influences extérieures semblent agir de la manière suivante : chaque fois que la végétation subit un temps d'arrêt ou est ralentie, soit pendant la germination, soit pendant la levée ou même pendant les phases ultérieures du développement de la plante, la montée en graine se trouve favorisée. Fühling, Breitenlohner, Sorauer et Cohn sont de cet avis. Rimpau a essayé de reproduire, pendant plusieurs générations, des betteraves portant graine la première année. Il a obtenu, avec des graines normales, 4.4 % de sujets montés en graines de betteraves annuelles; 53.7 % de sujets montés en graines dès la première génération, et 94,7 % de sujets montés en graines à la quatrième génération. Il a donc été possible, par la culture de graines provenant de racines montées en première année, d'obtenir, à la quatrième génération, des betteraves qui, semées au 31 mars, ont été presque toutes annuelles, et à la cinquième génération, des betteraves qui, semées au 5 avril, ont été toutes annuelles et d'une manière presque aussi constante que la betterave normale semée à la même époque est bisannuelle. De ces expériences il résulte que le phénomène anormal de la montée en graine des betteraves à sucre ordinaires peut être reproduit par voie de sélection, d'une façon constante et régulière.

Est-il possible d'éviter ce phénomène ? Pour répondre à cette question, Rimpau a recueilli, en 1875, sur un champ de graines de betteraves à sucre déjà récoltées, un certain nombre de betteraves qui n'avaient pas poussé de graines en deuxième année, mais qui étaient garnies d'une couronne de feuilles touffue et accusaient un fort enchevêtrement de racines. Les jardiniers désignent les plantes bisannuelles qui présentent ce phénomène sous le nom de *Trotzer* (récalcitrant).

M. Rimpau a obtenu, en 1876, des graines de ces betteraves et il a remarqué que les racines de cette provenance n'ont qu'une faible tendance à monter en graines en première année. Ces racines, loin de produire, en 1878, de nouveaux *Trotzer*, ont donné des graines aussi

bien que les betteraves bisannuelles normales. Ces graines, semées en avril 1879, ont fourni, au 22 août, 0,80 %
de sujets montés, tandis que des graines obtenues dans
les conditions ordinaires, récoltées et semées dans un
champ voisin, avaient produit 6.84 % de sujets montés en
graines.

On pouvait craindre que les betteraves provenant de
graines parvenues à maturité seulement à la troisième
année, c'est-à-dire sur une plante ayant trois années de
végétation, ne fussent pas aptes à emmagasiner le sucre
dans leurs tissus aussi rapidement que les betteraves normales de la même variété primitive. Pour s'en assurer,
M. Rimpau a soumis les deux sortes de racines à l'analyse, le 22 août, et le jus accusait : pour les betteraves
bien conformées provenant de graines de *Trotzer*, 13,84 %
de sucre et 82 quotient de pureté ; pour les betteraves
de graines normales, 12.85 % de sucre et 80.5 quotient
de pureté. La nouvelle variété de betteraves n'était donc
pas d'une qualité inférieure. Cette expérience prouve que
la sélection par les *Trotzer*, telle que nous venons de l'indiquer, n'influe pas défavorablement sur la formation du
sucre dans la plante. M. Rimpau pense que sa méthode
de sélection permettant d'obtenir d'une façon constante
des racines absolument bisannuelles, s'appliquerait avec
succès à la betterave Vilmorin cultivée dans son rayon
(Schlanstedt, Saxe), et dont le défaut principal est de
monter en graines, dans une grande proportion, dès la
première année. Nous n'avons pu donner ici qu'un aperçu
très superficiel des remarquables expériences de M. Rimpau. Nous renvoyons le lecteur que cette question intéresse au compte rendu de ces expériences (1).

M. H. Dendeleux, de la maison Simon-Legrand, nous a

(1) *Journal de l'Association des fabricants allemands*, 1880,
page 145.

dit avoir remarqué que la tendance à monter en graines en première année est beaucoup plus accentuée chez les variétés riches que chez les variétés pauvres.

Les betteraves montées en première année sont désavantageuses pour la culture et pour la fabrication. Elles sont peu développées comme poids et réduisent par suite le rendement cultural. En fabrique, la consistance ligneuse de leur chair en rend le découpage en lamelles très difficile. Elles détériorent rapidement les couteaux de diffusion. En outre, leur rendement en sucre est inférieur à celui des betteraves bisannuelles. Pour des betteraves cultivées dans les mêmes conditions, Knauer a trouvé comme moyenne d'un grand nombre d'essais :

Betteraves montées, 438 gr. et 10,88 % sucre.

Betteraves normales 510 gr. et 12,17 °/₀ sucre.

Les betteraves montées sont moins juteuses que les betteraves normales (1). En 1884, Knauer a constaté en Allemagne, sur des champs semés avec de très bonnes betteraves, jusqu'à 30.1 °/₀ de sujets montés.

-----

(1) Dans des betteraves montées le Dr Drenckmann a trouvé jusqu'à 8.9 et 10 % de marc. Mais M. le Dr Hollrung n'a trouvé dans ses récents essais (1884) que des teneurs de marc variant de 3.56 à 5.61 % et indiquant dès lors une teneur de jus normale, égale à celle des betteraves non montées. — (*Vereinszeitschrift*, mai 1885.)

# CHAPITRE IV

## Du sol et du climat.

Influence de la nature du sol. — Caractères des bonnes terres à
betteraves. — Terres noires d'Allemagne ; terres blanches. —
Terres noires de la Russie. — Difficulté de déterminer le degré de fertilité des terres d'après leur composition. — Terres à
betterave de la Bohême. — Influence du calcaire. — Influence
de l'exposition du terrain. — Composition chimique de quelques terres allemandes. — Du climat. — Conditions climatériques les plus favorables.— Observations de Briem.— Répartition la plus convenable de la chaleur et de l'humidité. — Influence de la lumière. —Observations de Pagnoul.

La nature du sol et le climat ont une influence considérable sur le rendement qualitatif et quantitatif de la
betterave à sucre. On aura beau choisir les graines issues
des racines-mères les plus riches, donner à la plante pendant sa végétation les soins les plus minutieux, le résultat sera négatif si le sol et le climat ne réunissent pas les
conditions voulues. Aussi ne croyons-nous pas inutile de
répéter que la culture de la betterave à sucre exige un
ensemble de conditions très complexe, et que, faute d'un
élément, le succès peut être compromis. Les cultivateurs
n'ignorent point ces faits ; ils savent évidemment que la
réussite dépend du choix de la graine, des terres, de la
nature des engrais, des soins de culture, etc. Mais on voit
si souvent négliger l'un ou l'autre de ces facteurs, qu'il
nous paraît utile d'insister sur la nécessité d'observer ces
principes.

Quels sont les caractères d'une bonne terre à betteraves,
c'est-à-dire d'une terre pouvant fournir un rendement
qualitatif et quantitatif satisfaisant ? L'analyse chimique

permet-elle de reconnaître la valeur d'un sol considéré sous ce double point de vue? Nous allons répondre aussi brièvement que possible à ces deux questions. D'une manière générale, on peut dire que les bonnes terres à blé et à seigle sont très propres à la culture de la betterave à sucre. La plante saccharifère riche en sucre, d'un tissu serré, réunissant les caractères que nous avons indiqués, a une forme pivotante plus ou moins accusée. Le pivot s'enfonce plus ou moins dans le sol et il est de règle que les racines qui pivotent le mieux sont les plus riches en sucre et les plus avantageuses au point de vue cultural.

Qu'arrive-t-il quand une betterave bien douée de la faculté pivotante végète dans un terrain résistant, caillouteux, peu friable, n'ayant qu'une faible épaisseur de terre arable ? La betterave ne peut se développer en profondeur, elle devient racineuse et finalement souffre du milieu défavorable où elle se trouve. La betterave exige donc, en sa qualité de plante pivotante, un sol friable, bien meuble, facile à travailler, qui se prête sans résistance à la levée de la graine et plus tard à la pénétration de la racine, tout en favorisant le développement de celle-ci. La préparation du sol destiné à recevoir la semence ne s'effectuera facilement, on le conçoit, que si la couche de terre arable est suffisamment sèche, si elle n'est point naturellement humide, si elle n'est point trop résistante. La levée de la graine, de son côté, ne s'effectuera d'une façon normale que si le sol est bien pulvérulent, s'échauffe sans difficulté, s'il attire et conserve l'humidité et permet la circulation de l'air atmosphérique, conditions essentielles de la germination.

D'autre part, il faut que la jeune plante puisse percer la couche de terre qui la recouvre; par conséquent, il ne doit pas se former au-dessus d'elle une croûte dure et épaisse de nature à empêcher les jeunes pousses de se frayer un chemin vers l'atmosphère. Quant à la pénétration de la racine, elle s'opérera d'autant plus aisément que le sol contiendra moins de pierres et de corps durs quelconques, végétaux ou minéraux. Telles sont, en quelques mots, les conditions physiques que doit réunir une bonne terre à betteraves.

Les conditions chimiques sont très complexes et nous aurons à les examiner en détail, à propos des fumures et des engrais. Pour le moment, bornons-nous à dire que toute terre qui accusera la présence de matières ulmiques acides (terreau acide), c'est-à-dire de matières organiques en voie de décomposition, sera impropre à la production de bonnes betteraves à sucre. D'après ce qui précède, on peut donc dire que toute terre trop compacte ou trop légère, humide ou acide, est absolument défavorable.

Nous n'avons point à indiquer ici comment on peut améliorer, amender les terres par le drainage, le marnage, etc. Il va de soi que le cultivateur de betteraves devra pratiquer ces opérations là où elles seront reconnues nécessaires.

Une bonne terre à betterave doit être dégagée de tous côtés, accessible à l'air, à la lumière. Sa coloration, lorsqu'elle est foncée, ne doit pas résulter de la présence de substances métalliques, mais de matières ulmiques entièrement décomposées. L'humus, régulateur de l'humidité, est non seulement utile, mais indispensable. La couleur noire absorbe, comme on sait, beaucoup plus vite la chaleur que la couleur blanche. Les terres noires s'échauffent donc assez vite, ce qui est un avantage dans la première période de végétation de la betterave. D'après le D<sup>r</sup> Eisbein, on peut semer beaucoup plus tôt dans les terres foncées, précisément à cause de cette propriété.

Ainsi, un sol réunissant la friabilité, avec une épaisseur de terre arable suffisante pour la pénétration et le développement du pivot de la betterave, n'étant ni trop lourd ni trop léger, reposant sur un sous-sol perméable, ne renfermant ni pierres ni dépôts métalliques en excès, possédant les caractères des sols chauds, actifs, se prête parfaitement à la culture de la betterave à sucre. Ces différentes propriétés physiques des bonnes terres à betteraves résultent, comme on sait, du mélange convenable des éléments : argile, sable calcaire et humus qui composent toutes les terres arables.

En général, le mélange des éléments : argile, sable et calcaire en parties à peu près égales constitue les meilleurs terrains, pourvu toutefois que l'humus y figure (Frémy). Les régions les plus favorables à la culture de la betterave à sucre, au point de vue de la nature du sol, sont précisément celles où se sont formés, à la suite des révolutions qu'a subies notre globe, ces mélanges de calcaire, d'argile et de sable. La betterave à sucre réussit très bien dans les sols formés par le limon des plateaux et par les dépôts que les géologues désignent sous le nom de *Lehm* ou *Loess*, dépôts diluviens, dont la vallée du Rhin est le type. Ils consistent en argiles plus ou moins sablonneuses accompagnées de carbonate de chaux. La Picardie, l'Artois, les environs de Paris, sont constitués par des dépôts de cette nature. C'est dans le limon argilo-sablonneux des plateaux qu'on obtient les meilleurs résultats (Walkhoff).

En Allemagne, en Autriche, en Hongrie, en Russie, l'industrie du sucre de betterave s'est centralisée dans les terrains diluviens. Ainsi nous citerons : en Allemagne, la province de Saxe, le Brunsvickois, l'Anhalt, quelques parties de la Silésie et de la province rhénane. Parmi les terrains d'alluvion, on cite encore la région de l'Oderbruch, c'est-à-dire les plaines fertiles qui avoisinent l'Oder, entre Francfort et Wrietzen. Les terres à betteraves comprises dans ces régions réunissent, en général, les caractères que nous avons indiqués, c'est-à-dire : sol *chaud, actif, friable, facile à travailler, ni trop humide ni trop sec, ni pierreux avec sous-sol perméable.* Le sous-sol doit être aussi homogène que possible et se rapprocher de la composition de la couche arable. Les sous-sols argilo-sablonneux, le lehm sablonneux, constituent un abondant dépôt de matières nutritives minérales où le pivot de la plante peut venir puiser avec ses radicelles. De tels sous-sols forment aussi un réservoir d'eau naturel pour les temps humides (Fühling).

Les dépôts diluviens d'argile marneuse (Loess) constituent également d'excellents sous-sols quand l'épaisseur de terre arable est suffisante. Le sable ne peut former un bon sous-sol que quand il y a une grande épaisseur de terre arable ; le grès confinant à la couche arable forme un mauvais sous-sol.

En Allemagne les meilleures terres sont les terres noires (à Stassfurt, par exemple) chaudes, perméables, retenant bien l'humidité et formées d'une couche arable de 60 centimètres d'argile avec une proportion convenable d'humus et de sable. Cette couche est très friable. Au-dessous se trouve une couche de 1 mètre de marne diluvienne friable, puis une couche de sable de 1 m. 40 environ. Les terres blanches de Silésie, de la province rhénane, donnent aussi de bonnes betteraves.

On a cru pendant longtemps que la supériorité de qualité des betteraves allemandes provenait de la nature du sol. Nous avons entendu émettre par des fabricants français l'opinion que jamais on ne pourrait obtenir en France des racines aussi sucrées qu'en Allemagne à cause de l'infériorité de notre sol. C'est là une profonde erreur.

Tous ceux qui ont visité l'Allemagne savent que sa supériorité résulte surtout de son mode de culture.

Un grand agriculteur de l'Aisne, M. Carlier, après avoir parcouru l'Allemagne sucrière et constaté la beauté des récoltes, écrivait à ce propos les lignes suivantes (1) :

« Il faut aussi tenir compte de la composition variable du sol dans les régions que nous avons parcourues. Autour de Magdebourg, le sol est sablonneux, ressemble aux terrains d'alluvion. Il y a quelquefois plus d'un mètre de profondeur et le sous-sol y est glaiseux. Autour de Halle-sur-Saale, les terrains sont irréguliers et la glaise se rencontre souvent à la surface avec le sable, et cependant les récoltes, bien qu'un peu moins fortes, sont presque aussi régulières d'un côté que de l'autre. Ce n'est donc pas seulement à la nature des terrains qu'il faut attribuer ces beaux résultats, mais à l'abondance des fumiers accumulés dans le sol et aux engrais chimiques bien appropriés aux cultures. »

D'autres voyageurs (2) écrivent :

« Nous ne méconnaissons pas que, dans bien des contrées du nord de la France, les terres sont d'une culture plus difficile que celles que nous avons visitées en Allemagne. Mais nous pensons qu'avec les labours faits avant l'hiver, cette difficulté disparaîtra en partie. Nous ajoutons qu'il est généralement admis qu'un sol compact, s'il exige plus de frais de culture, donne, à quantité égale d'engrais, de meilleurs résultats que les sols légers et faciles.

« Le sol est éminemment homogène et meuble : il se

(1) *L'Agriculture en Allemagne*, rapport de MM. R. Jacquemart et A. Carlier, 1884.

(2) MM. Bernot, député, fabricant de sucre, René Jacquemart, fabricant de sucre. *Notes de voyage en Allemagne* 1884.

travaille et affine parfaitement, avec peu d'efforts, sinon avec peu de soins, car la terre est tenue à merveille.

« Les semences sont exécutées avec une régularité exemplaire ; les lignes sont admirablement droites, parfaitement parallèles et équidistantes aux endroits de raccordements des coups de semoir.

« Notre impression unanime a été que dans la partie du territoire qui se trouve entre Hanovre et Nordstemmen, le sol se rapprochait beaucoup de celui du département du Nord (Lille, Valenciennes, Douai). »

Albert Orth, de Berlin, signale comme excellentes les terres noires de Stassfurt, composées d'argile ou Lehm ulmique friable, qui donnent des betteraves très riches en sucre et de bons rendements en poids. Il va jusqu'à penser que c'est la nature du sol et la situation géologique qui ont amené l'agglomération des sucreries dans certains districts. Les conditions climatériques auraient, suivant cet auteur, une importance de beaucoup moindre. Il convient de citer, à côté de ces terrains excellents, les terres noires de la Russie, qui sont d'une fertilité remarquable et se prêtent admirablement à la culture de la betterave.

D'après Demidoff, la couche de terre noire de la Russie méridionale régnerait sur une superficie de 60.000 milles géographiques carrés, sur une épaisseur variable de $0^m30$ à $2^m60$. Il y a une vingtaine d'années, M. P.-P. Dehérain a recherché les causes de la fertilité des terres noires de Russie (1) et il a reconnu qu'elle dépend de la grande profondeur de la couche arable. Ayant analysé deux échantillons de terre noire (tchornoïzem) et un échantillon d'une terre épuisée de la Brie, M. Dehérain n'a pas trouvé dans les résultats analytiques des indications suffisantes pour

_______

(1) *Bulletin de la Société chimique*, Paris, 1862, page 8.

expliquer les différences de fertilité. Il n'est pas possible, en effet, d'apprécier la fertilité d'une terre en se basant uniquement sur le dosage des principes utiles renfermés dans un kilogramme ; il faut, de plus, savoir dans combien de kilogrammes semblables les racines des plantes peuvent puiser. Or la terre épuisée de la Brie n'offrait que 30 centimètres d'épaisseur de couche arable, tandis que, d'après Murchison, les terres noires de la Russie ont parfois 5 à 6 mètres de profondeur.

Deux terres d'inégale fertilité peuvent donc différer plutôt par leur épaisseur que par leur composition. Ainsi, il est visible que l'analyse chimique n'est pas en état de nous fixer d'une manière positive sur la valeur d'une terre ; l'analyse doit être complétée par la connaissance de la profondeur de la couche arable.

Nous avons vu que toutes les bonnes terres à betterave renferment du calcaire. Le calcaire est un élément essentiel pour la production du sucre. Outre qu'il donne au sol une consistance convenable, il agit très favorablement sur l'assimilation de certains engrais et sur l'élaboration du principe sucré ; il accroît aussi la pureté des jus. Les meilleures fabriques de la Bohême, d'après Walkhoff, sont situées sur des terrains doux, mélangés d'argile, de glaise, riches en humus et reposant sur une couche de marne : exemples Czaslau, Kuttemberg, Neuhof, etc. A Girna (Bohême), où les récoltes sont très bonnes, les terres sont essentiellement calcaires. A Ripeln (Prusse-Orientale) les terres sont marneuses et produisent des betteraves très riches. On pourrait citer beaucoup d'autres exemples. Leplay pense qu'il existe entre la quantité de chaux contenue dans le sol et la production du sucre dans la betterave une relation étroite.

L'exposition du terrain a aussi une grande importance.

« Des expériences et des observations, écrivait Achard

dans son Traité, prouvent que, toutes conditions égales d'ailleurs, les betteraves les plus riches en sucre sont celles qui ont offert un libre accès à l'air atmosphérique et à la lumière pendant leur croissance.

« L'influence de la libre circulation de l'air sur toute l'étendue des champs est considérable au point de vue de la formation du sucre. Ainsi, je n'ai jamais pu obtenir des racines riches dans les jardins situés dans les murs de Berlin ; dans les faubourgs, les betteraves étaient meilleures et dans les champs qui entourent la ville elles atteignaient le maximum de richesse. »

En résumé, une bonne terre à betterave doit être accessible à l'air et à la lumière, être friable, facile à travailler, suffisamment hygrométrique, chaude, active, offrir une couche arable profonde, aisément pénétrable par les racines ; elle doit être exempte de pierres, reposer sur un sous-sol perméable, d'une composition analogue autant que possible à celle de la couche supérieure. La meilleure couche arable est celle des terres dites grasses, à moins de 60 % d'argile ; des terres sablonneuses, à base de glaise contenant moins de 30 % d'argile et celle des glaiseuses, à base de sable, moins de 20 % . Ces terres sont faciles à travailler, poreuses, facilitent la levée des jeunes plantes et se prêtent au développement de la racine. Au contraire, les sols trop chargés d'argile sont lourds, peu friables et donnent de mauvaises racines. Le meilleur sous-sol est constitué par les dépôts diluviens d'argile marneuse (Loess). Le calcaire se rencontre toujours en proportion plus ou moins forte dans les bonnes terres à betteraves. L'humus, pourvu qu'il provienne de matières organiques entièrement décomposées, c'est-à dire non acides, est un principe excellent indispensable ; c'est le régulateur de l'humidité. Enfin le sol peut être de couleur foncée, pourvu que cette coloration ne résulte pas de dépôts métallifères. Les terres de bois défrichés sont généralement impropres à la culture de la betterave à sucre. Le manque de potasse qui, d'après Joulie, caractérise ces terres se traduit par un état maladif des récoltes. Joulie a constaté ce fait à plusieurs reprises (1).

Voici quelques résultats d'analyses de terres allemandes. Nous rappelons qu'on ne peut tirer de conclusions de la composition chimique d'un sol qu'à la condition de connaître la profondeur de la couche de terre arable et la nature du sous-sol.

### ANALYSE DE TERRE

*rapportée par M. Bénard, vice-président de la Société d'Agriculture de Meaux.*

Echantillon de terre pris à Rethen, près Hanovre.

| | |
|---|---|
| Sable siliceux | 93.72 |
| Argile colloïdale | 0.88 |
| Calcaire | 0.50 |
| Matière organique | 1.39 |
| Acide humique | 0.46 |
| Eau de constitution | 3.05 |
| | 100.00 |

| | Pour 100 | A l'hectare |
|---|---|---|
| Azote total | 0.0933 | 3.732 kg. |
| Acide phosphorique | 0.0928 | 3.712 » |
| Chaux | 0.2296 | 9.184 » |
| Magnésie | 0.2000 | 8.000 » |
| Potasse de roches en voie de décomposition | 0.1105 | 4.420 » |
| Potasse assimilable | 0.0306 | 1.224 » |

(1) *Sur la maladie des betteraves à sucre dans les terres de bois défrichés*, par Joulie, *Revue des industries chimiques et agricoles*.

## ANALYSES DE TERRES

*rapportées par M. R. Jacquemart, fabricant de sucre à Quessy* (1).

N° 1. — Terre arable, d'un champ de betterave près Halle-sur-Saale.

N° 2. — Terre du même endroit, prise dans une tranchée de un mètre de profondeur et sur toute la hauteur de la tranchée.

Terre séchée à l'air libre, composition % et par hectare :

|  | Pour 100. | | Par hectare. | |
|---|---|---|---|---|
|  | N° 1. | N° 2. sous-sol | N° 1. | N° 2. sous-sol |
| Eau hygrométrique . | 2.29 | 4.80 |  |  |
| Sable siliceux ...... | 87.56 | 71.30 |  |  |
| Argile colloïdale.... | 6.63 | 8.85 |  |  |
| Calcaire........... | 0.98 | 1.00 |  |  |
| Matière organique.. | 1.82 | 3.10 |  |  |
| Acide humique..... | 0.72 | 0.35 |  |  |
| Azote total.... .... | 0.11196 % | 0.06255 % | 4478.4 k. | 2602.0 k. |
| Acide phosphorique. | 0.11870 » | 0.04800 » | 4748.0 » | 1920.0 » |
| Chaux............. | 0.21280 » | 0.26880 » | 8512.0 » | 10752.0 » |
| Magnésie........... | 0.14500 » | 0.17500 » | 5800.0 » | 7000.0 » |
| Potasse assimilable . | 0.02720 » | 0.04590 | 1088.0 » | 1836 » |
| »    extraite par les acides........ | 0.27880 » | 0.21250 » | 11152.0 » | 8500 » |
| Acide sulfurique... | 0.10290 » | 0.08918 » | 4116 » | 3567 » |

(Les valeurs de « Pour 100 » pour N° 1 font 100, et de même pour N° 2.)

## DES DOSES LIMITES

*d'acide phosphorique, de potasse, de soude, de chaux, de magnésie et d'azote que doivent contenir les bonnes terres.*

Joulie, dans son remarquable *Guide pour l'achat et*

(1) Analyses faites au laboratoire de la Société des agriculteurs de France.

*l'emploi des engrais chimiques,* donne les indications suivantes, en supposant une couche de 20 centimètres d'épaisseur sur un hectare de terre, soit 2,000 mètres cubes ou 4,000,000 kg.

*Acide phosphorique.* Au-dessous de 2 à 3,000 kg. à l'hectare, il faut enrichir le sol par des engrais apportant plus de phosphates que les récoltes n'en exigent. Au-dessus de 4 à 5,000 kg., il suffit de fournir la quantité d'acide phosphorique nécessaire aux récoltes.

*Potasse.* Au-dessus de 8,000 kg., il suffit de fournir la quantité de potasse nécessaire aux récoltes ; au-dessous, il faut enrichir le sol par des apports dépassant les besoins des récoltes, mais en évitant les exagérations.

*Soude.* Les apports d'engrais sodifères sont nécessaires sur les sols qui ne renferment pas 3 à 4,000 kg. de soude à l'hectare. Cependant, pour la betterave, la potasse peut remplacer la soude.

*Chaux.* La chaux en excès n'est pas nuisible. Il existe des terres très fertiles qui en contiennent près de 50 % de leur poids.

*Magnésie.* La limite minima est de 1,000 à 1,500 kg.

*Azote.* La teneur en azote des terres arables est très variable. Mais l'azote total indiqué par l'analyse n'est pas immédiatement disponible. C'est, suivant l'expression de Joulie, une ressource d'avenir dans laquelle le cultivateur pourra puiser plus ou moins vite, suivant qu'il emploiera plus ou moins de chaux.

Lorsque l'azote assimilable dépasse 600 à 700 kg. à l'hectare, la végétation prend une vigueur exubérante qui ne lui permet plus de donner ses fruits.

## DU CLIMAT.

Nous avons vu comment le rendement qualitatif et quantitatif des récoltes de betteraves peut être influencé par le choix de la graine et la nature du sol et nous avons insisté sur l'importance de ces deux facteurs. Le climat aussi joue un rôle très considérable dans la production des betteraves riches et des récoltes abondantes. L'étude du climat comprend, à ce point de vue, l'examen des conditions de répartition de la chaleur, de la pluie et de la lumière pendant les mois de végétation de la plante à sucre. Pour faire cette étude avec profit, il est utile de se rappeler comment s'effectue cette végétation. Pagnoul et Méhay en France, Briem en Autriche, et d'autres, ont fait un grand nombre d'observations dans ce sens. Nous en trouvons un résumé très substantiel dans un travail dû à Briem (1).

Cet auteur a réuni les résultats des observations faites en France par Pagnoul et Méhay et par lui-même en Autriche, à la station de Grussbach ; il a remarqué que dans les conditions normales :

« Jusqu'au commencement de juin, le poids des feuilles est décuple de celui de la racine ; vers fin juin, il n'est plus que les deux tiers et au commencement d'août il est égal au poids de la racine. Plus tard, en septembre, le poids des feuilles est la moitié de celui de la racine et lorsque la plante est mûre, il ne représente plus que le quart. Briem pense que ses moyennes peuvent servir de point de repère pour l'appréciation de la récolte. Abstraction faite des betteraves attaquées par les insectes ou endommagées par la grêle, on peut se rendre compte, par l'examen du poids des feuilles et des racines, du résultat probable de la récolte. Ainsi, au commencement d'août, le rapport normal entre le poids de la racine et des feuilles étant de 50 : 50, si l'on constate un écart sensible dans ce rapport, on sera fondé à prédire un manque dans la récolte. »

(1) *Journal des fabricants de sucre*, n° du 9 novembre 1881.

On pourrait donc, d'après Briem, diviser la durée de la végétation de la betterave à sucre en quatre périodes principales, suivant le rapport d'accroissement des feuilles et de la racine. Dans la première période, la racine est aux feuilles comme 9 : 91 ; à fin juin, comme 25 : 75 ; à fin août comme 50 : 50, et à fin septembre, comme 75 : 25. Ce dernier rapport indique que la plante est parvenue à maturité. Par conséquent, dans des sols préparés normalement et avec une température normale, comportant une végétation normale, les rapports entre le poids des feuilles et de la racine devront se rapprocher des moyennes indiquées. Des écarts sensibles, surtout dans les derniers temps de la végétation, annoncent un résultat plus ou moins favorable dans la récolte.

Les observations de Briem relatives au développement normal de la betterave ont une grande importance, surtout si on les complète par l'examen des conditions météorologiques. Nous avons, sur ce dernier point, une série d'observations dues à Pagnoul, Marié-Davy, Briem, etc. Ces auteurs ont montré, depuis longtemps, que la chaleur, la lumière et la pluie doivent être réparties suivant certaines conditions pour favoriser la production du sucre dans la racine. Ainsi, il ne suffit pas que les sommes de chaleur, de pluie et de lumière constatées pendant les mois de végétation de la plante soient comprises entre les limites maxima et minima reconnues nécessaires ; il faut encore que la répartition de ces quantités de chaleur, de pluie et de lumière ait lieu suivant certaines proportions. Lorsque l'on dit, par exemple, que l'on peut obtenir de bonnes betteraves dans tous les pays où la somme des températures quotidiennes atteint 3.100° centigrades, il est essentiel d'ajouter : pourvu que la répartition de cette somme de chaleur entre les différents mois soit convenable et qu'il y ait, de plus, une distribution de lumière et de pluie également convenable.

Briem a étudié cette question de la répartition de la chaleur et de la pluie en suivant une méthode très ingénieuse (1). Il a divisé d'abord la durée de la végétation de la betterave en trois périodes :

1° Les *semailles* et la *levée* : avril et mai ;

2° *Développement* proprement dit : juin et juillet ;

3° Temps de la *maturation* : août et septembre.

Cette division établie, il restait à se rendre compte des conditions normales de répartition de la température atmosphérique. Pour obtenir des données moyennes, propres à servir de base à des conclusions, M. Briem a recueilli un grand nombre de chiffres dans diverses régions où la betterave à sucre est cultivée, par exemple la Basse–Autriche (Vienne), la Moravie (Prerau, Brünn, etc.), la Silésie, la Bohême (Prague), le Mecklembourg (Rostock), et, en France, le département du Pas-de-Calais (Arras). Les chiffres relatifs à cette dernière région ont été empruntés aux publications de M. Pagnoul, directeur de la station agricole d'Arras ; ceux de la Bohême proviennent de Hanamann, de Lobositz. M. Briem a consulté aussi les données météorologiques de l'Observatoire de Prague, celles de l'Etablissement central de météorologie et de magnétisme terrestre de Vienne ; et enfin, pour le Mecklembourg, les chiffres ont été empruntés au professeur Heinrich, de Rostock.

Le Mecklembourg présente un intérêt parculier, car il est sur la limite extrême au point de vue des conditions de température. On y récolte néanmoins des betteraves à 13 et 15 % de sucre, avec des rendements de 35.500 à 25.200 kilogrammes à l'hectare.

(1) *Journal de l'Association des fabricants austro-hongrois.* 1881, août-septembre.

A l'aide des chiffres relatifs à chacune des stations en question, Briem a déterminé les sommes de chaleur et de pluie afférentes aux trois périodes de végétation normale. Il a trouvé que pour une végétation normale, Il faut, en moyenne :

| | |
|---|---|
| 1º Semailles et levée................... | 650ºC. |
| 2º Développement ..................... | 1150ºC. |
| 3º Maturation ..................... | 1000ºC. |
| Total pour les trois périodes....... | 2800ºC. |

Cependant, si on examine séparément les chiffres qui ont servi à calculer ces moyennes, on remarque des écarts très notables dans quelques-unes des localités examinées. Ainsi Rostock (Mecklembourg) accuse, comme moyenne d'un grand nombre d'années : 573° pour la première période (avril-mai) ; 1006 pour juin-juillet ; 921 pour août-septembre ; total 2500 degrés au lieu de 2800° C. A Grussbach, Briem a trouvé, en moyenne (1874 à 1878) pour la Iʳᵉ période 707° ; 2ᵐᵉ période 1226° ; 3ᵐᵉ période 1067° ; total 3000 degrés. Vienne accuse un total de 3081 degrés.

Mais, quelque grandes que soient les différences, il n'en est pas moins vrai qu'on remarque, dans chacun des cas observés, une répartition assez régulière de la chaleur. En moyenne, pour toutes les localités examinées, Briem a remarqué que la répartition de la chaleur totale a lieu dans les proportions suivantes : 23 % pour la 1ʳᵉ période ; 41 % pour la 2ᵐᵉ et 36 % pour la 3ᵐᵉ période. En se basant sur les différences de température entre les diverses stations, Briem pense que des écarts très sensibles par rapport au chiffre normal trouvé (650°) peuvent avoir lieu dans la première période, pourvu que les derniers mois soient particulièrement chauds. Il admet comme limite inférieure, le total de 2400 degrés, avec lequel il a obtenu à Grussbach des racines de 300 grammes, à 12 % de sucre. Ce total devrait se décomposer en 552° pour la 1re période ; 984° pour la 2e et 864° pour la 3me période. Ce seraient là les chiffres minima.

La lumière agit d'une façon remarquable sur l'élaboration du sucre. Pagnoul a observé que non seulement le défaut de lumière diminue la proportion du sucre, mais qu'il augmente aussi considérablement celle des nitrates. Ainsi, des racines cultivées sous cloches noires renfermaient dix fois plus de nitrates que des racines venues à l'air libre.

D'après Pagnoul, un ciel constamment couvert à la fin de la saison a pour effet d'appauvrir la racine et d'y favoriser l'absorption des nitrates, qui pourront s'y trouver encore à la récolte dans de fortes proportions, lors même que le sol n'a reçu que des engrais organiques (1).

Le troisième facteur : la pluie, doit, pour agir favorablement sur le rendement qualitatif et quantitatif, se répartir suivant certaines proportions pendant les trois périodes de la végétation.

En ce qui concerne les quantités de pluies tombées dans les localités examinées par Briem, cet auteur a trouvé, comme moyennes, pour chaque période : avril-mai : 97 $^{m}/_{m}$ (ou litres par mètre carré) ; juin-juillet, 114 $^{m}/_{m}$ ; août-septembre, 100 $^{m}/_{m}$. Le nombre des jours de pluie est respectivement de 23, 23 et 21. La quantité totale de pluie d'avril à septembre offre des écarts sensibles dans certaines stations par rapport à la moyenne de 311 $^{m}/_{m}$. Par exemple, Prerau, en Moravie, accuse 436 $^{m}/_{m}$ : Böhm-Leipa, en Bohême, accuse 249 $^{m}/_{m}$. La différence entre ces deux chiffres ne représente pas moins de 18,700 hectolitres d'eau par hectare, et cependant ces

_______

(1) *Annales Agronomiques*, tome 7, avril 1881, page 10.

deux régions donnent des récoltes normales. Briem en conclut que, de même que pour la chaleur, la répartition convenable de la pluie joue un rôle très important.

Les moyennes indiquées plus haut, 97 $^{m}/^{m}$, 114 $^{m}/^{m}$ et 100 $^{m}/^{m}$, nous montrent que, dans chaque période, il est tombé à peu près le tiers de la quantité totale de pluie. Les jours de pluie sont répartis suivant la même proportion : 23-23-21. Pour se rendre bien compte de l'influence de ces quantités de pluie, il faut les comparer avec les quantités de chaleur correspondantes. En calculant, par exemple, les quantités de pluie qui correspondent à 100 degrés de chaleur, on constate que la première période, dans des conditions normales, est de beaucoup la plus humide. Le calcul indique que pour 100° de chaleur, il y a 14 $^{m}/^{m}$ 9 de pluie en avril-mai ; 9 $^{m}/^{m}$ 9 en juin-juillet ; 10 $^{m}/^{m}$ en août-septembre. La première période est d'autant plus humide que le sol renferme encore une certaine humidité provenant de l'hiver. Ainsi Briem a dosé dans le sol de Grussbach, à 10 ou 15 centimètres : 10.2 % d'eau en avril-mai; 8.7 % en juin-juillet; 8.5 % en août-septembre.

Ces conditions sont en effet excellentes, et lorsque la première période est très humide et relativement chaude ; la deuxième humide et très chaude ; la troisième sèche et chaude, on a beaucoup de chances d'obtenir une bonne récolte, abondante en poids et en qualité. Il va de soi que nous nous plaçons toujours dans l'hypothèse d'une culture bien dirigée. Ainsi, les conditions météorologiques les plus favorables seraient celles qui se rapprocheraient des moyennes indiquées plus haut. De la répartition convenable de la chaleur, de la lumière et de l'humidité dépend le résultat de la récolte. Briem cite un exemple frappant de l'importance de cette bonne distribution. A Strausina, près Gœrz, on avait semé, en

1880, des graines Vilmorin. Les températures observées furent :

| | |
|---|---|
| Avril-mai...................................... | 990°. |
| Juin-juillet............................... | 1442°. |
| Août-septembre ........................ | 1248°. |
| Total........................... | 3680°. |

Soit 880 degrés de plus que la moyenne de la chaleur totale établie par Briem et 248 *degrés de plus que la moyenne de la dernière période*. Le calorique n'avait donc pas fait défaut. Cependant la betterave n'avait pas mûri ; elle polarisait 9,8 % sucre, avec 2 % de non-sucre. On trouve l'explication de ce fait dans la mauvaise répartition des pluies. La première période accusait 153 $^m/_m$; la 2$^{me}$ accusait 230 $^m/^m$ et la 3$^{me}$ 382 $^m/^m$, de sorte que la dernière période avait été la plus humide. Pour 100 degrés de chaleur, le sol avait reçu 29 $^m/^m$ de pluie dans la dernière période, contre 15 $^m/^m$ dans la première période, soit près du double.

Par conséquent, il s'était produit des conditions météorologiques absolument opposées à celles qui sont reconnues favorables : *première période : très humide et chaude ; deuxième période : humide et très chaude ; troisième période : sèche et chaude*. Nous donnons dans les tableaux ci-après quelques exemples de conditions météorologiques favorables et défavorables.

Nous croyons avoir fait ressortir d'une manière suffisante l'influence des conditions météorologiques sur la qualité des récoltes. *Le résultat est influencé dans un sens favorable ou défavorable, suivant la distribution de la chaleur, de la lumière et de la pluie et, par suite, pour se rendre compte de l'effet de la température, il faut observer le mode de répartition et l'intensité de ces trois*

*facteurs dans chaque période de végétation de la bette-
rave.*

Il nous resterait un point intéressant à examiner.
Quelles sont, dans nos régions betteravières, les localités
où la répartition des pluies, de la chaleur et de la lumière
a lieu d'une manière généralement défavorable ? Nous
ne possédons pas malheureusement les données nécessaires pour répondre à cette question. Mais une de ces
localités étant donnée, il est clair que le premier soin du
cultivateur devra être de chercher à atténuer l'effet défavorable du climat par un mode de culture spécial, par
l'emploi de certaines variétés de betteraves plus ou
moins hâtives et d'engrais activant plus ou moins la
croissance et la maturation.

A ce point de vue, nous ne saurions trop engager les
cultivateurs à méditer les réflexions suivantes, que nous
empruntons à M. Pagnoul, le savant directeur de la station agricole d'Arras :

« On ne peut pas dire que nos betteraves sont mauvaises en France parce que la terre n'est plus propre à ce
genre de culture ; elles sont mauvaises, avant tout, parce
que l'on persiste à [ne cultiver que cette variété rose, à
peau lisse et sortant quelquefois à moitié de terre, qui
dans une année comme celle-ci (année 1880), ne peut plus
même être considérée comme une betterave à sucre ;
parce que l'on *abuse du fumier et des engrais organiques dont l'action tardive prolonge l'activité de la vie
végétale, alors que la rareté de la lumière et sa moindre
intensité arrêtent ou ralentissent l'élaboration du sucre.* »

Les engrais peuvent donc, suivant leur nature, agir
dans le même sens ou en sens contraire de la température. Nous étudierons ces phénomènes dans le chapitre
consacré aux engrais.

*Moyennes normales d'après les tableaux de Briem.*

| | CHALEUR | | Répartition de la chaleur | PLUIE | | PLUIE pour 100 de chaleur |
| | totale | moyen. | | Somme m[m | Jours | |
| --- | --- | --- | --- | --- | --- | --- |
| Avril-Mai ...... | 650 | 10.7 | 23  % | 97 | 23 | 15 m/m |
| Juin–Juillet .... | 1.150 | 18.8 | 41 | 114 | 23 | 9.9 |
| Août-Septembre | 1.000 | 16.5 | 36 | 100 | 21 | 10 |
| Avril-Septembre | 2.800⁰ | 15.3 | 100 | 311 | 67 | |

STRAUSINA. — Année 1880 (*Anormale*)

| | CHALEUR | | Répartition de la chaleur | PLUIE | | PLUIE pour 100 de chaleur |
| | totale | moyen. | | Somme m[m | Jours | |
| --- | --- | --- | --- | --- | --- | --- |
| Avril-Mai ...... | 990 | » | 27  % | 153 | » | 15 |
| Juin–Juillet..... | 1.442 | » | 39 | 230 | » | 15 |
| Août-Septembre | 1.248 | » | 34 | 382 | » | 29 |
| Avril-Septembre | 3.680° | » | 100 | 765 | » | |

*Remarque.* — Dernière période très humide. Chaleur et pluies mal réparties. Mauvaises betteraves.

# CHAPITRE V.

## Préparation du sol.

Influence de l'état physique du sol sur la forme des racines. — Nécessité des labours profonds avant l'hiver ; leurs effets ; conditions dans lesquelles on doit les effectuer. — Emploi de la bêche, de la charrue.— Labourage à la vapeur. — Déchaumage. — Façons à donner avant la semaille.

Nous avons montré que pour obtenir de bonnes récoltes en poids et en qualité, il faut, tout d'abord, un climat et un sol présentant certains caractères déterminés, puis des graines de choix. Nous verrons plus loin qu'il est nécessaire d'employer aussi des engrais spéciaux distribués en temps convenable. Ces conditions réalisées, le cultivateur de betteraves riches n'est point encore au bout de sa tâche. Il lui reste à préparer le terrain qu'il a choisi et à modifier son état physique et chimique, à l'aide des instruments aratoires, en utilisant ainsi les influences atmosphériques, afin d'assurer la levée régulière et vigoureuse de la semence qu'il confiera au champ.

La préparation du sol destiné à porter des betteraves à sucre est une opération des plus importantes. C'est malheureusement, nous pouvons le dire, l'une des plus négligées en France. On a vu, dans ce pays, des cultivateurs se plaindre d'avoir obtenu des résultats défavorables avec les graines de fabrique et par suite en rejeter l'emploi. Mais on peut affirmer que ces insuccès ont été causés, dans la plupart des cas, par la préparation défectueuse du sol. Si une betterave provenant de graine issue de sujets riches, bien conformés, à racine franchement pivotante, pousse dans une terre compacte, manquant de porosité, difficile à pénétrer, il est clair que la jeune plante subira une déviation dans sa forme. Le milieu défavorable influera sur son développement physique, et les qualités de forme, et aussi de richesse, qu'elle tenait de ses ascendants, seront fortement atténuées.

Les cultivateurs français se plaignent de la forme racineuse des betteraves qu'ils récoltent sur les champs semés avec les graines de choix fournies par les fabricants. Pour que ces plaintes fussent fondées il faudrait avoir la preuve que le sol s'est trouvé dans des conditions physiques convenables au moment de la levée et pendant le cours de la végétation ; mais s'il n'est point établi que le milieu où la plante a fixé sa racine réunissait les propriétés voulues, le cultivateur n'aura le droit de formuler aucune plainte. On ne peut cultiver une variété riche comme une variété pauvre, et telle terre suffisamment préparée pour des racines de basse qualité ne l'est pas pour des racines de choix C'est là une distinction des plus importantes à établir et dont malheureusement les producteurs de betteraves français ne tiennent pas compte dans leurs griefs contre les graines de betteraves riches fournies par les fabricants.

Les travaux préparatoires du sol ont donc pour but d'assurer à la plante un milieu au sein duquel toutes les qualités que ses ascendants lui ont transmises puissent se développer librement. D'une manière générale, nous pouvons dire que si on cultive une betterave de forme allongée, bien pivotante, on doit lui procurer un terrain préparé dans des conditions telles que ces caractères puissent se manifester sans difficulté. Pour arriver à ce but, il faut effectuer une série d'opérations, à des époques variables, de façon à utiliser le mieux possible l'influence éminemment favorable de l'atmosphère sur la transformation physique et chimique du sol. Avant d'étudier l'ordre dans lequel ces opérations, qui précèdent les semailles, doivent être exécutées, nous les examinerons chacune en détail, afin de bien établir leur but et leur importance.

L'une des premières opérations de préparation du sol, à laquelle le cultivateur de betterave à sucre doit apporter le plus de soin, c'est le labour d'hiver. Généralement, les cultivateurs français procèdent à ce travail sans se rendre bien compte de l'influence qu'il aura sur les résultats quantitatifs de la récolte. Il est établi cependant que cette influence est considérable. Au Congrès betteravier de Paris, M. Ladureau, directeur de la station agronomique du Nord, a insisté sur ce point d'une manière particulière.

« Il est reconnu, a dit M. Ladureau, que quand, avant l'hiver, on a eu la précaution de pratiquer des labours profonds de défoncement allant jusqu'à 35 et 40 centimètres, on a obtenu des betteraves bien pivotantes, bien pointues et d'autant plus riches en sucre que le labour a été plus profond, parce qu'elles ont trouvé dans la terre ainsi remuée les sels qui leur sont nécessaires, et qu'alors elles ont envoyé librement leurs racines dans le sol. Il est possible que l'on obtienne des betteraves très racineuses et néanmoins riches en sucre ; mais alors, elles entraînent avec elles une quantité de terre considérable, qui augmente les frais de transport à l'usine, sans compter les frais d'arrachage et ceux qu'il faut faire encore pour enlever la terre attenant aux racines. Choisissez donc la betterave présentant la forme pointue, bien pivotante ; pour l'obtenir, *le système des défoncements, à 40 centimètres, avant l'hiver*, est celui que nous devons préconiser. »

M. Vivien, M. Mariage ont émis la même opinion au

congrès betteravier. M. Mariage a communiqué, à ce sujet, des résultats très concluants :

« Un cultivateur avait un champ présentant quelques irrégularités ; il l'avait divisé en plusieurs bandes de terrain d'un mètre de largeur au long desquelles il avait creusé un ruisseau d'une profondeur de 50 centimètres environ, en rejetant la terre sur le champ. L'été venu, il remplit le ruisseau avec cette terre et il y sème une graine de qualité bien pivotante. Au moment de la récolte, il est étonné de trouver deux espèces de betteraves: les unes excessivement racineuses, de celles auxquelles, à cause de cette particularité, on donne le nom d'*araignées* ; les autres, au contraire, sans racines et très lisses. A la place du ruisseau, on remarquait une ligne de betteraves très pivotantes placées entre deux betteraves racineuses, et il en était de même jusqu'au bout du champ. A l'analyse, les betteraves cultivées sur *défoncement* pratiqué *avant l'hiver* accusaient : Poids moyen, 1 k. 397 ; sucre 12.97 %. Les betteraves cultivées sur *labour ordinaire au printemps* : poids moyen, 1 k. 073 ; sucre 10.37 %. »

Ainsi le défoncement avant l'hiver a donné un excédent de richesse saccharine et de poids. N'est-ce pas là une raison, comme l'a dit M. Mariage, pour préconiser une fois de plus les labours profonds et pour prouver au cultivateur qu'il ne suffit pas de gratter la terre et de lui confier des graines ?

Si en France le cultivateur de betteraves se contente de *gratter* la terre, en manière de labour, il n'en est point de même en Allemagne, où depuis longtemps on est fixé sur l'importance des défoncements avant l'hiver au point de vue du résultat qualitatif et quantitatif. L'utilité du défoncement du sol au point de vue du développement en poids de la récolte s'explique aisément. Plus la couche arable est ameublie profondément, plus le pivot de la betterave peut s'allonger ; de là un accroissement de poids. Supposons, par exemple, un sol défoncé à 20 centimètres. Arrivé à cette profondeur, le pivot de la betterave rencontre une résistance qui l'empêche d'aller plus loin. Si l'on a laissé 10 betteraves par mètre carré, ou 100,000 à l'hectare et que le poids moyen de la racine soit de 400 grammes, le poids total de la récolte sera de 40,000 kil. Si nous supposons, au contraire, que, par suite d'un défoncement à 40 centimètres, les pivots puissent atteindre une profondeur double, le poids des racines pourra augmenter, par exemple, d'un cinquième ou d'un quart. Au lieu de peser 400 gr., la betterave pèsera 480, 500 gr., et la récolte à l'hectare atteindra, dans ce cas, pour le même nombre de pieds, et du fait du plus grand développement des pivots, 48,000 ou 50,000 kil., soit 8 à 10,000 kil. de plus par hectare.

Nous ne donnons ces chiffres que pour mieux fixer les idées. Mais il est bien certain que, du moment que le pivot de la betterave pourra s'enfoncer librement à une grande profondeur, on aura toujours, pour un même nombre de pieds, une augmentation de récolte très sensible comparativement aux labours ou défoncements peu profonds. Il nous semble superflu d'insister davantage sur ce point (1).

Quant à l'époque des défoncements ou labours profonds, tous les auteurs sont d'accord. C'est *avant l'hiver* qu'ils doivent se pratiquer.

« Les labours profonds, dit Fühling, n'agissent sûrement et d'une façon économique que lorsqu'ils sont exé-

(1) Nous regrettons de ne pouvoir reproduire ici un remarquable article de M. Lecouteux (*Journal d'Agriculture pratique*, du 28 mai 1885) sur *les labours profonds, grosses fumures et machines.*

cutés avant l'hiver. Il ne faut les exécuter au printemps que tout à fait exceptionnellement, quand on a affaire à un sol riche, cultivé profondément déjà depuis long-temps ; ou bien lorsqu'on entreprend le défoncement au moyen de la bêche. Cependant, en ce cas, malgré les plus grands soins, si le champ n'a pas été déjà défoncé anté-rieurement, la levée des jeunes betteraves est irrégulière et la végétation sans vigueur, car il manque au sol cer-taines propriétés physiques que seul le labour avant l'hi-ver peut lui donner. Lorsqu'un sol a été privé du contact direct avec l'atmosphère et qu'on le défonce pour l'expo-ser, en sillons, sous une très grande surface, à l'influen-ce atmosphérique de l'automne et de l'hiver, il se tra-vaille alors aussi aisément que de la cendre, il se pulvérise convenablement et dans cet état bien meuble, il présente à la betterave les meilleures conditions de levée et de végétation.

« L'humidité de l'hiver y demeure ; les substances nui-sibles, les oxydes de fer par exemple, sont rendus insolu-bles par l'action de l'oxygène, et de plus, les matières nu-tritives minérales (les alcalis) sont mis en liberté par l'ac-tion prolongée de l'air. Un tel champ offre une constitu-tion excellente pour la betterave, en même temps qu'il lui permet de réagir contre les influences défavorables de la température, contre les insectes, lesquels causent aisément des dégâts dans les jeunes récoltes venues sur des terres défoncées au printemps. Pour ces raisons, on doit s'efforcer, par tous les moyens possibles, d'exécuter sur *toutes les terres à betteraves, avant l'hiver*, l'opéra-tion si bienfaisante du labour profond. »

On voit avec quelle insistance le D<sup>r</sup> Fühling (1) recom-

(1) *Der praktische Rübenbauer*, page 195.

mande les défoncements avant l'hiver. Les autres auteurs allemands ne sont pas moins affirmatifs.

Le D<sup>r</sup> Bürstenbinder, par exemple, s'exprime ainsi (1) :

« L'une des règles les plus importantes dans la préparation du champ en vue d'une bonne culture de betteraves à sucre, c'est l'approfondissement du sol. Tout champ qui ne se prête pas au défoncement doit être considéré comme impropre à la production de la betterave. Le développement latéral des racines de la jeune plante est limité ; par contre, elle pousse, dès ses débuts, un pivot, dont l'allongement et la pénétration dans le sol doivent pouvoir se faire avec rapidité et sans obstacle ; cela est essentiel pour la prospérité du végétal, surtout au printemps, époque où la surface de la terre manque souvent d'humidité et où la plante doit aller puiser cette humidité dans la couche inférieure. C'est seulement à l'aide de la culture profonde du sol que toutes les autres conditions (choix des graines, engrais, etc.) peuvent donner un bon résultat. Une telle culture ne doit se pratiquer qu'à l'automne, afin que les parties inférieures du champ, ramenées à la surface, soient exposées à l'influence des gelées d'hiver et rendues meubles et pulvérisables. Le défoncement d'automne doit donc être considéré comme le travail le plus important de la culture betteravière ; il ne doit jamais être négligé si l'on ne veut s'exposer aux insuccès les plus graves. »

D'après ces citations, il est visible que dans toute culture de betterave à sucre bien dirigée, le labour profond ou défoncement avant l'hiver doit être pratiqué avec soin. Nous avons reçu, à propos de la question que nous venons de traiter, une intéressante communication de M. le comte de Beaurepaire, dont voici la teneur :

______

(1) *Die Zuckerrübe*, page 72.

« Une remarque à faire, dit M. de Beaurepaire, c'est que dans les terres profondément défoncées, la betterave a de la peine à s'enraciner, à *s'attaquer*, pour employer la formule agricole. Mais une fois partie, quelle différence avec la culture superficielle, bien que celle-ci soit plus belle au début ! Un simple cultivateur qui m'avait livré, l'an dernier, de la betterave *racineuse et accusait ma graine*, me disait, après avoir suivi mes conseils : J'ai fait comme vous m'aviez dit ; j'ai labouré très profond ; on s'est moqué de moi, mais ma betterave est bien plus belle ; on me jalouse maintenant ! »

Voilà un exemple tiré de la pratique qui confirme pleinement les théories que nous avons exposées au sujet de l'influence du labour profond. Les fabricants de sucre ne sauraient donc faire trop d'efforts pour propager l'usage des défoncements avant l'hiver ; par ce moyen, le cultivateur sera certain de ne jamais avoir de betteraves racineuses.

Dans quelles conditions les défoncements doivent-ils être opérés ? Cette question sera résolue d'une façon variable selon la nature des terres, les ressources du cultivateur, l'état du domaine, etc. La profondeur du labour dépend de la composition de la couche supérieure et de celle du sous-sol. Si cette composition est assez homogène, on peut, dès les débuts de la culture betteravière, défoncer très profondément et ramener la partie inférieure du sol à la surface du champ. Si le terrain présente une composition variable suivant l'épaisseur, de telle sorte que la couche inférieure soit relativement plus riche que la couche supérieure, on peut aussi ramener le sous-sol à la surface ; mais alors, on doit procéder progressivement, peu à peu, au défoncement, et avec d'autant plus de précautions que la différence de composition du sol et du sous-sol est plus accentuée. Dans certains cas, lorsque cette différence paraît très notable, il faut même s'abstenir de ramener la couche inférieure. On se borne à l'ameublir sur place, au moyen de charrues sous-sol fouilleuses, ou autres instruments. Quand on est en présence d'un sol compact reposant sur du sable, il est bon, d'après Fühling, et contrairement à l'opinion de beaucoup de cultivateurs, de défoncer graduellement et non en une seule fois.

Il est utile de remarquer que plus la couche inférieure ramenée à la surface diffère de la couche supérieure, notamment par une plus grande teneur de sable, plus il faut d'engrais. Le contraire a lieu quand la composition du terrain est bien régulière. Cependant, tout sol défoncé doit être fumé dès la première récolte qu'il porte. Si l'on a affaire à un sol léger, dont la croûte repose sur une mince couche de terre compacte reposant elle-même sur un sous-sol sablonneux, il faut éviter d'atteindre ce dernier par le défoncement. On laboure alors la couche supérieure, qui doit présenter une épaisseur minimum de 20 centimètres. Les sols de moindre épaisseur ne rentrent pas dans la catégorie des bonnes terres à betteraves. Enfin, sur les sols enclins à l'humidité, le défoncement sera une excellente opération ; mais s'il y a excès d'humidité, il faudra tout d'abord pratiquer le drainage. Ces principes, bien connus des cultivateurs, ont une grande importance dans la production de la betterave à sucre riche, d'une bonne conformation ; c'est pourquoi nous avons cru devoir les rappeler.

Le défoncement s'effectue de deux façons, suivant qu'on veut ameublir simplement, sur place, la couche inférieure du sol, ou qu'on veut le ramener à la surface. Dans le premier cas, on emploie la charrue sous-sol, dont nos lecteurs connaissent les divers types. On peut aussi se

13.

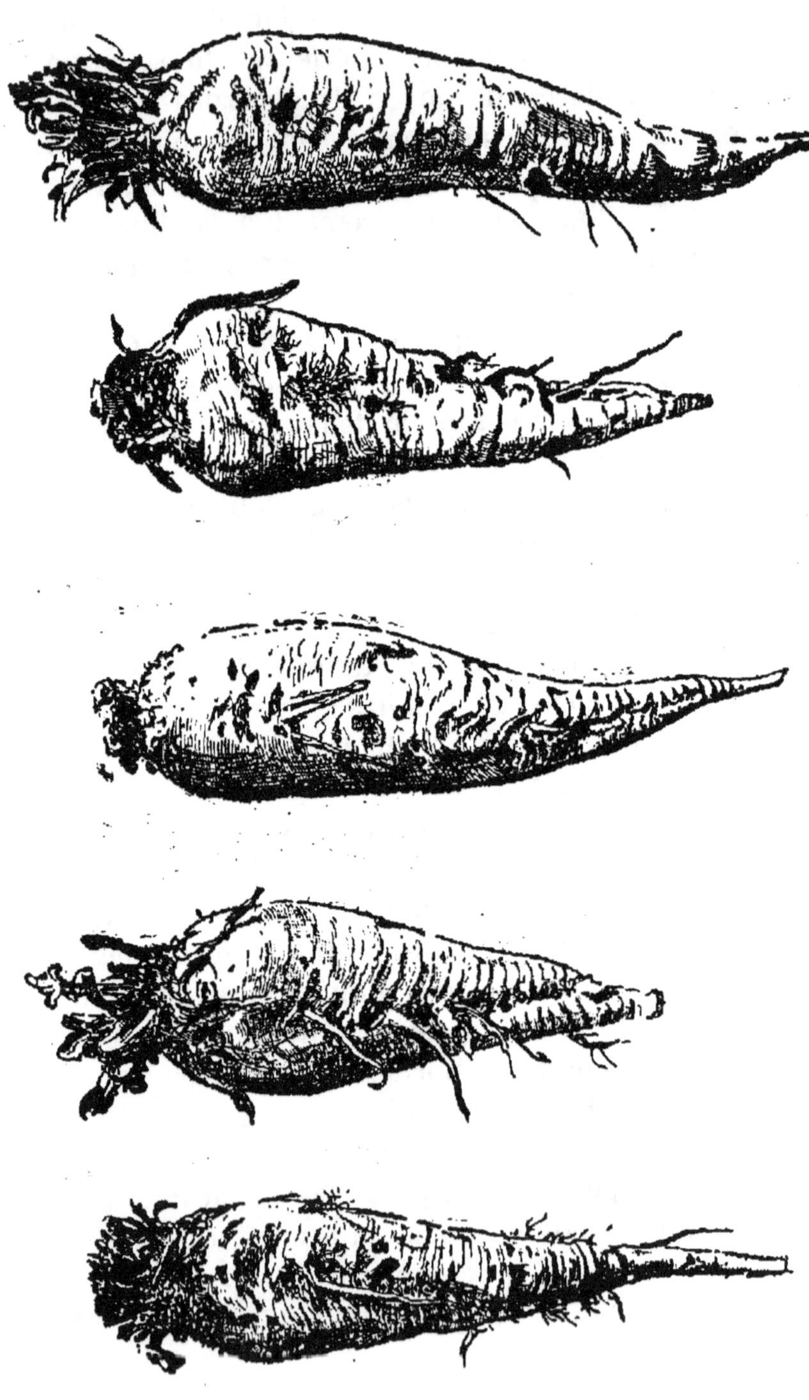

Betteraves Silésie, récoltées sur labour profond. (Voir p. 184.)

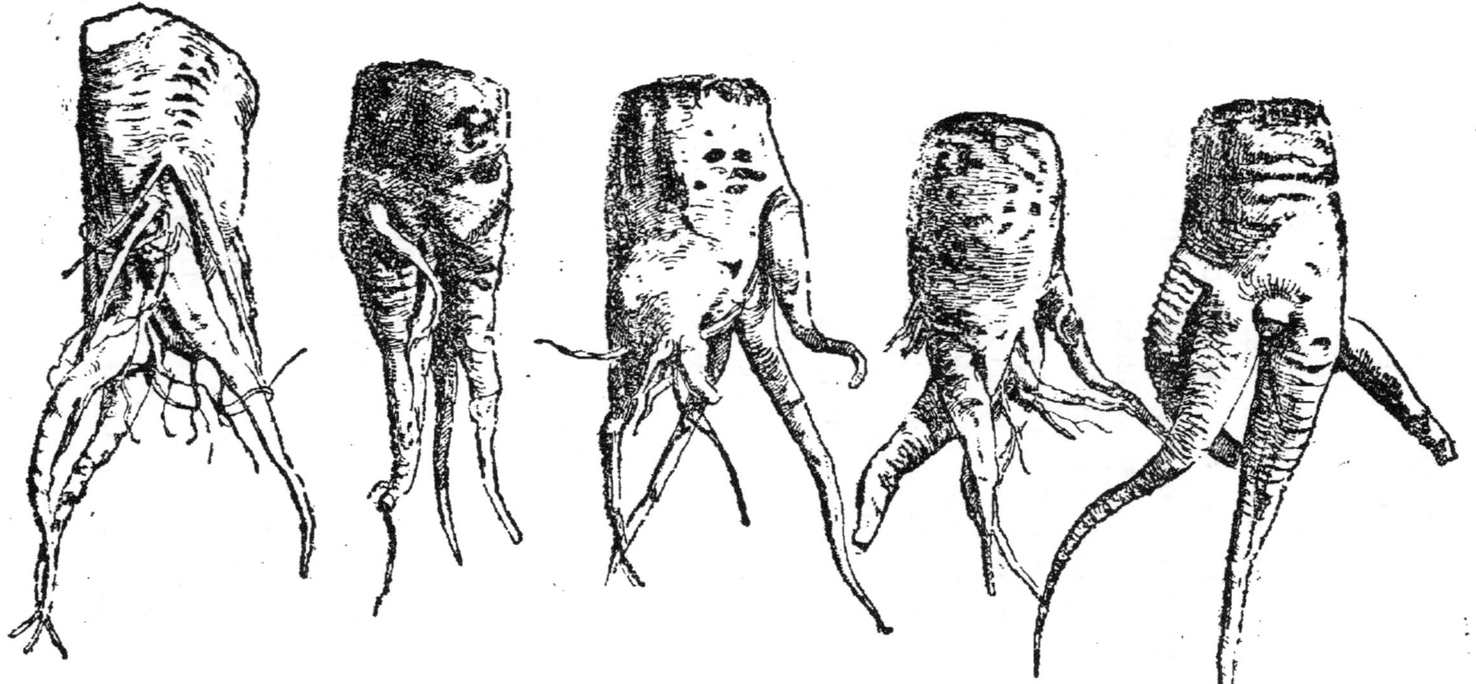

Betteraves Silésie, même graine, même terre, labour insuffisant. (Voir p. 184.)

servir d'un tricycle spécial, imaginé par M. de Beaurepaire :

« Avec mon petit tricycle à trois dents, nous écrit M. de Beaurepaire, l'instrument étant traîné par 10 bœufs, j'approche un peu plus de la culture allemande. Je ne fais qu'un défoncement sur place, à 40 centimètres de profondeur ; l'éparpillage d'engrais, enfoui seulement à 14 ou 15 centimètres, est des plus propices à la formation du sucre. Le sol est ameubli profondément par le défoncement du sous-sol et superficiellement par les binages. La première pluie entraîne les sels solubles dans la profondeur du sous-sol où la racine va les chercher à l'abri de toute sécheresse. On peut toujours, sauf en temps de fortes gelées, pratiquer mes défoncements. L'an dernier, 7 hectares manqués, semés au commencement de juin, placés en juillet, m'ont donné 47.000 kil. de betteraves à l'hectare, avec 5° de densité du jus brut. Je maintiens que l'un de mes voisins, qui laboure à la vapeur, avec le système Fowler, ne pousse pas son instrument plus à fond que moi, au contraire. Avec 10 bœufs, je fais 75 à 80 arpents par jour, à 14 pouces de défoncement, 1 m. par train agricolement. C'est ma pulpe qui défonce par mes bœufs, aux moments de loisir. »

Le tricycle de M. de Beaurepaire permet donc d'ameublir le sous-sol sur place à 40 centimètres, sans ramener la couche inférieure à la surface. Lorsqu'on veut ramener le sous-sol à la surface, on passe d'abord avec la charrue ordinaire, puis on engage dans le sillon une charrue sous-sol, qui brise la terre du fond de la raie et la fait foisonner jusqu'au niveau du sol. Cette terre vierge est recouverte ensuite par le renversement de la bande suivante, que vient retourner la charrue ordinaire. Enfin le défoncement peut se pratiquer à l'aide de deux charrues ordinaires, se succédant sur la même raie : la première atteint la profondeur de 8 à 10 centimètres; la seconde de 18 à 30 centimètres, ce qui donne un défoncement de 26 à 40 centimètres. En Allemagne, dans les districts betteraviers, on se sert beaucoup de la charrue défonceuse de Wanzleben, qui est un bon instrument. Cette charrue tirée par quatre attelages, produit un excellent travail. On emploie généralement les bœufs, qui ont une marche plus calme et plus régulière que les chevaux.

Le modèle perfectionné de la charrue de Wanzleben défonce avec une grande régularité d'entrure et de largeur de raie. La charrue de Sack est aussi très usitée en Allemagne pour les défoncements des cultures betteravières.

On attache, dans ce pays, une grande importance à cette opération. Autrefois, on défonçait les terres au moyen de la bêche ; mais la cherté de la main-d'œuvre a rendu ce travail très coûteux et il n'est plus guère pratiqué de nos jours, d'autant plus qu'on possède maintenant d'excellents instruments qui assurent une préparation du sol très régulière, rapide et économique.

Le défoncement à la bêche se faisait au printemps à cause du manque de bras vers la fin de l'été. Ferdinand Knauer considère cette culture comme extrêmement recommandable. Il a constaté des rendements de betteraves considérables sur des champs défoncés à la bêche. Le mode d'exécution, le choix des instruments doivent être laissés à l'appréciation du cultivateur. Ce qu'on ne doit pas oublier, c'est que le défoncement, variable suivant la nature du sol et du sous-sol, est indispensable dans les bonnes cultures de betteraves et doit se pratiquer toujours avant l'hiver.

Il nous reste, pour terminer ces considérations sur les labours profonds, à dire quelques mots du labourage à la vapeur. On a vu plus haut que notre honorable correspondant, M. le comte de Beaurepaire, considère son système de défoncement au tricycle tiré par des bœufs comme plus économique que le système Fowler à la vapeur. A cette remarque, M. de Beaurepaire en ajoute une autre : c'est que 99 cultures sur 100 ne peuvent pas avoir de Fowler. Nous n'avons pas à nous prononcer en cette matière. Mais nous croyons utile d'enregistrer l'opinion d'un auteur souvent cité dans cette étude, M. le Dr Fühling, qui accorde de grands avantages au labourage à la vapeur dans les cultures de betterave à sucre.

« Il nous semble, dit Fühling, que les adversaires du labourage à la vapeur s'attachent trop à un seul côté de la question : la dépense par unité de surface travaillée. Ils prétendent que le labour profond avec des bœufs est plus économique. Pour exprimer tout de suite notre opinion, nous dirons que, même dans le cas où cela serait, l'instrument à la vapeur nous apparaît comme le plus parfait, le plus conforme au but, qu'on ait trouvé jusqu'ici pour la préparation du sol dans les grandes cultures de betteraves ; nous n'hésitons pas à dire que, actuellement, toute grande culture de betteraves dirigée consciencieusement doit être pourvue d'appareils de labourage à la vapeur. La question la plus difficile à résoudre dans les grandes exploitations, c'est *l'exécution de la culture profonde* (défoncement, ameublissement du sous-sol, etc.) *avant l'hiver, sur toutes les terres* destinées à porter des betteraves dès le printemps suivant. Or, la culture à la vapeur réalise ce desideratum bien mieux que la culture par les animaux. La culture par la vapeur présente les avantages suivants :

1° La culture profonde, indispensable pour la betterave, est exécutée d'une manière plus intense, plus complète, plus régulière ; par le mouvement rapide de l'instrument, la terre est mieux soulevée et devient plus meuble en se désagrégeant. Le sol mieux soulevé et ameubli offre une plus grande surface à l'action de l'air, de l'eau, de la gelée. Il en résulte un état physique des plus favorables. De plus, la terre n'est pas piétinée comme avec les animaux de trait, dont les sabots impriment à chaque pas autant de réservoirs d'eau dans certaines terres dont ils augmentent en outre la compacité. Ces inconvénients se font sentir surtout quand la terre est travaillée encore humide : si la sécheresse survient, tout le bénéfice de l'ameublissement, de la porosité est perdu. La culture à la vapeur évite complètement ce danger ; elle réalise, en ce point, le principe posé jadis par les cultivateurs de betteraves de Magdebourg : « Aucune bête de trait ne doit fouler le champ de betterave. »

2° La culture à la vapeur permet de travailler profondément le sol avant l'hiver, dans un état d'humidité où la culture par les animaux serait impossible. De même des sols très secs, durcis par les gelées, qui opposeraient une résistance invincible aux animaux, se travaillent sans difficulté par la vapeur. Le nombre des journées de travail dans la période d'automne est augmenté considérablement par l'emploi de la vapeur. Immédiatement après la moisson, on peut préparer les terres à betteraves, ce qui n'est pas facile sans la vapeur, car, à cette époque, les gens et les animaux sont retenus par des travaux de récolte plus pressants. En somme, avec la culture à la vapeur, on commence de très bonne heure et on peut finir très avant dans l'hiver les travaux préparatoires des champs à semer en betteraves, sans être exposé à subir des arrêts ou des retards par l'effet de la température défavorable, de l'humidité, de la sécheresse ; on satisfait dès lors à ce desideratum important : *la culture profonde avant l'hiver de toutes les terres destinées à porter de la betterave.*

3° Le sol cultivé à la vapeur est placé dans de meilleures conditions au point de vue de l'humidité. *Il conserve
plus longtemps l'humidité de l'hiver*, point très important pour la betterave. Cet avantage assure une levée et
une végétation plus rapides de la plante ; les résultats
sont beaucoup plus sûrs ; les rendements en poids plus
élevés. Rimpau a constaté jusqu'à 10,000 kil. d'augmentation par hectare. Il est bien établi, dans tous les cas,
que, grâce à la culture par la vapeur, qui permet d'exécuter plus rapidement et plus tôt la préparation du sol,
le cultivateur de betteraves se rend, jusqu'à un certain
point, indépendant de l'inclémence de la température,
de l'inconvénient des hivers précoces et des printemps
tardifs ou secs.

4° L'emploi de la vapeur procure au cultivateur le
moyen de réduire au strict nécessaire le nombre des bêtes de trait. L'influence bienfaisante de la culture betteravière doit se manifester d'autant plus dans un domaine
que les dépenses d'achat et d'entretien du bétail de trait
sont plus réduites et profitent davantage au bétail à l'engrais.

5° L'existence de machines à vapeur dans la ferme
permet au cultivateur d'opérer une foule de travaux avec
rapidité et économie. Par suite, le nombre de journées
de travail à la vapeur devient considérable dans l'année,
et les frais d'amortissement et d'intérêt sont diminués.

6° Sans rechercher si la culture à la vapeur est plus
ou moins économique par unité de surface que la culture par les animaux, on peut dire, d'après les avantages énumérés plus haut, que la vapeur est infiniment plus
avantageuse pour le cultivateur de betteraves, au point
de vue des intérêts généraux de sa culture et au point
de vue des intérêts du fabricant. Aussi n'hésitons-nous
pas à exprimer cette opinion que *dans quelques dizai-*

*nes d'années, aucune culture de betteraves un peu impor-
tante fournissant totalement ou en grande partie l'approvisionnement d'une sucrerie ne voudra travailler
sans la vapeur.* A notre avis, c'est dans les cultures de
betteraves que l'adoption des appareils à vapeur rencon-
trera le moins d'obstacles.

7° La culture à la vapeur, limitée jusqu'ici au labourage, au défoncement, à l'ameublissement du sous-sol,
pourra sans doute rendre des services dans les travaux
du printemps. L'emploi de la vapeur pour faire mouvoir les herses, rouleaux, semoirs, mérite d'être essayé.
On éviterait par là de fouler le sol avec les pieds des animaux. Enfin, la vapeur nous paraît très recommandable dans l'application de la *charrue sous-sol à distributeur d'engrais* du professeur Dr Funcke, de Hohenheim.
Cette charrue a pour but de distribuer les engrais artificiels pulvérulents dans le sous-sol. Si l'instrument à la vapeur, qui pénètre à 40, 46 et même plus de 50 centimètres,
était muni d'un dispositif pour la distribution d'un engrais artificiel liquide, on pourrait fumer le sous-sol à
une grande profondeur, et avec une perfection que les
moyens mécaniques actuels ne sont pas en état de réaliser.

Le Dr Fühling est, on le voit, chaud partisan des instruments à vapeur dans les cultures de betteraves un peu
importantes. Il est regrettable que la vapeur ne puisse pas
être appliquée en France dans toutes les cultures betteravières; elle y apporterait des économies notables, en réduisant d'une manière très sensible les frais de production de
la betterave à sucre par l'accroissement des rendements
quantitatifs et l'augmentation de la richesse saccharine.
La culture à la vapeur est malheureusement impraticable
chez la majorité de nos producteurs de betteraves français.

Le Dr Burstenbinder estime que, dans des conditions

normales, on peut labourer à la vapeur de 5 à 7 hectares
par jour, à une profondeur de 35 centimètres et avec une
dépense de 56 à 64 marks par hectare (70 à 80 francs).
En Allemagne, on emploie, dans la plupart des cas, le
système Fowler. Des entrepreneurs se chargent de l'opération. M. W. Rimpau, de Schlanstedt (Saxe), a dépen-
sé, en 1881, avec le système Fowler à deux machines
lui appartenant, 41 marks (51 fr. 25) par hectare, intérêt
et amortissement compris, pour un labour de 32 à 40 centimètres. Le travail avait duré 96 jours.

Les labours profonds ou défoncements avant l'hiver,
dont nous avons montré l'influence sur le développement, la forme régulière et la qualité de la betterave à
sucre, doivent être précédés de diverses opérations ayant
pour but de nettoyer le sol, d'utiliser, d'enlever ou de
détruire les résidus laissés par la récolte précédente, et
enfin de confier au sol les engrais de lente décomposition
qui auront besoin de séjourner en terre pendant plusieurs mois pour se présenter à la jeune betterave sous
un état convenable.

Supposons un champ ayant porté une récolte de céréales et devant recevoir des betteraves à sucre. Le premier soin du cultivateur devra être de procéder au plus
vite au nettoyage du sol, afin de détruire les chaumes et
de faire germer les graines des mauvaises herbes, de
telle sorte que le labour profond puisse être donné, avant
l'hiver, sur un terrain aussi propre que possible. En
Allemagne, dans beaucoup d'exploitations, on procède
au déchaumage avant même que la récolte de céréales
soit enlevée. Grâce à cette promptitude, les rayons brû-
lants du soleil n'ont pas le temps de durcir les chaumes
et les instruments, tels que scarificateurs, extirpateurs, ou
charrues à déchaumer, pénètrent dans le sol sans difficulté. Le déchaumage ainsi effectué a l'avantage de pro-

curer à la surface du sol une certaine humidité et une porosité qui favorisent la décomposition des résidus de la récolte de céréales; de plus, les graines des plantes ou herbes parasites, recouvertes d'une légère couche de terre, germent avec rapidité, se développent et peuvent être détruites ultérieurement de manière à ne pas entraver plus tard la jeune betterave dans sa végétation.

Il est bon de noter que le déchaumage doit remuer le sol à une très faible profondeur ; sans quoi, outre l'excédent de force qu'il faudrait dépenser, on s'exposerait à enfouir trop avant dans la terre les graines des mauvaises herbes : leur germination n'aurait pas lieu de suite faute d'air, mais plus tard lorsqu'elles seraient ramenées à la surface par les autres façons. Le but des opérations : le nettoyage rapide et complet du sol, ne serait pas atteint.

Le déchaumage se pratique avec différents instruments. Les opinions des auteurs allemands sont partagées à cet égard ; il est bien probable cependant que chacun d'eux a raison à son point de vue, ce qui équivaut à dire que le choix de l'instrument doit être laissé à l'appréciation du cultivateur. Le D<sup>r</sup> Fühling emploie de préférence l'extirpateur :

« Après une récolte à tiges, dit cet agronome, nous avions l'habitude de déchaumer à l'extirpateur, *immédiatement* après la moisson, en passant l'instrument deux fois sur le champ. L'extirpateur, auquel on n'a pas encore rendu justice comme il le mérite, permet d'effectuer le déchaumage dans un bref délai et d'exposer le sol à l'action de l'atmosphère, en faisant germer les mauvaises herbes, par l'effet du deuxième trait donné plus profondément en travers. On doit éviter d'employer les extirpateurs munis d'un grand nombre de socs; celui à cinq socs donne les meilleurs résultats. Dans la province du

Rhin, on se sert souvent aussi, pour le déchaumage, de charrues polysocs. Dans les terres naturellement fortes, l'emploi de l'extirpateur ou de tout autre instrument à un grand nombre de socs est d'autant moins praticable qu'on laisse les chaumes séjourner plus longtemps sur le champ et que le sol devient plus dur. Il y a déjà, dans ce cas, de grandes difficultés à manier la charrue. Pour la première fois nous donnons un trait d'extirpateur au moment même où la céréale est encore en moyettes sur le champ; puis aussitôt que celui-ci est entièrement libre, nous donnons un nouveau trait en croix, avec deux chevaux ou deux bœufs de rechange, jusqu'à une profondeur de 8 à 13 centimètres ; ce qui s'obtient aisément si les cinq socs sont remplacés aussi souvent qu'il est nécessaire par d'autres socs bien affûtés (1). »

Ferdinand Knauer (2) pense que ce mode de travail n'est applicable que dans la province du Rhin, où, d'après Grouven, le sol est doux, poreux, la couche arable profonde. Mais dans les districts betteraviers les plus importants, en Saxe, dans le duché de Brunswick, d'Anhalt, en Autriche, en Silésie et en Russie, on ne pourrait guère employer l'extirpateur plus d'une fois en dix ans, dans des circonstances exceptionnelles. Aussi Knauer recommande-t-il pour ces sols, l'emploi de la charrue, qui, suivant lui, donne de meilleurs résultats que l'extirpateur et ne présente jamais de difficultés.

Le D$^r$ Burstenbinder (3) pense que la charrue ordinaire usitée dans les cultures de betteraves ne convient nullement au déchaumage ; sa marche est irrégulière, elle exige trop de force : « Quant à l'extirpateur, dit cet auteur, on l'a chaudement recommandé ; mais il ne re-

(1) *Der praktische Rübenbauer* 1877.
(2) *Der Rübenbau,* 1882.
(3) *Die Zuckerrübe,* 1882.

tourne pas assez la surface du sol, et bien qu'il favorise d'une manière suffisante la germination des mauvaises herbes, il laisse beaucoup à désirer au point de vue de l'enfouissement des chaumes et de la destruction des racines, surtout si les socs ne sont pas maintenus bien affûtés. Nous possédons cependant un instrument excellent pour le déchaumage : c'est la charrue à trois ou à quatre socs, qui, pour une même dépense de force que l'extirpateur, ne fournit pas moins de travail, et donne les meilleurs résultats grâce à la régularité et la sûreté de sa marche. Comme cette charrue peut trouver son application dans toutes les opérations de culture superficielle, aucune exploitation betteravière ne devrait manquer d'en être pourvue. »

Les opinions sur les instruments de déchaumage sont, on le voit, assez différentes ; mais il ressort de ces observations cette règle importante : c'est que dans toute culture où la betterave à sucre succède à la céréale, le déchaumage doit être fait avec infiniment de soin.

Cette opération achevée, on passe la herse une ou plusieurs fois, puis le rouleau, et on abandonne le champ jusqu'au moment où les herbes et plantes parasites sont développées. On procède alors au labour profond. Si les mauvaises herbes sont nombreuses, on donne, entre le déchaumage et le labour profond, un labour moyen, puis un coup de herse, de façon à bien nettoyer le champ. Après le labour profond, le sol ne doit plus subir aucune préparation jusqu'au moment de la semaille, sauf dans certains cas particuliers dont nous aurons à parler.

Nous verrons dans un prochain chapitre quel est le meilleur mode d'emploi des engrais de lente décomposition et combien il est nécessaire de les distribuer avant l'hiver. Il est notamment avantageux d'enfouir le fumier à la charrue avant l'hiver. Si l'on veut fumer directement la betterave, on devra donc enfouir le fumier avant l'hiver, par un trait de charrue donné entre le déchaumage et le défoncement ou labour profond.

Le sol ainsi préparé sera dans les meilleures conditions sous le rapport de la destruction des mauvaises herbes, de la décomposition de l'engrais et de l'influence des gelées d'hiver. Il peut se présenter des cas où un ou deux labours superficiels soient nécessaires, notamment lorsque le sol est devenu trop compact, comme il arrive souvent à la suite des hivers doux et de pluies violentes. On devra, en ce cas, creuser des rigoles ou des puisards pour éviter les amas d'eau pendant l'hiver, au printemps et aussi pendant la végétation de la betterave.

Nous avons examiné le cas particulier où les travaux préparatoires du sol débutent par le déchaumage. Dans le cas où le champ devant porter de la betterave à sucre vient de fournir une récolte sarclée, pomme de terre ou même de la betterave, le travail préparatoire est plus simple. Le sol est d'ailleurs plus propre, moins envahi par les mauvaises herbes, grâce aux nettoyages fréquents pratiqués pendant la végétation de la récolte précédente. On peut donc se borner à donner un labour profond. Celui-ci est indispensable dans toutes les circonstances, même après une récolte de betterave. Cette dernière, en effet, ne s'opère pas sans un certain tassement du sol, par le piétinement des hommes et des animaux, ou par les roues des voitures. D'autre part, si les feuilles des betteraves récoltées sont laissées sur le champ, comme il est avantageux de le faire, il est nécessaire d'enfouir ces résidus par la charrue, de façon à en obtenir tout l'effet fertilisant dont ils sont capables.

D'après ces quelques considérations, le lecteur se rend compte aisément du rôle des travaux préparatoires du sol avant l'hiver ; ils ont pour but, en résumé, la destruction des résidus et mauvaises herbes laissés par la récolte précédente, le défoncement et le retournement du sol, en vue d'assurer l'action favorable des gelées d'hiver et de l'humidité.

Comme nous l'avons dit, certains sols, trop fermes après un hiver sans gelées ou après de fortes pluies, auront besoin d'un labour superficiel au printemps. Ce labour se donnera très peu de temps avant les semailles. Dans le cas contraire, la première opération à exécuter au printemps, dès que le sol est dans un état d'humidité convenable, c'est le hersage, avec un instrument à dents bien affûtées. Si la herse pénètre bien dans le sol sans que la terre adhère trop à la pointe des dents, il sera temps de herser. On passera ensuite le rouleau, l'extirpateur ou autres instruments permettant de briser les mottes et de pulvériser la terre de façon à la rendre propre à recevoir les graines. Ces divers travaux seront exécutés de la manière et avec les instruments que le cultivateur jugera les plus convenables. On ne perdra pas de vue ce principe que le sol doit être bien ressuyé pour être travaillé avec profit ; que la croûte doit être pulvérisée aussi finement que possible, suffisamment comprimée à la surface, sans tassement dans la couche inférieure, de telle sorte que la betterave puisse lever avec rapidité et pousser son pivot vers le sous-sol sans rencontrer de résistance. Le mode d'emploi des herses, rouleaux, extirpateurs, etc., variera donc suivant l'appréciation du cultivateur.

Le D$^r$ Fühling a obtenu de bons résultats avec la herse en fer à longues dents recourbées, suivie d'un rouleau de même largeur, suivi lui-même d'une herse fine. Ces trois instruments, accouplés ensemble au moyen de chaînes, ont produit un excellent travail. D'ailleurs, cette succession de travaux est très recommandable. Si le champ occupe une grande surface, on le divise en plusieurs parties, et on fait passer successivement sur chacune d'elles la série des instruments, herses, rouleaux, etc. Immédiatement après le dernier trait de rouleau, vient le semoir. De la sorte, on évite les inconvénients que pourrait occasionner une pluie un peu forte sur une terre ainsi pulvérisée et lisse.

En ce qui concerne l'épandage des engrais complémentaires, pulvérulents, tels que nitrates, superphosphates, sels ammoniacaux, etc., engrais qu'il est avantageux de distribuer au printemps, on peut les confier au sol immédiatement après le premier hersage, ou les enfouir avec la herse ou l'extirpateur, ou enfin les distribuer avec la graine, à l'aide des semoirs distributeurs de construction spéciale. Du moment que ces engrais se dissolvent et s'assimilent avec rapidité, et qu'ils n'ont aucune action nuisible sur la graine, il n'y a aucun inconvénient à les épandre au moment des semailles. Nous reviendrons d'ailleurs sur cette question.

# CHAPITRE VI

## Les Engrais.

La betterave est une plante améliorante. — Sa composition. — Influence de son introduction dans les assolements sur les rendements en blé. — Poids des feuilles des betteraves riches et des betteraves pauvres en sucre. — Composition chimique des feuilles et des racines. — Poids des matières minerales pour 100 de sucre dans la betterave pauvre. — La teneur d'azote. — Travaux de Champion et Pellet. — Rapport des matières minérales pour 100 de sucre. — Restitution des éléments enlevés par les récoltes. — Les engrais chimiques, le fumier. Travaux de Georges Ville. — Equilibre nécessaire entre les éléments de la production. — Analyse du sol par la végétation ; expériences de Joulie. — Formules d'engrais. — Le fumier. Mode d'emploi. — Résultats de diverses expériences de fumure au fumier et aux engrais chimiques. — Sels de potasse. — Nitrate de soude, sulfate d'ammoniaque, superphosphates. — L'acide phosphorique. — Mode d'emploi des engrais. Observations de Derôme, Petermann. — Engrais verts. — Fumure du sous-sol.

Si la nature de la graine, la composition, la préparation du sol, le climat, ont une influence considérable sur les récoltes de betterave à sucre au double point de vue de la qualité et de la quantité, on peut dire que le succès de cette culture dépend aussi en très grande partie de la composition et de la quantité des engrais qu'on y emploie dans le but de maintenir la fertilité des terres et d'en porter le produit au maximum. La culture rationnelle de la betterave à sucre repose sur un ensemble de principes dont aucun ne saurait être négligé sans préjudice pour le résultat final ; le choix de la graine, du sol, la préparation des terres au moyen de labours et de hersages convenables, ne suffiraient point à nous assurer des récoltes abondantes et de bonne qualité si nous n'apportions un égal soin dans le choix des fumures et le calcul de leurs doses.

Les engrais naturels et artificiels qui sont aujourd'hui à la disposition de tous les cultivateurs de betteraves permettent d'atteindre le but avec une précision pour ainsi dire mathématique.

Quels sont les engrais qui conviennent le mieux à la betterave à sucre? Quelles sont les doses qu'il faut employer pour obtenir les récoltes les plus abondantes et les plus riches en sucre ? Tels sont les problèmes dont nous allons nous occuper.

Tout d'abord, il est intéressant de nous rendre compte de la composition de la betterave ainsi que de la nature et de la quantité des éléments de fertilité qu'elle emprunte au sol et qu'il y a lieu de restituer à ce dernier (1).

(1) Payen a trouvé la composition suivante pour la *betterave blanche de Silésie* venue dans un terrain convenable :

| | |
|---|---:|
| Eau...................................................... | 83.5 |
| Sucre................................................... | 10.5 |
| Cellulose, pectose, pectine. .......................... | 0.8 |
| Albumine, caséine, asparagine, et autres matières neutres et azotées...................................... | 1.5 |
| Acide malique, pectique, gommes, matières grasses, aromatiques et colorantes, huile essentielle, chlorophylle, oxalate et phosphate de chaux, phosphate de magnésie, chlorhydrate d'ammoniaque, silicate, azotate, sulfate et oxalate de potasse, oxalate de soude, chlorure de sodium et de potassium, pectates de chaux, de potasse, de soude, soufre, silice, oxyde de fer, etc. | 3.7 |
| | 100.0 |

*Composition d'une récolte de 50.000 kg. de betteraves,
d'après Georges Ville.*

Eau, élément dont l'exportation n'appauvrit
pas le sol...................... 43.125 kg.

Sucre
4.160 k.
{ Éléments dont l'exportation n'appauvrit pas le sol :
Carbone............ 1.752 k.
Hydrogène......... 266 »
Oxygène........... 2.142 » } 4.160 »

Pulpe
2.715 k.
Éléments dont l'exportation n'appauvrit pas le sol :
Carbone.....................
Hydrogène..................
Oxygène.................... } 1.950 »

*Minéraux secondaires :*
Silice................ 36 k.
Chlore.............. 23 »
Acide sulfurique....... 15 »
Oxyde de fer......... 3 »
Soude............... 151 »
Magnésie........... 27 » } 255 »

Éléments fondamentaux de la
production dont l'exportation
appauvrit le sol :
Azote............... 195 k.
Acide phosphorique... 57 »
Potasse ............. 229 »
Chaux.............. 20 » } 501 »

————————
50.000 kg.

Au point de vue de la fabrication du sucre, la betterave peut
être considérée comme composée de deux éléments principaux : la
pulpe et le jus, ce dernier renfermant les matières solubles ; soit
pour 100 de betterave :

Ainsi, d'après Georges Ville (1), une récolte de betterave de 50.000 kg. (racines) renferme en chiffres ronds :

Eléments dont l'exportation n'appauvrit pas le sol..    49.500 k.
Eléments fondamentaux dont l'export. appauvrit le sol    500 k.
                              Total.......... ...............    50.000 k.

Le poids des éléments fondamentaux de la production, azote, acide phosphorique, potasse, chaux. dont l'exportation appauvrit le sol, serait donc égal à *un pour cent* du poids des racines.

Il n'est pas rigoureusement exact de dire qu'à part le sucre tout fait retour à la terre, car la transformation de la pulpe donnée au bétail, en viande et en os, entraîne une perte d'azote, de phosphate de chaux, de potasse. En outre, les mélasses qui résultent du traitement des betteraves dans la sucrerie renferment des sels qui sont définitivement perdus pour le domaine lorsque le fabricant vend ces résidus aux distillateurs.

Dans l'état actuel de la fabrication du sucre, sans le travail des mélasses, les produits de la sucrerie sont :

1º Le sucre brut, qui renferme des sels ;

2º Les pulpes, qui renferment des sels et des matières organiques, protéine, cellulose, etc. ;

3º Les mélasses, qui renferment des matières salines et organiques :

Eau ................    80.7 }
Matières dissoutes....    15.9 } Jus, 96.6 %
Pulpe..............    3.4
                         ―――――――――
                         100.00

La teneur de jus est variable suivant les variétés, le degré de maturité, la saison, etc. En général, on admet que la betterave contient de 95 à 96 % de jus.

(1) *Les engrais chimiques*, entretiens agricoles de Vincennes, 1868.

4° Les écumes de défécation, qui renferment également des matières minérales et organiques.

Toutes ces matières salines, minérales et organiques proviennent de la betterave et sont exportées avec le sucre brut, les pulpes et les mélasses. Celles qui accompagnent le sucre brut et la mélasse sont perdues pour le domaine. Celles que renferment les pulpes font retour au sol, sous forme de fumier, à l'exception de la partie assimilée par le bétail et transformée en viande et en os. Enfin, toutes les matières minérales et organiques précipitées dans les écumes de défécation sont restituées au sol par l'emploi de ces résidus dans les fumures et amen·dements.

Le jour où les sucreries seront outillées pour extraire le sucre des mélasses et produire exclusivement du sucre de consommation, blanc et pur, les pertes se réduiront au mimimum et se composeront des matières renfermées dans les pulpes et transformées en viande et en os, ainsi que des pertes d'azote sous forme d'ammoniaque pendant le traitement des jus, leur épuration, leur concentration et pendant le traitement des mélasses.

Il sortira de l'usine du sucre pur, composé d'éléments dont l'exportation n'appauvrit pas le sol ; des sels et matières organiques qui retourneront à la ferme sous forme de pulpes, écumes de défécation et de vinasses et salins de mélasses.

Si l'on considère la faible importance de ces pertes, même dans l'état actuel de la fabrication du sucre, et si l'on met en regard l'amélioration remarquable des terres, l'accroissement de leur fertilité, qui résultent de la culture de la betterave à sucre, on est amené à reconnaître que cette plante est véritablement une plante *améliorante* et qu'elle est bien digne de la place considérable qu'elle occupe dans notre agriculture.

Voici un exemple frappant de l'amélioration que procure l'introduction dans un domaine, de la culture de la
betterave à sucre. Cet exemple a été donné par Knauer,
de Grobers, province de Saxe (1).

| ANNÉES | LE DOMAINE O. RÉCOLTAIT : | | |
| --- | --- | --- | --- |
| | **Pailles**<br>—<br>GERBES. | **Grains.**<br>—<br>HECTOLITRES | **Betteraves**<br>—<br>HECTARES. |
| **1843** | 240.704 | 7.603 | La betterave n'est |
| **1844** | 199.040 | 7.748 | pas encore dans l'as- |
| **1845** | 168.192 | 6.098 | solement. |
| **1846** | 144.488 | 6.461 | |
| Moyenne : | 184.106 | 4.477 1/2 | |
| **1853** | 262.144 | 8.870 | Annuellement |
| **1854** | 171.136 | 7.035 | environ |
| **1855** | 202.816 | 8.764 | 150 hectares |
| **1856** | 318.080 | 10.922 | de betteraves. |
| Moyenne : | 238.544 | 8.897 3/4 | |

L'étendue de la culture n'est pas indiquée ; mais, de la
quantité de grains produite, on peut conclure à une exploitation de 500 à 600 hectares. L'introduction de la betterave dans l'assolement pour 150 hectares a donc diminué la surface disponible pour les céréales d'au moins
25 % ; mais, au lieu de constater une *diminution* dans
la masse des céréales récoltées, nous la voyons *augmenter de* 30 *p. c. pour la paille et de* 37 *% pour le grain* !

(1) La *betterave à sucre*, par C. P. Gieseker.

Sur la propriété de Osmarsleben, près de Bernbourg, d'une superficie d'environ 375 hectares, on récoltait, de 1843 à 1850, sur une moyenne de 210 hectares de céréales, 31,9 hectolitres de grain par hectare. En 1850, l'exploitation fut portée, par la prise en location d'autres terres, à 495 hectares environ, dont 140 à 180 furent annuellement emblavés en betteraves. Le produit moyen par hectare de céréales, sur une emblave moyenne de 232 hectares de 1851 à 1856 s'éleva à 36,1 hectolitres.

*Poids des feuilles de betteraves.* Les feuilles de la betterave jouent au point de vue de l'élaboration du sucre un rôle des plus importants. MM. Corenwinder et Contamine (1), dans un mémoire à l'Académie, ont constaté que les betteraves qui ont des feuilles larges et très développées sont généralement plus riches en sucre que celles qui ont des feuilles petites et étroites. Les remarquables observations de M. Aimé Girard sur la *saccharogénie* ont nettement déterminé la fonction des feuilles au point de vue de l'élaboration du sucre. Il existe donc une certaine corrélation entre le développement des feuilles et la richesse saccharine.

D'un autre côté, on a constaté que le poids des feuilles rapporté à 100 kilogrammes de racines augmente à mesure que la richesse s'élève.

Champion et Pellet ont trouvé en 1876 (2) :

| | Sucre % dans la betterave. | Feuilles % de racines. |
|---|---|---|
| Betterave Vilmorin..... | 14.5 | 56 kg. |
| — Simon-Legrand | 13.3 | 33 » |
| — ordinaire...... | 11.8 | 20 » |

Les mêmes observateurs ont constaté que pour une

(1) *Journal des fabricants de sucre.* 1879, n°ˢ 27 et 28.

(2) *De la betterave à sucre.* 1876, p. 43.

même variété le poids relatif des feuilles augmente lorsque les conditions de culture déterminent l'enrichissement de la racine. La même graine en culture ordinaire a produit des betteraves à 28 % de feuilles du poids de la racine et en culture spéciale 52 %.

De nombreux essais ont donné les résultats suivants :

| Richesse en sucre des racines. | Poids des feuilles pour 100 kg. des racines. |
| --- | --- |
| 15.4 % | 58 |
| 15.2 | 63 |
| 14.1 | 52 |
| 14.7 | 62 |
| 13.1 | 31 |
| 13.8 | 26 |
| 13.5 | 36 |
| 12.4 | 25 |
| 11.8 | 26 |

De son côté, Ladureau a trouvé, en 1878, dans ses essais, que la betterave rose de Pologne la moins riche accusait 35 % de feuilles du poids des racines, tandis que la blanche de Silésie la plus riche accusait 55 à 60 %.

D'autres observateurs ont constaté le même fait. Il paraît donc établi que la proportion du poids des feuilles par rapport à celui des racines augmente avec la richesse saccharine des betteraves.

*Composition des feuilles.* — Champion et Pellet, qui ont fait un nombre considérable d'analyses de feuilles et de racines de betteraves, ont constaté que le poids des cendres augmente dans les feuilles à mesure de leur développement, tandis que les principes azotés diminuent. L'augmentation en sucre dans les racines correspond à un poids plus élevé de sels et à une proportion inférieure

de matières azotées dans les feuilles. La composition
moyenne des feuilles est représentée par :

|  | Pour 100 | Soit % de mat. sèche. |
|---|---|---|
| Eau..... | 84.00 à 87.00 | » |
| Azote.... | 0.45 à 0.30 | 2.3 à 2.8 |
| Cendres.. | 4.40 à 3.20 | 23.1 à 27.5 |

*Composition des feuilles et des racines de betteraves
pauvres et de betteraves riches en sucre.* — Champion et
Pellet ont fait de nombreuses analyses sur des betteraves
pauvres et riches, françaises ou étrangères, et ils ont trouvé les résultats moyens suivants, pour des betteraves supposées à 10 et à 15 % de sucre. On remarquera que la teneur en matières minérales est plus élevée dans les feuilles de betteraves riches que dans les feuilles de betteraves pauvres ; l'inverse a lieu pour la racine. L'azote est
plus abondant dans la racine riche que dans la racine
pauvre.

*I. Matières minérales et organiques enlevées par les
feuilles et les racines.*

|  | Betteraves à 10 0/0 sucre | | Betteraves à 15 0/0 sucre | |
|---|---|---|---|---|
|  | 1.000 kg. feuilles | 1.000 kg. racines | 1.000 kg. feuilles | 1.000 kg. racines |
| Potasse......... | 9.23 | 2.93 | 10.00 | 2.66 |
| Soude ......... | 3.23 | 0.51 | 3.47 | 0.45 |
| Chaux......... | 3.50 | 0.42 | 3.75 | 0.38 |
| Magnésie ...... | 2.81 | 0.38 | 3.03 | 0.33 |
| Chlore.. ...... | 3.23 | 0.57 | 3.47 | 0.50 |
| Acide sulfurique | 1 50 | 0.22 | 1.63 | 0.19 |
| Silice.......... | 0.31 | 0.34 | 0.33 | 0.30 |
| Acide phosphor. | 2.23 | 0.59 | 2.30 | 0.51 |
| Divers......... | 2 03 | 0.16 | 1.92 | 0.13 |
| Total........ | 28.07 | 6.12 | 30.0 | 5.45 |
| Matière sèche .. | 138.0 | 167.5 | 140.0 | 240.0 |
| Azote . ....... | 3.3 | 2.5 | 3.8 | 4.0 |

Ces données permettent de calculer les quantités de sels

et matières organiques enlevés à la terre, par hectare, pour une récolte de 50.000 kg. de racines.

### II. Récolte de 50.000 kilogrammes de betteraves.

| | Betteraves à 10 0/0 sucre | | | Betteraves à 15 0/0 sucre | | |
|---|---|---|---|---|---|---|
| | Feuilles 13.000 k. | Racines 50.000 k. | Total à l'hect. | Feuilles 25.000 k. | Racines 50.000 k. | Total à l'hect. |
| Potasse... | 145.0 | 146.5 | 291.5 | 270.00 | 129.00 | 399.00 |
| Soude.... | 45.0 | 25.5 | 70.5 | 93.75 | 22.50 | 116.25 |
| Chaux.... | 50.0 | 21.0 | 71.0 | 97.50 | 18.75 | 116 25 |
| Magnésie . | 37.5 | 19.0 | 56.5 | 78.75 | 16.50 | 95.25 |
| Chlore.... | 42.5 | 28.5 | 71.0 | 90.00 | 25.50 | 115.55 |
| Acide sulfurique . | 20.0 | 11.0 | 31.0 | 45.00 | 9.75 | 54.70 |
| Silice..... | 5.0 | 17.0 | 22.0 | 11.25 | 15.00 | 26.25 |
| Acide phosphorique | 30.0 | 29.5 | 59.5 | 63.75 | 26.25 | 90.00 |
| Divers.... | 25.0 | 8.0 | 33.0 | 33.75 | 6.75 | 40.50 |
| Total... | 400.0 | 306.0 | 706.0 | 783.75 | 270.00 | 1053.75 |
| Mat. sèche | 180.0 | 839.50 | 1017.50 | 3500.00 | 12000.00 | 15500.00 |
| Azote..... | 42.9 | 125.00 | 167.9 | 95.00 | 200.00 | 295.00 |

Ces résultats représentent la moyenne d'un grand nombre d'analyses françaises et étrangères. Champion et Pellet ont calculé enfin les proportions de matières organiques et minérales enlevées au sol pour 100 kg. de sucre :

### III. Éléments organiques et minéraux enlevés au sol, pour 100 kg. de sucre dans la betterave.

| | Betteraves à 10 0/0 sucre | | | Betteraves à 15 0/0 sucre | | |
|---|---|---|---|---|---|---|
| Potasse................... | 5.70 | à | 5.30 | 5.30 | à | 5.70 |
| Soude......... . ...... | 1.44 | à | 1.55 | 1.55 | à | 1.45 |
| Chaux.... ............. | 1.41 | à | 1.55 | 1.55 | à | 1.40 |
| Magnésie............... ... | 1.18 | à | 1.30 | 1.30 | à | 1.18 |
| Chlore. ............. | 1.44 | à | 1.65 | 1.65 | à | 1.44 |
| Acide sulfurique:......... | 0.64 | à | 0.65 | 0.63 | à | 0.64 |
| Silice................ | 0.43 | à | 0.35 | 0.35 | à | 1.43 |
| Acide phosphorique...... | 1.18 | à | 1.20 | 1.20 | à | 1.18 |
| Divers................ | 0.78 | à | 0.85 | 0.85 | à | 0 78 |
| Total............... | 14 20 à 14.40 | | | 14.40 à 14.20 | | |
| Matière sèche .......... | 203.50 | | | 204.40 | | |
| Azote................ . | 3.38 | | | 3.80 | | |
| Carbone.............. | 80 | | | 80.00 | | |

Ce qui nous frappe dans ces résultats, c'est la constance du rapport entre le sucre et l'ensemble des matières minérales. Champion et Pellet en ont conclu que :

*Quelle que soit la richesse des betteraves, le végétal entier prélève à la terre un poids de matières minérales à peu près constant pour 100 de sucre, soit environ 14 kg. de matières minérales pour 100 kg. de sucre.*

Il s'agit, bien entendu, de betteraves saines et parvenues à maturité.

Si l'on examine les analyses de betteraves pauvres et de betteraves riches (à 10 et à 15 0/0 de sucre) du tableau I, et si l'on calcule les proportions de cendres et d'azote contenus dans les feuilles et dans la racine d'une récolte de 50.000 kg. pour 100 de cendres et d'azote dans le végétal entier, on trouve les proportions suivantes :

|  | Betterave riche | Betterave pauvre |
|---|---|---|
| **Pour 100 de *cendres* :** |  |  |
| Il y a dans la racine...... | 26 | 43 |
| — les feuilles.... | 74 | 57 |
|  | 100 | 100 |
| **Pour 100 d'*azote* :** |  |  |
| Il y a dans la racine....... | 67 | 74 |
| — les feuilles..... | 33 | 26 |
|  | 100 | 100 |
| **Pour 100 de *sucre* :** | *sels* | *sels* |
| Il y a dans la racine...... | 3.60 | 6.12 |
| — les feuilles..... | 10.45 | 8.00 |
|  | 14.10 | 14.12 |
| **Pour 100 de *sucre* :** | *azote* | *azote* |
| Il y a dans la racine...... | 2.60 | 2.50 |
| — les feuilles..... | 1.20 | 0.88 |
|  | 3.80 | 3.38 |

L'examen de ces chiffres nous apprend que dans la betterave riche la majeure partie des sels se trouve dans les feuilles, 74 %, tandis que dans la betterave pauvre ceux-ci ne s'y trouvent qu'à raison de 57 %, et que pour 100 de sucre, le végétal entier, riche ou pauvre en principe saccharin, renferme environ 14 de sels, dont la majeure partie est enlevée par la racine si la betterave est pauvre et par les feuilles si la betterave est riche. Comme les feuilles font retour au sol, on conclut de ces résultats que la betterave riche épuise moins le sol en matières salines que la betterave pauvre.

Dans les betteraves riches comme dans les betteraves pauvres, le végétal entier enlève donc au sol une quantité constante de matières minérales pour 100 kg. de sucre, soit 14 kg. de sels ; avec la betterave riche la majeure partie de ces sels fait retour au champ par les feuilles, tandis qu'avec la betterave pauvre les sels sont en grande partie exportés par la racine et perdus pour le domaine.

La différence entre les quantités de sels enlevés par des betteraves riches et par des betteraves pauvres peut représenter en argent une perte considérable. Pagnoul a calculé la valeur des engrais enlevés par des récoltes de richesses différentes et il a trouvé pour les sels et pour l'azote :

| Rendement à l'hectare. | Sucre p. c. de betterave. | Sels enlevés par hectare. | Azote enlevé. | Valeur des engrais enlevés. |
|---|---|---|---|---|
| 38.000 | 15 | 114 kil. | 76 kil. | 198 fr. |
| 40.000 | 13.5 | 140 | 88 | 232 |
| 43.000 | 12.2 | 172 | 103 | 275 |
| 46.000 | 11.0 | 207 | 114 | 311 |
| 50.000 | 9.5 | 250 | 150 | 400 |
| 55.000 | 8.4 | 330 | 192 | 516 |

La valeur des engrais enlevés a été calculée en comptant l'azote à 2 fr. le kg. et les sels à 0 fr. 40. On remarque que la perte n'est que de 198 fr. par hectare avec la betterave à 15 % de sucre, tandis qu'elle atteint 516 fr. avec la betterave pauvre, à 8.4 % de sucre.

« Pour l'azote, dit Pagnoul, je ne puis me baser que sur des données moins nombreuses que pour les sels ; mais il me paraît établi d'après les analyses de M. Dehérain et d'après ce que j'ai trouvé moi-même, que les betteraves à faible densité  faible richesse) contiennent aussi *plus d'azote* que les betteraves riches, et je ne crois pas trop m'écarter de la moyenne en prenant les nombres : 3 k. 5 d'azote pour 1000 kg. de betteraves à 4°5 de densité (ou 8.4 % sucre) et 2 kg. pour les betteraves à 6°5 (13.5 % sucre), ce qui représente pour les betteraves pauvres 192 kg. et pour les betteraves riches 88 kg. d'azote enlevés à l'hectare. Traduites en argent (1), les pertes d'azote et de sels laisseraient au cultivateur un produit de 391 francs par hectare dans le premier cas et de 928 francs dans le second. Cette perte en engrais passe inaperçue, ajoute Pagnoul, parce que l'on ne peut la constater comme on constate le poids de la récolte ; mais elle n en est pas moins réelle et il faut en tenir compte. »

La betterave riche, bien qu'elle exige de fortes doses d'engrais, est donc, en réalité, moins épuisante que la betterave pauvre. Sa racine est moins chargée d'éléments de production ; ceux-ci sont restitués en grande partie au sol par son feuillage plus développé et plus abondant.

En ce qui concerne l'azote, nous avons vu que la ma-

---

(1) Betterave pauvre à 16.50 la tonne, soit 907 fr., à l'hectare, déduction faite de la valeur des engrais enlevés, soit 516 fr , il reste 391 francs. Betterave riche, à 29 fr., la tonne, soit 1.160 francs à l'hectare. Déduction faite de la valeur des engrais enlevés, il reste 928 fr. à l'hectare.

jeure partie de cet élément se trouve dans la racine, pauvre ou riche (74 et 67 %). Pour 100 de sucre, nous trouvons, d'après les chiffres de Champion et Pellet, une perte d'azote de 2 k.60 dans les racines riches et de 2.50 dans les racines pauvres, soit une différence de 0 k. 10 en faveur de ces dernières. MM. Frémy et Dehérain (1) ont trouvé qu'une betterave à 5 % de sucre contenait environ deux fois plus d'azote que celle qui avait donné 9.5 % de sucre. Cette observation a été confirmée par l'analyse d'un grand nombre de betteraves obtenues soit au Muséum, soit à Grignon, soit dans les départements de l'Aisne ou du Nord et, en résumé, d'après ces auteurs, les betteraves riches en sucre sont pauvres en matières albumineuses, tandis que les betteraves pauvres renfer-ment une forte proportion de matières azotées.

M. Pagnoul (2) a constaté que l'appauvrissement de la plante résulte de l'abus des engrais et surtout des en-grais azotés.

M. Georges Ville (3) déclare que l'abus des matières azotées peut avoir les inconvénients les plus graves au point de vue de la richesse des betteraves.

Champion et Pellet ont cependant conclu de leurs es-sais que d'une manière générale la proportion de l'azote contenu dans les betteraves *augmente avec la richesse saccharine.* Néanmoins on remarque certaines contra-dictions dans les résultats cités par ces auteurs :

Ainsi, par exemple :

(1) *Comptes rendus de l'Académie des Sciences.* Mars 1875, n° 12.

(2) *Comptes rendus des travaux de la Station agricole du Pas-de-Calais.* 1873, p. 5.

(3) *Les engrais chimiques,* t. III, p. 27, 1869.

| Richesse des betteraves. | Matières azotées pour 100 de betteraves. |
|---|---|
| 15.6 % | 2.4 |
| 13.6 | 3.3 |

La betterave la moins riche en sucre contiendrait ici la plus forte dose de matières azotées. Champion et Pellet expliquent ce fait en disant, avec Joulie, que les bette-raves, à richesse saccharine égale, contiennent d'autant plus d'azote qu'elles ont été cultivées sur des terrains ayant reçu une plus grande quantité d'engrais azotés. Il y aurait donc lieu de tenir compte de la proportion d'azote apportée par les engrais pour établir un rapport entre la richesse saccharine et la teneur en azote des racines. On trouve alors, en groupant les résultats d'analyse obtenus par Joulie :

| | Richesse saccharine des racines. | Azote pour 100 gr. de betterave. |
|---|---|---|
| Parcelles n'ayant pas reçu d'azote. | 12.53 | 0.264 |
| | 13.58 | 0.308 |
| | 15.24 | 0.515 |
| Parcelles ayant reçu 65 k. azote par hectare. | 11.06 | 0.352 |
| | 11.59 | 0.387 |
| | 12.97 | 0.429 |
| | 14.98 | 0.472 |

On voit que dans les deux parcelles, la teneur en azote augmente avec la richesse, mais les betteraves de la parcelle qui a reçu de l'azote accusent en moyenne une teneur d'azote supérieure bien que leur richesse soit inférieure à celle de la parcelle sans azote. Champion et Pellet pensent donc que sur un même terrain et pour une même dose d'azote dans l'engrais, les betteraves contiennent d'autant plus d'azote qu'elles sont plus riches en sucre.

Ceci n'est vrai que pour des betteraves cultivées dans des conditions normales et arrivées à maturité. Lorsque la betterave est cultivée avec un excès d'azote, sa maturité est souvent incomplète et on trouve alors que la teneur d'azote est d'autant plus élevée que la richesse saccharine est plus faible.

Nous verrons d'ailleurs plus loin quelles sont les causes qui peuvent faire augmenter ou diminuer la teneur de matières azotées dans la betterave à sucre.

*Importance relative des éléments minéraux contenus dans la betterave au point de vue de la teneur saccharine.* — Les résultats des analyses de Champion et Pellet sur des betteraves riches et des betteraves pauvres montrent que : quelle que soit la richesse centésimale des betteraves, le végétal entier renferme pour 10) de sucre un poids constant de matières minérales, soit 14 kilogrammes, en moyenne.

Pellet a trouvé pour 100 kg. de sucre, dans des betteraves ordinaires et des betteraves riches de Silésie :

|  | Bet. ordinaire. | Bet. de Silésie. |
|---|---|---|
| Matières insolubles........ | 1.22 | 1.79 |
| Acide sulfurique......... | 0 64 | 1.00 |
| Acide phosphorique...... | 1.10 | 1.15 |
| Chlore................... | 1.50 | 0.48 |
| Chaux................... | 1.50 | 1.78 |
| Magnésie.. ............ | 1.25 | 1.43 |
| Potasse................. | 5.50 | 3.00 |
| Soude. ................. | 1.50 | 3.55 |
| Total........ | 14.50 | 11.18 |
| En y ajoutant l'azote on a..... | 2.7 | 0.86 |

Le rapport de 14 de cendres pour 100 de sucre est donc constant : mais la proportion des matières qui constituent ces cendres est plus ou moins variable. On remarque :

1° La faible variabilité des matières insolubles ;

2° L'acide sulfurique et le chlore sont assez variables ;

3° La potasse et la soude varient sensiblement ;

4° La teneur de chaux, de magnésie et d'acide phosphorique est à peu près constante.

5° La teneur d'azote est très variable.

La potasse et la soude peuvent se remplacer mutuellement. Isidore Pierre pense que la soude semble pouvoir dans beaucoup de cas remplacer en partie la potasse dans les plantes et dans les sols sans que les récoltes paraissent pour cela moins avantageuses. Telle est aussi l'opinion de Joulie touchant la betterave. Georges Ville est du même avis : « J'inclinerais à penser, dit ce savant, que la soude, dont l'action est décidément nulle sur le froment et la plupart des autres plantes, peut, au contraire, remplacer dans une certaine mesure la potasse pour la betterave. »

Pagnoul a constaté aussi l'aptitude de la betterave à s'assimiler la soude, mais il pense qu'elle a plus de tendance à s'assimiler la potasse.

Au point de vue pratique, il nous suffit de savoir qu'il y a équivalence entre ces deux bases.

L'acide phosphorique rapporté à 100 de sucre présente une constance remarquable dans les résultats d'analyses de Pellet, répétées sur un très grand nombre de betteraves de diverses provenances. Joulie a constaté le même fait. Pagnoul, dans ses recherches (1883) sur la composition de la betterave, dit que l'acide phosphorique total trouvé dans les betteraves qu'il a analysées présentait pour 100 de sucre un rapport assez constant qui s'accorderait assez avec les idées émises par Pellet. Un chimiste autrichien, M. Hanamann, connu par ses travaux sur la culture de la betterave, a voulu vérifier la loi énoncée par Pellet (1). Il a remarqué que dans les betteraves mûres, il existe, en effet, un rapport déterminé entre le sucre produit et la potasse absorbée. Pour 100 parties de sucre dans la racine, Hanamann a trouvé, en moyenne, 3 parties de potasse dans le végétal entier.

Quant à l'acide phosphorique, Hanamann n'a pas observé que son poids fût en rapport constant avec celui du sucre. Il a trouvé pour 100 kg. de sucre, des quantités de 0,310 kil., 0,416 et 0,670 d'acide phosphorique total au lieu de 1. 1 kil., rapport indiqué par Pellet. Hanamann ajoutait que la proportion d'acide phosphorique enlevée au sol est variable suivant que l'on emploie des engrais plus ou moins phosphatés.

Suivant Pellet, ces divergences proviendraient du mode de dosage employé par son contradicteur et elles disparaitront très probablement par l'emploi de la même méthode d'analyse.

Il est utile de remarquer que Pellet a analysé un nombre considérable de betteraves, qu'il a, de plus, calculé le rapport du sucre et de l'acide phosphorique d'après plusieurs analyses de Pagnoul, Joulie, etc., et qu'il a toujours constaté le même résultat.

D'après les résultats des analyses de Pellet sur la composition de la betterave à sucre, on constate que, en moyenne :

_______

(1) Essais de nutrition de la betterave à sucre, par le Dr Hanamann. *Scheiblersche Neue Zeitschrift*, 1879. Volume III, page 349.

1 k. d'acide phosphorique correspond à   90 k. de sucre.

1 k. de potasse et de soude............   14      »

1 k. de potasse seule ................   33      »

1 k. de chaux.......................   60      »

1 k. de magnésie....................   75      »

En d'autres termes, pour produire  100 kg. de sucre, la terre doit fournir à la betterave :

1 k. 1 à 1.2 d'acide phosphorique.

1 »   5 à 1.8 de chaux.

1 »   3 à 1.5 de magnésie.

6 »   4 à 7.   d'alcalis, potasse ou soude.

2 »   0        d'azote.

L'acide phosphorique vient donc au premier rang, puis la magnésie et la chaux, et enfin la potasse et la soude.

D'après ces données, pour obtenir une récolte de 50,000 kg. de racines à 12 % de sucre, soit 6000 kg. de sucre, il faudrait mettre à la disposition de la plante, par hectare :

66 à   70 k. d'acide phosphorique.

90 à 100 » de chaux.

75 à   90 » de magnésie.

390 à 420 » d'alcalis, dont minimum de 200 k. potasse.

120        » d'azote.

Nous verrons plus loin la formule d'engrais que Pellet a déduite de ces résultats.

En résumé, d'après Pellet, l'acide phosphorique jouerait un rôle prépondérant dans la production de la betterave riche : 1 kg. de cet acide représente 90 kg. de sucre, tandis que 1 kg. de potasse ne représente que 33 de sucre. La chaux est également un élément important : 1 k. représente 60 k. de sucre. La magnésie viendrait après l'acide phosphorique: 1 k. représente 75 k. de sucre. Pellet pense qu'on devrait se préoccuper, au moins pour la betterave et pour le blé, de fournir à la terre des engrais contenant de la magnésie. Cette matière aurait une grande utilité pour ces végétaux qui en renferment des proportions importantes et on doit probablement attribuer à un manque de magnésie quelques résultats défectueux obtenus dans la culture de certaines plantes, à l'aide d'engrais dits complets.

*Modes de restitution des éléments enlevés par les récoltes.* — Nous venons de voir quelles sont les matières qui entrent dans la composition des betteraves à sucre et quelles sont celles qui concourent le plus activement à l'élaboration du sucre. Nous n'avons point à rechercher ici de quelle manière l'acide phosphorique, la magnésie, la potasse, la chaux et l'azote influent sur le développement normal de la betterave et sur la formation du sucre. Bornons-nous pour le moment à constater que ces substances existent toujours en proportions très notables dans la betterave riche.

Georges Ville a établi depuis longtemps le rôle prépondérant que jouent l'azote, l'acide phosphorique, la potasse et la chaux dans la végétation en général et l'on sait que ce sont ces quatre substances qui composent les engrais chimiques complets. Les engrais chimiques devaient donc offrir une précieuse ressource aux cultivateurs de betteraves, qui sont précisément obligés de restituer au sol les quatre éléments fondamentaux : l'azote, l'acide phosphorique, la potasse et la chaux, sans lesquels il est impossible de produire d'une façon soutenue des récoltes de betteraves riches et abondantes.

En fait, les engrais chimiques ont pris une large place dans la culture de la betterave à sucre et à juste titre, car ils constituent un mode de restitution d'une précision pour ainsi dire mathématique, avantage inappréciable si l'on considère que la betterave doit satisfaire à de nombreux desiderata, tels qu'un rendement quantitatif,

une richesse et une pureté élevés, une maturité complète
à époque fixe, une forme régulière, une grande faculté
de conseivation, etc.

Les engrais chimiques ont, à cet égard, une supériorité incontestable sur le fumier, dont la composition est
éminemment variable et dont l'emploi ne présente, dès
lors, que peu de sécurité.

Dans 100 parties de fumier, on trouve :

| | |
|---|---|
| Eau............................... | 80.00 |
| Fibres ligneuses................ | 13.29 |
| Minéraux secondaires........ | 5.07 |
| Partie active................. | 1.64 |
| | 100.00 |

Les minéraux que Georges Ville qualifie de secondaires et dont les plus mauvaises terres sont surabondam-
ment pourvues, sont : la silice, l'oxyde de fer, le chlore,
l'acide sulfurique, la soude, etc ; le total de ces minéraux s'élève à 5.07 pour 100 du poids du fumier.

L'humidité, les fibres ligneuses composées de carbone, d'hydrogène et d'oxygène, n'ont aucune valeur au
point de vue de la restitution des minéraux qui entrent
dans la composition de la betterave.

Seule la partie active, qui représente 1.64 % du poids
du fumier, nous intéresse, car elle renferme de l'azote,
de l'acide phosphorique, de la potasse et de la chaux :

| | |
|---|---|
| Azote........................... | 0.41 |
| Acide phosphorique............. | 0.18 |
| Potasse........................ | 0.49 |
| Chaux.......................... | 0.56 |
| | 1.64 |

Une fumure de 40.000 kg. de fumier apportant par hectare 656 kg. de substances actives, soit 164 k. d'azote,
72 k. d'acide phosphorique, 196 k. de potasse, 224 k. de

chaux, renferme ces éléments en quantité suffisante pour une récolte de 50.000 kg. de betteraves à 12 % de sucre, soit 6.000 kg. de sucre. Seulement cette fumure ne saurait être décomposée en une seule année. Elle cède plus ou moins lentement son azote, selon la rapidité de la nitrification, laquelle varie avec la température, l'humidité de la saison, la nature des terres, etc. L'utilisation de la partie active du fumier par la betterave est irrégulière, incomplète et par suite le résultat est incertain. Au contraire, avec l'engrais chimique, dont la composition est déterminée, fixée au gré du cultivateur, les éléments fondamentaux, l'azote, la potasse, l'acide phosphorique et la chaux sont mis à la disposition de la plante en proportions connues, sous une forme plus ou moins rapidement assimilable, selon l'effet qu'on veut obtenir ; en un mot, suivant l'expression si juste de M. Georges Ville, avec l'engrais chimique nous commandons la culture, tandis qu'avec le fumier seul la culture nous commande. C'est là un avantage considérable, étant données les conditions multiples auxquelles la culture de la betterave à sucre doit désormais satisfaire.

Nous ne prétendons pas, assurément, que la culture de la betterave à sucre doive se faire avec des engrais chimiques seulement, en excluant d'une façon complète le fumier de ferme. Mais nous pensons que le fumier ne doit être employé que dans de faibles proportions, avec certains soins, et notamment dans le but d'améliorer l'état physique du sol.

*Proportionnalité qui existe entre le rendement des récoltes et les quantités de substances fertilisantes qui existent dans le sol.* — Pour obtenir une bonne récolte d'une plante quelconque, il est nécessaire que le sol renferme en quantités et en proportions déterminées chacun des éléments fondamentaux de la production. *Le rendement est toujours proportionnel à la quantité de la matière ferti- lisante qui existe dans le sol en quantité moindre relati- vement aux autres éléments.* Voici un exemple cité par Paul Wagner (1). Dans 1000 kg. de foin de trèfle on trouve, en moyenne, 18 kg. de chaux ; 6 de magnésie ; 1 1/2 d'acide sulfurique, 15 de potasse et 5 d'acide phos- phorique. Supposons qu'un sol offre à la plante, sous l'é- tat assimilable, les quantités voulues de chaux, de ma- gnésie, d'acide sulfurique, mais seulement 10 kg. de po- tasse au lieu de 15 kg. et 2 kg. d'acide phosphorique au lieu de 5 kg. D'après la loi énoncée plus haut, la récolte sera proportionnelle à l'élément existant en quantité re- lativement moindre, c'est-à-dire l'acide phosphorique. Il n'y aura pas assez de cet élément pour produire la récolte la plus forte possible et si 5 kg. peuvent suffire à 1,000 kg. de foin de trèfle, 2 kg. ne correspondront qu'à une ré- colte de 400 kg., bien qu'il y ait assez de potasse (10 kg.) pour une production de 666 kg. de foin et que les autres éléments nutritifs existent en quantité suffisante pour une récolte de 1000 kg.

Ajoutons à ce sol de *la potasse* seulement. Agira-t-elle ? Non, car il y en a déjà 10 kg., plus que suffisants pour la récolte de 400 kg. que les 2 kg. d'acide phosphorique peuvent produire : pour ces 400 kg. de foin, 6 kg. de po- tasse suffisent et nous nous trouvons donc avec un excès de potasse de 4 kg. C'est pourquoi une nouvelle addi- tion de potasse n'aura aucun effet.

Cependant, le sol est pauvre en potasse, car pour pro- duire la récolte la plus forte possible, 1,000 kg. de foin, il faudrait 15 kg. de potasse, soit 5 kg. de plus qu'il n'en existe dans le sol.

Faisons maintenant le même raisonnement pour l'a-

(1) *Zeitschrift für die landwirthschaftlichen Vereine des grossherzogthums Hessen.* 1876, page 118.

cide phosphorique. Fumons le même sol avec du superphosphate, c'est-à-dire portons les 2 kg. à 5 kg. Cette fumure aura-t-elle un résultat ?

Oui, car l'acide phosphorique existait en quantité relativement moindre ; mais avec ces 5 kg. nous n'avons
pas encore la récolte maxima de 1.000 kg. de foin par la
raison qu'il n'y a que 10 kg. de potasse correspondant
seulement à une récolte de 666 kg.

Ainsi, la fumure de potasse seule n'agira pas faute
d'acide phosphorique, et, dans ce cas, la fumure d'acide
phosphorique n'aura pas tout son effet par suite du manque de potasse. Si l'on ajoute la quantité manquante,
5 kg., la récolte atteindra alors le maximum de 1,000 kg.

On voit, par cet exemple, qui suffit à expliquer beaucoup d'anomalies apparentes, combien il est important de restituer ou de fournir au sol les éléments fondamentaux de la production dans un rapport convenable.

La méthode à suivre pour déterminer les besoins du
sol est dès lors toute tracée.

*Analyse du sol par la végétation.* Joulie nous fournit
à ce sujet un exemple des plus intéressants (1) :

*Champ d'expériences établi sur une terre médiocre du
département de la Charente.*

BETTERAVES

|  |  | Racines. | Excédents sur la terre sans engrais. |
|---|---|---|---|
| N° 1 | Fumier de ferme, 60.000 kg. | 40.000 | 31.400 kg. |
| — 2 | — 30.000 | 34.000 | 25.400 |
| — 3 | Engrais complet intensif.... | 41.908 | 33.300 |
| — 4 | — ordinaire... | 60.000 | 51.400 |

(1) *Guide pour l'achat et l'emploi des engrais chimiques,* par
H. Joulie.

|  |  | Racines. | Excédents sur la terre sans engrais. |
|---|---|---|---|
| N° 5 | Sans matière azotée........ | 65.500 | 56.900 kg. |
| — 6 | Sans phosphates............ | 15.900 | 7.300 |
| — 7 | Sans potasse.............. | 65.000 | 56.400 |
| — 8 | Sans chaux.............. | 63.200 | 54.600 |
| — 9 | Azote seul.............. | 11.200 | 2.600 |
| —10 | Sans engrais.............. | 8.600 | » |
| —11 | Guano du Pérou, 1.000 kg... | 48.500 | 39.900 |

« Ces résultats, remarque Joulie, seraient absolument incroyables s'ils ne portaient en eux-mêmes leur vérification et leur explication. Qui pourrait, en effet, admettre qu'une terre assez déshéritée pour ne donner que 8.600 kg. de betteraves à l'hectare sans engrais et 40.000 kg. seulement avec 60.000 kg. de fumier de ferme, puisse produire 65.500 kg. avec un engrais qui ne renferme pas trace d'azote ? Les faits sont cependant incontestables. L'expérience a été faite par feu M. Cail, sur son domaine des Plants. Examinons la signification de ces résultats :

1° Les engrais sans azote, sans chaux et sans potasse donnent des rendements très élevés ; donc le sol est suffisamment pourvu de ces trois éléments.

2° L'engrais sans phosphate ne donne qu'un très faible rendement ; donc la terre est extrêmement pauvre en phosphates.

A la lumière de ces deux observations, tout ce qu'il y a de bizarre dans ces résultats reçoit son explication.

En effet, la matière azotée employée seule au carré n° 9 donne-t-elle un très faible rendement ? Il n'y a rien là qui nous surprenne puisqu'elle n'a apporté au sol qu'un élément qu'il possédait déjà et ne lui a rien fourni de ce qui lui manquait.

Pourquoi le fumier de ferme produit-il moins d'effet que les engrais chimiques ? Parce que, récolté sur une terre pauvre en phosphate, il est  nécessairement pauvre en phosphate  comme elle et ne lui fournit pas, par conséquent, l'élément qui lui fait essentiellement défaut.

Pourquoi les engrais complets produisent-ils moins que les engrais sans phosphates  et sans azote ? Parce  qu'en apportant en même temps que des phosphates de grandes quantités de potasse et d'azote, ils ne  relèvent pas suffisamment la proportion  relative des phosphates. Le rapport entre les phosphates et les autres éléments est beaucoup moins modifié qu'avec les  engrais  qui  ne contiennent pas d'azote ou pas  de potasse,  et comme la *fertilité d'une terre dépend bien plus  du rapport qui  existe entre ses divers éléments assimilables que de leurs quantités absolues* la  fertilité se trouve  moindre là où nous donnons en même  temps que l'élément qui  fait défaut, ceux qui  existent déjà en quantité  suffisante.  Tout naturellement ce défaut d'équilibre se fait sentir beaucoup plus fortement avec  l'engrais  intensif qu'avec  l'engrais complet. D'ailleurs,  il a été encore aggravé par la sécheresse extrême qui a  régné pendant  toute  la saison. En temps sec, en effet,  les phosphates,  moins  solubles  que les autres éléments de  l'engrais  complet,  pénètrent plus difficilement dans la plante. Il en resulte forcément entre l'absorption des phosphates et celle  des autres  éléments une disproportion d'autant  plus grande  que  la terre est plus riche en produits plus solubles  et que la  saison est plus sèche. Donc, rien de  surprenant à ce  que  l'engrais intensif ait  produit moins que  l'engrais  complet et à ce que l'un et l'autre aient donné  de moindres rendements que les engrais incomplets phosphatés.

Enfin, le résultat donné par le  guano du Pérou vient encore corroborer toutes ces explications.

Ici, en effet, nous avons  apporté des phosphates et de l'azote, mais fort peu  de potasse. Cet  engrais correspond donc, par sa composition. à l'engrais sans potasse ; rien de surprenant à ce qu'il ait donné un bon résultat. Toutefois, on remarquera qu'il existe encore une différence de 14,500 kg. entre les rendements de ces deux engrais. Si cependant on compare leur composition, on trouve que le guano avait apporté beaucoup plus d'azote et d'acide phosphorique que l'engrais sans potasse. On trouve en effet :

|  | Dans 1000 kil. de guano. | Dans l'engrais sans potasse. |
|---|---|---|
| Azote............... | 120 k. | 71 k. |
| Acide phosphorique.. | 120 | 60 |

Il faut donc ne pas tenir compte seulement de la quantité des éléments apportés, mais aussi de leur assimilabilité, et le résultat prouve que les éléments utiles sont beaucoup moins assimilables dans le guano que dans les engrais chimiques, puisqu'à dose double leur effet est beaucoup moindre.

Cette expérience n'est pas moins instructive au point de vue économique. Rapprochons, en effet, la valeur des excédents de récolte de la valeur des engrais qui les ont produits :

|  | Excédent de récolte | Valeur de cet excédent | Valeur de l'engrais | Perte ou bénéfice |
|---|---|---|---|---|
|  | kil. | fr. | fr. | fr. |
| Fumier, 60.000 kg. | 31.400 | 565.20 | 600 | Perte 34.80 |
| Fumier, 30.000 kg. | 25.400 | 457.20 | 3°0 | Bénéf. 157.20 |
| Complet intensif... | 33.300 | 599.40 | 504 | » 95.40 |
| Complet.......... | 51.400 | 925.20 | 360 | » 365.20 |
| Sans azote......... | 56.900 | 1.024.20 | 207 | » 817.20 |
| Sans phosphates.. | 7.300 | 131.40 | 292 | Perte 160.60 |
| Sans potasse...... | 56.400 | 1.015.20 | 294 | Bénéf. 721.20 |
| Sans chaux....... | 54.600 | 982.80 | 351 | » 631.80 |
| Azote seul........ | 2.600 | 46.00 | 207 | Perte 160.20 |
| Guano du Pérou... | 39.900 | 718.20 | 315 | Bénéf. 403.20 |

Ces chiffres montrent combien les résultats peuvent varier suivant que les engrais employés sont plus ou moins appropriés aux besoins de la terre et combien les champs d'expériences sont utiles en faisant connaître ces besoins avec une perfection qu'aucun système d'essai chimique ou autre n'a pu atteindre jusqu'ici. »

On vient de voir par cette intéressante expérience comment il est possible de faire en quelque sorte parler la plante et lui faire dire quels sont les éléments qui manquent au sol et qui doivent lui être restitués pour porter sa fertilité au maximum. Il serait superflu d'insister sur l'excellence de cette méthode.

*Formules d'engrais.* — D'après ce qui précède, il n'est guère possible de fixer une formule d'engrais rigoureusement applicable dans tous les cas. Voici cependant quelques formules :

*Engrais B complet*, pour betteraves, de la Société anonyme des Produits chimiques agricoles (1).

| | | |
|---|---|---|
| Azote nitrique............................. | | 6.500 |
| Acide phosphorique { assimilable... 5.000 / insoluble..... 1.500 } | | 6.500 |
| Potasse................................... | | 8.000 |
| Soude..................................... | | 9.000 |
| Chaux.................................... | | 14.800 |
| Eau, acide sulfurique, silice, etc.......... | | 55.200 |
| | | 100.000 |

L'azote correspond à ammoniaque %....... 8.000
L'acide phosphorique à phosphate tricalcique 14.200

Cet engrais est combiné surtout en vue de la betterave à sucre. Il fournit l'azote à l'état nitrique, qui est le plus favorable à la betterave à sucre. La soude qu'il contient

_______

(1) *Guide pour l'achat et l'emploi des engrais chimiques*, par H. Joulie, p. 198.

peut dans une certaine mesure remplacer la potasse et ménager celle du sol.

Dans les sols où la potasse existe en quantités suffisantes, on peut employer l'*engrais incomplet F*, qui ne diffère de l'engrais *B* que par l'absence de potasse et par une dose plus élevée de soude, 14 %. Il convient surtout dans les localités où la culture de la betterave n'est pas très ancienne.

M. Georges Ville a employé avec succès les formules suivantes, à l'hectare :

| | |
|---|---|
| Superphosphate de chaux............... | 400 kg. |
| Nitrate de potasse..................... | 200 « |
| Nitrate de soude...................... | 400 « |
| Sulfate de chaux.... ................. | 300 « |

La quantité d'azote qui correspond à cette formule est à peu près de 85 kg.

Les chlorures étant réputés nuisibles, M. Georges Ville avait commencé par les proscrire de ses formules d'engrais. Mais à la suite des tremblements de terre du Pérou, le prix des nitrates s'éleva considérablement, celui du nitrate de potasse passa de 65 à 80 et 90 francs les 100 kg. et M. Georges Ville eut l'idée d'essayer l'emploi du chlorure de potassium. Voici la formule de l'engrais avec chlorure de potassium :

| | |
|---|---|
| Superphosphate de chaux.............. | 400 kg. |
| Chlorure de potassium à 80°......... | 200 » |
| Sulfate d'ammoniaque................. | 200 » |
| Nitrate de soude..................... | 300 » |
| Sulfate de chaux..................... | 200 » |

Cet engrais contient 80 kg. d'azote.

Lorsque la betterave est revenue trop souvent sur la même terre et que les récoltes y sont incertaines, précaires et de mauvaise qualité, cette fumure est insuffisante,

Les couches profondes du sol ont reçu une atteinte à laquelle il faut remédier. Dans ce cas, il faut augmenter de 50 % la dose d'engrais et en faire deux parts, l'une pour les couches profondes que l'on enfouit par un labour spécial ; l'autre part est réservée pour la surface :

|  | Couches profondes | A la surface |
|---|---|---|
| Superphosphate de chaux......... | 200 kg. | 400 kg. |
| Chlorure de potassium à 80°...... | 200 » | 200 » |
| Sulfate d'ammoniaque........... | 100 » | 100 » |
| Nitrate de soude................ | 100 » | 300 » |
| Sulfate de chaux............... | 200 » | 200 » |

L'année suivante, avec 100 à 150 kg. de sulfate d'ammoniaque, on obtient de 30 à 40 hectolitres de froment.

C'est avec les engrais au chlorure de potassium que M. Ville a obtenu les betteraves les plus riches en sucre.

Pour obtenir des betteraves riches, M. Georges Ville ecommande :

1° D'éviter l'emploi des matières animales ou du moins de ne les employer qu'à des doses modérées et les associer alors aux engrais chimiques ;

2° L'engrais chimique complet donne des betteraves plus riches que le fumier. La dose d'azote dans l'engrais chimique doit être de 80 à 85 kg. par hectare.

3° Veut-on associer les engrais chimiques au fumier ? Ne pas dépasser 20.000 kg. de fumier par hectare, répandus à l'automne et enfouis dans les couches profondes du sol. Répandre en couverture au printemps l'un des deux engrais chimiques indiqués ; herser vigoureusement avant de semer.

M. Georges Ville est, on le sait, partisan de la théorie de l'absorption de l'azote de l'air par les végétaux. Ses expériences ont établi qu'on peut cultiver indéfiniment la même terre avec des engrais chimiques et toujours avec le même succès en observant les deux conditions suivantes :

1° Rendre à la terre par les engrais plus de phosphate de chaux, plus de potasse, plus de chaux que les récoltes ne lui en ont pris.

2° Lui rendre environ 50 % de l'azote des récoltes. A l'égard de l'azote, la quantité qu'il faut rendre au sol varie de 0 à 50 %. S'agit-il des légumineuses, c'est 0 ; passe-t-on au froment, c'est 50 %.

A l'égard du phosphate de chaux, de la potasse et de la chaux, il faut que la restitution excède ce que la terre a perdu, parce qu'il y a des pertes qui résultent de l'action dissolvante des eaux pluviales.

M. Pellet a calculé une formule d'engrais d'après la composition des récoltes, en se basant sur les quantités d'acide phosphorique, de chaux, de magnésie, de potasse, d'azote correspondant à une récolte de 50,000 kg. de betteraves à 12 % de sucre (voir page 223). Il a trouvé qu'il faudrait :

| | |
|---|---|
| Superphosphate de chaux à 13 % assimilable...................... | 500 à 600 kg. |
| Sulfate de chaux..................... | 250 à 300 « |
| Chlorure de potassium............. | 400 « |
| Nitrate de soude.................... | 500 à 600 « |
| Sulfate d'ammoniaque.............. | 250 « |

Mais le sol fournit une partie de ces substances et si on admet une terre épuisée ne donnant que 12 à 15.000 kg. de betteraves à 10 ou 11 % de sucre, soit 1500 kg. de sucre, il ne faudra plus que les 2/3 des doses ci-dessus :

| | |
|---|---|
| Superphosphate de chaux................ | 400 kg. |
| Sulfate de chaux...................... | 200 « |
| Chlorure de potassium.................. | 250 « |

Nitrate de soude.............................  350  «

Sulfate d'ammoniaque.....................  150  «

Cette formule se rapproche précisément de celle indiquée par M. Georges Ville il y a plus de quinze ans, pour obtenir 45.000 kg. de betteraves à 12 % de sucre.

Pellet aaussi proposé la formule suivante à employer lorsqu'on répand sur le sol environ 40.000 kg. de fumier et en admettant que le quart des substances fertilisantes de ce dernier soit utilisé en une année :

Sulfate d'ammoniaque....................  100 kg.

Nitrate de soude.............................  200  »

Chlorure de potassium....................  150  »

Superph. de chaux..........................  400  »

Sulfate de chaux.............................  40  »

La magnésie ne figure dans aucune de ces formules. Il y aurait probablement avantage à faire intervenir cette substance dans l'engrais pour betterave à sucre.

M. Dufay, fabricant de sucre à Chevry-Cossigny (Seine-et-Marne), a donné plusieurs formules d'engrais à employer avec le fumier. Nous nous bornons à signaler son travail (1).

## LE FUMIER.

Le fumier est généralement considéré comme exerçant une influence nuisible sur la qualité de la betterave à sucre, du moins dans les conditions où nous l'employons en France : « Dans les environs de Lille, dit George Ville, où l'on emploie de préférence le fumier et l'engrais flamand, il arrive souvent que la proportion de l'azote s'élève dans les fumures à 300 ou à 400 kg. Dans ces conditions, la betterave prend un développement ex-

_______________

(1) *De la culture intensive et rationnelle de la betterave à sucre.*

cessif, sa racine est caverneuse, son tissu spongieux, et finalement elle est pauvre en sucre. »

Dans le fumier et l'engrais flamand, l'azote est à l'état de matière animale, et pour que cet azote exerce son action, il faut qu'il se transforme au préalable en nitrate ou en sels ammoniacaux. Or, cette décomposition est lente et il en résulte que la racine continue, sous l'effet de cette alimentation prolongée, à végéter et à se développer à l'époque où sa croissance devrait être terminée et faire place à la maturité. Ces phénomènes se produisent presque toujours avec le fumier, tandis qu'il est rare qu'on les observe avec les engrais chimiques convenablement dosés.

« Il faut à la betterave une forte dose de matière azotée, ajoute Georges Ville, mais il faut que cette matière soit absorbée un mois ou six semaines avant la maturité de la racine, afin que l'activité qui résidait dans les feuilles se ralentisse et que le sucre qu'elles contenaient, car elles sont le siège de sa formation, vienne s'ajouter à celui de la racine. » Le fumier a précisément l'inconvénient de produire un effet tout opposé. Aussi doit-on procéder avec beaucoup de prudence quand on l'emploie sur des terres destinées à la culture des betteraves riches.

« Lorsqu'on associe les engrais chimiques au fumier, le fumier doit être donné très consommé, et à la dose de 20,000 kg. par hectare. De plus, il faut l'enterrer à *l'automne* par un labour profond, afin que le deuxième labour, donné au printemps, le répartisse uniformément dans toute la masse de la terre. ».

Il y a un point sur lequel les opinions peuvent varier suivant les cas, c'est la dose de fumier ; mais il est une règle qui semble admise sans exception par tous les agronomes qui se sont occupés de la production des racines riches ; cette règle, c'est d'enfouir le fumier à *l'au-*

*tomne*. Le D' Fuhling insiste sur l'importance de cette pratique et cite les faits suivants :

« Fr. Sebor a cultivé des betteraves exactement dans les mêmes conditions, même graine, même sol, mêmes soins ; seulement, l'une des parcelles avait reçu du fumier à l'automne, l'autre au printemps. Avec le fumier d'automne les betteraves accusaient 13.50 % de sucre. 2.90 % non sucre ; avec la fumure de printemps. 8.14 % de sucre et 3.66 % de non-sucre. soit 5.36 % de sucre de moins et 0.76 % de non-sucre de plus pour les betteraves au fumier de printemps. Ce dernier a aussi l'inconvénient de provoquer diverses maladies chez la plante (noircissement, pourriture des collets, etc.) et de favoriser le développement des insectes.

« Nous conseillons, quand les circonstances obligent à employer du fumier pour la betterave à sucre, de se servir du fumier de cour bien mélangé ; de donner la préférence au fumier de vache bien décomposé sur les terrains légers, actifs, chauds, et sur les sols moins actifs d'employer du fumier de cheval ou de mouton obtenu avec une abondante litière ; mais, *dans tous les cas.* ajoute Fühling, il *faut mettre le fumier en automne* et veiller à ce qu'il soit bien réparti et mélangé avec le sol. Si l'on ne peut éviter la fumure de printemps. il ne faut employer le fumier qu'à l'état de compost. »

Ferdinand Knauer insiste aussi sur la nécessité d'enfouir le fumier à l'automne.

Le professeur Maercker. de Halle-sur-Saale (Saxe), à qui l'on doit de nombreuses études sur le rôle des engrais dans la culture de la betterave à sucre, a traité aussi la question du fumier. Nous croyons utile de rapporter ses observations (1) :

« On a beaucoup discuté sur le point de savoir si l'on

(1) *Magdeburgische Zeitung*, 1880, n° 419.

peut employer le fumier de ferme dans la culture de la betterave à sucre et il est incontestable que l'on tend de plus en plus à se servir de cet engrais. Cette tendance a été vivement combattue par beaucoup de directeurs de sucreries par actions et ils ont interdit l'usage du fumier à leurs cultivateurs actionnaires. Mais c'est aller un peu loin.

« On serait fondé à interdire le fumier répandu au printemps, car la transformation que cet engrais opère dans l'état physique du sol est alors préjudiciable au développement de la betterave riche et bien conformée ; de plus, par suite des grandes quantités d'azote que la fumure de printemps introduit dans le sol et concentre dans la couche supérieure, il devient difficile d'obtenir des betteraves mûres et par conséquent très sucrées. Les grandes quantités de sels du fumier, concentrées à la partie supérieure du sol par la fumure de printemps, ont en outre pour effet de produire des racines très salines. L'emploi du fumier au printemps peut donc être interdit avec juste raison.

« Mais, ajoute M. Maercker, il en est tout différemment de la fumure d'automne. Un grand nombre de nos cultivateurs de betteraves à sucre les plus renommés de la province de Saxe emploient des doses modérées de fumier à l'automne et ils obtiennent des rendements quantitatifs élevés sans que la richesse saccharine et la pureté de leurs betteraves paraissent en souffrir. Quand le fumier a été donné assez à temps avant l'arrivée des gelées, ses parties organiques se décomposent suffisamment pour ne plus agir au printemps d'une façon mécanique défavorable ; ses sels se répartissent dans le sol ; son azote se nitrifie en partie à l'automne et se répand aussi dans le sol. En un mot, les inconvénients de la fumure de printemps sont évités. Dans ces conditions, le fu-

mier peut être employé dans la culture de la betterave »
Le D<sup>r</sup> Maercker dit que les agriculteurs de la province
de Saxe qui emploient du fumier en mettent de 20 à
24,000 kg. à l'hectare, avec engrais chimique au printemps. Ce chiffre correspond à la dose indiquée par Georges Ville comme limite maxima.

Pellet et Le Lavandier ont étudié, en 1884, sur les
champs d'expériences de Simon-Legrand, à Bersée (Nord)
l'influence du fumier sur la richesse et le rendement de la
betterave (1).

Ils ont employé le fumier avant l'hiver, puis au printemps, et enfin ils l'ont employé avec des nitrates et des
superphosphates. Le terrain était très épuisé par les récoltes précédentes venues sans engrais. Ils ont conclu des
résultats de ces essais que le fumier peut parfaitement
servir à la culture de la betterave, mais dans les condi-
ditions suivantes :

1º Pour des graines de bonne qualité ;

2º Lorsque les plants sont très rapprochés pour avoir
au moins 10 pieds à la récolte, soit 12 à 15 à la plantation.

3º Lorsque le fumier est d'excellente qualité, c'est-à-
dire qu'il se trouve dans un état de *décomposition telle
que la plante puisse rapidement en assimiler les principes nutritifs*.

Au contraire le *fumier pailleux* présente de graves inconvénients : d'abord il se mélange mal à la terre ; il est
très difficile de le répartir d'une façon uniforme sur toute
la surface du terrain et ensuite de le diviser dans une certaine épaisseur de la couche arable.

« De plus, le fumier pailleux mal mélangé au sol empêche le développement régulier des radicelles de la betterave, et c'est pourquoi sur fumier on constate une si
grande quantité de betteraves racineuses.

(1) *Journal des fabricants de sucre*, 25 mars 1885.

« C'est parce qu'en général le fumier n'est pas bien préparé, qu'il a été dit et répété à plusieurs reprises que si on l'employait, il était préférable de le répandre pour le blé d'abord, et que son action nuisible sur la betterave ne se ferait plus sentir. Enfin, si on ne pouvait pas modifier de suite l'assolement, qu'il fallait au moins enterrer le *fumier avant l'hiver.*

« On avait raison dans tous les cas, et l'emploi du fumier est, d'après nous, tout différent suivant son état.

« Il est bien évident d'après nos expériences que le fumier peut servir à la culture de la betterave et nous pouvons déduire de ce qui précède :

« Que le fumier soit seul, soit additionné au superphosphate de chaux et aux nitrates, n'a pas eu d'influence nuisible tant sur la qualité des betteraves que sur la quantité de sucre à l'hectare; que dans les circonstances où les expériences ont été faites, le fumier mis *après l'hiver* n'a pas eu d'action nuisible et que les rendements ont été à peu près analogues à ceux observés dans les carrés où le fumier *avait été enterré avant l'hiver* ; que l'action du fumier doit être très variable suivant les conditions dans lesquelles il est employé et que, en résumé, le fumier de bonne qualité, bien fermenté, gras, onctueux, ne présente pas plus d'inconvénients pour la betterave à sucre que les engrais chimiques ou toute autre matière fertilisante, mise à la disposition de la plante sous une forme assimilable, et pouvant se répartir uniformément dans le sol sans gêner le libre développement des radicelles de la plante. Qu'à ce fumier d'excellente qualité, il suffit d'ajouter les substances qui peuvent s'y trouver en quantité insuffisante pour une récolte déterminée en poids et en qualité. Mais que le *fumier mal préparé, pailleux,* n'ayant pas subi une fermentation suffisante peut présenter et a présenté en effet de très graves inconvénients dans la culture de la betterave. »

La question est de savoir si, dans la pratique, le fumier aura toujours subi une fermentation suffisante.

Il faut aussi tenir compte de l'état d'épuisement du sol sur lequel Pellet et Lalavandier ont fait leurs essais. Sur une terre en bon état de fertilité, les résultats eussent peut-être été moins satisfaisants avec le fumier employé au printemps. Quoi qu'il en soit, on peut poser comme une règle générale que les engrais d'origine animale, dont la décomposition dans le sol et la nitrification s'effectuent lentement, doivent être enfouis le plus tôt possible, à l'automne.

Nous croyons qu'il est possible d'obtenir des rendements élevés en betteraves de bonne qualité en faisant intervenir ces engrais dans la fumure. Le tout est de les employer sous des doses convenables et en temps opportun.

Le fumier a une influence indiscutable sur l'amélioration de l'état physique du sol. S'il est possible de faire produire indéfiniment à une même terre la même récolte(1) avec des engrais chimiques exclusivement, il n'en est pas moins vrai, comme tous les praticiens le savent, qu'un sol cultivé pendant de longues années sans fumier perd graduellement ses qualités physiques et devient difficile à travailler.

D'autre part, il résulte des expériences de Ladureau que la betterave, pour se développer d'une façon normale, a besoin d'une certaine quantité de carbone.

(1) Pagnoul cultive depuis 15 ans des betteraves sur une terre qui ne reçoit aucune espèce d'engrais organique, même les feuilles de betteraves. Il ne se sert que d'engrais chimiques et a obtenu en 1884, un rendement de 40.300 kg. à l'hectare, avec une teneur de 8.19 % de sucre.

Ce carbone, elle se le procure par ses feuilles, qui absorbent l'acide carbonique de l'air, mais surtout, d'après Ladureau, par les racines (1). Il en résulte que l'un des grands avantages que présentent le fumier et les autres engrais organiques, tourteaux, sang desséché, déchets industriels, etc., est non seulement d'ouvrir le sol et de le rendre plus perméable à l'air, à l'eau et aux gaz atmosphériques, mais encore de fournir, par leur lente décomposition à l'intérieur de la terre, une quantité considérable d'acide carbonique, dont le dégagement a lieu ainsi d'une manière constante et régulière. Ce gaz se dissout sans doute dans les eaux terrestres ; il est absorbé sous cette forme liquide par les racines et se transforme bientôt, sous l'influence des rayons solaires, en carbone, qui se trouve fixé et devient de la cellulose, du sucre, de l'huile ou toute autre chose, et l'oxygène qui se trouve mis en liberté et rend ainsi à l'air sa pureté primitive, ainsi que l'ont démontré les belles expériences de Th. de Saussure, Corenwinder, etc.

Ces observations montrent l'utilité du fumier pour la betterave à sucre, mais il en ressort aussi cet enseignement que les tissus des betteraves semées sur fumier tardif peuvent se développer jusqu'à l'arrachage, au détriment de la maturité, puisque le carbone qui sert à les constituer leur est fourni dans ce cas jusqu'au dernier moment.

### RÉSULTATS DE DIVERSES EXPÉRIENCES DE FUMURE AU FUMIER ET AUX ENGRAIS CHIMIQUES.

Joulie a fait à Servigny (Seine-et-Marne) une série d'expériences dont les conclusions méritent d'être rapportées ici :

(1) *Etudes sur la formation des tissus des végétaux ; rôle de l'acide carbonique*. Lille, 1884.

1° *L'acide phosphorique* augmente dans les betteraves quand il augmente dans les engrais ; il exerce une heureuse influence sur la richesse saccharine et la quantité de cet élément nécessaire à l'obtention d'une bonne récolte ne dépasse pas 35 à 40 kg. à l'hectare ;

2° La *potasse* augmente aussi dans les betteraves lorsque les engrais employés en contiennent, mais sans profit pour la richesse saccharine, et en rendant, au contraire, les betteraves plus salines et par conséquent de moins bonne qualité ; la dose minimum nécessaire pour une bonne récolte de betteraves est de 60 à 80 kg.

3° La soude peut remplacer la potasse pour la betterave dans une assez large mesure, lorsqu'elle lui est fournie à l'état de nitrate ; cette substitution qui peut aller jusqu'à 50 % des alcalis contenus, est favorable au rendement du poids, sans nuire à la qualité ; elle amène, au contraire, une réduction notable de la somme des alcalis contenus dans la betterave, qui devient, par conséquent, moins saline.

4° L'azote assimilable exerce une action très favorable au rendement en poids, sans nuire à la qualité lorsqu'il est donné à dose modérée, 60 à 70 kg. à l'hectare. Au delà de ces doses, il peut nuire à la qualité et même au rendement en poids.

5° L'azote *nitrique* est préférable à l'azote ammoniacal, qui, lui-même, l'emporte de beaucoup sur l'azote organique, en ce qui concerne la betterave ;

De toutes ces constatations Joulie a tiré les conclusions pratiques suivantes :

1° L'engrais qui convient surtout à la betterave, tant pour le rendement à l'hectare que pour la qualité, est l'engrais complet B (voir plus haut).

2° Dans les sols pourvus de potasse, il est avantageusement remplacé par l'engrais F qui n'en diffère que par la substitution de la soude à la potasse ;

3° Ces deux engrais doivent être employés à la dose de 1,000 kg. à l'hectare, sur les terres en bon état de culture et sans fumier ;

4° Le fumier de ferme, donné à la dose de 50 à 60,000 kg. l'année même où doit être faite la betterave, constitue une mauvaise condition qu'il est prudent d'éviter. Il vaut mieux réduire la fumure à 30.000 kil. et lui venir en aide par une addition convenable d'engrais chimique.

5° Si on donne du fumier à la dose de 30,000 kil., dose qu'il est bon de ne pas dépasser, il faut employer de préférence l'engrais F sans potasse à la dose de 500 kg. pour les bonnes terres et de 1,000 kg. pour les terres maigres. On évite ainsi les excès de potasse, tout en rétablissant entre les éléments utiles l'équilibre favorable à la betterave ;

6° Si le fumier a été additionné de phosphates fossiles, suivant la méthode du baron P. Thénard, on remplacera l'engrais F par du nitrate de soude, à la dose de 300 kg. pour les bonnes terres et de 400 kg. maximum pour les terres maigres.

7° Dans aucun cas, il ne faut ajouter de sels de potasse (nitrate, sulfate ou chlorure) à la fumure de fumier de ferme, qui est toujours suffisamment riche de cet élément.

Ladureau a fait, en 1881, dans le Nord, des expériences de fumure avec des engrais renfermant de l'azote sous différentes formes. Voici ses conclusions :

1° Parmi les engrais à azote organique, c'est l'*azotine* et le tourteau d'arachides qui ont donné les meilleurs résultats, au double point de vue du rendement en poids et de la richesse en sucre. Aussi ne doutons-nous pas qu'un grand avenir soit réservé à l'azotine qui renferme tout son azote à l'état organique et immédiatement soluble dans l'eau; le prix du kilogr. d'azote n'y atteint que 2 francs.

2° Le cuir torréfié a produit une bonne récolte de betteraves assez riches et mérite, par conséquent, d'attirer l'attention des cultivateurs. Celui que nous avons expérimenté était torréfié par la vapeur surchauffée. Nous croyons que ce mode de préparation est infiniment meilleur, au point de vue industriel et surtout agricole, que la torréfaction à feu nu.

3° La comparaison des déchets de laines ordinaires et des mêmes produits torréfiés, a produit d'assez faibles différences à l'avantage des derniers. Ces engrais donnent de meilleurs résultats lorsque l'on peut les enfouir avant l'hiver.

4° La triméthylamine (1), quoique ayant donné des résultats très inférieurs à l'azotine, nous paraît néanmoins susceptible d'être utilisée avantageusement par la culture. Sa facile répartition, sa rapide assimilabilité. son bas prix en feront un précieux engrais.

*Comparaison des engrais phosphatés.* — Ladureau a pris pour cette étude deux *phosphates fossiles*, l'un pro-

---

(1) Base organique que l'on extrait aujourd'hui en grande quantité par la calcination des vinasses de distillerie, chez M. Tilloy-Delaune à Courrières, et que l'on nomme la triméthylamine. Ce corps, qui existe toujours à l'état liquide, est très riche en azote. Il en renferme 34.1 pour cent de son poids à l'état pur et anhydre.

Tel que l'industrie le produit, il est sous forme d'un liquide brun, nauséabond et renferme près de 10 pour cent de son poids d'azote.

Les cultivateurs peuvent se procurer cet engrais à la source indiquée, au prix extrêmement modique de 1 fr. 50 le kil. d'azote.

venant des gisements des Ardennes, l'autre de ceux de la Bourgogne, puis un *superphosphate* et un mélange de ce superphosphate et de sulfate d'ammoniaque.

Il a mis de chacun de ces produits une quantité correspondant à 100 kilog. d'acide phosphorique à l'hectare.

Les betteraves employées et les procédés de culture étaient les mêmes que dans l'expérimentation précédente. Voici les conclusions tirées des résultats obtenus :

1° Les phosphates fossiles, même en poudre impalpable, même dans des terres où l'acide phosphorique fait défaut, n'ont exercé qu'une influence insignifiante.

2° Par contre, cet engrais donné à l'état de superphosphate a une action très favorable.

En effet, l'emploi des phosphates fossiles (phosphate tribasique), n'a augmenté la récolte que d'une manière insignifiante : 1.000 kilog. de betteraves en plus à l'hectare. Tandis que la même quantité d'acide phosphorique à l'état soluble ou monobasique dans le superphosphate a produit un excédent de 12.000 kilog, de racines à l'hectare, et a produit 1.200 kilog. de sucre de plus.

3° Le résultat produit par l'adjonction du sulfate d'ammoniaque est extrêmement net. Ce sel azoté a élevé la récolte de 11.000 kg. sur la parcelle qui n'avait reçu que du superphosphate et de 23.000 kg. sur la parcelle sans engrais.

|  | Rendement en betteraves. | Sucre produit à l'hectare |
|---|---|---|
| Sans engrais. | 32.400 kg. | 3.292 kg. |
| Phosphate des Ardennes. | 33.800 » | 3.596 » |
| id. de Bourgogne | 33.400 » | 3.610 » |
| Superphosphate | 44.700 » | 4.559 » |
| Id. et sulfate d'ammoniaque. | 55.400 » | 5.246 » |

Citons encore les conclusions d'une autre série d'expériences faites par Ladureau avec divers engrais organiques et minéraux :

Le mélange de matières animales désagrégées par la torréfaction et de phosphate précipité est la fumure qui a donné les meilleurs résultats, au point de vue de la richesse saccharine.

L'engrais complet avec azote nitrique a eu la supériorité pour le rendement en poids à l'hectare.

Les *engrais organiques*, tels que chiffons, déchets de laine, matières animales torréfiées, ont donné des résultats beaucoup plus avantageux lorsqu'on les a mis en terre *avant l'hiver* que lorsqu'on les a employés *au printemps*. Cela se conçoit fort bien ; car ces produits sont d'une décomposition assez lente, et par conséquent d'une assimilation très difficile. Lorsqu'ils ont déjà quelques mois de séjour dans un milieu humide et aéré tel que la terre, leur décomposition est en partie commencée et leur effet beaucoup plus complet que lorsqu'on les dépose au moment des semailles. Nous avons déjà, à maintes reprises, observé ce fait pour le fumier mis avant ou après l'hiver, et croyons devoir appeler de nouveau sur lui l'attention des intéressés.

Par contre, il paraît plus avantageux de n'employer les *engrais chimiques*, renfermant de l'azote, de l'acide phosphorique et de la potasse, à l'état soluble et facilement assimilable, qu'au *moment des semailles*, c'est-à-dire *au printemps*. On comprend, en effet, que, lorsque l'on dépose en terre ces engrais avant l'hiver, les parties les plus solubles et partant les plus actives sont peu à peu entraînées par infiltration des eaux pluviales dans le sous-sol et complètement perdues pour la plante à laquelle elles sont destinées. C'est ce qu'il est facile de constater dans nos expériences.

*Emploi des sels de potasse.* Le D^r Maercker, dans son opuscule sur les sels de potasse considérés comme engrais, a résumé les résultats constatés par un grand nombre d'observateurs. Voici en substance le résultat de cette étude :

1° En général on a constaté une augmentation de rendement en poids par l'emploi des sels de potasse, surtout des sels impurs chargés de chlorures.

2° La teneur saccharine de la betterave a généralement souffert de l'emploi des sels de potasse, surtout lorsqu'ils ont été répandus tardivement et qu'ils contenaient des chlorures. Le chlore aurait une influence très nuisible.

On peut atténuer cette action en donnant l'engrais à l'automne. Ainsi Heidepriem a trouvé, en dosant le chlore des cendres de betteraves sur fumure d'automne ou de printemps : pour 100 parties de cendres du jus, sur sol non fumé 7.16 % de chlore ; sur sol fumé à l'automne avec du sulfate de potasse et de magnésie, 9.82 % de chlore ; et avec le même engrais au printemps, 18.39 % de chlore dans les cendres du jus de betteraves. Plus les betteraves sont exposées à absorber de chlore, plus leur richesse baisse. Les engrais potassiques chargés de chlore doivent donc être employés à l'automne, de façon à diminuer l'absorption du chlore par les betteraves.

3° Sur les terres qui ne donnaient que des betteraves très pauvres, l'emploi des sels de potasse a amélioré la qualité ; de même pour les sols marécageux, terres de bois défrichés, sols riches en humus, qui ne produisent d'habitude que des racines pauvres en sucre et riches en non-sucre.

En résumé, les sels de potasse pourront agir utilement :

1° Sur les sols où, sans fumure de potasse, la betterave est de mauvaise qualité ;

2° Sur les sols épuisés par une culture imprévoyante ;

3° Sur les sols très riches en humus :

Les sels de potasse bruts (sels de Stassfurt) ne doivent jamais être donnés au printemps ; donnés à l'automne, ils pourront élever le rendement quantitatif. Les sels de potasse purs pourraient être employés au printemps, à ce qu'il semble, sans inconvénients. Quelques auteurs ont constaté que les sels de potasse développaient dans la betterave la faculté de conservation. Les résultats obtenus jusqu'ici ne permettent pas encore d'établir de règle à cet égard ; mais la question mérite d'être étudiée.

Vers 1860, on signala dans la province de Saxe un état d'épuisement des terres cultivées en betteraves qui se traduisait par une forte réduction des rendements culturaux. On appela ce phénomène la *fatigue betteravière* et on en attribua la cause à l'appauvrissement du sol en potasse. Depuis, on sait que l'épuisement du sol n'est qu'apparent et que la cause réelle des déficits de récolte est due aux attaques des *nématodes* ou parasites microscopiques de la betterave. On a essayé de les combattre par les sels de potasse. Maercker pense :

1° Qu'il est possible d'arriver à un résultat par l'emploi des sels de potasse sur les sols où la fatigue betteravière n'est pas trop intense, ces sels fortifiant la betterave et la rendant plus apte à résister aux attaques des nématodes.

2° Qu'il est probable que les betteraves obtenues sur les champs fatigués, et douées d'une faible faculté de conservation, pourraient acquérir cette faculté à un degré plus élevé par l'emploi des sels de potasse.

3° Qu'il est douteux que la fatigue betteravière lorsqu'elle est très intense et produite par les nématodes puisse être combattue par les sels de potasse.

*Emploi du nitrate de soude, du sulfate d'ammonia-
que, des superphosphates.*— M. le D^r Maercker a organisé,
en 1879 et 1880, sur 40 domaines de la province de Saxe,
des expériences très variées sur l'emploi de ces engrais.
Voici ses conclusions :

Au point de vue du *rendement quantitatif* :

1° Le nitrate de soude (salpêtre du Chili) a été plus
efficace que le sulfate d'ammoniaque, et pour des quantités égales d'azote, le premier de ces engrais a augmenté les rendements de 2,000 kg. en moyenne par hectare, pour chaque 200 kg. de nitrate employés.

2° Les essais de 1880 n'indiquent aucun résultat favorable à l'épandage trop précoce du nitrate de soude. Les
rendements les plus élevés et les plus certains ont été
obtenus par l'épandage au printemps.

3° L'emploi simultané du nitrate de soude et du sulfate d'ammoniaque a été moins efficace que l'emploi du
nitrate de soude seul ; ces mélanges ne sauraient donc
être recommandés ;

4° L'emploi du sulfate d'ammoniaque en janvier n'a
pas accentué l'action de cet engrais ; cependant, il est
possible que l'effet de ce sel soit modifié par l'épandage
à une époque moins tardive, à l'automne, et qu'il se produise alors un accroissement de rendement.

Au point de vue de la *teneur saccharine* :

1° Le sol ayant reçu une fumure d'acide phosphorique,
400 kg. superphosphate, on a pu employer de fortes doses de nitrate de soude au *printemps, avant la semaille,*
sans nuire à la qualité des betteraves. Le nitrate de
soude peut donc être employé sans danger, en proportions souvent élevées.

2° Sur des sols qui donnent sans fumure d'azote de 40
à 42.000 kg. de racines, il est dangereux d'employer une

forte dose de nitrate de soude ou de sulfate d'ammoniaque.

3º Les variétés de betteraves riches supportent et exigent même une fumure d'azote supérieure à celle qui convient aux variétés pauvres. Elles paient largement la dépense.

4º Les fortes fumures au nitrate de soude comportent une fumure correspondante d'acide phosphorique (2 d'acide phosphorique pour 1 d'azote).

Il n'est pas rare d'entendre exprimer l'opinion que l'engrais azoté agit principalement sur les rendements quantitatifs, tandis que l'engrais phosphaté n'influe que sur la richesse saccharine de la betterave. Les expériences instituées par le professeur Maercker démontrent que, dans les deux années 1879 et 1880, l'acide phosphorique a exercé une double influence favorable sur les rendements quantitatifs et qualitatifs. En 1879, l'augmentation des rendements en poids n'a pas été considérable, mais elle a été suffisante pour révéler l'action de l'acide phosphorique.

*Influence de l'acide phosphorique sur les rendements quantitatifs.* En 1879, toutes les parcelles d'essai ayant reçu une fumure de 400 kg. de nitrate de soude par hectare, on a mis des doses croissantes de superphosphates. On a constaté, en moyenne, pour une dose de 200 kg. de superphosphate, de 18 à 20 % d'acide phosphorique soluble, un excédent de récolte de 1.000 à 1.200 kg. de betteraves par hectare.

Il semble bien certain que l'azote seul est supérieur à l'acide phosphorique au point de vue du poids des récoltes ; mais il est hors de doute que l'acide phosphorique, si nécessaire à l'élaboration du sucre, exercera toujours un certain effet sur la quantité quand il sera donné avec l'azote. C'est ce qu'on a observé en 1879 et en 1880. Dans cette dernière année, les expériences ont été répétées avec des doses croissantes d'acide phosphorique. Toutes les parcelles ayant reçu une fumure de 400 kg. nitrate de soude, on a constaté les rendements suivants : sans superphosphate, 40,600 kg. racines à l'hectare : avec 200 kg. superphosphate, 45,060 kg. racines ; avec 400 kg. superphosphate, 46,000 kg. racines ; avec 600 kg. superphosphate, 47,320 kg. racines, soit dans ce dernier cas un excédent de rendement de 6,720 kg. de betteraves par hectare. A Wessmar, l'action de l'acide phosphorique a été extraordinaire : sans superphosphate, 33.900 kg. racines ; avec 600 kg. superphosphate, 51.060 kg. racines.

L'action de l'acide phosphorique sur les rendements quantitatifs est donc incontestable et l'on peut dire que les cultivateurs, intéressés ou non dans les sucreries, qui pratiquent la fumure d'azote seule, sans addition de superphosphate, nuisent considérablement à leurs propres intérêts. Quant à la dose limite d'acide phosphorique, elle devra varier suivant la richesse naturelle du sol en cet élément. De très fortes doses d'azote ont, en quelque sorte, paralysé l'action de l'acide phosphorique sur les rendements quantitatifs. Ainsi, avec une fumure générale de 600 kg. nitrate de soude et des doses croissantes de superphosphate, une série d'essais a donné : sans superphosphate, 45,260 kg. de racines par hectare ; avec 200 kg. superphosphate, 46,640 kg. de racines ; avec 400 kg. superphosphate, 45.440 kg. et avec 600 kg. superphosphate 45.500. Les 200 kg. superphosphate ont produit le plus gros rendement et il semble que la dose élevée d'azote ait surexcité la fertilité du sol à un tel point que l'action spécifique de l'acide phosphorique soit devenue imperceptible.

*Influence de l'acide phosphorique sur la qualité des*

*betteraves*. En 1879 des doses croissantes de superphosphate ont augmenté la richesse saccharine et le quotient de pureté. Le poids de sucre obtenu à l'hectare s'est accru en raison directe de la dose d'acide phosphorique. Exemple : avec une fumure générale de 200 kg. nitrate de soude à l'automne et 200 kg. nitrate au printemps, on a obtenu :

| | Rendement à l'hectare. | Sucre o/o | Sucre à l'hectare. |
|---|---|---|---|
| | — | — | — |
| Sans acide phosphorique... | 29.500 | 11.88 | 3.500 |
| 200 kil. superphosphate.... | 30.740 | 12.10 | 3.750 |
| 400 kil. » | 31.620 | 12.10 | 3.820 |
| 600 kil. » | 32.780 | 12.54 | 4.120 |

Le sol non fumé avait donné 20.000 kg. de racines et 2.480 kg. de sucre seulement à l'hectare. L'excédent fourni par la fumure de nitrate seule a été de plus d'une tonne de sucre par hectare, tandis que l'azote et l'acide phosphorique (200 kg. superphosphate) ont produit 2 tonnes de sucre de plus en chiffre rond, comparativement au sol non fumé.

Les expériences de 1880 ont accusé un excédent bien plus considérable encore au profit du superphosphate ; 200 kg. superphosphate ont accru le rendement en sucre de 3 tonnes 1/2 par hectare, comparativement au sol sans engrais. Voici quelques exemples :

| | Rendement à l'hectare. | Sucre o/o | Sucre à l'hectare. |
|---|---|---|---|
| | — | — | — |
| Sans superphosphate...... | 40.600 | 13.0 | 5.728 |
| 200 kil. » | 45.060 | 13.2 | 5.948 |
| 400 kil. » | 46.060 | 13.2 | 6.126 |
| 600 kil. » | 47.360 | 13.4 | 6.340 |

Rien ne démontre plus nettement la nécessité des fumures de superphosphate et ces rendements élevés en poids et en sucre, prouvent qu'avec de bonnes graines un écartement convenable et des engrais bien appropriés, il est possible de donner satisfaction, dans une large mesure, aux intérêts du cultivateur et du fabricant.

En ce qui concerne l'époque de l'épandage de l'engrais phosphaté, les expériences ci-dessus relatées semblent indiquer que le superphosphate n'a pas produit plus d'effet au printemps qu'à l'automne. Il y aurait donc lieu de continuer, comme cela se fait en général, d'épandre le superphosphate au printemps.

Nous devons dire, cependant, que, d'après certaines expériences, il serait avantageux, dans les terres moyennes ou fortes, d'épandre les phosphates et le nitrate de soude à l'automne. M. Fiedler (1), dans une série d'essais sur l'absorption de l'acide phosphorique et de la potasse en présence du nitrate de soude, a remarqué que le nitrate de soude favorise l'absorption de l'acide phosphorique en ce sens qu'il prévient l'entraînement de cet acide dans le sous-sol. Le nitrate de soude faciliterait donc l'assimilation de l'acide phosphorique dans la plante. Mais il aurait l'inconvénient de chasser la potasse de ses combinaisons ; cette base serait ensuite entraînée par les pluies et perdue pour le végétal. On atténuerait cet effet par une addition de chaux, sous forme d'écumes de défécation, ce qui ne nuirait en aucune façon à l'action favorable du nitrate de soude sur les phosphates.

### MODE D'EMPLOI DES ENGRAIS.

Il nous reste à parler du mode d'emploi des engrais. Cette question a une grande importance. M. A. Derome,

(1) *Journal de l'Association des fabricants de sucre allemands.* Février 1881.

de Bavay, l'a étudiée dans une série d'essais et il a trouvé (1) :

« Que la méthode généralement employée et qui consiste à répandre l'engrais sur les raies de charrue préalablement fermées par un coup de herse ou de rouleau et à l'enfouir sous un ou plusieurs coups de herse ou d'extirpateur, est une méthode défectueuse. *L'enfouissement à la charrue est le seul qui soit à recommander.*

« Les moindres doses d'engrais, comme les moyennes et les plus fortes, doivent être enfouies à la charrue. L'engrais enfoui à la charrue agit plus efficacement encore sur les betteraves riches, dont le collet ne sort pas de terre et qui s'enfoncent plus avant dans le sol, que sur les variétés moins riches, dont le collet sort de terre, et qui s'enfoncent moins profondément. L'engrais enfoui *à la charrue donne la presque totalité de pivots réguliers*, tandis que l'enfouissement à la *surface* donne au contraire la presque *totalité de pivots fourchus* et surtout si l'on cultive des variétés riches qui souffrent beaucoup plus que les variétés pauvres de l'éparpillement irrégulier ou de l'enfouissement irrationnel des engrais et de l'ameublissement imparfait de la couche labourée.

L'engrais artificiel enfoui à la charrue, quelle que soit la quantité employée, est encore celui qui agit le plus sensiblement sur la récolte qui suit.

Quand on ne veut épandre qu'une petite quantité d'engrais (150 à 300 kg. à l'hectare) pour activer la levée, il ne faut pas, d'après M. Derôme, répandre l'engrais à la *surface du labour*, et l'enfouir à la herse ou à l'extirpateur, mais il *faut distribuer l'engrais dans le rayon* du semoir (6 à 8 cent. de la ligne de graine) au moyen d'un

(1) *Nouvelles observations sur l'enfouissement des engrais à la charrue.* A. Derôme, Lille, 1880.

distributeur à double effet. Nous examinerons plus loin, en détail, cette question.

En ce qui concerne l'épandage du superphosphate, M. Derôme pense que la distribution à la volée éparpille trop l'acide phosphorique et que cet agent se trouve en majeure partie trop éloigné de la plante. Or, de deux choses l'une : ou il faut cultiver la betterave plus serrée, ce qui n'est pas toujours facile, ou il faut mettre mieux à sa disposition l'élément qui concourt à lui donner de la qualité. M. Derôme préconise donc (1) l'épandage du superphosphate sous la graine : la betterave étant placée de 18 à 25 cent. sur la ligne et plus près de 20 que de 25, se trouve dans les conditions voulues pour l'absorption de l'acide phosphorique. Mais nous reviendrons sur ce mode de distribution de l'engrais complémentaire à propos des semailles. En Autriche, M. Bertel applique avec succès le superphosphate de chaux et le sulfate d'ammoniaque dans les rayons.

Il résulte des expériences faites de 1881 à 1883 à la Station agricole de Gembloux, par le docteur Petermann, sur le meilleur mode d'emploi des engrais, que :

« L'engrais artificiel composé de superphosphate de chaux et de nitrate de soude, ou de superphosphate, de nitrate de soude, de sulfate d'ammoniaque et d'azote organique, appliqué au printemps, en terre sablo-argileuse, à la culture de la betterave à sucre, doit être enterré par un labour profond. L'enterrement à la herse ou par un labour superficiel est insuffisant pour retirer de l'engrais son maximum d'effet, le pouvoir absorbant du sol-sablo-argileux étant trop énergique pour que les éléments nutritifs puissent, même dans les années pluvieuses, des-

_________________

(1) *Application rationnelle des superphosphates dans la culture de la betterave à sucre*, A. Derôme, Lille 1880.

cendre dans les couches inférieures du sol arable où les racines pivotantes puisent leur nourriture.

« Le mode différent d'emploi de l'engrais est sans influence sensible sur l'élaboration du sucre.

« L'application de l'engrais dans les lignes en même temps que la plantation de la graine retarde la levée de plusieurs jours, ce qui peut compromettre une récolte par un printemps sans pluie et à vents desséchants. Des conditions climatériques favorables peuvent faire regagner à la betterave le retard éprouvé, sans qu'elle arrive cependant, d'après nos expériences, au même rendement que les betteraves sur engrais enterré par un labour, et n'ayant éprouvé aucun retard dans leur levée (1). »

M. Derôme explique l'insuccès de l'enfouissement de l'engrais dans les lignes par l'excès d'engrais employé par M. Petermann. La quantité d'engrais s'élevait en effet à 1150 kg. appliqués dans les lignes, *sous la graine.* L'excès d'engrais devait inévitablement produire un mauvais résultat. Les engrais corrosifs peuvent nuire à la graine s'ils sont donnés à dose trop forte et placés trop près de la semence. Si M. Petermann avait enfoui d'abord 800 kg. à la charrue, puis 350 dans le rayon de semoir avec 7 centimètres de terre interposée entre l'engrais et la graine, il aurait vu le rendement s'élever à plus de 75.000 kg. à l'hectare. Les expériences plusieurs fois renouvelées chez M. Derôme permettent de l'affirmer.

En résumé, pour les fortes quantités d'engrais, il faut pratiquer l'enfouissement à la charrue, avec une dose modérée dans le rayon du semoir si l'on veut,

Pour les petites quantités, on peut enfouir, il est même

(1) *Bulletin de la station agricole de Gembloux*, n° du 29 janvier 1884.

bon d'enfouir dans le rayon du semoir à 6 ou 8 centimètres au-dessus ou sur le côté de la ligne de graine, méthode qui permet l'emploi d'engrais complémentaires fertilisants et insecticides.

*Engrais verts.* En général, les plantes qui, dans un court laps de temps, fournissent une partie foliacée abondante et présentent une large surface, constituent d'excellents engrais verts. Et en effet, l'engrais vert ayant surtout pour but de procurer au sol des éléments fertilisants empruntés à l'atmosphère, plus les organes destinés à puiser ces éléments dans l'air seront développés, plus l'enrichissement du terrain par l'enfouissement du végétal sera considérable. L'engrais vert a d'ailleurs un autre effet : il améliore l'état physique du sol.

Au point de vue de la culture de la betterave à sucre, il est avantageux de se servir des engrais verts : ils peuvent permettre d'atténuer l'action des fumiers donnés directement à cette racine, en fumant, par exemple, la plante qui doit être enfouie en vert. Lorsque le champ reçoit le plus généralement les matières fertilisantes sous forme d'engrais artificiels pulvérulents, la fumure d'engrais vert exerce une action très favorable sur la constitution physique du sol. Nous avons vu, en effet, que la terre, faute de fumier, durcit et perd ses propriétés mécaniques essentielles. L'engrais vert peut les lui rendre en partie. « L'action physique de l'engrais vert, dit Fühling, consiste non seulement à rendre le sol meuble et friable, mais encore à former un nombre infini de canaux, qui facilitent la circulation de l'air atmosphérique, de l'acide carbonique et aident à la répartition des matières nutritives solubles. »

Dans une culture betteravière bien dirigée les engrais verts qu'on doit se préoccuper tout d'abord d'utiliser, sont les feuilles mêmes de la betterave. Nous avons vu que la proportion des feuilles atteignait 50 % du poids des racines dans les variétés riches et 25 à 30 % dans les variétés pauvres. Si nous prenons pour exemple une récolte de betteraves riches de 50,000 kg. par hectare avec environ 25,000 kg. de feuilles, celles-ci contiendront (d'après la table II, p. 214) 95 kg. d'azote, 63 k. 75 d'acide phosphorique et 270 kg. de potasse.

Par leur richesse en azote, en acide phosphorique, en potasse et autres éléments plus ou moins utiles, les feuilles de betteraves sont donc un engrais précieux et dans tous les cas où cela est possible, il faut les utiliser sur le champ même qui les a produites, en les enfouissant à l'état vert. Diverses observations ont prouvé qu'il n'est pas indifférent de les enfouir à l'état vert ou à l'état sec. Fühling a toujours remarqué que sous ce dernier état la fumure était moins efficace.

En France, beaucoup de cultivateurs suivent une pratique doublement ruineuse. Ils effeuillent la betterave avant maturité, ce qui nuit considérablement à la production du sucre de la plante (1) et ils font consommer ces feuilles par le bétail, au lieu de les laisser sur le champ, ce qui réduit le rendement de la récolte suivante.

On cite aussi des fabricants-cultivateurs qui donnent les feuilles à des ménagers voisins en guise de salaire pour l'arrachage et le chargement des betteraves (2). Or, si l'on fait le calcul de la perte des éléments essentiels : azote, acide phosphorique et potasse, enlevés dans la proportion indiquée plus haut, en mettant l'acide phosphorique à fr. 0.50 la potasse à 0,25, et l'azote à fr. 1.50 le kg. on trouve que ces cultivateurs s'infligent volon-

______

(1) Corenwinder a démontré l'influence funeste de l'effeuillage des betteraves sur la qualité de la plante.

(2) *Enfouissement des engrais.* A. Decôme. Lille, 1880.

tairement une dépense de 241 fr. par hectare pour une récolte de 50.000 kg. de betteraves, tandis que la dépense *d'arrachage*, si elle était payée en espèces, ne serait que d'une cinquantaine de francs.

C'est donc une grave erreur de considérer les feuilles de betterave comme un engrais inférieur. Elles ont une grande valeur et tout cultivateur qui les enfouit en vert réalise un double profit : il améliore chimiquement et physiquement son sol.

*Fumure du sous-sol.* Dans la culture d'une plante comme la betterave, dont la racine s'enfonce plus ou moins profondément dans la terre, la fumure du soussol joue un rôle de premier ordre. On a reconnu, en effet, par l'étude des propriétés physiques du sol, que suivant sa teneur plus ou moins grande en chaux, en argile, en humus ou en sable, le pouvoir absorbant de la couche arable à l'égard des principes fertilisants est plus ou moins élevé. Dès lors, si on admet, d'une manière générale, que ces principes sont retenus dans la partie supérieure du terrain, on doit conclure qu'il est utile de fumer le sous-sol, de façon à lui restituer les éléments minéraux ou autres que vont lui enlever les plantes pivotantes ou à racines profondes.

Bronner, et, après lui, Huxtable (1848), avaient remarqué que du purin filtré sur de la terre arable avait cédé à celle-ci sa couleur et son odeur. Thomson avait constaté le même pouvoir absorbant pour l'ammoniaque et les sels ammoniacaux (1). Enfin Liebig avait fait une série d'expériences établissant nettement cette propriété plus ou moins accentuée du sol à l'égard de toutes les substances fertilisantes connues. Parmi les substances retenues par la couche supérieure du sol et qu'il importe de

______

(1) *Der praktische Rübenbauer*. Fühling, page 147.

restituer au sous-sol, nous trouvons, en premier lieu, l'acide phosphorique et la potasse, deux minéraux dont la plante saccharine a le plus grand besoin.

Nous avons dit que les récoltes de betteraves enlèvent au sol une quantité importante de potasse et d'acide phosphorique et nous avons fait remarquer que ces deux corps figurent au nombre des éléments essentiels qu'il est nécessaire de restituer, attendu qu'ils sont contenus dans les terres en quantité relativement peu abondante. On constate précisément que l'ammoniaque, source d'azote, la potasse et l'acide phosphorique, sont absorbés de préférence par la terre arable et retenus dans la couche supérieure.

La quantité de ces substances entraînée par les eaux de drainage est en effet très faible. La magnésie et l'acide silicique (silice) sont moins bien absorbés. Encore moins la soude et la chaux. L'acide sulfurique, le chlore, l'acide nitrique, sont complètement entraînés par l'eau des pluies. Les carbonates sont mieux retenus que les sulfates (1). Aussi retrouve-t-on dans les eaux de drainage très peu des matières nutritives relativement peu solubles dont s'alimentent les plantes, et une proportion bien supérieure des autres matières solubles, l'acide sulfurique, l'acide nitrique et le chlore par exemple. Naturellement, la limite du pouvoir absorbant d'un sol varie suivant sa composition et l'abondance des engrais solubles répandus.

On assigne un pouvoir absorbant supérieur aux sols calcaires (surtout au point de vue des superphosphates), argileux, limoneux et ulmiques, sols qui possèdent aussi la plus grande faculté d'imbibition. Au contraire, les sols riches en sable, pauvres en chaux et en humus ont le pou-

(1) Dehérain. *Etude sur le plâtrage des terres arables.*

voir absorbant le plus faible. Le phénomène de l'affinité capillaire, d'après lequel on a expliqué cette curieuse propriété d'absorption des terres arables, se manifeste donc d'une façon croissante en proportion de la dose de calcaire ou d'humus. Par suite de cette absorption variable, une certaine partie des matières fertilisantes est entraînée de la couche supérieure dans le sous-sol par l'action dissolvante des eaux chargées d'acide carbonique et par celle de l'acide nitrique formé au sein du terrain grâce à la transformation des matières azotées. Cependant, cette sorte de fertilisation naturelle du sous-sol est insuffisante, et dans la culture d'une plante à long pivot, comme la betterave à sucre, l'épuisement du sous-sol se produit avec rapidité si l'on n'a recours à la fertilisation artificielle. A un moment donné, comme le remarque Fühling, la croûte du sol peut être plus riche qu'il ne faut pour la récolte en potasse, en acide phosphorique, tandis que le sous-sol où puise l'extrémité du pivot, peut être épuisé.

C'est surtout dans les terres fortes que cet épuisement se produit ; il est moins à craindre, pour les raisons indiquées, dans les terres légères, renfermant peu de chaux et d'humus. Ce dernier élément a un grand pouvoir absorbant : dans les terres sableuses, il remplace l'argile et le limon absents.

En général, dans toutes les cultures de betterave, l'épuisement du sous-sol est à craindre. Mais combien ce phénomène ne doit-il pas s'accentuer quand on consacre à la plante saccharine jusqu'au tiers et même la moitié des terres, comme dans certaines cultures de'sucreries.

Il est donc de toute nécessité, dans les cultures de betterave intensives, de fumer le sous-sol. On y peut arriver en utilisant l'action dissolvante de certains agents, l'acide carbonique et l'acide nitrique formés dans le sol par la décomposition des matières organiques. Si nous prenons, par exemple, du fumier frais et que nous l'enfouissions aussi profondément que possible, nous réaliserons l'enrichissement du sous-sol et lui rendrons une partie de la potasse et de l'acide phosphorique qui lui ont été enlevés par les récoltes de betteraves. Fühling conseille ce premier moyen.

« Lorsque les modifications physiques et chimiques du sol, dit cet auteur, accusent l'épuisement betteravier, on peut employer avec avantage le fumier à l'état frais. On l'enfouit alors à *l'automne aussi profondément* que possible. Si on ne le met pas à l'automne, il faudra l'enfouir pour la récolte qui précédera la betterave. C'est donc là un mode d'emploi du fumier tout différent de celui que je recommande dans les conditions normales : c'est-à-dire à l'état bien consommé et répandu superficiellement. Le fumier pailleux ainsi enfoui rendra le sol plus meuble, et par suite la répartition des éléments fertilisants sera favorisée ; de plus, la décomposition des matières organiques fournira de l'acide carbonique et de l'acide nitrique, dont l'action dissolvante agira aussi au profit de la diffusion des sels dans le sous-sol. La potasse et l'acide phosphorique seront soustraits à l'absorption de la couche supérieure et demeureront dans le sous-sol où la betterave pourra venir les puiser. »

Il est clair que tous les engrais organiques renfermant de la potasse et de l'acide phosphorique peuvent concourir de la même façon que le fumier à l'amélioration du sous-sol, sauf peut-être sous le rapport physique. En général, plus la décomposition de la matière azotée est lente, meilleure est la répartition de l'élément minéral mis en liberté. D'après Liebig (1), la poudre d'os non dégélatiné est un excellent engrais pour le sous-sol.

(1) *Chimie appliquée à l'agriculture.*

Au contact de l'humidité, la matière organique gélatineuse se transforme en combinaisons ammoniacales et l'acide phosphorique mis en liberté est fixé par le sol dans la couche où plongent les racines. Les superphosphates ne jouissent pas de cette propriété. La poudre d'os est donc le meilleur agent d'enrichissement *en phosphate de chaux* des couches profondes du sol. D'après Liebig, les os calcinés, les cendres d'os, les noirs de raffineries agissent moins bien. Il leur faut un agent d'assimilation. Il est bon de ne les employer que bien pulvérisés, mélangés et fermentés avec du fumier.

En ce qui concerne l'enrichissement du sous-sol en potasse, cet autre élément indispensable à la betterave, on peut employer les cendres de bois (de pin notamment), et les sels de potasse, sulfate de potasse et de magnésie. On doit enfouir ces sels à l'automne, à la charrue et aussi profondément que possible. Au préalable, d'après Fühling, il faut les mélanger avec trois ou quatre fois leur poids de terre pulvérulente. Le sel de cuisine favorise la répartition de la potasse dans le sous-sol (D. Franck). La potasse et la magnésie (Liebig) sont aussi réparties dans le sous-sol sous l'influence du gypse. La chaux rend solubles les bases combinées aux silicates, la potasse, la soude, la magnésie. L'action du plâtre au point de vue de la diffusion de la potasse, et des alcalis en général, dans le sous-sol, est très remarquable. Il mobilise ces alcalis et les fait passer dans les couches inférieures du sol (1); mais en somme le plâtre ne crée pas de potasse et si la couche supérieure de la terre arable n'en contient pas assez, l'effet du plâtre ne sera guère sensible. C'est pourquoi les sels de potasse, mélange de sulfate de potasse et de magnésie, enterrés aussi profondément que possible, peuvent donner d'excellents résultats comme fumure du sous-sol.

(1) Dehérain. *Etude sur le plâtrage des terres arables.*

# CHAPITRE VII

## Les Assolements.

Influence de la législation sur les assolements des fermes à betterave dans les principaux pays d'Europe.— Assolements français, allemand. — Les plantes nettoyantes et les plantes salissantes.— Assolement français perfectionné, par P.-P. Dehérain. — Opinion de Joulie sur les assolements. — Assolement allemand. — Observations de Gatellier. — Quelques exemples d'assolements suivis en Allemagne et en France. — Quelle est la part qui peut être affectée à la betterave dans les assolements d'une culture normale ?

Au commencement de ce siècle, Achard (1) avait remarqué que pour obtenir des betteraves à sucre de bonne qualité, il était nécessaire de fumer la terre un an ou deux avant d'y cultiver cette racine ; l'époque de la semaille devait être d'autant plus éloignée de celle de la fumure que la terre était plus fertile. Cette observation du savant allemand était absolument juste et l'ordre des successions de cultures adopté en Allemagne dans les fermes à betteraves à sucre en est une preuve frappante.

Nous avons vu au chapitre *Fumier* quelle influence cet engrais exerce sur l'élaboration du sucre dans la betterave et nous avons montré qu'on ne peut songer à se

(1) Une bonne terre à blé fumée, ayant porté une autre céréale en seconde année peut, la troisième année, être cultivée avantageusement en betteraves ; une terre à blé de moins bonne qualité peut recevoir de la betterave en seconde année de fumure. (F. C. ACHARD. *Traité de la fabrication du sucre de betterave*, 1809.)

passer de cet engrais. Outre qu'il constitue une source abondante d'azote, de potasse, d'acide phosphorique, etc., il exerce, sur les propriétés physiques du sol une action améliorante indéniable, qu'on ne saurait obtenir par l'emploi des engrais chimiques et sans laquelle les meilleures terres ne pourraient conserver leurs qualités.

Les propriétés du fumier à l'égard de la betterave à sucre étant connues, on s'explique aisément l'axiome d'Achard ainsi que les différences qui existent dans les assolements des divers pays où cette plante est cultivée.

En Allemagne, où la législation a forcé les fabricants à ne travailler que des betteraves très riches, la culture a dû choisir un assolement spécial dans lequel les fumiers sont distribués de telle sorte que la plante saccharine puisse atteindre le maximum de richesse.

En France, où l'ancienne législation sucrière n'obligeait point les fabricants à ne recevoir que des betteraves de bonne qualité, la culture a procédé différemment. La betterave étant payée au poids, sans qu'on tînt compte de sa qualité, le cultivateur s'était efforcé d'obtenir le plus haut rendement cultural possible et il avait combiné son assolement et l'emploi de ses fumiers de façon à atteindre sûrement ce but.

Rien ne justifie mieux que ces faits la maxime de Morel de Vindé : *Les circonstances agricoles et économiques font les assolements.*

La législation des sucres vient de subir en France une transformation profonde, radicale : désormais, l'impôt du sucre est perçu d'après les quantités de betteraves travaillées dans les fabriques, et quelle que soit la qualité de la racine, le taux de l'impôt demeure le même. C'est le principe même de la législation allemande.

Dans ces conditions, le fabricant français doit cesser d'acheter la betterave au poids sans distinction de richesse : il ne peut, sous peine de pertes considérables, accepter des racines de qualité médiocre ou moyenne : la betterave riche lui est en quelque sorte imposée par la nouvelle législation.

Le problème posé dès maintenant au cultivateur français n'est donc plus, comme jadis, l'obtention d'une forte récolte à l'hectare ; il ne s'agit plus de produire le poids maximum, mais bien d'atteindre à la richesse la plus élevée possible.

L'étude de ce problème conduit tout naturellement à celle des assolements et c'est ainsi que les cultivateurs français ont été amenés à se demander s'il y a lieu de changer l'alternance de leurs cultures, d'adopter l'assolement suivi en Allemagne, ou d'apporter simplement quelques modifications dans leur système de fumure.

La solution de la question des assolements se présente à nos yeux sous trois points de vue différents :

1° L'assolement français est conservé ; la betterave vient en tête, mais le mode d'emploi des fumiers est changé ;

2° L'assolement français est modifié ; la betterave vient après un blé succédant à une plante fourragère cultivée sur fumier ;

3° L'assolement allemand est adopté ; le blé sur fumier vient en tête ; la betterave le suit.

Nous allons examiner successivement chacune de ces solutions.

*Assolement français ; mode d'emploi rationnel des fumiers.*

Dans l'assolement suivi jusqu'ici en France, on tient compte de certains principes établis par les anciens agronomes et qui se résument en ceci. Les plantes peuvent être classées selon leur mode de végétation (1) en *plantes net*

(1) Heuzé. *Les assolements.*

*toyantes* (betterave, carotte, colza, maïs, pomme de terre, navet, etc.); en *plantes étouffantes* (chanvre, pois, vesce, trèfle incarnat, etc.) et en *plantes salissantes* (avoine, froment, orge, seigle).

Les plantes nettoyantes, la betterave par exemple, exigent pendant leur végétation des binages et des sarclages qui ameublissent la surface du sol et détruisent les plantes parasites et les mauvaises herbes. Après une culture de plantes nettoyantes ou sarclées, le sol est donc en parfait état de propreté.

Le mode de végétation des plantes *salissantes* est tout différent. On admet que l'avoine, le froment, l'orge, le seigle et d'une manière générale les céréales (1) favorisent le développement et la multiplication des mauvaises herbes, parce qu'elles ne sont pas ordinairement binées et sarclées et qu'il est presque impossible, quand elles sont épiées, d'y détruire les plantes indigènes, qu'on y rencontre souvent dans une grande proportion et qui mûrissent leurs graines avant ou au moment même de les récolter.

Enfin, les plantes *étouffantes* ont la propriété d'intercepter l'air et la lumière et étouffent les plantes indigènes. En outre, comme on les fauche pour la plupart lorsqu'elles sont en fleurs, les plantes indigènes qui ont pu végéter sont fauchées avec elles et leurs graines peuvent infecter de nouveau la couche arable.

C'est des plantes nettoyantes, la betterave notamment, et des plantes salissantes, le blé, que nous avons à nous occuper d'une manière plus particulière.

Si l'on tient compte du mode de végétation différent de ces plantes, il est clair que la betterave, la carotte, la

(1) Heuzé. *Les assolements*, p. 33.

18.

pomme de terre, etc., devront être placées en tête de l'assolement et sur les fumures.

« Ces plantes, dit Heuzé, ont l'avantage que ne possèdent point les céréales de résister aux plus fortes fumures et de ne point souffrir d'un excès de fécondité. On commettrait une grande faute si on plaçait les plantes fourragères sarclées au milieu et à la fin des assolements, c'est-à-dire si on les éloignait de la sole sur laquelle on a appliqué la fumure. On ne doit pas oublier que ces plantes sont exigeantes et épuisantes et que leurs produits sont d'autant plus élevés qu'elles sont cultivées sur des terres saines, ameublies profondément et abondamment fumées. »

Quant aux plantes salissantes, le blé par exemple, le même auteur détermine ainsi leur position dans l'assolement :

« L'agriculture améliorante et progressive évite ordinairement de faire suivre les fumures qu'elle applique tardivement par un blé d'automne parce qu'elle a mille fois constaté : 1º Que le labour à l'aide duquel on enfouit le fumier ne détruit pas les mauvaises herbes qu'il contient ; 2º que les fumiers enfouis quelques semaines seulement avant les semailles soulèvent toujours la couche arable, ce qui rend le blé plus sujet à être déchaussé ; 3º que les froments qu'on cultive sur des terres fumées au commencement de l'automne produisent toujours une abondante quantité en paille au détriment des graines et de leur qualité : 4º que les tiges de blé qui suivent des fumures considérables et tardives ont beaucoup de tendance à verser. »

Ainsi, si l'on tient compte du mode de végétation et des exigences de la betterave et du blé, la betterave doit venir en tête d'assolement, sur fumier, et le blé doit lui succéder.

Ces principes, posés par les anciens agronomes, n'ont pas toujours été observés. Dès 1862, Heuzé (1) écrivait :

« Il est utile de remarquer que cette loi générale concernant la position des plantes fourragères dans les assolements renferme une exception relative à la betterave *industrielle* et cultivée comme *plante saccharifère*. Et, en effet, il est nécessaire, comme cela a lieu chaque année dans la Flandre et la Picardie, de ne pas faire précéder directement les betteraves à sucre d'une forte fumure, afin que leurs racines soient moins fourchues et plus régulières, et aussi pour qu'on puisse plus facilement extraire le sucre qu'elles contiennent. C'est pour ces motifs que la betterave *à sucre* occupe diverses positions dans les assolements.»

Quoi qu'il en soit, il est constant que dans l'assolement des cultures de betteraves sucrières de la France, la betterave a presque toujours occupé la première sole, sur fumier, et le blé la sole suivante.

Cette pratique, il faut le reconnaître, a été jusqu'ici on ne peut plus avantageuse pour le producteur de betterave à sucre. Sous l'ancienne législation, les fabricants de sucre achetaient la betterave au poids, sans se préoccuper de la qualité. Le sucre se vendait assez cher pour permettre aux fabricants d'accepter et de travailler des racines pauvres, quasi-fourragères.

Le cultivateur avait donc intérêt à obtenir le plus gros rendement quantitatif possible et l'assolement qui consistait à mettre la betterave sur une sole fortement fumée, réalisait pleinement ce desideratum. La nouvelle législation a renversé à peu près les termes du problème. Il s'agit désormais d'obtenir des racines très riches. Mais comment arriver à ce résultat si nous tenons à conserver l'ancien assolement ?

(I) *Les assolements*, p. 39.

Le fumier, nous l'avons vu, est surtout nuisible au point
de vue de la betterave riche parce qu'il ne se décompose
que très lentement et fournit de l'azote à la plante jusque
dans les derniers mois de la végétation. La nitrification
du fumier est plus ou moins rapide, selon les variations
atmosphériques ; lorsque l'été a été sec et que des pluies
surviennent vers le mois de septembre, le fumier commence à céder ses nitrates à la plante, et celle-ci, au lieu
de mûrir, subit une nouvelle végétation. Dans ces conditions, la maturité ne peut se faire et l'on récolte forcément
des racines pauvres en sucre, riches en sels, difficiles à
conserver et à travailler.

Si le cultivateur français tient à conserver l'ancien
assolement, il devra donc employer son fumier de façon
à soustraire la betterave à l'influence pernicieuse de cet
engrais. Il ne pourra y arriver qu'en *enfouissant ses fumiers avant l'hiver.*

Ce mode d'emploi du fumier a été préconisé par plusieurs agronomes allemands, Fühling, Maercker, Rimpau, etc., et il a déjà reçu en Allemagne nombre d'applications. La betterave cultivée dans ces conditions arrive
aisément à maturité et peut devenir très riche si l'on a
semé de bonnes graines, rapproché les plants, etc.

L'assolement français, commençant par la betterave
sur fumier, peut donc être conservé. Mais le cultivateur
devra, dans ce cas, s'organiser pour enfouir les fumiers
*avant l'hiver.* C'est, nous le répétons, une condition indispensable.

*Assolement français modifié ; la betterave vient après
un blé succédant à une plante fourragère cultivée sur
fumier.*

Il n'a point paru prudent à quelques-uns de nos meilleurs agronomes d'abandonner l'ancien assolement pour
adopter celui de l'Allemagne. Mais comme, d'autre part,

on n'a point admis d'une manière absolue qu'il serait possible, dans tous les cas, d'enfouir tous les fumiers avant l'hiver, — condition essentielle pour obtenir de la betterave riche avec l'assolement français — on a cherché à combiner une nouvelle succession de cultures, n'ayant ni les inconvénients du système actuel, ni ceux de la méthode allemande.

S'inspirant de la théorie des *plantes nettoyantes* et des *plantes salissantes*, M. P. P. Dehérain, professeur à l'école de Grignon, a, dans ces derniers temps, proposé aux cultivateurs de betteraves à sucre un assolement spécial (1).

| | | |
|---|---|---|
| 1re année. Plantes fourragères | Maïs-fourrages / Choux. / Féverolles. / Navets. | 30.000 k. fumier. |
| 2e année. Blé. | 5.000 à 10.000 k. fumier, 200 k. azotate de soude. | |
| 3e année. Betteraves. | 20.000 k. fumier, 200 k. azotate de soude, phosphates. | |
| 4e année. Avoine. Trèfle. | 5.000 à 10.000 k. fumier, 200 k. azotate de soude. | |
| 5e année. Trèfle | Sans fumure. | |
| 6e année. Blé ou avoine. | Sans fumure. | |
| 7e année. Pommes de terre. | Sans fumure. | |

Dans cet assolement, M. Dehérain donne la première place aux fourrages, parmi lesquels il préconise le maïs, qui pourrait, selon lui, être cultivé avec avantage sous le climat parisien. Le maïs coupé en vert est très productif et il profite admirablement du fumier de ferme. On assurerait au bétail une alimentation copieuse et on favoriserait au plus haut point la transformation nécessaire de la culture faisant chaque année une plus large part aux spéculations animales.

Le blé paraît succéder beaucoup mieux au maïs qu'à

(1) P. P. Dehérain. *Annales agronomiques*, 25 octobre 1884.

la betterave. Le sol est laissé en bon état de propreté, et comme le maïs est toujours coupé en septembre, on a le temps de préparer la terre d'une façon convenable pour les semailles d'automne.

Quant à la betterave, M. Dehérain ne pense pas qu'elle puisse être cultivée sans fumier. Cette plante viendrait après le blé et recevrait une dose modérée de fumier.

D'après ce système, la fumure de fumier de ferme, au lieu d'être distribuée en totalité, comme on l'a fait jusqu'ici, sur la première récolte, serait répartie sur plusieurs récoltes et complétée par des engrais chimiques.

On éviterait ainsi et les inconvénients du système actuel et ceux du système allemand dont les avantages ne sont pas nettement établis aux yeux de M. Dehérain.

La culture du Nord s'accommodera-t-elle de l'assolement proposé par M. Dehérain? Pourra-t-elle s'adonner sur un tiers ou un quart de ses terres à la production du maïs-fourrage, plante qui nous paraît peu appropriée au climat du Nord, ou à celle des choux, des féverolles, des navets? Ce sont là autant de questions que le cultivateur seul est en état d'apprécier et de résoudre.

Quoi qu'il en soit, un fait important se dégage de l'exposé de M. Dehérain : la nécessité de réduire la dose de fumier employée jusqu'ici sur la betterave à sucre.

M. Joulie est du même avis. Il croit aussi que l'on peut conserver l'assolement actuel et qu'il n'est pas indispensable de changer l'assolement pour obtenir de la betterave de bonne qualité (1). Dans les conditions ordinaires, les grandes quantités de fumiers que l'on donne à la terre (40 à 50 mille kilogrammes et plus) se décomposent et se nitrifient lentement et ne fournissent pas assez d'azote assimilable (azote des nitrates formés au printemps),

(1) *Bulletin de la Société des agriculteurs de France*. 1ᵉʳ juin 1884, page 323.

où la betterave en a grand besoin, tandis, au contraire, qu'à l'automne, au moment où la betterave devrait mûrir, elle trouve dans le sol une trop grande quantité de ce même azote provenant de la nitrification qui a été lente pendant l'été à cause de la sécheresse, mais devient très active lorsque reviennent les pluies avec une température encore suffisamment élevée. On éviterait ce double inconvénient :

1° En mettant le fumier en terre, avant l'hiver, afin qu'il ait le temps de se nitrifier en partie avant le mois de mai ou de juin.

2° En en réduisant la dose à 25.000 kilos environ, quitte à mettre le surplus à une autre période de la rotation.

3° En donnant, au moment de semer ou quelques jours avant, un supplément d'engrais chimiques.

L'engrais chimique employé devra toujours apporter de l'acide phosphorique et de l'azote, et souvent aussi de la potasse.

La quantité d'acide phosphorique assimilable, d'après Joulie, devra être de 30 à 50 kilos à l'hectare, suivant la richesse des terres. La dose de 30 kilos est suffisante dans les terres qui donnent à l'analyse 100 grammes d'acide phosphorique par 100 kilos de terre sèche ou qui donnent des céréales riches en grain. Dans les terres plus pauvres il faut augmenter l'acide phosphorique jusqu'à 50 kilos et même au-delà si elles sont en même temps riches en azote.

L'acide phosphorique assimilable sera donné sous forme de superphosphate dans les terres ordinaires et sous forme de phosphate précipité dans les terres très légères ou très acides.

On sait que les travaux de M. Pellet ont établi que la betterave produit en moyenne 84 kilos de sucre par kilogramme d'acide phosphorique absorbé tant dans la racine que dans les feuilles. Il importe donc, au plus haut degré, de tenir à la disposition de la plante un excès d'acide phosphorique assimilable, sans quoi on ne peut être assuré qu'elle donnera le maximum de sucre rendu possible par toutes les autres conditions dans lesquelles elle se trouve placée.

Ces excès d'acide phosphorique ne sont d'ailleurs pas perdus. Ils enrichissent le sol et assurent ensuite la bonne grenaison des céréales.

Pour l'azote, c'est surtout à l'état de nitrate qu'il doit être fourni, à moins que la terre ne soit très légère.

Dans ce cas il peut y avoir avantage à en donner une partie à l'état de sulfate d'ammoniaque.

La dose d'azote nitrique à donner variera de 15 à 50 kilos, à l'hectare, suivant l'état de fertilité des terres.

Dans les terres riches en azote, où le blé verse facilement et où la betterave pousse trop en feuilles sur les fumures ordinaires, on réduira la dose d'azote à 15 kilos environ, soit 100 kilos à l'hectare de nitrate de soude, uniquement pour favoriser la levée et provoquer un départ énergique de la végétation.

Pour le surplus, l'azote du sol et du fumier suffira pour faire face aux exigences de la betterave.

Dans les terres de bonne culture, où les céréales grainent bien et ne versent que rarement et où la betterave mûrit ordinairement bien, on portera la dose de 30 à 45 kilos d'azote, soit 200 à 300 kilos de nitrate de soude.

Enfin, sur les terres pauvres, où le blé pousse faiblement, où la betterave mûrit trop tôt et donne relativement peu de feuilles, la dose d'azote pourra utilement être portée jusqu'à 60 kilos environ, soit 400 kilos de nitrate de soude.

Dans les terres de défrichement de prairie, de bois ou après luzerne, il convient de supprimer complètement l'azote additionnel, et souvent même, il devient nécessaire de supprimer le fumier et d'augmenter fortement la dose d'acide phosphorique pour contre-balancer les excès d'azote contenus dans le sol.

C'est, en effet, surtout l'azote qui active la végétation de la betterave et qui influence le rendement en poids. S'il manque, la récolte manque aussi, mais s'il est en excès, la végétation continue à se développer jusqu'à la fin de la saison et la racine ne mûrit pas et reste très pauvre en sucre.

Enfin il est indispensable aussi de fournir à la betterave la potasse nécessaire. Dans une récolte de 40.000 kilos de betterave de bonne qualité il y a environ 250 kilos de potasse, dont 200 dans les racines et 50 dans les feuilles qui restent sur le sol.

Les 25,000 kilos de fumier employés apportent environ 170 kilos de potasse. Il en reste, par conséquent, 80 kilos à fournir par le sol ou par l'engrais chimique en supposant que toute la potasse du fumier puisse être absorbée par la betterave, ce qui n'est évidemment pas exact. Il sera donc prudent d'ajouter à la fumure environ 100 kilogr. de potasse sous forme de sulfate ou de nitrate. Le chlorure de potassium doit être rejeté lorsqu'il s'agit de betteraves destinées à la sucrerie. Il est bien entendu que si on emploie le nitrate de potasse qui contient 42 à 44 % de potasse et 13 % d'azote nitrique, on réduira proportionnellement la dose de nitrate de soude.

La quantité de potasse indiquée pourra être réduite et même supprimée pour les terres très riches en potasse (dosant, à l'analyse, plus de 250 grammes de potasse par 100 kilos) et devra, au contraire, être augmentée pour les terres pauvres (ne dosant que 150 grammes au plus par 100 kilos).

Le défaut de potasse se manifeste d'ailleurs très nettement pendant la croissance de la betterave par une maladie bien connue et dont M. Joulie a fait connaitre la cause. Pendant l'été les feuilles se flétrissent et tombent. La racine cesse de grossir et se fend ou se creuse au collet qui devient noir. Plus tard, à l'automne, lorsque revient l'humidité elle produit de nouvelles feuilles qui l'épuisent. De telle sorte qu'elle reste petite et fort peu sucrée. Cet accident se produit dans toutes les terres trop pauvres en potasse et notamment dans les terres de défrichement d'anciennes prairies ou de bois qui sont fréquemment dans ces conditions. Partout où on l'observe il faut élever les doses de sels de potasse dans la fumure de la betterave.

M. Joulie dit qu'il conviendrait, dans la grande majorité des cas, d'adopter l'assolement suivant.

1re *année* : betterave avec 25,000 kilos de fumier mis avant l'hiver et les engrais chimiques indiqués plus haut.

2e *année* : blé avec 15 à 20,000 kilos de fumier enterré aussitôt après l'enlèvement des betteraves. Sur les parties qui ne pourraient être fumées en temps convenable pour le blé d'hiver, on ferait du blé de printemps ou de l'avoine.

3e *année* : fourrage semé dans la céréale de l'année précédente (trèfle luzerne, sainfoin, prairie temporaire), suivant les terres ; ces fourrages occuperont le sol pendant une, deux ou trois années et recevront des engrais chimiques sans azote (acide phosphorique assimilable et potasse) en plus ou moins grande quantité.

4e, 5e ou 6e *année* : blé sans fumier, mais avec engrais chimique sans azote.

On recommencera ensuite par la betterave.

Sur les terres où la pomme de terre réussit, on se trouvera fort bien de commencer la rotation par une pomme de terre sur forte fumure suivie de la betterave sans fumier, mais avec engrais chimique.

Dans beaucoup de cas aussi on se trouvera fort bien de faire deux betteraves de suite chacune avec 25,000 k. de fumier enterré avant l'hiver et les engrais chimiques nécessaires au printemps. Le blé sera fait ensuite sans fumier comme on le fait habituellement.

D'après M. Joulie, si on emploie un engrais chimique complet ou au moins composé de superphosphate et de nitrates, il convient de le répandre quelques jours avant la semaille et de l'enterrer par un labour léger ou par un coup de rayonneur.

Si, au contraire, on emploie séparément les divers produits, il y a avantage à enterrer le superphosphate quelques semaines avant la semaille et à ne répandre que quelques jours avant les sels de potasse et les nitrates qui sont beaucoup plus facilement solubles. On enterre alors ces derniers simplement à la herse et on sème ensuite au semoir.

### Assolement allemand.

Dans l'assolement allemand, on part de ce principe que le fumier est nuisible à la qualité de la betterave à sucre et que le blé, cultivé en lignes, bien sarclé et provenant de variétés spéciales, peut résister à une assez forte fumure de fumier et prendre la tête de l'assolement. La betterave vient ensuite, sur engrais chimiques rapidement assimilables, et se trouve soustraite d'une façon absolue à l'influence pernicieuse du fumier de ferme. Ici, on le voit, la théorie des *plantes salissantes* et des *plantes nettoyantes* disparaît. On ne redoute ni la multiplication des plantes indigènes, parasites, ni la verse de la céréale cultivée sur fumier.

Des savants et des praticiens français, M. Joulie, M.

Gatellier, président de la Société d'agriculture de Meaux, ont constaté que la verse du blé peut être aisément évitée. M. Gatellier, dans son étude sur la *Production économique du blé*, s'exprime ainsi sur la verse du blé :

« Les blés versent parce que leur tige n'est pas assez rigide, soit que l'absorption du carbone sous l'influence solaire ne se fasse pas convenablement lorsqu'ils sont trop touffus ou trop ombragés, soit qu'un *excès d'azote* les fasse pousser sans une consistance suffisante. Les blés *s'échaudent* et donnent un grain maigre, parce qu'ils ont, au moment de la maturité, une coloration trop verte due à un *excès d'azote*. Pour obtenir un bon blé, il est nécessaire qu'il y ait une *proportion convenable entre l'azote et l'acide phosphorique* et l'on peut corriger l'excès d'azote par une addition d'acide phosphorique. D'après les analyses de MM. G. Ville et Joulie, dans un blé arrivé à bonne maturité on a trouvé dans la paille et le grain 1 d'acide phosphorique pour 2.48 d'azote. »

Pour éviter la verse et obtenir un blé arrivant à bonne maturité, il suffit, d'après M. Gatellier, de rétablir entre l'azote et l'acide phosphorique apportés par le fumier le rapport de 1 d'acide phosphorique pour 1 d'azote au maximum. Dans le fumier moyen, le rapport étant de $\frac{1}{2.27}$ environ, on conçoit qu'il faudra ajouter, en engrais complémentaires, du *superphosphate* pour corriger *l'excès d'azote.*

Lorsque l'on pratique l'assolement français, betterave sur fumier, puis blé, cette céréale verse rarement et arrive à bonne maturité, par la raison que la betterave absorbe l'excès d'azote apporté par le fumier. Le problème agricole, dans ce cas, ne demande guère d'efforts d'intelligence au cultivateur.

Quant aux inconvénients que présente le blé, envisagé comme plante salissante, il ne semble pas que le cultivateur allemand ait à en souffrir. Les terres, en Allemagne, sont d'une propreté remarquable, ce qui s'explique d'ailleurs par la culture du blé en lignes et par les nombreux sarclages donnés à cette plante ainsi qu'à la betterave.

Toutes les récoltes sont binées et sarclées et la propreté des champs est parfaite. Nous en avions fait la remarque il y a plusieurs années, lors de notre premier voyage en Allemagne, et ce fait se trouve consigné dans un récent rapport sur l'agriculture en Allemagne, par M. R. Jacquemart :

« Cette remarque, d'ailleurs, s'applique à toute la région que nous avons traversée en Allemagne sur un parcours de centaines de kilomètres. Depuis Aix la-Chapelle jusqu'à Halle sur-Saale, en passant par Cologne, Dusseldorf, Dortmund, Minden, Hanovre, Brunswick et Magdebourg, constamment nous avons observé que la culture était l'objet du travail le plus soigné et était pratiquée avec une sollicitude exemplaire. Vainement nous sommes-nous évertués à apercevoir de près ou de loin un seul *sené*, cette plante, qui infeste nos pays. On n'attend pas l'enlèvement de la récolte pour déchaumer, cultiver et fumer le champ. Les tas de gerbes ayant été rangés en lignes serrées, afin de rendre libre la plus grande surface possible du champ, on s'empresse de façonner la terre, d'y transporter du fumier. Nous l'avons vu faire dans maintes seiglières » (1).

En Allemagne, avant même que le blé soit rentré, on procède au déchaumage ; on apporte le plus grand soin possible dans cette opération, de façon à bien nettoyer le sol ; puis on le laboure profondément, avant l'hiver, et on sème la betterave au printemps suivant sur engrais artificiel facilement assimilable.

(1) *L'Agriculture en Allemagne.* 1884. R. Jacquemart.

Le blé salit le sol, il est vrai, par l'apport de graines étrangères et par ses résidus radicellaires, mais le déchaumage et les labours profonds pratiqués après la récolte, avec le soin voulu, remettent la terre en bon état et, en définitive, la betterave allemande, de belle forme, pivotante, sans racines adventives, ne souffre nullement d'être placée après une plante salissante.

Il est bon de rappeler ici que la question de l'assolement allemand a été étudiée à un point de vue spécial, qui a une grande importance, par M. Gatellier, de Meaux. M. Gatellier s'est demandé comment on pourrait améliorer les blés et obtenir des grains riches en gluten; l'étude de ce problème l'a conduit à examiner le rôle de l'assolement.

Pour obtenir de la betterave riche en sucre, il faut remplir deux conditions relatives à la semence et à la culture, qui peuvent se résumer ainsi : 1° semer une graine provenant d'une betterave riche en sucre ; 2° cultiver de telle façon qu'il n'y ait pas dans la terre ensemencée un excès d'azote, provenant soit des récoltes précédentes, soit des engrais enfouis ou répandus.

Pour obtenir du blé riche en gluten, il y a également à tenir compte : 1° de la question d'ensemencement ; 2° de la question de culture.

Il y a lieu, pour la question d'ensemencement du blé, de chercher des espèces productives à grain suffisamment allongé. Il est possible d'arriver à la création d'un blé de conciliation par l'application de la méthode de croisement entre différentes espèces de blé indiquées par M. Vilmorin.

Pour la question de culture du blé, après avoir choisi une espèce convenable, il faut faire le contraire de ce qu'on fait pour la betterave, parce que la matière analogue au sucre dans le blé est l'amidon, qu'il ne s'agit pas de développer. Si donc la condition pour obtenir du sucre est de mettre la betterave dans une terre peu azotée, pour obtenir du gluten, il faut mettre le blé dans une terre suffisamment azotée. Cette condition de culture est plus difficile à obtenir pour le blé que pour la betterave, attendu que s'il y a dans la terre à blé excès de matière azotée, l'on arrive à des accidents qui sont la verse et l'échaudage du blé. Ces accidents peuvent être évités dans des cas semblables par l'emploi de superphosphates.

Mais, si l'on ensemence le blé dans une terre trop épuisée d'azote, par exemple après la betterave, en n'ayant pas la précaution de mettre sur le blé un engrais suffisamment azoté par rapport aux matières minérales qu'il contient, on obtient un blé qui mûrit bien, qui a une belle apparence comme grain, mais qui ne contient pas suffisamment de gluten.

Nous avons semé en 1882, dit M. Gatellier, le même blé dit Victoria blanc, dans la même terre, à Luzancy (Seine-et-Marne), avec les mêmes engrais complémentaires, dans trois conditions d'assolement différentes :

1º Après betterave à sucre ;

2º Après avoine précédée de défrichement de luzerne ;

3º Après récolte de minette et emploi de fumier à raison de 30,000 kilog. à l'hectare.

Nous avons obtenu des blés tous différents d'apparence. Le plus beau comme aspect était le blé après betterave.

Nous avons récolté, en 1882, chaque blé à part ; nous en avons fait des moutures séparées, et voici le résultat des analyses de farine à l'état sec, faites par M. L'Hôte :

| | Azote. | Gluten. |
|---|---|---|
| 1º Blé après betterave............ | 1.45 | 9.06 |
| 2º Blé après avoine et défrichement de luzerne ................... | 1.61 | 10.06 |
| 3º Après minette et fumure directe. | 1.58 | 10.10 |

Il résulte de cette première expérience que le blé de plus belle apparence, celui après betterave, est le moins riche en gluten.

Nous nous sommes alors posé cette question :

Est-il possible d'enrichir en gluten le blé après bettcrave, par adjonction d'engrais plus azotés ?

Nous avons alors semé, en 1882, le même blé Victoria dans la même terre après betterave, en faisant varier les doses d'engrais ; après avoir fait la récolte en 1883, et après avoir moulu séparément les blés à doses différentes d'engrais, M. L'Hôte a obtenu les résultats suivants pour l'analyse des farines à l'état sec :

| Engrais employé à l'hectare | Rapport de l'azote à l'acide phosphorique dans l'engrais. | Azote contenu dans la farine. | Gluten contenu dans la farine. |
|---|---|---|---|
| 100ᵏ sulfate d'ammoniaque 300 superphosphate...... | 4/9 | 1.67 | 10.43 |
| 200 sulfate d'ammoniaque 300 superphosphate...... | 8/9 | 1.82 | 11.37 |
| 300 sulfate d'ammoniaque 300 superphosphate...... | 12/9 | 2.01 | 12.75 |
| 300 sulfate d'ammoniaque 600 superphosphate...... | 6/9 | 1.81 | 11.31 |

Ces résultats prouvent qu'il est possible d'augmenter par la culture la richesse en gluten du blé, et que cela dépend de la proportion d'azote par rapport aux matières minérales employées dans l'engrais.

« Il est reconnu, ajoute M. Gatellier, que la méthode de culture allemande, d'après laquelle on met le fumier sur blé avant la betterave, au lieu de le mettre directement sur betterave, *produit une betterave plus riche en sucre,* parce que le fumier enfoui suffisamment à l'avance ne détruit pas le sucre déjà formé par une végétation tardive. Nous sommes persuadé que cette méthode, qui présente certaines difficultés d'exécution, est *également favorable* à la production du *gluten du blé*, à la condition que l'emploi d'une certaine quantité de superphosphate, en même temps que le fumier, corrige l'inconvénient de la verse possible du blé. »

Il ne faut donc point se hâter de condamner l'assolement suivi en Allemagne.

### QUELQUES EXEMPLES D'ASSOLEMENTS SUIVIS EN ALLEMAGNE ET EN FRANCE.

M. Nathusius, à Kœnigsborn, près de Magdebourg, exploite 900 hectares de terres pour la plupart marécageuses ou sablonneuses ; les meilleures sont les sables gras (1). Sur 900 hectares, M. Nathusius n'en cultive que 30 en betteraves à sucre.

L'assolement est le suivant :

1° Jachère nue ou fourrage annuel.

2° Blé d'hiver, fumé.

3° Betterave, sans fumier, avec engrais artificiel.

4° Avoine ou orge.

Le blé reçoit 30.000 kg. environ de fumier de ferme ; il rend 24 hectolitres, en moyenne, à l'hectare. Dans les bonnes terres de la plaine de Magdebourg, le blé rend jusqu'à 40 hectolitres à l'hectare.

Les betteraves donnent en moyenne 30.000 kg. à l'hectare et renferment de 12 à 15 % de sucre.

A Trotha, près Halle-sur-Saale, MM. Nagel frères cultivent 1,600 hectares de bonnes terres et exploitent une sucrerie et une distillerie de pomme de terre. La terre

(1) *Rapport de la commission de la Société d'agriculture de Pontoise, sur la culture allemande.* 1884, Pontoise.

est louée de 200 à 250 fr. l'hectare, 600 hectares sont affectés à la betterave, 600 au froment ; le reste produit orge, pommes de terre ou luzerne.

Le froment vient en tête d'assolement ; il reçoit 30 à 35.000 kg. de fumier à l'hectare avec 400 kg. d'os pulvérisés, répandus avant l'hiver. La variété cultivée est le *sheriff square headed*, à tige unique, très résistant à la verse.

La betterave ne reçoit que des engrais chimiques : 400 kg. superphosphate de chaux à 20 % d'acide phosphorique et 2 à 300 kg. nitrate de soude dans les terres calcaires ou récemment chaulées, ou du sulfate d'ammoniaque dans les terres fortes. Après la betterave, on cultive l'orge ou la pomme de terre sur fumier, puis betteraves sur engrais chimiques. Une petite portion du domaine est en luzerne. Les betteraves sont semées à 0ᵐ38 sur 0ᵐ35; on sème 20 à 30 kg. de graines à l'hectare. La betterave rend 35.000 kg. à l'hectare et renferme de 13 à 14 % de sucre.

A Benkendorf, par Halle-sur-Saale (Saxe) M. le Bailli Zimmermann cultive 2300 hectares de bonne terre, brunie par l'humus, profonde et très divisible. M. Zimmermann laboure à la vapeur, jusqu'à 26 et 37 centimètres de profondeur, suivant la nature du sol. Il exploite une sucrerie et une distillerie de pomme de terre.

L'assolement est le suivant :

1° Pommes de terre, fumées.

2° Blé, engrais chimique.

3° Betteraves, engrais chimique.

4° Orge, fumée.

5° Betteraves, engrais chimique.

6° Pommes de terre, fumées.

La pomme de terre reçoit 30.000 kg. de fumier et rend 20 à 30.000 kg. à l'hectare.

Le blé reçoit 200 kg. nitrate de soude et 300 kg. super-phosphate d'os, soit 30 kg. azote nitrique et 48 kg. acide phosphorique soluble. Le rendement moyen est de 3600 kg. à l'hectare; il va jusqu'à 4,500 dans les bonnes années.

Dans les fermes des environs comme dans presque tout le reste de l'Allemagne sucrière, on cultive toujours la betterave après le blé. La betterave reçoit jusqu'à 400 kg. nitrate de soude et 600 kg. de guano phosphate Baker, soit 60 kg. d'azote nitrique et 120 kg. d'acide phosphorique. La betterave rend de 35 à 40.000 kg. à l'hectare.

L'orge reçoit 30.000 kg. fumier. On cultive la variété Chevalier. Le rendement est de 3.200 kg. à l'hectare.

Les terres se louent de 150 à 200 fr. l'hectare.

La betterave est semée à $0^m$ 42 sur 0. 22. Elle pèse de 450 à 600 gr. et rend 40.000 kg. Elle contient de 14.5 à 15 % de sucre.

La sucrerie de Benkendorf achète des betteraves aux cultivateurs des environs sous condition de surveiller la culture. Elle prohibe la fumure directe de la betterave, prescrit le rapprochement des plants et refuse les betteraves ne contenant pas au moins 10 % de sucre.

M. Jordan à Oppin, Allemagne, cultive 600 hectares, dont 500 affectés exclusivement à l'orge et à la betterave ; les 100 autres hectares sont soumis à un assolement triennal.

L'orge reçoit 30.000 kg. fumier à l'hectare ; puis vient la betterave, avec 60 kg. d'azote nitrique et 90 kg. d'acide phosphorique, soit 400 kg., nitrate de soude et 500 kg. de superphosphate de chaux. On sème la betterave soit à $0^m$42 et $0^m$31, soit à $0^m$37 entre les lignes et $0^m$39 sur les lignes. M. Jordan cultive aussi en poquets. Les betteraves rendent 32.000 kg. l'hectare et renferment environ 14 % de sucre.

L'orge cultivée est l'orge Chevalier ; on la bine au printemps. Elle rend 3,000 kg. à l'hectare.

Les terres sont préparées pour la betterave de la façon suivante : après la moisson, on donne un labour de déchaumage, à 0$^m$15 ou 0$^m$ 20 ; puis, à l'automne, on donne un labour de défoncement à 0$^m$37 ou 0$^m$40. On défonce à la vapeur. Les engrais chimiques sont répandus au printemps et enfouis à la herse ou au scarificateur.

Sur les 500 hectares cultivés en céréales et betteraves, cette dernière plante revient tous les deux ans : orge avec fumier, et betterave avec engrais chimique, ou froment avec fumier, betterave avec engrais chimique, etc. Sur les 100 autres hectares, l'assolement comprend : 1° céréale ; 2° betterave ; 3° avoine. M. Jordan ne fait pas de fourrages. Il entretient son bétail, 150 bœufs et 30 chevaux avec de la pulpe de diffusion mêlée à la balle d'orge et des tourteaux de coton. Il cultive ainsi depuis 25 ans.

Les terres trop fortes sont chaulées. D'ailleurs dans toutes les cultures allemandes, les terres trop fortes sont chaulées soigneusement avec des défécations, ou avec de la marne ou du plâtre.

Le fumier n'est appliqué qu'au blé ou à l'orge. On l'enfouit à la charrue, à 16 ou 18 centimètres. Tout est semé en ligne, blé, avoine, seigle, etc.

Il ressort de ces renseignements que dans les assolements allemands, le fumier est presque toujours donné à la plante qui précède la betterave, que ce soit la pomme de terre, le froment ou l'orge. La dose de fumier est en général de 30.000 kg., à l'hectare. Lorsque la terre est riche en azote, on ajoute, pour le froment, 300 à 400 kg. de superphosphate.

La betterave ne reçoit jamais que des engrais chimiques : nitrate de soude ou sulfate d'ammoniaque, suivan la nature des terres, à une dose qui correspond, en moyenne, à 40 kg. d'azote à l'hectare, et superphosphate de chaux correspondant à une dose moyenne de 60 à 80 kg. d'acide phosphorique soluble à l'hectare.

A Nordstemmen, près Hanovre, l'assolement suivi par les cultivateurs de betteraves à sucre serait le suivant (1) :

1re année. Blé ou seigle sur fumiers, avec 400 kg. superphosphates ;

2e — Betteraves, avec engrais chimiques ;

3e — Orge ou avoine ;

4e — Trèfle.

La 4e récolte ne serait pas dans la rotation normale et n'entrerait pas en réalité pour un quart dans les assolements.

Le blé cultivé sur fumier est le froment écossais dénommé *Sheriff square head* ; il ne talle pas, ne pousse qu'une tige unique très résistante à la verse. On sème à raison de 250 kg. par hectare, en lignes espacées de 19 centimètres. Le rendement atteint 4,000 kg. de grain à l'hectare. Exceptionnellement on a obtenu 5,200 kg.

Le seigle est semé en lignes, 180 kg. par hectare ; l'avoine noire de Sibérie à tige raide, tallant peu ou pas, est semée en lignes, 140 kg. par hectare ; l'orge, variété Chevallier, est semée aussi en lignes, 120 kg. à l'hectare. Pour la meunerie, le blé Sheriff a moins de valeur que les blés de pays ; elle le déprécie de 1 fr. 25 par 100 kg. La betterave rend 40,000 kg. à l'hectare.

La terre vaut 8 à 10,000 francs l'hectare et se loue 250 francs l'hectare. Le sol est meuble, bien tenu, les semailles sont exécutées avec beaucoup de régularité. Dans a partie du territoire qui se trouve entre Hanovre et

(1) *Notes de voyage* de M. René Jacquemart, mai 1884.

Nordstemmen, le sol se rapproche beaucoup de celui du département du Nord, Lille, Valenciennes, Douai.

A Wolmirstedt, Allemagne (domaine de l'Etat), on cultive 500 hectares (1).

          75 hectares en blé.
    75      —      betteraves.
    75      —      pommes de terre.
    30      —      pois.
    45      —      orge.
   ———
   300

Le reste en avoine, trèfle, luzernes prairies. L'assolement est le suivant :

    1re année. Blé, sur fumier, 40,000 kg. l'hect.
    2e    —      Pois.
    3e    —      Betteraves.
    4e    —      Orge et avoine.

Les rendements sont : betteraves, de 27 à 40,000 kg. ; pommes de terre, 16 à 18.000 kg. ; blé blanc anglais acclimaté et blé shériff sur fumier, 3,200 kilogrammes.

Toutes les récoltes sont sarclées.

A Klein-Wanzleben, chez MM. Rabbethge et Giesecke, fabricants de sucre et cultivateurs, on cultive 450 hectares de blé shérif, rendant 4,000 kg. de grain à l'hectare, et accepté par la meunerie sans dépréciation. On cultive 7 à 800 hectares de betteraves, rendant de 40 à 45.000 kg. et titrant 15 à 16 % de sucre. On admet et on pratique la culture des betteraves sur fumier ; mais à la condition que les fumiers soient suffisamment consommés et soient enfouis en septembre. A cet effet, les fumiers sont amenés sur la lisière des terres et disposés en tas réguliers. Aussitôt la moisson et le déchaumage terminés, on enfouit ces fumiers.

(1) *L'Agriculture en Allemagne*, par René Jacquemart, 1884.

A Thiède, près Brunswick, on suit l'assolement suivant :

1<sup>re</sup> année. Avoine ou pommes de terre sur fumier ; 40.000 kg. à l'hectare.

2<sup>e</sup>   —   Betteraves, 600 kg. engrais chimique renfermant 2/3 superphosphate et 1/3 nitrate.

3<sup>e</sup>   —   Froment shérif, rendant 3,500 à 4,500 kg. à l'hectare.

M. Boursier, agriculteur à Chevrières (Oise) et fabricant de fécule, suit un assolement qui lui donne d'excellents résultats (1) :

1<sup>re</sup> année : Pommes de terre, 40 à 50.000 kg. fumier et 500 kg. engrais.

2<sup>e</sup>   —   Betteraves, 500 kg. engrais

3<sup>e</sup>   —   Blé, 300 kg. engrais.

4<sup>e</sup>   —   Pommes de terre, 30 à 40.000 kg. fumier ou engrais vert et 500 kg. engrais.

5<sup>e</sup>   —   Betteraves, fumier ou engrais vert et 500 kg. engrais.

6<sup>e</sup>   —   Blé, 300 kg. engrais.

7<sup>e</sup>   —   Avoine.

8<sup>e</sup>   —   Luzerne, trèfle ou sainfoin.

9<sup>e</sup>   —   Luzerne, trèfle ou sainfoin.

Les engrais dont se sert M. Boursier ont été composés par M. Joulie :

Pour pommes de terre, 500 kil. de superphosphate de 15 à 17 % acide phosphorique ;

Pour betteraves, 500 kil. engrais :

F. n° 1. 32 k. 50 azote nitrique et 15 à 20 k. acide phosphorique ;

_______

(1) *Déposition à la Commission d'enquête sur les sucres en* 1884.

ou F. n° 2. 15 k. azote nitrique et 60 kg. acide phosphorique.

Pour blé : 300 kil. engrais E. O. à 12  k.  d'azote ammoniacal et organique et 45 kil. acide phosphorique ;

Les cultivateurs de l'Oise suivent, en général, l'assolement suivant :

1<sup>re</sup> année.   Betterave, 40,000 k. fumier et 300 k. engrais.

2<sup>e</sup>    —      Blé, 40.000 kg. parc ou 300 kg.  engrais.

3<sup>e</sup>           Avoine ;

4<sup>e</sup>    –      Trèfle, fourrage ;

5<sup>e</sup>    —      Blé, 35.000 kil. fumier ;

6<sup>e</sup>    —      Betteraves ou pommes  de terre, 450 k.  engrais ;

7<sup>e</sup>    —      Avoine, orge ou seigle ;

8<sup>e</sup>    —      Luzerne, trèfle ou sainfoin ;

9<sup>e</sup>    —      Luzerne.

Les engrais qu'ils emploient renferment :

Pour betteraves, 300 à 450 kil. engrais avec 20  k. azote
nitrique et organique et 30 kil. acide phosphorique ;

Pour blé, 10 à 15 kil.  azote ammoniacal ou  organique ; 30 à 45 kil.  acide phosphorique.

M. Heine, grand cultivateur à Ersleben, près Halber-
stadt (prov. Saxe), a communiqué à M. Boursier le relevé
de ses assolements :

1<sup>re</sup> année. Pommes  de  terre, pois, 35.000 kg. fumier  et
3 à 400 kg. engrais.

2<sup>e</sup>    —      Froment, seigle, 3 à 400 kg. engrais.

3<sup>e</sup>    —      Betteraves, 8 à 850 kg. engrais.

4<sup>e</sup>    —      Pommes de terre 35.000 kg. fumier et 3 à 400
kg. engrais.

5<sup>e</sup>    —      Froment, 3 à 400 kg.  engrais.

6<sup>e</sup>    —      Betteraves, 8 à 850 kg. engrais.

7<sup>e</sup>    —      Orge, avoine, 300 kg. engrais.

Les engrais qu'il emploie sont :

Pour betteraves, 850 kg. à l'hectare : 200 kg. nitrate de soude ; 250 kg. sulfate d'ammoniaque ; 400 kg. superphosphate à 20 % acide phosphorique.

Pour pommes de terre, 300 à 400 kg. : 100 ou 200 kg. nitrate de soude et 100 ou 200 kg. superphosphate à 20 %.

Pour blé : 300 à 400 kg : 100 à 200 k. sulfate d'ammoniaque ; 100 à 200 kil. superphosphate à 20 %.

Pour avoine et orge : 200 kg. nitrate de soude ; 100 à 200 k. superphosphate à 20 %.

Pour pois, 300 kil : 100 kil. nitrate de soude ; 200 kg. superphosphate à 20 %.

Pour graines de betteraves : 400 à 500 kg. nitrate de soude ; 300 à 400 kg. superphosphate.

Chez M. Heine, les rendements moyens sont de 36 à 38.000 kg. et même 40.000 kg. en 1883 ; chez M. Boursier, 45 à 50.000 ; 48.000 k. en 1883 ; dans l'Oise, les bons cultivateurs récoltent de 38 à 45.000 kg. ; 42.000 kg. en 1883.

En 1882, M. Boursier a obtenu, à Chevrières (Oise), les résultats suivants :

|  | A l'hectare. | Densité du jus. | Rendement en sucre. |
|---|---|---|---|
| Collets roses, peau lisse | 52.000 k. | 5°2 | 5 % |
| Améliorées Vilmorin. . | 34.000 k. | 7°6 | 8.5 % |
| Collets verts Vilmorin . | 46.500 k. | 6°6 | 7.5 % |

Les betteraves collets roses ne valaient que 16 fr. payées à la densité et n'ont produit que 832 fr. à l'hectare ; les améliorées Vilmorin valaient 28 fr. et ont rapporté 952 fr. ; les collets verts Vilmorin valaient 23 fr. et ont rapporté 1069 fr.

CONSOMMATION D'ENGRAIS DANS CES DIVERS ASSOLEMENTS.

*Chez M. Heine :*

Fumier, 70.000 kg. pour 7 ans = 10,000 kg. par an.

| | | ENGRAIS | |
| --- | --- | --- | --- |
| | | Azote. | Acide phosphorique. |
| Betteraves ......... | 2 années. | 160 kg. | 160 kg. |
| Pommes de terre.. | 2 » | 45 » | 60 » |
| Blé............... | 2 » | 60 » | 60 » |
| Avoine........... | 1 » | 30 » | 30 » |
| | | 295 » | 310 » |
| Par année........... | | 42 » | 44.500 |

*Chez M. Boursier :*

Fumier, 80 à 90.000 kg. pour 9 ans = 9.500 kg. par an.

| | | ENGRAIS | |
| --- | --- | --- | --- |
| | | Azote. | Acide phosphorique. |
| Betteraves......... | 2 années. | 40 kg. | 100 kg. |
| Pommes de terre... | 2 » | 10 » | 150 » |
| Blé .............. | 2 » | 24 » | 90 » |
| | | 74 » | 340 » |
| Par année .......... | | 8 kg. 22 | 38 k. |

*Dans l'Oise :*

Fumier, 75.000 kg. pour 9 ans = 8.300 kg. par an.

| | | ENGRAIS | |
| --- | --- | --- | --- |
| | | Azote. | Acide phosphorique. |
| Betteraves........ | 2 années. | 70 kg. | 75 kg. |
| Blé............... | 1 » | 12 » | 45 » |
| | | 82 » | 120 » |
| Par an............. | | 9 » | 13 » |

M. Florimond Desprez, de Cappelle, pense qu'il est impossible de s'arrêter à un assolement unique pour toutes les terres de la région du Nord. Tel terrain ne doit porter de la betterave que tous les 4 ou 5 ans. Tel autre en peut porter tous les 2 ans ; ce qu'il ne faut pas perdre de vue, c'est qu'un bon assolement approprié au sol est nécessaire pour la culture des betteraves comme pour celle d'un grand nombre d'autres plantes.

M. Desprez recommande les assolements proposés par MM. E. Macarez, Brabant, Hunet et Laurent-Mouchon, qui ont, du reste, été acceptés par la Société des Agriculteurs du Nord.

Assolement proposé par M. E. Macarez pour l'arrondissement de Cambrai :

Supposons une culture de 28 hectares. — On laissera disponible l'hectare le plus rapproché de la ferme pour y mettre des choux, des navets, des fourrages verts, etc., et l'on divisera les 27 hectares qui resteront en 9 groupes de 3 hectares, sur lesquels on mettra :

| | | | | | | |
|---|---|---|---|---|---|---|
| 1° | 3 | groupes en betteraves, soit... | 9 hectares. | | |
| 2° | 3 | id. | blé............... | 9 | » |
| 3° | 1 | id. | scourgeon........ | 3 | » |
| 4° | 1 | id. | avoine........... | 3 | » |
| 5° | 1 | id. | { trèfle ........... | 1 | » | 1/2 |
| | | | { hivernage........ | 1 | » |
| | | | { seigle........... | 1/2 | » |

Chaque groupe recevrait successivement l'assolement suivant :

1<sup>re</sup> année.—Scourgeon sur fumier d'été, c'est-à-dire fait depuis le mois d'avril jusqu'aux semailles de scourgeon fin septembre.

2<sup>e</sup> — Betterave sur engrais chimique.

3ᵉ année. Blé.

4ᵉ — Avoine sur fumier d'été, c'est-à-dire fait depuis le mois d'octobre jusqu'aux semailles d'avoine en avril.

5ᵉ — Betteraves sur engrais chimique.

6ᵉ — Blé.

7ᵉ — Trèfle, seigle, hivernage.

8ᵉ — Betteraves en place du seigle et hivernage avec engrais chimique.

9ᵉ — Betteraves de vaches, pommes de terre, carottes en place du trèfle.

10ᵉ — Blé.

Assolement de huit années proposé par M. Brabant pour l'arrondissement de Valenciennes :

1ʳᵉ année. Trèfle.

2ᵉ — Blé avec fumier de ferme et superphosphates

3ᵉ — Betteraves avec engrais chimique.

4ᵉ — Blé.

5ᵉ — Orge avec fumier de ferme.

6ᵉ — Betteraves avec engrais chimique.

7ᵉ — Blé.

8ᵉ — Avoine.

Si le bail est de neuf années, mettre du trèfle dans l'avoine si le cultivateur doit continuer sa culture. En cas contraire, mettre du seigle après l'avoine.

Assolement recommandé par M. Hunet pour l'arrondissement de Valenciennes :

M. Hunet trouve que l'assolement proposé par M. Macarez est parfaitement raisonné pour l'arrondissement de Cambrai, mais il croit que, pour une grande partie de l'arrondissement de Valenciennes, où les terres sont plus fatiguées de porter de la betterave, on devrait le modifier en ne faisant revenir la betterave que tous les 4 ans au plus.

On pourrait aussi préconiser ce qui se pratique dans la culture allemande, employer les fumiers d'avril à fin novembre dans la proportion de 35 à 40.000 kilog. à l'hectare et compléter la fumure avec des engrais chimiques, et les fumiers produits de fin novembre à avril, pour des orges de printemps, avoines, betteraves fourragères, choux, etc.

Dans ces conditions, les terres fumées pour avoine ou orge porteraient de la betterave la deuxième année avec une fumure complète d'engrais chimiques.

Celles pour betteraves fourragères porteraient du blé.

Il en résulterait pour le cultivateur une facilité plus grande de changer son assolement avec la certitude d'obtenir, en betteraves, quantité et qualité.

De même pour le blé, le cultivateur serait certain d'une bonne récolte sans adjonction d'engrais chimiques.

Supposons une culture de 28 hectares sur laquelle on mettrait de la betterave tous les quatre ans, après orge, avoine, hivernage.

7 hectares de betteraves dont 4 hectares 1/2 sont fumés avec 35 à 40,000 kil. de fumier à l'hectare et engrais chimiques.

2 hectares 1/2 après orge ou avoine avec fumure complète d'engrais chimiques.

9 hectares de blé, dont 7 hectares après betteraves, 1 hectare après betteraves fourragères, choux, etc., 1 hectare après trèfle.

6 hectares avoine ou scourgeon après blé de betteraves, luzernes ou trèfle.

2 hectares hivernage et seigle après scourgeon ou avoine, ou *blé de trèfle.*

1 hectare de betteraves fourragères, choux, navets, etc., après blé de trèfle ou luzerne.

3 hectares de luzerne et trèfle après avoine ou blé de betteraves.

Si on ne veut ou ne peut faire porter de la betterave que deux fois en neuf années, que le fumier produit à la ferme permette de fumer chaque année 7 hectares, on mettra la différence de betteraves, soit 78 ares environ, en œillettes ou lin après la partie d'avoine ou d'orge fumée, puis ensuite du blé, ce qui fera que l'on obtiendra encore 9 hectares de blé dans de très bonnes conditions.

Assolement pratiqué par M. Laurent-Mouchon sur les terres du canton d'Orchies :

1° Un quart de la culture en blé avec fumier de ferme ;

2° Un quart en betteraves à sucre avec engrais chimique ;

3° Un quart en betteraves porte-graines et en pommes de terre avec fumier de ferme au printemps ;

4° Un quart en trèfle, avoine ou fèves sans engrais.

Nous croyons que l'ample provision de documents que nous venons de mettre sous les yeux du lecteur suffira pour le renseigner sur la valeur des différents assolements pratiqués dans les régions sucrières.

S'il est possible d'obtenir des betteraves de très bonne qualité avec l'assolement français, il n'en est pas moins vrai que l'assolement suivi en Allemagne a produit des résultats merveilleux tant au point de vue de la qualité des betteraves qu'à celui des rendements en céréales. C'est là une vérité bien établie et nous ne pouvons que renvoyer les incrédules aux rapports si précis de MM. Bernot, Jacquemart, Jules Benard, Alfred Dudouy, etc., sur l'état de l'agriculture dans les contrées sucrières de l'Allemagne.

QUELLE EST LA PART QUI PEUT ÊTRE RÉSERVÉE A LA BETTERAVE DANS LES ASSOLEMENTS D'UNE CULTURE NORMALE ?

D'après M. Joulie, il est difficile de formuler des règles précises à cet égard. Le cultivateur se laisse forcément guider par les conditions dans lesquelles il se trouve placé. S'il est à proximité d'une sucrerie, il trouve intérêt à faire beaucoup de betteraves et va souvent jusqu'à en couvrir la moitié de ses terres. C'est évidemment la limite extrême. On a alors l'assolement blé et betterave, qui est très épuisant et ne peut être maintenu qu'avec de larges introductions d'engrais artificiels.

M. Joulie pense qu'il vaut infiniment mieux être moins exclusif. Toutes les années ne sont pas favorables au blé et à la betterave, et on a beaucoup plus de chances d'obtenir des compensations en multipliant les cultures. Il y a d'ailleurs une raison qui milite en faveur des cultures variées : c'est l'éducation de la main-d'œuvre.

Lorsqu'une contrée se spécialise par trop, en restreignant le nombre de ses cultures, elle arrive forcément à manquer du personnel nécessaire le jour où, pour une raison quelconque, elle est forcée de revenir à une agriculture plus générale. C'est ce qui est arrivé aux régions qui s'étaient presque exclusivement livrées à la culture de la vigne.

En tout cas, la situation économique fait une nécessité de conserver aux cultures fourragères une place importante. M. Joulie pense que, dans une ferme bien équilibrée, cette place doit être du quart au moins des terres labourables. Le reste étant soumis à un assolement convenable, la betterave ne peut guère occuper plus du *cinquième* de la surface cultivable.

Les auteurs allemands, Fühling, Knauer, sont d'avis que, dans un domaine exploité d'une manière rationnelle, la betterave à sucre ne doit pas occuper plus *du tiers* des terres cultivables. En général, on ne devrait pas dépasser *un quart* et pour la majeure partie des cultures, un cinquième à un sixième serait la proportion la plus convenable.

« Le développement donné à la culture de la betterave, dit Fühling, varie suivant les conditions du domaine. Pour la betterave fourragère, il est déterminé par les besoins du bétail entretenu ; pour la betterave à sucre, il est fixé par la nature des terres, les conditions des communications, de la main-d'œuvre, et d'autre part aussi, par l'esprit plus ou moins agricole du producteur de betteraves. Si la tendance du cultivateur est de faire du commerce, il n'a jamais assez de betteraves. On a vu déjà, dans ce cas, consacrer la totalité des terres à cette plante, puis les deux tiers, et plus tard la moitié. Mais ce n'est plus là de l'agriculture et l'on n'échappe point au châtiment qu'entraîne un tel système. »

En France, dans les régions où l'on avait jadis besoin de beaucoup de betteraves, dans le Nord surtout, on suivait l'assolement biennal : betterave et blé alternativement. Chez Crespel-Delisse, à Arras, on a cultivé autrefois la moitié des terres en betteraves. En Saxe, on cultive aussi la betterave sur la moitié des terres, mais généralement sur de petites surfaces ; le cours est le suivant : blé d'été fumé, betteraves sur engrais.

En définitive, la part de la betterave ne devrait jamais occuper plus du quart ou du cinquième de la surface cultivable. Cette proportion est assurément la plus convenable.

# CHAPITRE VIII.

## Les Semailles.

Semis en lignes continues. — Semis en touffes ou poquets. — Semoirs mécaniques. — Règles à observer dans les semailles. — Quantité de graine à employer. — Semoirs Smyth. — Semoirs à distributeurs d'engrais. — Semoirs Derôme. — Influence de l'écartement des semis sur la richesse saccharine de la betterave et sur le rendement quantitatif. — Observations d'Achard, de Pétermann, Pagnoul, Ladureau, Ekkert, Schultze, Pellet et Le Lavandier. — Variations du rendement et de la richesse suivant le rapprochement.

Les semailles se font à la main ou au semoir mécanique. La première méthode présente peu d'intérêt : l'usage des semoirs est maintenant presque général. Il n'est guère d'usine, croyons-nous, qui ne tienne des semoirs à la disposition de ses petits fournisseurs de betteraves. Nous ne nous occuperons donc pas des semailles à la main. Les semailles au semoir mécanique s'effectuent de deux façons : ou l'instrument dépose la graine d'une *manière continue* sur toute la longueur des lignes, ou bien il la dépose par *intermittences* à des distances égales et réglées à volonté par le semeur. Ce dernier mode s'appelle, comme on sait, le semis en *touffes* ou *poquets*.

L'un et l'autre mode ont des avantages et des inconvénients. Les conditions locales doivent guider le cultivateur dans son choix. On admet généralement que les semailles en lignes continues sont préférables dans les bonnes terres à betterave, qui, après avoir été préparées comme nous l'avons expliqué, sont poreuses, pulvérulentes, et ne forment pas une croûte épaisse et dure après une pluie. Sur les terres de cette nature, les jeunes plantes possèdent individuellement assez de force pour s'ouvrir un passage vers l'atmosphère.

Au contraire, sur les terrains enclins à se durcir fortement après une pluie, il semble prudent de semer en touffes. Les graines déposées par places les unes contre les autres s'échauffent plus rapidement, les germes poussent plus vite, et leurs forces réunies leurs permettent de percer plus aisément la croûte du sol. De plus, dans les premiers temps de leur développement, les jeunes plantes se préservent mutuellement contre l'action des gelées, les attaques des insectes, etc.

A côté de ces avantages, les semis en touffes ont des inconvénients. Si le démariage n'a pas eu lieu à l'époque convenable, les plantes serrées les unes contre les autres languissent faute d'air et d'espace ; en outre, leurs racines s'enchevêtrent et sont exposées à être brisées ou endommagées par le démariage. Pour ces raisons, certains agronomes considèrent les semis en touffes comme moins avantageux que le semis en sillons. Ferdinand Knauer s'exprime ainsi à ce sujet :

« En général, nous ne conseillons pas de semer les betteraves en touffes ; car, si avec un écartement de 18 pouces entre les lignes sur 12 à 15 pouces dans les lignes, les graines ou les plantes sont dévorées par les insectes, il reste en cet endroit un grand espace vide dont l'influence sur la qualité des racines voisines est toujours nuisible. Un bon semis en lignes continues, à raison de 28 à 36 kg. de graine à l'hectare, offre toujours plus de garanties qu'un semis en touffes. »

Les constructeurs d'instruments aratoires ont notablement perfectionné depuis quelques années les semoirs pour semis en touffes. Les plus répandus en Allemagne sont ceux de Sack, à Plagwitz-Leipzig, de F. Zimmermann, à Halle-sur-Saale, ceux de Kutzer, de Prague, qui sont usités surtout en Autriche. Avec ce dernier semoir, les écartements sont variables de 42 à 47 cent. entre les lignes et 21, 26 et 32 cent. entre les touffes sur les lignes. L'instrument peut être transformé en houe, en butteuse; il suffit d'enlever l'appareil semeur.

Le système de semoir en touffes de Sack donne d'excellents résultats. L'écartement obtenu est de 47 cent. entre les lignes; les touffes sont distantes de 26 ou 31 cent. Il y a quatre rangées. A raison de 10 à 12 graines par touffe, la dépense de semence monte à 24 kilog. environ par hectare. Cet instrument, essayé à la station de Halle-sur-Saale, a semé très régulièrement en touffes de 5 cent. de longueur. Traîné par deux bœufs, il a pu ensemencer de 4 à 5 hectares par jour.

Le semoir en touffes de Zimmermann est également très apprécié.

Les semoirs de Zimmermann, les plus estimés en Allemagne avec ceux de Sack et de Siedersleben, se distinguent par leur légèreté et leur solidité. Les semoirs en touffes, de 3 m. 77 de largeur entre roues, construits par Zimmermann pour la grande culture, exigent 3 forts chevaux. Les semoirs étroits, de 1 m. 88, n'exigent qu'un cheval. Dans les semoirs Zimmermann, la graine est amenée dans le couteau rayonneur par un tube spécial dit *tube hémisphériquement articulé* et qui donne, paraît-il, de meilleurs résultats que les trémies, tubes en caoutchouc ou tubes télescopiques.

Le Dr Fühling, le Dr Eisbein, dans son remarquable ouvrage sur la culture en lignes, présentent les semoirs Zimmermann comme d'excellents instruments. Le prix a pu en être abaissé très sensiblement, grâce à certains perfectionnements, par exemple l'application des *roues puisantes* au lieu de cuillères. Le principe des semoirs étant connu de tous nos lecteurs, nous n'entrerons pas dans la description de ces appareils. Il nous suffira d'avoir appelé l'attention sur quelques particularités des semoirs les plus usités en Allemagne dans la culture betteravière.

Le Dr Eisbein signale aussi, dans son étude sur la culture en lignes, de petits semoirs Zimmermann, qu'un homme ou deux peuvent traîner ou pousser. Ces semoirs sont, paraît-il, très appréciés dans beaucoup d'endroits. Ils permettent à la petite culture de profiter des avantages des semailles en lignes, non seulement pour les betteraves, mais aussi pour les céréales.

En France, nous avons plusieurs systèmes de bons semoirs en lignes ou en poquets. L'un des plus répandus est le semoir de la maison Smyth. Pour les semis en poquets, MM. Smyth et fils ont imaginé un dispositif tel que la graine est semée sur une longueur de cinq à six centimètres à des distances réglées d'avance, ce qui permet de déterminer avec certitude le nombre de pieds à l'hectare. C'est bien ce que l'on cherche à obtenir avec le semoir en lignes continues, mais on y parvient rarement à cause de la difficulté de surveiller les bineurs lors du placement de la plante.

La figure ci-contre représente un des leviers de cet appareil.

Sur l'axe du semoir, deux pignons (A et B) commandent un dernier pignon dont l'axe porte une roue à cames (C). Cette roue agit sur un levier coudé (D) mobile en E sur le levier qui porte le soc. Il est continué par une tige rigide dont l'autre extrémité s'articule à un deuxième levier coudé (G), lequel porte l'obturateur mobile dans le soc du semoir.

Cet obturateur est maintenu fermé par le ressort (R).

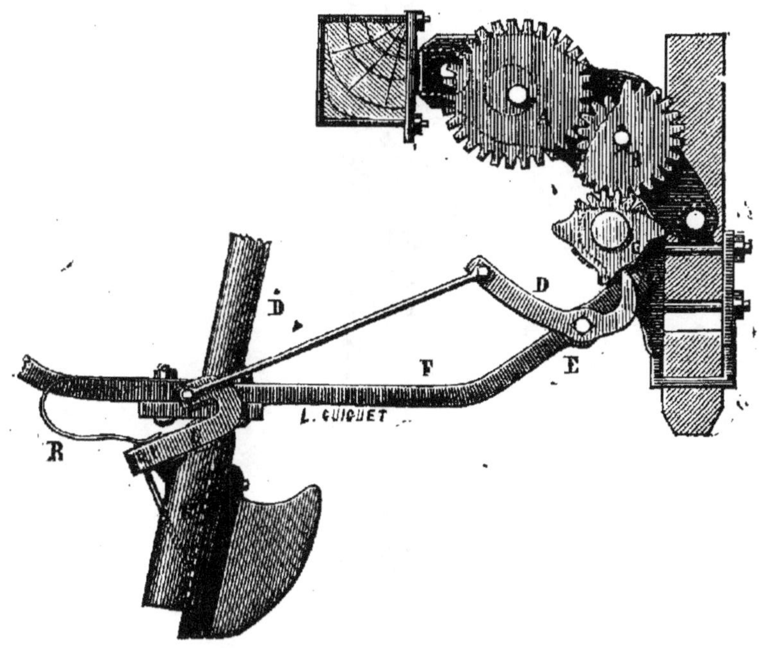

Levier du semoir Smyth.

Toutes les fois qu'une came passe sur le bec du levier D, l'action de celui-ci fait ouvrir l'obturateur H et laisse échapper la graine. Il suffit donc de régler la marche de la roue à cames pour espacer à volonté les parties de la ligne où on répand de la graine, ce que l'on obtient par le simple changement du pignon B.

Nous engageons les cultivateurs et fabricants de sucre à voir chez Messieurs Smyth et fils, à Paris, ce nouveau système de semoir ou plutôt cet appareil qui peut se monter sur les anciens semoirs de cette maison.

Les tubes employés par MM. Smyth et fils sont des tubes articulés brevetés, dits *télescopiques* de Smyth.

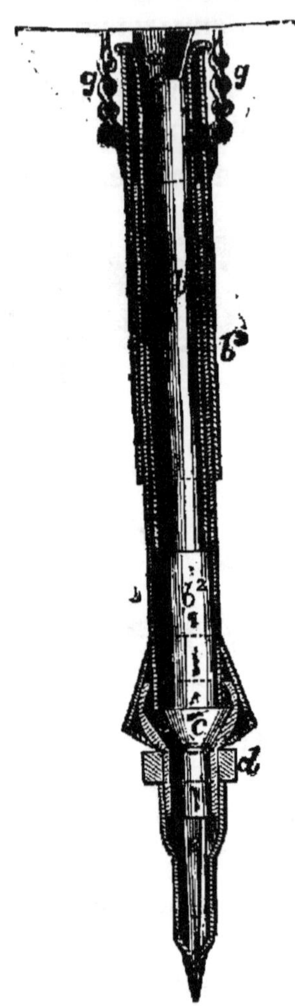

Tube télescopique de Smyth.

Le dessin ci-dessus représente le tube qui, comme on le voit dans la figure, consiste en trois parties glissant légèrement l'une dans l'autre. De l'entonnoir $a$, la semence passe dans le tube $b^1$ qui la transmet dans le tube $b^2$ ; de là elle passe dans la coupe sphéroïdale $c$ et suit la rainure du soc $e$ jusque dans le sol, où elle est déposée à la profondeur voulue et recouverte immédiatement de terre ; l'ensemble est soutenu au moyen des deux chaînettes $g$, prises par les deux oreillons du tube de recouvrement $b^3$. Cette dernière pièce est très importante, car elle empêche l'introduction des matièresétrangères dans le tube qui reçoit la semence.

Ce tube se mouvant librement dans la coupe *c*, qui est maintenue en *d*, ne suit aucune des inflexions qu'il peut recevoir ; il en résulte que le semoir peut pencher en avant ou en arrière, à droite ou à gauche, sans que pour cela il y ait le moindre dérangement dans la projection des semences.

D'après ces détails, on peut voir que l'application des *tubes télescopiques* constitue une grande amélioration, et qu'ils sont infiniment préférables aux anciens entonnoirs articulés et aux tubes en caoutchouc. Comme nous l'avons déjà fait remarquer, le tube de recouvrement met l'intérieur du tube, et conséquemment la semence, complètement à l'abri des causes d'accidents : ni la pluie, ni le vent, ni la boue ne peuvent entrer dans le tube ; aussi, quand la semence a été livrée par les trémies de la caisse

[ Semoir à toutes fins de Smyth.

d'approvisionnement, il faut qu'elle arrive forcément jusqu'au sol, car rien ne peut l'arrêter en chemin. Cela est surtout important pour les rayons extérieurs qui sont les plus près des roues.

MM. Smyth et fils contruisent aussi le semoir à toutes fins pour betteraves, blé, etc., avec engrais dans les lignes. Le blé et l'engrais descendent par les mêmes tubes, mais les graines de navets, betteraves, etc., passent par des tubes différents, ce qui permet à l'engrais d'être couvert par la terre avant que la graine soit déposée. On peut aussi semer sans engrais ; on enlève le coffre à engrais et on adapte au semoir des leviers supplémentaires. On a ainsi un semoir ordinaire.

Le dessin ci-dessous représente un rouleau qui est expressément fait pour être ajusté aux semoirs Smyth à toutes graines pour semer les betteraves. Il suffit de retirer les leviers dont on ne se sert pas, puis de mettre, à côté des leviers qui restent, ces rouleaux qui s'adaptent de la même manière que les autres leviers. Il y a aussi avec chaque levier un soc qui est moins pointu que les socs ordinaires.

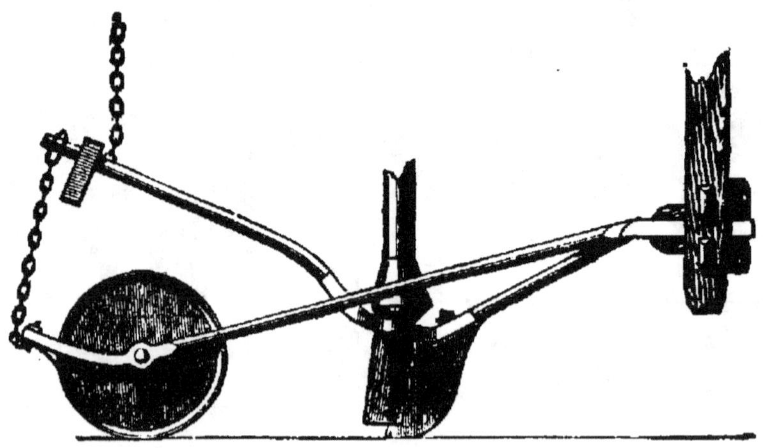

Rouleau articulé à betteraves de Smyth.

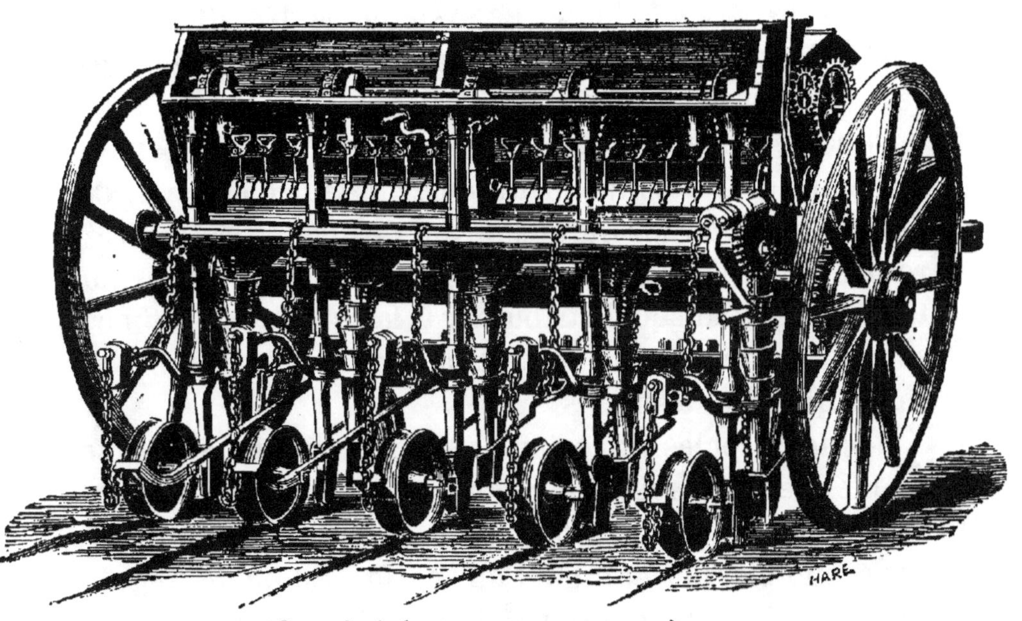

Semoir à betteraves avec engrais.

Le semoir à betteraves avec engrais de MM. Symth est excellent pour semer les betteraves. Depuis quelques années, il a été beaucoup amélioré. Notre dessin représente un Semoir à cinq rangs; mais on les construit aussi à l'écartement et avec le nombre de rangs qu'on désire. Dans les départements de l'Oise et de l'Aisne principalement, où la culture de la betterave est très développée, on s'en sert beaucoup.

Ce semoir place l'engrais à une profondeur variable à volonté, et le recouvre de terre, ce qui évite le contact direct de la graine avec l'engrais. D'autres socs planteurs articulés sèment et recouvrent la graine, de manière que les premières radicelles ne soient en contact avec l'engrais qu'au moment où elles ont acquis un certain développement et aptes à puiser par ce moyen de nouvelles forces dans l'engrais. Les rouleaux qui sont également indépendants des socs, passent par-dessus l'engrais et forment les sillons. Ainsi tout est fait dans une seule opération, et ne nécessite pas d'autre travail. On peut écarter les socs à volonté. Le système de décrottoirs permet aujourd'hui de semer le guano, même humide, avec régularité et une grande précision.

Ce semoir a encore un très grand avantage. Il peut se transformer à volonté en un Distributeur d'engrais. Cela s'obtient en retirant le coffre à graine et les leviers-rouleaux, et en mettant à leur place la boîte à distribution comme dans le distributeur à la volée. Ces semoirs sont aussi construits à l'écartement et avec le nombre de rangs que l'on désire.

Il y deux règles importantes à observer dans les semailles de betteraves : la première, c'est de placer toutes les graines à la même profondeur ; la seconde, c'est de ne pas économiser la graine. Pour ce qui est de la régularité de profondeur des semis, il est évident que le semoir mécanique offre toutes les garanties désirables. Si la terre a été bien préparée avant l'hiver et au printemps, le semoir fournira un travail excellent, économique, incomparablement supérieur au travail à la main.

La quantité de graine qu'il convient de semer peut varier de 20 à 30 kilogr. par hectare, suivant l'époque des semailles. Plus les semailles sont hâtives, plus la quantité de graine doit être forte.

On conçoit, en effet, que les semences déposées de bonne heure dans le sol peuvent mettre un temps assez long à germer si la température demeure basse ; elles sont, dès lors, plus exposées aux attaques des vers et insectes. Plus tard, après la levée, les jeunes plantes résistent d'autant mieux aux gelées nocturnes qu'elles sont plus serrées et plus drues. Dans les terres qui durcissent facilement, il est bon de semer une forte quantité de graine. L'économie ne consiste donc pas ici, comme le croient beaucoup de cultivateurs, à ensemencer un grand nombre d'hectares avec peu de graines ; on peut dire au contraire que le plus économe, le plus prévoyant, est, en réalité, celui qui emploie la graine sans compter, sans aller toutefois jusqu'à l'exagération.

Ferdinand Knauer conseille de semer au moins 7 kilog. par arpent, soit 28 kg. à l'hectare et 36 kg. si les circonstances l'exigent, par exemple dans le cas de semailles hâtives. Le D<sup>r</sup> Burstenbinder fixe le minimum à 30 kg. pour les semis en lignes et 20 kg. au moins pour les semis en touffes.

En se tenant dans les limites de 28 à 36 kg., limites supérieures à celles de 20 à 25 kg. généralement observées en France, et en semant aussitôt que possible, on sera dans d'excellentes conditions au point de vue de la levée régulière, du nombre et de la vigueur des plants.

Dans les premiers semoirs qui ont été construits, on ne s'était préoccupé que de la distribution régulière et économique de la graine. Plus tard, on eut l'idée de distribuer, en même temps que la graine, des engrais liquides ou en poudre, destinés à subvenir aux premiers besoins de la plante.

L'un des meilleurs semoirs à distributeur d'engrais employés en Bohème serait celui de Gower (1). Ce semoir est à trois rangs ; il distribue d'abord l'engrais pulvérulent, le recouvre légèrement de terre comprimée, puis distribue la semence et rejette sur celle-ci une nouvelle couche de terre finalement comprimée par un rouleau. L'engrais est donc séparé de la graine par une mince épaisseur de terre.

En France, nous possédons plusieurs semoirs de ce genre ; nous avons cité plus haut celui de MM. Smyth et fils. Nous citerons aussi celui de M. A. Derôme. M. De-

_______________

(1) Fühling. *Der Praktische Rübenbauer*, page 252.

rôme, qui pratique la culture de la betterave à sucre sur une grande échelle dans son exploitation de Bavay (Nord), a reconnu, depuis longtemps, que les engrais artificiels répandus à la volée en vue d'activer la levée des semis et d'augmenter le degré de fertilité du sol ne donnent pas le résultat qu'on est en droit d'en attendre. Une partie de ces engrais demeure perdue pour la betterave, soit que la sécheresse suspende l'absorption des matières solubles qu'ils renferment, soit que les plantes parasites se les assimilent. D'un autre côté, il est difficile d'obtenir des ouvriers un épandage très régulier. Dans le but d'éviter les inconvénients de l'épandage à la volée, M. Derôme a combiné un semoir à double effet qui permet de ne donner à la terre que la quantité d'engrais complémentaire absolument nécessaire pour les besoins de la récolte maxima que cette terre peut porter.

Avec ce semoir, l'engrais distribué en même temps que la graine est appliqué à volonté au-dessous ou au-dessus de celle-ci. L'enfouissement de la graine et de l'engrais se règle à la profondeur voulue. La largeur la plus usitée pour ce semoir est de 1 mètre 60, ce qui fait 4 rangs de betterave (roue sur roue), espacés de 40 centimètres. M. Derôme a introduit, dans son semoir à double effet, un dispositif dont le principe est très rationnel. Ce dispositif consiste en un soc spécial qui place la graine dans un rayon à *fond ferme* et *de profondeur uniforme*, obtenu au moyen d'une nervure posée sur la circonférence d'un rouleau. Le rayon ouvert par le soc se trouve comprimé d'une manière uniforme par la nervure en question, et le sol se présente en cet endroit dans les meilleures conditions pour la levée régulière et rapide des graines. L'engrais est enfoui le premier par le soc, à la profondeur voulue, au-dessous de la graine ; il est recouvert par l'action d'une dent de herse, qui ramène sur lui une légère couche de terre. Celle-ci est suivie du rouleau à nervure dont nous avons parlé, qui tasse la terre recouvrant l'engrais, et y trace le rayon *à fond ferme et uniforme* dans lequel la graine vient tomber. Puis, de nouveau, la terre est ramenée par une dent de herse et vient recouvrir régulièrement les graines. Enfin, le travail se termine par une compression de la terre, au moyen d'une roue en fonte fixée sur l'appareil. L'emploi des superphosphates et autres engrais complémentaires, distribués au moyen du semoir à double effet de M. Derôme, donne, sur l'exploitation de Bavay, des résultats très satisfaisants.

Le semoir à double effet de M. Derôme, dont nous venons d'exposer le principe est appliqué chez un certain nombre de cultivateurs de betteraves de France et de Belgique. En 1882, au mois de juin, M. Derôme s'est livré à une enquête auprès de ces cultivateurs, afin de connaître les résultats obtenus avec son semoir à double effet. Nous avons eu sous les yeux les documents recueillis par M. Derôme ; il en résulte cette conclusion : que la presque totalité des cultivateurs qui ont fait usage de ce semoir avec l'engrais spécial fourni par M. Derôme et appliqué dans le rayon ont eu de belles levées ; tandis que la méthode ordinaire a donné des levées généralement moins belles. La quantité d'engrais distribuée par les cultivateurs en question a varié de 75 à 100, 200 et 500 kg. à l'hectare. Même avec la plus faible quantité, 75 à 200 kg. à l'hectare, la différence en faveur de l'engrais comparativement avec les pièces semées sans engrais dans le rayon a été très sensible. Dans tous les cas, les levées avec le semoir Derôme ont été supérieures aux levées avec le semoir ordinaire : l'avance a été de 5 à 15 jours avec l'engrais spécial dans le rayon.

Les levées irrégulières ont été attribuées, dans 21 cas,

à la qualité de la graine; dans 8 cas aux insectes ; dans 7 cas, à la sécheresse ; dans 2 cas, aux pluies battantes ; dans 2 cas, à l'enfouissement trop profond. La graine préparée n'a été employée que par 8 ou 10 cultivateurs. Il y a eu 6 réponses satisfaisantes. Mais il faut remarquer, avec M. Derôme, que la préparation que font les cultivateurs laisse souvent à désirer. Elle consiste en un trempage à l'eau de quelques heures ou d'une demi-journée. La graine doit être préparée suivant la méthode préconisée par M. Derôme et Ladureau, décrite dans un précédent chapitre.

D'après tous les expérimentateurs il y a, comme on le verra plus loin, une limite de rapprochement des plants, variable, suivant les terrains, au-dessous de laquelle les rendements en poids à l'hectare diminuent et cessent d'être rémunérateurs pour le cultivateur, tandis que la richesse saccharine continue de s'élever. Ainsi, dans des expériences de M. Petermann, le rapprochement à 15 cent sur 40 cent. avait fait baisser le poids de la récolte de quelques milliers de kilogrammes.

Or, il résulte des expériences de M. Derôme, faites en 1881 sur deux champs différents, que cet écartement de 15 cent. sur 40, *avec l'engrais artificiel appliqué dans le rayon du semoir*, a donné les résultats les plus avantageux comme poids et comme richesse. Comme cet écartement laisse à l'arrachage environ 12 plants au mètre carré, tandis que l'écartement de 40 cent. sur 25 n'en laisse que 8 environ, il s'ensuit que l'écartement de 15 cent. sur 40, avec l'engrais dans le rayon, est le plus profitable.

Ainsi, en 1881, M. Derôme a obtenu, avec une betterave inférieure, à petit collet, à peau lisse :

| Ecartement. | Poids. | Densité. |
|---|---|---|
| 40 sur 40 | 30.000 kg. | 4°3 |
| 25 — 40 | 36.000 kg. | 4.6 |
| 20 — 40 | 38.000 kg. | 4.6 |
| 15 — 40 | 40.000 kg. | 4.8 |

M. Derôme a donc été amené à conclure de nouveau de ces expériences, que *l'engrais artificiel mis dans le rayon du semoir commande le rapprochement sur la ligne.* Les betteraves rapprochées à 15 ou 20 cent. pivotent plus régulièrement, ne sont pas racineuses, sortent moins de terre et s'arrachent plus proprement. Leur richesse est supérieure. Le poids des plus grosses dépasse rarement 800 grammes. Ces expériences sont très concluantes. On en trouvera le détail dans la brochure de M. Derôme (1).

D'après ces résultats, il semble donc possible de rapprocher les plants sur la ligne jusqu'à une limite extrème, sans nuire au rendement en poids et en augmentant la richesse saccharine, à la condition de distribuer l'engrais à proximité de la plante. Réciproquement, l'épandage de l'engrais dans le rayon du semoir ne serait profitable qu'à la condition de rapprocher beaucoup les plants sur la ligne.

« Le *bénéfice* à attendre de mon mode d'emploi des engrais artificiels, dit M. Derôme, est rarement inférieur à 50 %. On obtient ordinairement 100 à 300 %, souvent même 400 à 500 %, pour des dépenses variant entre 30 et 150 francs à l'hectare. A cet avantage, il faut ajouter celui-ci : c'est que les betteraves venues sur des *engrais complémentaires* judicieusement appropriés à ce mode d'emploi et aux besoins de la plante, donnent, suivant l'état du sol et les influences atmosphèriques, 1/2 à 2 %

(1) *Culture de la betterave à sucre,* Lille 1881.

de sucre en plus que les betteraves du même champ, venues sans le concours des engrais précités. »

Le semoir à double effet imaginé par M. Derôme ne laisse rien à désirer au point de vue de l'uniformité de distribution de l'engrais et de la graine. Cependant, on ne peut, cela se conçoit, garantir une levée uniforme des graines ainsi semées.

En effet, la levée est subordonnée aux influences atmosphériques, à la qualité de la graine, aux pertes occasionnées par les ravages des insectes, à l'habileté du semeur qui règle plus ou moins bien l'entrure des socs et des dents de herse. De plus, les engrais corrosifs peuvent nuire à la levée, s'ils sont donnés à dose trop forte et placés trop près de la semence. M. Derôme a cherché à atténuer ces diverses influences défavorables à l'aide de certains perfectionnements apportés dans son semoir à double-effet.

Dans le nouveau semoir à double-effet, les organes qui servent à placer l'engrais et la graine en terre sont les suivants : 1° Un tube placé à l'avant du semoir, qui distribue l'engrais à la surface du sol ; 2° de petits versoirs de charrue suivent et forment un ados de terre, assez élevé, sous lequel s'enfouit l'engrais en s'éparpillant sur une largeur de 10 centimètres ; 3° Un rouleau concave, muni, sur sa circonférence, d'une nervure. Ce rouleau vient comprimer les ados et y laisse la trace de la nervure, c'est-à-dire un rayon à fond ferme et uniforme, indispensable pour obtenir une levée prompte et régulière ; 4° Un tuyau conduit la graine en ligne continue dans le rayon tracé par la nervure du rouleau. On peut à volonté semer en ligne continue ou en touffes ou poquets ; 5° Un traineau, qui, par sa forme et son poids, recouvre la graine d'une quantité suffisante et uniforme de terre meuble et achève l'opération.

D'après M. Derôme, les divers organes produisent l'effet suivant. En premier lieu, la terre est disposée en ados sous la graine, ce qui permet au sol de se ressuyer et de se réchauffer plus promptement ; la semence, déposée sur un fond ferme préparé par le rouleau à nervure, dans une terre ayant déjà subi l'action du coup de gros rouleau qui précède la plantation, doit prendre racine plus énergiquement. La double pression, donnée au fond du rayon par la nervure du rouleau concave, provoque sans interruption le phénomène de la capillarité, qui amène l'humidité aux parois du rayon où repose la graine. Celle-ci est mieux préservée contre la sécheresse. En second lieu, la graine est toujours recouverte de 2 centimètres au plus de terre meuble, uniforme, qui permet à l'air et à la chaleur de la pénétrer. Par l'effet de la pression des rouleaux, les insectes ne peuvent arriver que très difficilement dans le rayon, et si l'on a la précaution de ne semer que de la graine préparée, la levée sera complète avant que ces insectes aient eu le temps de faire irruption dans les lignes. Quant à l'enfouissement simultané de l'engrais sous les ados de terre, sur une largeur de 10 centimètres, il a pour avantage de permettre l'emploi d'une plus forte dose d'engrais plus concentré, qu'il ne serait pas sans danger d'appliquer sous la graine dans un rayon étroit. Il suffit, pour augmenter l'action capillaire du sol sous la graine, de faire intervenir dans la préparation des engrais certaines substances hygrométriques.

En résumé, le semoir à double effet perfectionné de M. Derôme a pour but de faciliter la levée régulière et rapide des graines de betteraves, quelles que soient les conditions d'humidité du sol et l'habileté du semeur ; puis d'économiser l'engrais, en assurant sa bonne répartition et son action immédiate.

Nous étudierons plus loin un nouveau mode de planta
tion préconisé par M. Derôme, où le semoir à double effet trouve aussi son application. Ce mode de culture consiste à semer sur deux lignes rapprochées, à 20 ou 25
cent. par exemple, avec des intervalles de 50 ou 90 et 65
centimètres.

*Influence de l'écartement des plants sur la richesse sac-
charine et sur le rendement quantitatif.* On peut disposer
les plantes soit en carrés, soit en quinconces. Le semis en
quinconce utilise mieux la surface du champ :  à surface
égale et pour un même écartement on a  un  plus  grand
nombre de pieds. Achard préconisait le  semis  en  quinconce. Walkhoff  lui attribue de notables  avantages. Fühling pense qu'au point de vue économique, le  semis  en
carrés est préférable.

En ce qui concerne l'écartement des semis,  il est bien
établi que le cultivateur et le fabricant  ont intérêt à placer les plants aussi rapprochés que possible ; la limite du
rapprochement varie suivant le degré de fertilité du sol.
Mais d'une manière générale, les semis rapprochés *donnent autant de poids à  l'hectare et plus de richesse saccharine que les semis trop  écartés.* On a fait un nombre
considérable d'expériences pour vérifier  cette loi. Elle
s'est constamment confirmée.

L'idée de rapprocher  les  plantes afin de les empêcher
de prendre trop de développement et d'obtenir, par suite,
des racines de grosseur moyenne  plus riches  en  sucre,
n'est pas nouvelle. Achard écrivait dans son Traité « qu'il
est avantageux de cultiver des betteraves d'une grosseur
moyenne. La grosseur dépend de l'état de culture du champ
où on les cultive, mais cela n'empêche pas d'obtenir des
betteraves d'une grosseur assez  égale dans  des champs
d'une fertilité très différente, en *opérant de manière que
dans les bonnes terres,  la semence soit plus  rapprochée*

*et qu'elle soit au contraire plus éloignée dans les mau-*
*vaises terres; ainsi, il faut que la distance soit en raison*
*inverse de la qualité de la terre.* Une distance de 8 pouces est suffisante dans une terre fertile, et dans une terre
de moindre qualité, celle de 12 à 15 pouces n'est pas trop
forte. » Ce principe si simple formulé par Achard vers
le commencement de ce siècle a été confirmé par les expériences des agronomes modernes les plus autorisés.
Petermann, Pagnoul, Ladureau, Ekkert, Schultze, etc. :
dans ses expériences de 1869, Pagnoul avait constaté les
résultats suivants :

|  | Petit écart. | Grand écart. |
|---|---|---|
| Rendement à l'hect. | 48.000 kg. | 56.000 kg. |
| Sucre % . . . . . . . . . . | 14.5 | 11.9 |
| Sels. . . . . . . . . . . . . . | 2.2 | 7.0 |

Soit une plus grande richesse en sucre et une teneur
moindre en sels pour les betteraves à petit écartement.
Dans une série d'autres expériences, le rendement à
l'hectare a même été plus élevé avec le petit écartement.
Avec 44 cent. entre les lignes et 20 cent. dans les lignes,
Pagnoul a obtenu 80.900 kg. de racines à 12.2 % sucre
et 4.2 % sels, tandis que le rapprochement à 50 cent.
sur 50 cent. a donné 63.100 kg. de racines à l'hectare,
avec 10.2 % sucre et 7.1 % sels. Sur un champ fumé
avec excès, Pagnoul a prélevé plusieurs betteraves : un
échantillon sur un point où les racines étaient très serrées,
un autre où elles étaient plus espacées, et enfin une racine qui se trouvait isolée au milieu d'un espace complètement vide. Voici les résultats de l'analyse :

|  | Racines serrées. | Racines espacées. | Racines isolées. |
|---|---|---|---|
| Poids. . . . . . . . . . . . . . . | 848 gr. | 1.482 | 6.300 |
| Sucre % . . . . . . . . . . . | 16.0 | 9.3 | 6.7 |
| Sels % de sucre. . . . . | 4.0 | 7.1 | 13.3 |

Cette remarquable expérience est une démonstration très nette de la nécessité de rapprocher les plants pour avoir des betteraves riches. On voit aussi par là combien il est important d'éviter les manques à la levée et les vides.

Le Dr Petermann, directeur de la Station agricole de Gembloux, a institué, en 1873, 1874 et 1875, des expériences très complètes sur le même sujet. Il a constaté que, toutes choses égales d'ailleurs, le rapprochement des plants détermine une *augmentation de la teneur en sucre et souvent aussi de la récolte en poids*.

Pour les diverses variétés employées, l'augmentation de poids à l'hectare a varié de 7 à 28 %. Il a suffi de réduire la distance des plants de 0 m. 45 × 0.30, qui est la plus usitée en Belgique, à 0.40 × 0.25 pour obtenir ces augmentations. Ce rapprochement a permis de porter le nombre de plants de 74.000 à 100.000 à l'hectare, et, bien que les racines à petite distance fussent d'un poids moindre, le poids total a été plus considérable, grâce au plus grand nombre de plants.

Toutefois, l'augmentation de rendement a sa limite. M. Petermann a constaté que le poids de la *récolte commence à fléchir lorsque, dépassant une distance convenable, on a exagéré le rapprochement*. Un rapprochement exagéré des plantes détermine une telle réduction dans le poids moyen des betteraves produites, que l'augmentation du nombre de plants ne suffit pas pour compenser son effet sur le poids total récolté à l'hectare. A l'Académie agricole de Bonn, en 1874, on avait constaté le même fait. En passant de l'écartement de 40 × 25 à celui de 35 × 18 cent., c'est-à-dire en réduisant la surface assignée à chaque plante de 10 décimètres carrés à 6 décimètres 1/4, soit une réduction de 37,5 %, M. Petermann a vu le poids moyen des racines diminuer de 46 %.

En 1875, une même diminution de l'aire assignée à

chaque plante a produit une diminution de 38.3 % dans le poids moyen des betteraves. Au-dessous de l'écartement de 40 × 25, les expériences de Gembloux ont donc donné un résultat défavorable sous le rapport cultural. Cette distance a été la plus avantageuse au point de vue de la richesse saccharine et du poids à l'hectare. Le rapprochement des plantes a entraîné une *diminution dans la proportion d'eau*, une *augmentation de la densité du jus*, en même temps qu'une *augmentation du titre saccharin*. Le coefficient de pureté de jus (ou rapport entre le sucre et les matières dissoutes totales) n'a pas changé.

L'augmentation du quotient de pureté constatée dans quelques cas par M. Petermann (1) ne lui a pas semblé suffisante pour en conclure que le rapprochement entraîne une amélioration du degré de pureté du jus : « Si ces expériences, dit-il, ne permettent pas d'établir d'une manière positive l'influence de l'écartement sur le quotient de pureté, il paraît cependant, d'après l'ensemble des cas observés, qu'il y a plutôt une tendance à l'augmentation du degré de pureté à mesure que l'on diminue la distance laissée entre les plantes. »

M. le D<sup>r</sup> Hugo Schultze a publié un rapport sur les expériences de cultures faites en 1880 et 1881 sous la direction de la station agronomique de Brunswick. Nous trouvons dans ce rapport d'intéressants résultats sur les effets du rapprochement. Les expériences ont eu lieu sur trois domaines. On avait semé de la graine Klein-Wanzleben, de Dippe frères. Les écartements entre les lignes étaient 46 cent. et 31 cent. L'écartement entre les plants sur les lignes était de 30,8 centimètres dans toutes les expériences. Les terres avaient reçu des doses variables de

_______

(1) *Recherches sur la culture de la betterave à sucre*, 1876, Bruxelles.

nitrate de soude, de superphosphate de noir animal, de guano Ohlendorf et de sulfate d'ammoniaque.

Des résultats obtenus (1) il résulte que la *teneur saccharine des betteraves a été d'autant plus élevée que l'écartement des plants a été plus réduit, et dans la plupart des cas le quotient de pureté s'est aussi amélioré*. L'amélioration du quotient de pureté a été surtout sensible sur les parcelles fumées avec du nitrate de soude et du superphosphate. Les quotients de pureté sur les parcelles du domaine de Uefingen, par exemple, ont été :

|   |             | Écartements. | |
|---|-------------|--------------|-----------|
|   |             | 46 × 40.8 | 31 × 30.8 |
| 1 | quotients...... | 89.1 | 90.4 |
| 2 | — | 86.9 | 90.3 |
| 3 | — | 86.0 | 90.5 |
| 4 | — | 85.4 | 88.6 |
| 5 | — | 86.1 | 87.2 |
| 6 | — | 85.9 | 88.6 |
| 7 | — | 82.9 | 88.2 |

La parcelle n° 1 avait reçu, par arpent (1/4 hectare), 8 livres d'azote sous forme de nitrate de soude et 32 livres d'acide phosphorique. La parcelle n° 7 avait reçu 48 livres d'azote et 72 livres d'acide phosphorique. Le quotient de pureté sur la première parcelle a été amélioré par le rapprochement de 1.3 seulement ; tandis que l'amélioration sur la parcelle n° 7, qui avait reçu une forte dose d'azote, a été de 5.3.

M. le D<sup>r</sup> Schultze a conclu de ces résultats que *l'influence nuisible du nitrate de soude, surtout sensible avec de fortes doses, a été atténuée par le rapprochement des betteraves.*

(1) *Neue Zeitschrift für Rübenzucker industrie*, n° 3, 1882.

Comme on l'a vu plus haut, M. le D$^r$ Petermann n'avait constaté aucune amélioration notable et régulière du quotient de pureté sous l'influence du rapprochement. Nous sommes assez disposé à croire que cette amélioration dépend, dans une large mesure, de l'état du sol, de la forme sous laquelle l'azote est fourni à la plante, du degré d'influence qu'il a sur celle-ci au point de vue de la maturité. Il est à remarquer que, sur les parcelles non fumées, dans les expériences du D$^r$ Schultze, les quotients de pureté accusent une augmentation moindre, sous l'influence du rapprochement des plants, que sur les parcelles ayant reçu une forte dose de nitrate de soude.

Quant aux rendements en poids à l'hectare, M. le D$^r$ Schultze a constaté, de même que Petermann, qu'il y a *augmentation de poids* dans certains cas pour les betteraves rapprochées ; mais, au-delà d'une certaine limite, pour un sol donné, le *rapprochement exagéré produit un abaissement du poids de la récolte*. Avec un écartement de 37 cent. sur 30,8 dans les lignes, le maximum a été atteint. En résumé, dit M. Schultze dans son rapport :

« Il résulte de nos expériences que le rapprochement des lignes à 31 centimètres au lieu de 46, tout en conservant le même écartement de 30 cent. 8 entre les plants dans les lignes, a déterminé une amélioration de la qualité de la récolte ; mais si le rendement maximum en poids a été souvent obtenu avec le rapprochement à 37 cent. entre les lignes, une nouvelle réduction de l'écartement n'a produit aucune augmentation de récolte et a, par contre, causé très souvent un déficit. »

Les quelques exemples que nous venons de mettre sous les yeux de nos lecteurs seront suffisants pour démontrer que le rapprochement des plants est toujours avantageux pour le fabricant de sucre, et peut l'être également pour le cultivateur si celui-ci sait se rendre compte de la nature de son sol, de son degré de fertilité, et faire varier en conséquence les écartements de ses semis.

L'écartement sur un même sol doit aussi varier suivant les variétés cultivées. Avec un rapprochement exagéré, telle variété de betterave donnera encore une **augmentation** de profit alors que les autres variétés accuseront une diminution. Tel est le cas de la betterave Vilmorin dans les expériences de M. Petermann dont nous avons cité les résultats. Au rapprochement exagéré de 35 cent. sur 18 cent. le produit en argent a été supérieur pour la betterave Vilmorin; tandis qu'il a été moindre pour les autres variétés expérimentées.

Il ne semble donc pas qu'il y ait une règle absolue pour le rapprochement. La distance à observer entre les plants doit être laissée, dans une certaine mesure, à l'appréciation du cultivateur ; *l'expérience lui indiquera les conditions les plus favorables pour ses terres et pour la variété cultivée.*

Un rapprochement exagéré a, au point de vue pratique, des inconvénients évidents. Par exemple, avec 35 cent. entre les lignes sur 18 cent. entre les plants dans les lignes, le passage réservé aux instruments attelés employés sur les grandes cultures pour nettoyer et biner les champs pendant la végétation de la betterave est certainement insuffisant.

Il faut, dans ce cas, remplacer le cheval par le poney, comme cela se fait dans plusieurs exploitations importantes de l'Autriche et de l'Allemagne. Dans le cas contraire, si les façons d'entretien doivent être données à la main, le rapprochement exagéré obligera les ouvriers à prendre beaucoup de précautions dans les binages ; le travail s'effectuera lentement, et il en résultera un accroissement de frais.

Dans les petites cultures où les façons d'entretien se

font à la main, la disposition des plants en carrés est la plus commode et aussi la plus usitée. Cependant, au point de vue de l'économie de temps, il est préférable de serrer les betteraves sur les lignes et d'écarter d'autant les lignes, en restant dans les limites voulues.

Si toutes les façons entre les lignes doivent être données avec des instruments attelés, il faut au moins un écartement de 40 centimètres. En serrant les plants à 25 centimètres, on sera dans de bonnes conditions si le terrain est très fertile.

Tel est, d'ailleurs, l'écartement préconisé au Congrès betteravier par M. Ladureau ; cet écartement semble le plus avantageux dans la région du Nord (10 betteraves au mètre carré). Sur les terres peu fumées, on pourra semer à 47 cent. entre les lignes, et le travail des instruments attelés s'effectuera, dans ce cas, sans difficulté. S les façons doivent être données dans les deux sens avec les instruments attelés, il va de soi que la disposition des plants en carrés sera préférable ; mais l'écartement de 40 à 47 cent. nécessaire pour passer sans difficulté, sera beaucoup trop grand et aura des inconvénients au poin de vue de la qualité de la récolte. Ce genre de travail n'est donc pas à recommander. Le mieux est de laisser entre les lignes un écartement suffisant pour le passage des instruments attelés, de serrer autant que possible les plants sur les lignes et d'effectuer à la main les façons entre les plants.

En 1883, Pellet et Le Lavandier ont fait des essais en grand, sur les terres de M. Simon-Legrand, dans le but de se rendre compte de l'influence de l'écartement des plants au point de vue du rendement en poids et de la qualité des betteraves provenant de différentes variétés de graines. Voici les conclusions des expérimentateurs :

« On déduit nettement de ces expériences que, pour la

richesse en sucre, il faut atteindre au moins 9 à 10 pieds au mètre carré pour l'ensemble des graines. Et que le plus grand rendement est fourni par les rapprochements qui permettent de laisser près de 12 pieds au mètre carré. que la base d'écartement soit 0<sup>m</sup>55 ou 0<sup>m</sup>42 entre les lignes.

Ainsi, par le rapprochement, on a élevé la richesse de 12,04 à 13,34 pour le 1<sup>er</sup> cas et de 12,9 à 13,5 dans le second cas, et les rendements ont été portés de 33,000 k. à 42,900 pour le 1<sup>er</sup> cas et de 36,000 à 43,400 pour le second cas.

De nos essais, il semble aussi résulter qu'en général, lorsqu'on laisse peu de pieds au mètre carré, il est préférable d'avoir le moindre écartement entre les lignes, non seulement pour la richesse, mais aussi pour le poids.

Tandis que lorsqu'on dépasse 10 à 11 pieds au mètre, les richesses tendent à rester les mêmes pour un rendement sensiblement égal, quels que soient les espacements.

Comme quantité de sucre totale produite à l'hectare, nos résultats sont des plus instructifs : les betteraves jaunes ont donné une richesse moyenne moins élevée que toutes les autres variétés essayées. Il résulte, en outre, de nos essais que les roses n° 1 sont préférables aux graines roses n° 2 lorsqu'on cultive à lignes espacées, mais quand les betteraves sont rapprochées jusqu'à près de 12 plants au mètre carré, les richesses diffèrent peu et la dose totale du sucre à l'hectare est sensiblement la même avec les deux sortes de graines. On a donc intérêt à rapprocher le plus possible.

Et en résumé pour l'ensemble des graines le rapprochement :

à  6 pieds  85  au mètre carré a  produit 3.830<sup>k</sup>  sucre
à  9  »  50             »            »         4.590       »
à 11  »  90             »            »         5.190       »

Si, au contraire, on choisit des graines telles que les blanches et roses n° 1 on a :

6 pieds 85 au mètre carré 4.080 k. sucre
9 » 50 » 4.790 » »
11 » 90 » 5.480 » »

Les quantités de sucre à l'hectare que nous venons d'indiquer et que nous avons constatées dans notre champ d'expériences, n'ont rien de surprenant.

En résumé :

1° Lorsqu'on plante la betterave pour ne laisser que 6 à 7 betteraves au mètre carré, il paraît préférable, pour obtenir une richesse meilleure et un plus grand rendement en poids, de n'espacer les lignes que de 0$^m$40 à 0$^m$42.

2° Au contraire, lorsqu'on tient à laisser de 10 à 12 racines au mètre carré, l'influence de l'écartement entre les lignes ne paraît pas se faire sentir d'une façon bien appréciable ; le cultivateur peut donc choisir l'écartement qui convient le mieux à l'ensemble de son travail de culture.

3° Pour avoir richesse et quantité, il faut laisser au moins 10 betteraves au mètre carré et le poids moyen d'une racine ne doit pas dépasser 5 à 600 grammes. On disait, il y a quelques années 1 kilog. ; c'était trop élevé. »

En Allemagne, la tendance actuelle est de ne pas dépasser le poids de 500 grammes. On y arrive par un rapprochement suffisant des plants.

Par le rapprochement des plants, la somme des aliments restant la même, le volume et le poids moyen des betteraves diminuent ; la diminution est compensée dans une certaine mesure par le plus grand nombre de pieds, souvent il y a excédent. Lorsque l'écartement est excessif, la totalité des matières minérales disponibles n'est pas utilisée et par suite on n'obtient qu'un poids de racine, un poids de sucre et une teneur saccharine inférieurs à ceux que l'on pourrait obtenir.

Ceci trouve son explication dans les faits suivants.

On a cru pendant longtemps que les matières nutritives qui concourent à la formation des plantes ne pouvaient être absorbées par celles-ci qu'à la condition d'être dissoutes dans l'eau qui imprègne le sol. Les observations de Huxtable, Thomson, Way sur le pouvoir absorbant des terres arables, ont montré que les éléments les plus solubles, et qui jouent un rôle prépondérant, tels que l'ammoniaque, la potasse, l'acide phosphorique, perdent rapidement leur solubilité au contact de la terre arable et sont fixés par celle-ci. Les observations de Graham et autres sur la dialyse et le pouvoir dialyseur des membranes végétales ont établi, d'autre part, que les racines des plantes peuvent absorber, par dialyse, les corps solides qui les entourent. Les sels nutritifs pénètrent ainsi dans la plante. On conçoit dès lors, étant donnée la fixité de l'ammoniaque, de la potasse, des phosphates, que si les plantes sont très écartées les unes des autres, il y aura une partie plus ou moins importante de ces éléments qui restera sans utilité pour la production. Au contraire, si les plantes sont très rapprochées, si leurs radicelles sont nombreuses, l'utilisation des sels nutritifs sera complète et le rendement atteindra le maximum. Cependant, si le rapprochement est exagéré, outre que la plante pourra souffrir du manque d'espace, le rendement pourra diminuer par suite de la réduction du poids moyen individuel qui ne sera pas compensée par le plus grand nombre de sujets.

Ladureau a constaté les résultats suivants :

| Nombre de pieds à à l'hectare. | Poids total de racines. | Poids moyen des betteraves. |
|---|---|---|
| — | — | — |
| | kil. | kil. |
| 59.500 | 62.710 | 1.0540 |
| 68.027 | 69.840 | 1.0266 |
| 79.254 | 68.500 | 0.8640 |
| 95.200 | 70.000 | 0.7350 |

Avec le plus grand rapprochement le poids moyen des betteraves a diminué de 30 % comparativement au plus grand écartement ; néanmoins le rendement cultural a augmenté de plus de 10 %, grâce au plus grand nombre de pieds.

A partir d'une certaine limite, l'augmentation du nombre de pieds devient insuffisante pour compenser la diminution du poids moyen et le rendement baisse.

Les betteraves rapprochées mûrissent plus facilement que les betteraves espacées ; elles résistent mieux aux excès de sécheresse ou d'humidité. Elles exigent une terre ameublie profondément. Par le rapprochement, l'appareil foliacé se développe et la plante se trouve de ce fait dans de meilleures conditions pour l'élaboration du sucre.

Voici un tableau qui indique les écartements à obser-

| Ecartement entre les lignes centimètres | ECARTEMENT DES PLANTS SUR LES LIGNES Centimètres. | | | | | |
|---|---|---|---|---|---|---|
| | 10 | 15 | 20 | 25 | 30 | 35 |
| 30 | 333.333 | 222.177 | 166.666 | 133.333 | 111.088 | 95.223 |
| 35 | 285.714 | 190.447 | 142.857 | 114.285 | 95.223 | 81.624 |
| 40 | 250.000 | 166.650 | 125.000 | 100.000 | 83.325 | 71.427 |
| 45 | 222.222 | 148.118 | 111.111 | 88.888 | 74.059 | 63.482 |
| 50 | 200.000 | 133.333 | 100.000 | 80.000 | 66.666 | 57.142 |
| 55 | 181.000 | 121.187 | 90.909 | 72.727 | 60.593 | 51.940 |

ver entre les lignes de betteraves et entre les betteraves sur les lignes pour obtenir par hectare le nombre de pieds désiré (1).

Nous signalerons enfin la canne-jauge et la canne-barème de M. Herbline, inspecteur de râperies, à Hermies (Pas-de-Calais).

*Canne-jauge.* Cette canne, en noyer ou pied de noisetier, est façonnée à 8 pans : à distances sont placés sur chaque face des clous indiquant l'écartement devant exister entre chaque betterave pour obtenir 70, 80, 90, 100, 110 et 120,000 pieds. La poignée en nickel porte également 8 facettes correspondant aux pans de la canne : sur ces facettes sont gravés les chiffres 70, 80, 90, 100, 110 et 120.

Cette canne est solide et élégante ; on la construit généralement pour semoir à 0<sup>m</sup>40, mais on peut la faire pour d'autres intervalles. sur commande. Le prix en est modique, 2 fr. 50.

*Canne-Barème brevetée s. g. d. g.* Cette canne-barème, en noyer, est à faces ou pans : sur la tête en nickel existent également 8 faces correspondant avec celles de la canne ; ces faces portent les numéros 40, 42, 44, 45, 46, et 48 ; ces chiffres indiquent en centimètres l'écartement des rayons du semoir.

Sur toute la longueur d'une des faces existe une rainure triangulaire ; dans cette rainure se meut une baguette en acier de même forme, portant du côté de la tête de la canne un bouton en cuivre servant à la faire mouvoir et aussi d'index indiquant le chiffre correspondant au nombre de pieds à l'hectare. On obtient donc ce chiffre sans aucun calcul. Sur les autres faces correspondant aux chiffres de la poignée sont gravés des points chiffrés variant entre 60 et 130, ainsi que des divisions

_______

(1) Vivien. *Traité de la fabrication du sucre.*

par mille ; *l'exactitude des calculs et des graduations*
est garantie. Cette canne, aussi solide que la première, est
très soignée ; au moyen d'un ressort d'arrêt de la baguette, elle forme un mètre dont les graduations existent sur
l'une des faces. M. Herbline la fait sur commande pour
tous écartements de semoir.

Pour compter le nombre de pieds de betteraves que
contient un champ d'une *surface quelconque plantée en
lignes*, il suffit de placer l'extrémité supérieure de la
canne au centre d'une betterave, de faire glisser avec la
main droite la tringle en fer jusqu'à ce que son extrémité soit au centre de la 6e betterave dans la même ligne
(ce qui correspond à 5 intervalles), alors le chiffre qui se
trouve vis-à-vis de l'index sur l'une des faces (suivant
l'écartement du champ) est le nombre de pieds existant
à l'hectare. En répétant cette opération autant de fois que
l'opérateur le juge nécessaire, on arrive à obtenir une
moyenne très exacte. Le prix de cette canne est de 6 fr.

Nous croyons que les fabricants et cultivateurs appré-
cieront beaucoup ces instruments. Leur coût est minime :
ils sont solides, portatifs et d'un maniement facile.

# CHAPITRE IX

## Démariage. — Binages. — Effeuillage.

Opérations qui suivent la semaille. — Premier binage. — Influence des binages. — Démariage. — Houe éclaircisseuse. — Ligneur-placeur — Buttage. — Effeuillage. — Conséquences de l'effeuillage au point de vue du développement et de la qualité de la betterave.— Bineuse à bras de Viet. — Houes à cheval.

Aussitôt que la semaille est terminée, on fait passer le rouleau uni de façon à comprimer la terre autour de la graine et à faciliter la levée. Le rouleau a cependant l'inconvénient d'activer aussi la levée des mauvaises herbes, et comme il fait disparaître la trace des lignes, on est exposé, en détruisant les plantes parasites par le premier binage, à détruire en même temps les jeunes plantes. Il faut, dans ce cas, attendre que celles-ci soient bien visibles.

Si une pluie battante survient immédiatement après la semaille et que la croûte du sol oppose trop de résistance à la betterave, il sera nécessaire de briser la surface du sol soit avec une herse légère, soit avec un rouleau uni assez lourd, ou avec un rouleau à disques, croskill, etc..

Il n'y a pas de règle absolue pour ces opérations. Il appartient au cultivateur d'étudier la nature de son sol et de modifier l'état physique de la couche supérieure suivant la manière dont il se comporte sous l'effet des variations atmosphériques locales. En ce qui concerne l'emploi du rouleau, on est généralement d'avis que son action est favorable à la levée des jeunes betteraves. Comme les graines sont enfouies superficiellement, il peut arriver que la levée soit retardée ou empêchée par le desséchement rapide de la couche supérieure. Or, si l'on a la précaution de rouler le champ après la semaille, on augmente la résistance du sol au desséchement, et on assure à la semence l'humidité sans laquelle elle ne peut germer. Dans certaines terres très compactes, comme les terres argileuses, naturellement humides, le roulage peut avoir l'inconvénient d'accumuler une trop forte dose d'humidité et nuire à la végétation, comme l'a observé le professeur Wolny, de Munich, dans ses expériences sur les propriétés physiques du sol.

Dans les terres sableuses, douées d'une faible capacité d'absorption pour les eaux pluviales, le rouleau exerce toujours une influence favorable (1) au point de vue de la conservation de l'humidité ; cette influence peut être, au contraire, nuisible dans les terrains peu perméables, par suite de l'accumulation d'humidité qui résulte de l'emploi du rouleau. Il y a donc là des conditions très variables, suivant la nature du sol et les variations atmosphériques. L'emploi de la herse légère pour briser la croûte du sol formée sur les semailles après une pluie battante a été préconisé par le Dr Eisbein, inspecteur des cultures de la sucrerie par actions de Cologne.

« Lorsque le sol est durci sur une épaisseur de un demi à un quart de pouce, et que les jeunes plantes ne peuvent pas le percer, j'emploie, dit cet auteur, la herse légère (2). J'ai reconnu par l'expérience que les graines germées ne sont que très peu déplacées en dehors des li-

---

(1) Voir sur ce sujet une étude très complète de M. F. Masure sur *l'évaporation de l'eau dans les terres arables. Annales agronomiques*. Juillet 1882.

(2) *Die Drillcultur*, page 160.

gnes même quand les dents de herse pénètrent jusqu'à deux pouces (5 cent  4) dans la terre. » Aussitôt que l'aération a été rétablie, les lignes de betteraves commencent à se dessiner.

En Allemagne, nous avons vu employer un rouleau spécial composé de trois parties, qui sont, à proprement parler, trois petits rouleaux distincts. Dans les environs de Cologne, l'usage de ce rouleau est très répandu. On le fait passer plusieurs fois sur la semaille avant le démariage, et, chaque fois, les jeunes plantes reprennent une nouvelle vigueur.

Dès que la germination commence, il faut se préoccuper des soins à donner à la betterave. Le premier de ces soins doit être le binage, opération qui a pour but de rompre la croûte du sol entre les lignes, d'enlever les mauvaises herbes et d'assurer l'accès de l'air entre les plants.

On attribue beaucoup de vertus au binage, et avec raison. Les agriculteurs allemands disent que le binage « c'est de l'or pour la betterave : il accumule le sucre dans la plante », etc. (*Das Hacken ist das Gold der Rübe. — Die Hacken bringt den Zucker in die Rübe*, etc.) Il est incontestable que le binage a une grande influence sur l'élaboration du sucre. Témoin le résultat remarquable obtenu par les grattages et les binages multiples dans la culture en billons d'après la méthode Champonnois ou la méthode Bertel. Le binage nettoie le sol en faisant périr les mauvaises herbes qui absorbent une partie des matières nutritives du sol et étouffent la betterave qu'elles tendent à enserrer. Le binage ameublit le sol, diminue la résistance qu'il oppose au développement de la racine.

Le binage augmente la fertilité du sol en multipliant les points de contact avec l'atmosphère, en favorisant par suite la pénétration de l'oxygène de l'air, l'absorption de l'humidité atmosphérique, la décomposition et l'assimilation de matières nutritives qui, sans ces influences diverses, resteraient inertes et sans profit pour la plante (1).

Le binage exerce aussi une action destructive sur les insectes, soit à l'état de larves, soit à l'état parfait. D'après ceci, on voit que les effets du binage peuvent être très différents suivant qu'on attaque le sol plus ou moins profondément pour faciliter l'aération jusqu'à une épaisseur plus ou moins forte, ou qu'on gratte simplement la surface pour enlever les mauvaises herbes.

Dans beaucoup de cultures. on ne donne le premier binage qu'après la levée des lignes, au moment où le champ commence à verdir. Puis on répète l'opération tous les quinze jours ou toutes les trois semaines. Comme

(1) Le *Journal de la Société agricole du Brabant* a publié des chiffres qui montrent quelle influence énorme les binages exercent sur les rendements :

| | | | RÉCOLTE. | |
|---|---|---|---|---|
| | | | Grain. | Paille. |
| | | | Gr. | Gr. |
| Colza d'été. | avec mauvaises herbes | | 266.2 | 1010 |
| | sans id. id. | | 349.0 | 1361 |
| Pois. | avec mauvaises herbes | | 470 | 910 |
| | sans id. id. | | 850 | 1390 |
| Fèves. | avec mauvaises herbes | | 446 | 804 |
| | sans id. id. | | 562 | 969 |
| Maïs. | avec mauvaises herbes | | 324 | 2730 |
| | sans id. id. | | 2973 | 10264 |
| Seigle d'été. | avec mauvaises herbes | | 180 | 239 |
| | sans id. id. | | 523 | 1078 |
| | | | Tubercules. | Feuilles. |
| | | | Gr. | Gr. |
| Pommes de terre. | avec mauvaises herbes | | 4400 | |
| | sans id. id. | | 13275 | |
| | | | Racines. | |
| Bette-raves. | avec mauvaises herbes | | 22 | 387 |
| | sans id. id. | | 20100 | 6780 |

l'observe Fühling, pas plus pour la betterave que pour
les autres cultures, les binages ne doivent se faire à date
fixe. Il faut commencer les binages aussitôt qu'on le peut;
il n'est pas nécessaire que le sol soit durci ou qu'il porte
des mauvaises herbes pour donner le premier binage. Par
un temps sec, indispensable pour cette opération, il suffit
de suivre le bineur pour se rendre compte de la quantité de graines parasites que ce premier grattage superficiel met à nu et expose à l'action destructive de la sécheresse. Pour peu que les lignes de betteraves soient
visibles, il est facile de biner dans les intervalles et de
débarrasser la plante, avant sa levée, de ses futurs ennemis.

Le Dʳ Fühling dit avoir obtenu constamment des résultats très satisfaisants en donnant deux binages avant
la levée. Les intervalles sont beaucoup plus propres et
les mauvaises herbes, absolument détruites, ne peuvent
pas étouffer ou ralentir le développement des jeunes betteraves, comme il arrive souvent quand on attend que
la levée soit faite pour procéder au premier binage. Ces
détails ont une grande importance, car la betterave
n'ayant que peu de mois devant elle pour pousser, grossir et mûrir, il est toujours avantageux d'écarter tous les
obstacles qui seraient de nature à entraver sa végétation.

Les premiers binages ont généralement pour but la destruction des mauvaises herbes. Il est bon de les donner
à la rasette à main. L'ouvrier doit tenir le manche de
l'outil aussi vertical que possible, c'est-à-dire le fer incliné presque horizontalement.

De cette façon, toute la surface des intervalles est atteinte et coupée superficiellement, et aucune mauvaise
herbe ne peut échapper à l'action de la rasette. Il arrive
parfois, que faute d'avoir opéré dans ces conditions, les
plantes parasites reparaissent peu de jours après le bi-

nage. On comprend, en effet, que si les coups de rasette ont été donnés verticalement, par hachures, le fer de l'outil a dû laisser intacte une certaine portion du sol ; la destruction des racines parasites n'ayant pas été complète, celles-ci repoussent tout naturellement. Le premier binage doit, pour ces raisons, se donner superficiellement ; comme il a été dit, il a pour but principal le nettoyage du champ. Il en est autrement des binages suivants : ceux-ci sont destinés à ameublir le sol, à lui rendre sa porosité ; en conséquence, à mesure que la croûte durcit et que les plantes se développent, la position du fer de rasette doit se rapprocher de la verticale et gagner en profondeur.

Dans quelques localités des environs de Brunswick (1), on fait passer la herse huit ou quinze jours après la semaille ; puis, une fois après le premier binage, en partie pour détruire les mauvaises herbes, en partie pour briser la croûte du sol ; après la herse, on donne, en général, un coup de rouleau. Le D^r Fühling (1) pense que ce procédé a l'inconvénient d'enfouir à nouveau les germes des plantes parasites ; l'avantage serait surtout de diviser et d'ameublir le sol. Mais s'il est possible d'obtenir le même effet avec les rouleaux à cannelures, le hersage devient inutile. Fühling pense, de plus, que la herse doit causer des dégâts dans les semis en touffes, à la main ou à la machine, et aussi dans les semis en lignes continues lorsqu'elles sont peu garnies.

« Autrefois, remarque le même auteur, on se bornait à rouler les betteraves avant la levée, en vue surtout de briser la croûte du sol ; aujourd'hui, dans maint endroit, on roule après la levée, à plusieurs reprises, tant que les jeunes plantes n'ont pas plus de quatre à six feuilles et surtout lorsque le premier binage a été donné de

(1) Fühling. *Der praktische Rübenbauer.*

bonne heure. Le rouleau agit favorablement non seulement sur l'état physique du sol, mais encore par la destruction des insectes. L'opération est très recommandable, elle est rapide et peut remplacer le deuxième binage à la machine. » Le Dr Eisbein recommande de commencer le travail dès que les lignes de betteraves sont visibles. On fait passer d'abord une houe à cheval de Garrett ou de Taylor, munie de deux couteaux de 4 pouces. On s'attache à ne pas aller à plus de 3 à 4 pouces de profondeur, de manière à ne pas rejeter la terre sur les jeunes plantes.

Si l'on possède une houe à cheval de Smyth ou autre, on ne doit employer qu'un seul couteau de 18 centimètres. Au bout de 10 à 12 jours, dès que les betteraves ont de 4 à 6 feuilles, on peut, après avoir donné un roulage, donner un nouveau binage avec ces deux couteaux de 18 centimètres, en approchant plus près des plantes. Enfin, si l'on a le temps, il est bon de donner un troisième binage avant le démariage en faisant pénétrer l'instrument à 4 ou 5 centimètres de profondeur.

La veille du démariage, il est d'usage, dans certaines cultures, de donner un coup de rouleau Croskill. En France, dans l'Aisne surtout, on emploie un rouleau à disques très efficace, construit par MM. Demarly et Fouquart, d'Origny-Ste-Benoite. On passe en travers des lignes. Après le passage de l'instrument, le champ semble dévasté ; mais il n'en est rien. Les jeunes plantes se relèvent avec une nouvelle vigueur.

Le démariage se fait à la main ou avec les instruments attelés. Cette opération devient nécessaire au moment où les betteraves ne sont pas tout à fait aussi longues que le petit doigt ; à ce moment, serrées les unes contre les autres : *mariées*, suivant l'expression consacrée, elles sont exposées à s'entre-étouffer et réclament impérieusement de l'air, de la lumière et de l'espace pour étendre leurs feuilles et développer leur racine. En général, lorsque les semailles ont été tardives, il faut se guider, pour l'époque du démariage d'après l'époque de la semaille et l'état de la température. Si l'on craint les gelées nocturnes ou une sécheresse qui pourrait ralentir la végétation, il est préférable de retarder le démariage, car les plantes isolées souffrent plus aisément qu'en lignes serrées. Pour démarier rapidement, il faut que le sol soit un peu humide. Le travail se fait mieux, et la betterave pousse ensuite avec plus de vigueur. Si la terre humide a l'inconvénient de se tasser sous les pieds des ouvriers, il est aisé d'y remédier par un binage. Mais le démariage fait dans ces conditions profite plus à la plante que si la terre est sèche.

Le démariage laisse généralement à désirer en France. M. Simon-Legrand attribue à son imperfection les nombreux manques que l'on constate dans nos cultures, M. Simon-Legrand conseille de ne démarier que lorsque la betterave a la grosseur d'un crayon. Elle résiste mieux à la perturbation que le démariage jette momentanément dans son développement, et elle oppose une plus grande force de résistance aux insectes. Pour procéder, d'après M. Simon-Legrand, d'une façon rationnelle, il faut d'abord éclaircir les lignes avec la rasette, puis démarier les bouquets au moment où la betterave est à peu près de la *grosseur d'un crayon*. La betterave étant serrée est obligée, pour vivre, de pénétrer profondément dans le sol ; elle pivote donc forcément et fait sa place dès le début.

Que la plantation soit en lignes continues ou en poquets, le démariage est toujours nécessaire. Si on opère à la main, on choisit de préférence la plante la plus belle et la plus vigoureuse : on la maintient avec la main gauche, et de la main droite on enlève les plantes adjacentes. Puis on comprime la terre contre la plante choisie. On peut aussi démarier à la rasette, quand on a affaire à des semis peu serrés. Les betteraves arrachées doivent être mises en petit tas dans les intervalles. A la fin de l'opération, on réunit tous ces tas en un seul, et on les emploie soit pour la nourriture du bétail, soit comme engrais.

Dans certaines exploitations, on fait le démariage en deux fois ; une première fois l'ouvrier enlève une partie des betteraves avec la rasette ; puis il termine en enlevant à la main les plantes adjacentes à celles qui doivent rester. On peut encore opérer d'une autre manière, plus expéditive, avec la houe de Garrett. On enlève avec cet instrument une partie des plantes inutiles, puis les ouvriers passent et terminent le démariage à la main. Ce travail est surtout profitable dans les sols assez fermes, semés en lignes continues.

Depuis quelques années, M. P. Olivier-Lecq, de Templeuve (Nord), emploie une *houe éclaircisseuse* qu'il a imaginée pour la culture de la betterave. Cet instrument a pour but d'éclaircir les betteraves et de les laisser en bouquets plus ou moins grands, selon qu'elles sont plus ou moins drues. Les bouquets sont plus ou moins rapprochés, selon l'écartement qu'on veut donner aux betteraves, de 20, 25 ou 30 centimètres. La houe éclaircisseuse est attelée d'un cheval qui passe entre deux lignes : elle bine simultanément deux interlignes et éclaircit deux lignes ; elle est établie pour marcher à toute largeur de rayon. Elle éclaircit sur billons aussi bien qu'à plat. Ajoutons que l'éclaircisseuse se change en *ligneur-placeur*, en remplaçant les socs bineurs par deux tiges de fer formant rayonneur, et les socs de l'éclaircisseuse par deux petites tiges qui, grâce au mouvement de rotation des disques, viennent marquer mathématiquement la place de chaque plante : Pommes de terre, betteraves, porte-graines, choux, tabac, topinambours, etc.

Après le démariage, on donne 2, 3 ou 4 binages, suivant les ressources dont on dispose, dans les lignes et en travers des lignes, en approchant chaque fois plus près des plantes et en attaquant le sol de plus en plus profondément. Le point essentiel est de biner au moment opportun. Pour cela, le cultivateur doit visiter fréquemment ses champs. Dès qu'il s'aperçoit que les feuilles tendent à passer du vert sombre au vert pâle, qu'elles retombent sans vigueur vers le sol, en se repliant sur elles-mêmes, il est grand temps de faire venir les bineurs dans la pièce. Les betteraves binées reprennent de la vigueur sous l'influence bienfaisante de l'humidité que cette opération leur a procurée, les feuilles se redressent, reverdissent et accusent la reprise d'une végétation active.

Ce n'est point sans raison qu'on dit, en langage agricole, qu'un binage vaut un arrosage. « La houe, disent les cultivateurs allemands, est l'arrosoir de la betterave.» C'est là, en effet, un moyen merveilleux par sa simplicité et par son efficacité de rendre en quelques heures la vie à une multitude de plantes que dessèche l'ardeur du soleil durant les périodes de l'été, souvent longues, où la pluie fait défaut et où l'évaporation par les feuilles est considérable (1). Les binages prennent fin quand le développement de la partie foliacée ne permet plus de pénétrer dans les lignes sans briser ou froisser les feuilles.

Certains cultivateurs ont l'habitude de terminer les binages par un buttage. Cette opération a pour effet de

(1) Briem a trouvé qu'un hectare de betteraves avait perdu par l'évaporation par les feuilles, en juillet et août, une quantité de 2221 hectolitres d'eau. — *Journal de l'Association austro-hongroise,* 1876, p. 617.

garantir les collets contre l'action de la lumière et par conséquent de les empêcher de verdir. Elle apporte une nouvelle dose d'éléments nutritifs à la racine. La terre ramenée contre les collets est protégée par les feuilles et demeure poreuse, meuble, même après de fortes pluies. Le D^r Fühling pense que, au point de vue de la fabrication du sucre, le *buttage est avantageux*. Dans les années sèches de 1857 et 1858, des essais comparatifs sur la même parcelle ont fourni le même poids sur le champ pour les betteraves buttées ou non buttées ; mais à l'usine, les betteraves ayant été décolletées, la proportion des collets a été beaucoup moins forte pour les betteraves buttées. Celles-ci ont donc été plus avantageuses pour le cultivateur et le fabricant. De nouveaux essais faits en 1873 ont confirmé ces résultats.

D'après Fühling, le buttage serait d'autant plus efficace que les plants seraient plus écartés les uns des autres. D'après Ekkert, le buttage agit favorablement sur la richesse saccharine des betteraves en préservant les collets de l'insolation et du verdissement. D'après Heidepriem et d'autres auteurs, la partie verte renferme beaucoup moins de sucre et beaucoup plus de non sucre que le reste de la racine. Kraus pense que le buttage est nuisible quand les plantes sont encore jeunes ; s'il s'agit simplement d'éviter le verdissement des collets, un léger buttage à la fin des binages sera suffisant. Si on a en vue de modifier par le buttage les conditions physiques du sol, il sera préférable, d'après le même auteur, de cultiver en billons. Plus le sol se dessèche facilement, plus il faut réduire le buttage.

Pour terminer cette étude des soins à donner à la betterave, il nous reste à parler de deux opérations souvent pratiquées : l'enlèvement des tiges porte-graines des betteraves montées en graine dès la première année et l'enlèvement des feuilles ou l'effeuillage. D'après le professeur Schacht, les betteraves montées tardivement et sur lesquelles la graine n'a pas pu se former, ne sont pas sensiblement inférieures en sucre aux autres betteraves. Après l'enlèvement des tiges, au couteau ou à la serpe, la teneur saccharine remonterait un peu, et en somme, la richesse définitive à l'arrachage serait peu inférieure à celle des betteraves normales. Il y aurait avantage à couper les tiges.

Quant à l'effeuillage, il est absolument nuisible à la betterave à sucre. La feuille est un organe indispensable au développement de la betterave ; si on l'enlève, elle repousse au détriment de la richesse saccharine, car, pendant cette repousse, la plante ne mûrit pas, elle n'a même plus le temps de mûrir jusqu'à l'arrachage.

Or on sait que le maximum de richesse saccharine n'est atteint qu'à la maturité complète du végétal. L'effeuillage est donc une pratique vicieuse. Le professeur Schacht a constaté, après l'effeuillage complet, une perte de sucre de 3.77 % ; après un effeuillage partiel la richesse de la racine, dans la partie correspondant à la feuille enlevée, avait baissé de 1.07 %. MM. Nobbe et Siegert ont constaté le même fait en Allemagne. Ils ont reconnu que le rendement en poids, le sucre, la matière sèche, les matières protéiques, diminuent sensiblement avec l'effeuillage partiel et considérablement avec l'effeuillage total. Pour la betterave à sucre, comme pour la betterave fourragère, l'effeuillage est donc nuisible.

En France, M. Corenwinder est arrivé à la même conclusion. Les betteraves effeuillées subissent des modifications notables dans leur forme. Le collet s'allonge, la racine bifurque, etc.

Violette, P. Duchartre, Champion et Pellet, etc., ont

fait des observations qui les ont conduits à condamner d'une façon absolue la pratique de l'effeuillage.

M. Viet, cultivateur à Rougeville, commune de Saacy-sur-Marne, a inventé une bineuse à bras que nous croyons devoir signaler à nos lecteurs. Voici un extrait du rapport qui a été rédigé sur cet instrument par M. Ragot, ingénieur, administrateur de la sucrerie centrale de Meaux (1) :

La bineuse de M. Viet est un diminutif de la houe à cheval manœuvrée à bras d'homme.

Elle se compose d'un avant-train en fer porté sur deux roues de 0$^m$, 25 dont l'écartement est variable sur l'essieu, suivant la largeur des rayons à sarcler, au moyen de deux rondelles mobiles, fixées par des vis de pression.

Cet avant-train en forme de T, se prolonge à l'arrière par deux mancherons servant à diriger l'instrument, tandis que pour le pousser en avant, l'ouvrier appuie de tout le poids de son corps sur une courroie en cuir qui relie les deux extrémités des mancherons.

La hauteur de cette courroie, qui doit être appropriée à la taille de l'ouvrier, de manière qu'elle porte à la hauteur de la ceinture, se règle au moyen d'un secteur en arc de cercle mobile autour d'une articulation, et que l'on fixe au point voulu par un boulon traversant l'œil du secteur.

Le bâti sert en même temps de support aux trois dents travaillantes, de forme et de dimensions appropriées à la nature de la plante à sarcler ; elles sont placées en triangle, une en avant, deux en arrière ; elles sont fixées par des vis de pression à la hauteur nécessaire pour n'entamer que la couche superficielle du sol (2 à 3 centimètres suivant les cas).

(1) Ce rapport a été lu à la Société d'Agriculture de Meaux, en uin 1883.

En outre, la traverse centrale porte deux lames traînantes articulées sur le bâti à leur partie antérieure ; elles sont destinées à protéger les lignes contre le recouvrement par la terre que les lames travaillantes rejettent sur le côté.

Cet instrument, dont la construction bien étudiée, est à la fois simple et soignée, nous paraît destiné à rendre des services réels dans la culture des plantes semées en lignes. Quel que soit le rapprochement des rayons, alors que l'emploi de la houe à cheval devient impossible, la bineuse Viet peut s'appliquer en procurant des avantages considérables, tant au point de vue de la rapidité du travail et de l'économie de temps, qu'au point de vue de la régularité et de la perfection du sarclage, comparé au travail à la main.

Parmi toutes les applications dont cet instrument est susceptible, nous prendrons comme exemple le sarclage de l'avoine et de la betterave, ces deux opérations ayant fait l'objet des expériences de Chaillouet.

Dans les céréales, l'instrument devant travailler à cheval sur la ligne à une époque où la plante déjà forte ne craint plus d'être recouverte par la terre, on supprime la dent du milieu et les lames du traîneau protecteur pour ne conserver que les deux dents latérales : elles sont écartées de 6 à 8 centimètres, de manière à laisser un espace libre de 3 à 4 centimètres de chaque côté de la plante. L'ouvrier ayant placé l'instrument à cheval sur le rayon et les roues dans les intervalles, se penche sur la courroie en dirigeant avec attention l'instrument à l'aide des deux mancherons, de manière à suivre très exactement la ligne.

Dans une terre meuble et bien préparée, un ouvrier arrive avec un peu de pratique à prendre, sans fatigue, une allure moyenne de 3 kilomètres à l'heure, soit, avec un espacement de 0ᵐ16 entre les lignes, un travail de 9 ares 60 centiares à l'heure.

Dans l'expérience de Chaillouet, l'ouvrier chargé de conduire la bineuse Viet, mis en concurrence avec trois bineurs travaillant avec la raclette ordinaire, a sensiblement dépassé cette allure normale et atteint la vitesse de 5 kilomètres à l'heure, qu'il n'aurait du reste pu soutenir d'une façon continue ; mais il y a lieu de tenir compte de l'émulation qui stimulait également les trois bineurs, et si, dans ces conditions, la bineuse Viet conduite par un homme a produit le même travail que trois bineurs ordinaires, on peut conclure que, dans des conditions normales, la bineuse Viet remplacerait certainement le travail de deux hommes au moins et peut-être même de trois.

Pour les betteraves, le binage correspondant à la première façon donnée à la main, se fait en deux fois.

La première passe se donne à cheval sur la ligne : on place le traîneau protecteur en lui donnant un écartement en rapport avec la grosseur de la plante, la nature du sol et l'habileté de l'ouvrier. On rapproche les deux dents latérales du protecteur, sans cependant qu'elles le touchent, et l'on dirige l'instrument de manière à bien suivre la ligne avec le protecteur.

Après avoir passé ainsi sur toutes les lignes, il reste au milieu de l'intervalle des rayons une bande non cultivée, on donne alors une seconde passe en enlevant le protecteur que l'on remplace par la troisième dent, et en poussant l'instrument dans l'intervalle des rayons.

Quand, plus tard, la betterave a pris de la force, on n'emploie plus le protecteur, et les façons ultérieures se donnent entre les lignes avec la bineuse munie de ses trois dents.

A la vitesse normale de 3 kilomètres à l'heure, avec un

écartement de 0 m. 40 entre les lignes, un ouvrier fait 12
ares à l'heure, et 13 ares 1/2 à l'espacement de 0 m. 45.

Pour la première façon, la seconde passe entre rayon
peut se donner facilement par un enfant de douze à quinze ans au moyen de l'instrument muni d'une seule dent
ou de deux au plus, et avec une vitesse de 2 kilomètres
à l'heure, il pourra faire 7 à 8 ares à l'heure.

Bineuse Viet.

En résumé, la bineuse Viet nous a paru remplir com
plètement les promesses de son inventeur et devoir rendre de grands services à la culture des plantes en ligne,
non seulement dans les exploitations qui ne comportent

pas la houe à cheval, mais même dans la grande culture pour le binage des céréales.

La seule condition nécessaire pour son application, c'est d'avoir une terre bien meuble et bien préparée.

Dans des terrains caillouteux, dans les terres fortes, incomplètement réduites, à mottes compactes, ses avantages disparaîtraient certainement en grande partie : toutes les bineuses ont cet inconvénient. Nous ne saurions néanmoins trop féliciter l'inventeur de l'intelligence et de la persévérance qu'il a apportées à la solution du problème qu'il s'était proposé, ni trop engager les cultivateurs à se procurer un instrument utile, dont le prix modique permet l'introduction dans les plus petites cultures.

En fait de houe à cheval, nous recommanderons la houe à leviers mobiles de W. et C. Woolnough et C° que livrent MM. Smyth et fils, 160, rue Lafayette, à Paris.

Le dessin ci-après représente la houe montée pour sarcler les betteraves. Pour les blés, on place un seul levier entre chaque ligne avec un soc spécial. Elle doit être faite pour sarcler le même nombre ou la moitié des rangs semés avec le semoir qu'elle est destinée à suivre.

Dans les pays où on cultive beaucoup la betterave, ces houes sont très appréciées pour la grande quantité d'ouvrage qu'elles peuvent faire avec la plus parfaite régularité. L'homme chargé de conduire cet instrument en est toujours le maître ; une simple pression sur le levier conducteur lui suffit pour faire varier tous les couteaux à la fois.

Un régulateur permet, sans arrêter l'instrument, de changer instantanément la profondeur à laquelle on travaille. L'essieu est mobile, de façon que les roues peuvent être déplacées à l'écartement que l'on veut. L'avant-train du semoir peut s'adapter sur cette houe pour en faciliter le fonctionnement.

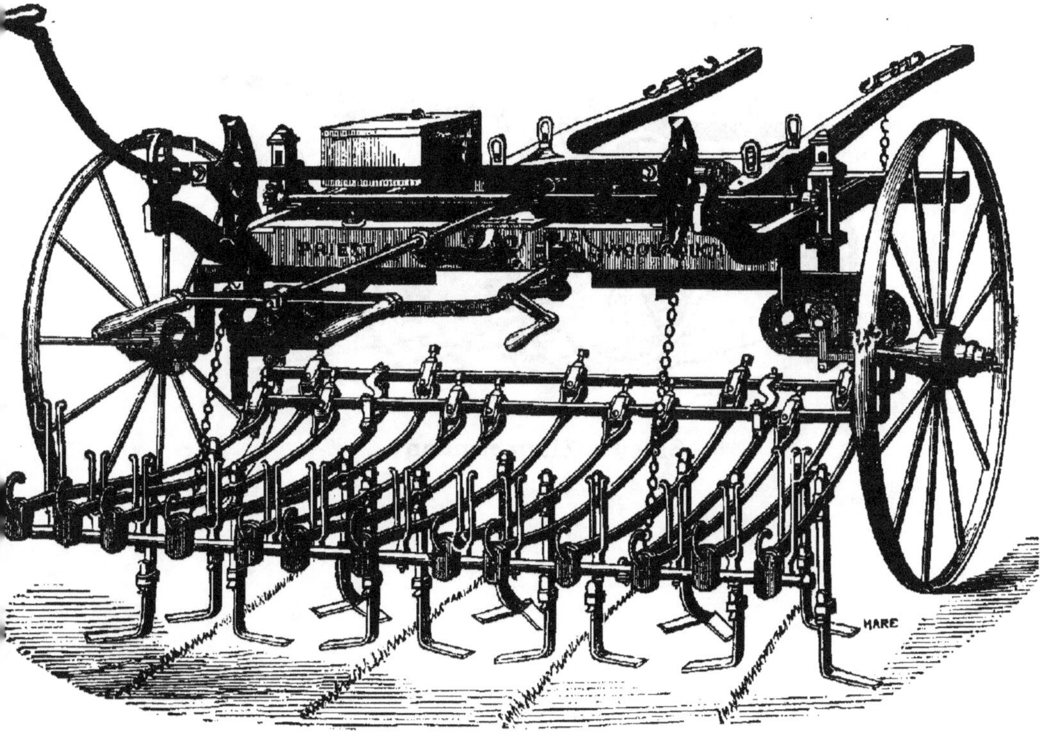

Houe à cheval  de Woolnough.

En Allemagne, on emploie  avec  succès les  houes  de
Zimmermann, dont nous  donnons  deux dessins, et que
l'on peut se procurer à l'Agence centrale des agriculteurs

Bineuse  Zimmermann.

et des horticulteurs de France, 38, rue Notre-Dame-des-Victoires, à Paris.

Bineuse Zimmermann.

# CHAPITRE X.

## Maturité. — Arrachage — Conservation.

A quoi peut-on reconnaître la maturité de la betterave à sucre?
— Observations de Briem sur le rapport qui existe entre le
poids des feuilles et celui des racines des betteraves mûres.
— Arrachage. — Arrachage à la main. — Arrache-betterave du Comte de Beaurepaire. — Arracheuses mécaniques,
de Cartier, d'Olivier-Lecq, de Provins, de Desprez. — Double
déracineuse de Mahaux. — Conservation des betteraves. — Causes d'altération. — Principe des méthodes de conservation. —
Pertes en silos. — Variations de poids et de richesse, d'après
Marek, Vivien. — Expériences de Hanamann sur la faculté de
conservation des betteraves décolletées et non décolletées. —
Silos français. — Ventilation. — Silos allemands. — Retournement des betteraves. — Résultats d'une enquête sur les systèmes de silos usités en Allemagne — Silos à ventilation artificielle du système Langen, de Cologne. — Conditions que
doit remplir la betterave pour se bien conserver en silos.

Un point d'une grande importance dans la culture de
la betterave à sucre, c'est la détermination précise du
moment où la plante est arrivée à maturité complète,
renferme le maximum de sucre et possède la plus grande
pureté. Briem s'est occupé spécialement de cette importante question. Tout d'abord il constate que le seul critérium de la maturité auquel on ait eu recours jusqu'ici
dans la pratique est la coloration des feuilles. Tous les
auteurs qui ont écrit sur cette matière s'expriment à peu
près ainsi :

« La couleur vert sombre des feuilles disparait peu à

peu et l'aspect du champ de betteraves prend une teinte vert-jaunâtre, les trois quarts des feuilles se flétrissent et pendent comme des filaments desséchés ; seul le cœur est encore garni de feuilles fraîches, d'un vert tirant sur le jaune. »

Sur l'époque de la maturité et la manière de la reconnaître, Schadeberg émet l'opinion que « dans les autres cultures, il existe des indices plus ou moins précis qui permettent au cultivateur de se rendre compte de l'état de sa récolte sous ce rapport ; mais en ce qui concerne la betterave à sucre, il n'en est point de même : jusqu'à présent on n'a trouvé aucun indice certain de la maturité et l'on a même observé que la betterave à sucre pousse aussi longtemps que la température le lui permet. »

En est-il réellement ainsi ? Ne possédons-nous aucun critérium certain de la maturité de la betterave ?

« Que les signes extérieurs indiqués plus haut puissent nous tromper complètement, dit Briem, que par exemple, après une longue période de sécheresse, les feuilles externes de la betterave se flétrissent et tombent, tandis que les feuilles centrales jaunissent alors que la plante n'est point encore mûre, c'est ce que l'expérience nous a déjà montré, et notamment dans l'automne de 1883.

Du milieu d'août jusque vers la fin de septembre, le 21, la température fut sèche, les champs de betteraves, par suite de la sécheresse ininterrompue, avaient alors l'aspect de la maturité, la richesse saccharine se tenait à un degré élevé, les quotients de pureté étaient très satisfaisants et les feuilles se flétrissaient en grande partie. On commença donc partout la récolte.

Mais, en fabrication, de nombreuses difficultés survinrent dans le travail ; on s'aperçut que la betterave était très pauvre en jus, que ceux-ci cuisaient mal : en somme, on se trouva en présence de tous les inconv nients qu'occasionne d'ordinaire une betterave non mûre. On s'était simplement laissé tromper par le critérium habituel de la maturité, et la betterave, malgré ses feuilles desséchées, malgré la teinte jaune de celles-ci, malgré de hautes polarisations et de bons quotients de pureté, n'était point encore arrivée à maturité.

N'avait-on réellement en main aucun moyen de constater par des chiffres que la betterave, malgré son apparence trompeuse, n'était pas encore mûre ?

A cette époque, dit Briem, nous nous occupions spécialement d'essais sur le champ d'expériences de Grobers et nous faisions des déterminations de poids très exactes, ainsi que des polarisations.

Nous allons puiser dans les nombreux documents que nous avons recueillis à ce moment, dans un autre but, des chiffres qui vont nous servir à résoudre la question qui nous occupe. Ces chiffres représentent les résultats d'un grand nombre d'essais. Nous avons trouvé du 17 au 20 septembre :

| ESSAI | SUR 100 DE BETTERAVES | | TAUX POUR CENT | |
| --- | --- | --- | --- | --- |
| | Poids de la racine kg. | Poids des feuilles kg. | Racines | Feuilles |
| N° 1 | 3.06 | 2.10 | 58 | 42 |
| 2 | 4.95 | 2.45 | 66 | 34 |
| 3 | 3.85 | 3.15 | 55 | 45 |
| 4 | 3.70 | 2.85 | 56 | 44 |

Ainsi, en moyenne, à cette époque, du 17 au 20 septembre, le rapport du poids de la racine à celui des feuilles était comme 59 : 41, le poids total étant supposé égal à 100.

Comparons maintenant ces chiffres avec ceux de betteraves développées normalement à cette époque, c'est-à-dire arrivées à maturité dans la deuxième décade de septembre.

Dans ce but, reportons-nous à un travail que nous avons fait sur une période de cinq années, de 1876 à 1880 inclusivement, et dans lequel nous avons essayé de fixer ce même rapport. Comme il arrive rarement qu'une année soit assez normale pour que l'on en puisse tirer des chiffres sûrs, faisant loi, nous prendrons les moyennes de ces cinq années, de façon à corriger les erreurs et à obtenir une image fidèle des résultats que donnerait une croissance normale de la plante.

Les moyennes ainsi établies sont les suivantes :

| MOIS | Date de l'essai | Poids moyen des plantes en grammes. | | | Poids rapporté à 100 gr. de plante entière. | | |
|---|---|---|---|---|---|---|---|
| | | Racines | Feuilles | Total | Racines | Feuilles | plante entière |
| Mai | 20 | 0.05 | 0.49 | 0.54 | 9.3 | 90.7 | 100 |
| | 31 | 0.15 | 1.39 | 1.54 | 9.7 | 93.3 | 100 |
| Juin | 10 | 1.13 | 9.34 | 10.47 | 10.8 | 89.2 | 100 |
| | 20 | 5.00 | 36.00 | 41.00 | 12.2 | 87.8 | 100 |
| | 30 | 22.4 | 65.4 | 87.8 | 25.5 | 74.5 | 100 |
| Juillet | 10 | 54.6 | 117.5 | 172.1 | 31.1 | 68 9 | 100 |
| | 20 | 107.2 | 156.2 | 263.5 | 40.7 | 59.3 | 100 |
| | 31 | 127.3 | 144 5 | 271.8 | 46.8 | 53.2 | 100 |
| Août | 10 | 159.7 | 167.0 | 326.7 | 48.8 | 51.2 | 100 |
| | 20 | 234.3 | 165.5 | 399.8 | 58.6 | 41.4 | 100 |
| | 31 | 298.1 | 199.4 | 497.5 | 59.9 | 40.1 | 100 |
| Septembre | 10 | 335.4 | 160.6 | 496.0 | 67.6 | 32.4 | 100 |
| | 20 | 390.2 | 166.2 | 556.4 | 70.0 | 30.0 | 100 |
| | 30 | 425.2 | 185.8 | 611.0 | 69.5 | 30.5 | 100 |
| Octobre | 10 | 443.0 | 141.8 | 584.8 | 75.7 | 24.3 | 100 |
| | 20 | 461.8 | 137.2 | 599.0 | 76.9 | 23.1 | 100 |
| | 31 | 471.4 | 143.2 | 614.6 | 76.7 | 23.3 | 100 |

D'après ces nombres moyens, nous voyons que : depuis le commencement de la végétation jusqu'à la récolte, le rapport entre le poids de la racine et celui de ses feuilles va toujours en augmentant. Si au commencement on trouve un rapport de 9 : 10, on trouve vers la fin jusqu'à 75 : 25.

Nous remarquons, ce qui nous intéresse surtout, que, à fin septembre, c'est-à-dire dans la deuxième décade, le rapport de la racine aux feuilles est comme 70 : 30. Dans l'exemple ci-dessus, nous avions, à la même époque, 20 septembre, le rapport de 59 : 41. Par conséquent, nous trouvions là un fait anormal, révélé par des chiffres; ce rapport existe déjà au 20 août dans les années normales, où la végétation n'est pas contrariée par une sécheresse persistante, et cette époque n'est certainement considérée par personne comme le moment où la betterave est arrivée à maturité.

Nous voyons, d'après cela, conclut Briem, que nous avons, dans *le rapport entre le poids de la racine et celui des feuilles*, un critérium qui nous indique, par des chiffres, si la betterave est mûre ou si elle ne l'est pas. Ce rapport nous renseigne plus sûrement, bien mieux que la polarisation, et il nous explique mieux que le quotient de pureté les difficultés du travail de fabrication. Bref, nous possédons dans le pesage d'un grand nombre de betteraves et de leurs feuilles, et dans le calcul du rapport qui existe entre les deux poids, une indication très simple et très sûre du degré de maturité de la betterave ; nous savons, en effet, que, à l'époque de la maturité, le poids des racines doit être à celui des feuilles comme 70 est à 30.

Et c'est précisément parce que ce rapport, qui correspond à la maturité complète, est généralement réalisé à fin septembre, que nous trouvons dans les ouvrages traitant de la culture de la betterave, l'indication de cette époque comme étant celle où la plante est mûre, étant donné que le développement a été normal. La preuve en résulte clairement du tableau ci-dessus. Tout change-

ment dans les conditions normales se traduit directement dans le rapport normal entre le poids de la racine
et le poids des feuilles.

Cette méthode est assurément ingénieuse et donne des
indications très précieuses. Mais il convient de remarquer que le rapport entre le poids de la racine et celui des
feuilles varie avec la nature des betteraves. En général,
plus la variété est riche, plus le poids des feuilles pour
100 de racines élevé (voir. p. 212). Il y aurait probablement lieu de tenir compte de ce fait. Néanmoins, pour
des betteraves de bonne qualité, de 12 à 14 % de sucre,
le rapport de Briem, 70 de racines pour 30 de feuilles,
nous paraît exact.

### ARRACHAGE.

L'époque de l'arrachage devrait être, en règle générale,
l'époque où la betterave contient le maximum de sucre
et possède la plus grande pureté, ce qui revient à dire
qu'on ne devrait jamais arracher que les betteraves arrivées à maturité complète. En pratique, il n'en est point
ainsi. Le cultivateur qui livre ses betteraves au fabricant à tant les mille kilog, se préoccupe peu du degré de
maturité et de pureté de sa récolte. Il considère avant
tout le poids total de cette récolte et il ne procède à l'arrachage que dès qu'il croit qu'il n'y aura plus de progrès
sous le rapport quantitatif, s'inquiétant fort peu des difficultés que présente la conservation en silos et le traitement industriel d'une racine qui n'a point atteint le dernier degré de maturité.

Il faut reconnaître qu'il n'est pas facile, surtout dans
les cultures d'une certaine importance, d'arracher toutes
les pièces de betterave au moment précis de la maturité.
La main-d'œuvre fait quelquefois défaut. les transports
sont plus ou moins aisés ; en un mot, une foule de cir-

constances peuvent  empêcher  le  cultivateur d'opérer sa récolte  à l'époque la plus  favorable  au point de vue des intérêts du fabricant. Il  serait  désirable d'encourager  le cultivateur à n'arracher ses pièces que méthodiquement, suivant leur degré  de maturité. Il y  aurait double profit, et sous le rapport de la  facilité de conservation des betteraves en silos et sous le rapport du  rendement  en sucre. La prime qui serait, en retour, allouée au cultivateur, serait largement récupérée. Entre la première partie des livraisons d'un cultivateur et la dernière partie, il y a souvent des différences de richesse saccharine considérables, dues à ce que l'arrachage n'a pas eu lieu en temps opportun pour la totalité de la livraison. Cette question  a une importance considérable. Le fabricant qui travaille 15 millions de kilogrammes  de betteraves,  dont  un  tiers arraché  avant  maturité  complète,  pourra  fort bien n'extraire que 8 mille sacs de sucre au lieu de 9 mille  que lui aurait fournis sa récolte de 15  millions arrachée et mise en silos dans les conditions de maturité voulue. La perte occasionnée par le défaut de maturité se répercute dans le travail jusqu'à la fin de la campagne. Aussi  ne saurait-on trop insister sur  la  nécessité de n'arracher que  des betteraves arrivées au maximum de pureté et de richesse.

L'époque  de ce maximum varie  suivant  l'époque des semailles, les  conditions atmosphériques pendant la végétation, la  nature du  sol  et des engrais. Il est établi, comme nous l'avons vu, qu'il y a  généralement avantage à semer de bonne heure ; la végétation s'effectue dans de meilleures conditions et l'on a des chances de  pouvoir récolter  plus tôt.

L'arrachage se fait soit à la main, avec  des  outils spéciaux, la bêche ou la fourche, soit à la  machine. Pour le travail à la main, les  avis sont  très différents ; les uns préfèrent la bêche, les autres la  fourche. Il  y a un principe qui doit prédominer dans ces deux méthodes, c'est que la betterave ne doit jamais être blessée par l'outil employé, quel qu'il soit.

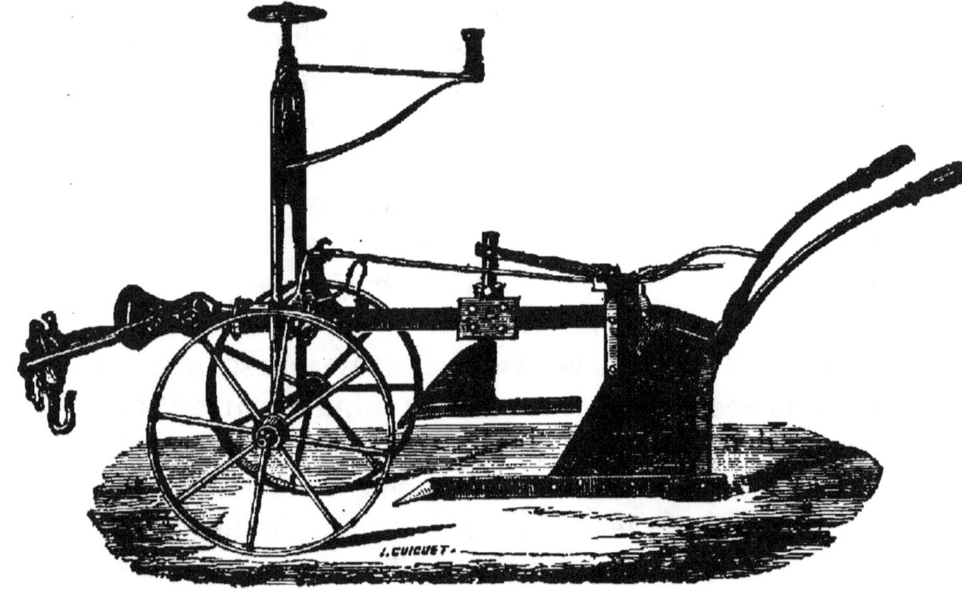

Arracheuse de betteraves mécanique.

Toute betterave atteinte par le fer est condamnée à la pourriture dans un délai plus ou moins court. Les betteraves arrachées sont d'abord secouées pour faire tomber la terre, puis décolletées au moyen d'une serpe. Cela fait, on les met en gros tas qu'on recouvre avec les feuilles. Ainsi disposées, elles peuvent attendre l'arrivée des voitures destinées à les enlever. Un autre procédé consiste à mettre les betteraves en *tourelles*. Aussitôt arrachées, sans enlever ni la terre, ni les collets, ni les feuilles, on les dispose sur le sol en un cercle de 1 m. 50 de diamètre, le pivot en dedans et les feuilles en dehors. On place ainsi plusieurs lits de betteraves les uns sur les autres en diminuant progressivement l'ouverture de la tourelle. Le sommet se termine par une ou plusieurs

grosses betteraves qui bouchent l'ouverture. Les betteraves en tourelles gagnent en sucre et en pureté, mais
perdent en poids. Ce procédé est très recommandable
pour achever la maturation des racines, surtout par les
temps humides.

M. de Beaurepaire a imaginé un arracheur de betterave très simple dont voici le dessin.

Arrache-betteraves du Comte de Beaurepaire.

Les avantages de cet outil sont les suivants :

1° L'ouvrier ayant une lame mince et étroite a moins
de difficulté à l'enfoncer en terre et tient son outil plus
volontiers rapproché de la verticale.

2° Il va avec le bec de l'outil jusqu'en dessous de la
partie importante de la betterave.

3° Attaquant la betterave par son milieu, il ne la blesse
pas des deux côtés comme avec la fourche.

4° Il soulève bien moins de terre qu'avec la bêche.

5° Le peu de terre qui reste toujours entre le bec de
l'instrument et la racine fait matelas et protège la betterave au moment du mouvement de bascule de l'arrachage.

Dix-huit instruments ont fonctionné l'automne dernier,
à la grande satisfaction des ouvriers et ouvrières de la

ferme de Grivesnes, près Montdidier, appartenant à M. le comte de Beaurepaire.

En ce qui concerne l'arrachage mécanique, un grand nombre d'instruments ont été proposés et appliqués. L'arrachage mécanique étant beaucoup plus rapide que l'arrachage à la main, un de ses principaux avantages consiste à permettre de retarder l'époque de la récolte jusqu'à la dernière limite, de façon à laisser à la betterave le temps de mûrir complètement. Dans les cultures importantes, c'est là une considération très sérieuse. Comme économie de main-d'œuvre, la supériorité de l'arrachage mécanique est également établie.

En Allemagne, divers systèmes d'arracheurs sont employés. Les plus répandus sont ceux de M. Rudolf-Sack, de Siedersleben, de Lefeldt, etc.

M. Emile Cartier, ancien fabricant de sucre, à Nassandres (Eure), actuellement ingénieur-constructeur à Paris, 30, rue Titon, construit un *arracheur de betteraves* perfectionné, très solide et très soigné dans les détails.

Arracheuse Cartier.

Cet arracheur, dont nous donnons un dessin, réunit, d'après M. Cartier, les avantages suivants :

Augmentation de 5 % de la récolte de betteraves ; des femmes et enfants suffisent pour l'arrachage ; ni la sécheresse, ni la gelée n'interrompent le travail ; profond labour du sous-sol donné à la terre ; absence de toute lésion sur les racines.

Quand on pratique l'arrachage des betteraves à la main, on ne peut employer ni femmes ni enfants, il faut des hommes assez forts, et encore ceux-ci sont-ils complètement empêchés de travailler quand la terre est dure par suite de sécheresse ou de gelée. Que les ouvriers opèrent avec une bêche, un crochet ou une fourche, ils enlèvent rarement les betteraves tout entières ; le plus souvent ils laissent en terre une partie, quelquefois une grande partie de ces racines. De plus, leurs outils percent ou meurtrissent les racines, qui alors doivent s'altérer dans les silos et peuvent être, pour ce défaut, refusées par le fabricant de sucre. Si les betteraves sont racineuses, la difficulté d'arrachage et le déchet resté en terre augmentent notablement. Tous ces inconvénients sont supprimés par l'Arracheur perfectionné de M. Emile Cartier.

Cet arracheur soulève à la fois deux rangs de betteraves, et peut arracher environ deux hectares par jour. Il doit être traîné par trois ou quatre animaux. On règle l'appareil suivant la longueur des betteraves et l'écartement des lignes. Il exerce son action dans le sous-sol, de sorte que ni la terre, ni les betteraves ne sont retournées. Celles-ci éprouvent un soulèvement de quelques centimètres, qui est suffisant pour briser le pivot et les racines adventives et détruire toute adhérence avec le sol. Des femmes et des enfants prennent alors les betteraves à la main et en coupent les collets.

Les racines peuvent sans inconvénient être ainsi soulevées plusieurs jours d'avance ; car, restant dans la terre, elles sont à l'abri de la gelée et du soleil. Les betteraves sorties du champ étant exemptes de toute lésion se maintiennent parfaitement saines. La solidité de l'appareil est à toute épreuve. Il pèse environ 255 kilos, et il a toute la stabilité nécessaire pour opérer un bon travail, même dans le sol le plus dur. Comme la terre, dans ce mode d'arrachage, n'est pas retournée, les voitures de toute sorte peuvent circuler dans le champ pour prendre leur chargement de betteraves. Cependant, le champ a reçu, dans le sous-sol, un labour énergique dont l'efficacité est fort appréciée par les cultivateurs expérimentés. L'arrachage ainsi pratiqué est complet. Il ne reste en terre ni betteraves entières, ni fragments de betteraves, même lorsqu'elles sont racineuses. C'est là un avantage très important, car dans l'arrachage à la main, la proportion de betteraves perdues s'élève à environ *cinq* pour cent du poids total de la récolte. Aussi, rien que par ce dernier avantage, l'arrachage à la machine d'une dizaine d'hectares de betteraves suffit à procurer un grain assez élevé pour couvrir le prix d'achat de cette machine.

Nous signalerons aussi *l'Arrache-betteraves* de M. P. Olivier-Lecq, agriculteur à Templeuve (Nord). M. Aug. Collette, de Seclin (Nord), consulté par M. Olivier-Lecq sur les résultats donnés par cet arrache-betterave, a résumé son opinion en ces termes : « Mon opinion sur cet instrument est tout en sa faveur ; son avantage principal est de pouvoir faire le travail quand on veut et comme on le veut, sans être à la merci des ouvriers aux pièces. Comme arrachage, le travail est supérieur à celui fait à la main, et maintenant que beaucoup de mes champs sont labourés, on reconnaît très facilement ceux qui ont été arrachés à la machine de ceux arrachés à la main. Dans les premiers, on ne voit pas une seule queue de betterave ramenée à la surface, tandis que dans les autres, il y en a des quantités très grandes. Cet outil rendra de grands services à ceux qui cultivent la bonne betterave à sucre, qui est toujours d'un arrachage difficile à la main, tandis qu'à la machine les betteraves pivotantes s'arrachent tout aussi bien que celles qui ne

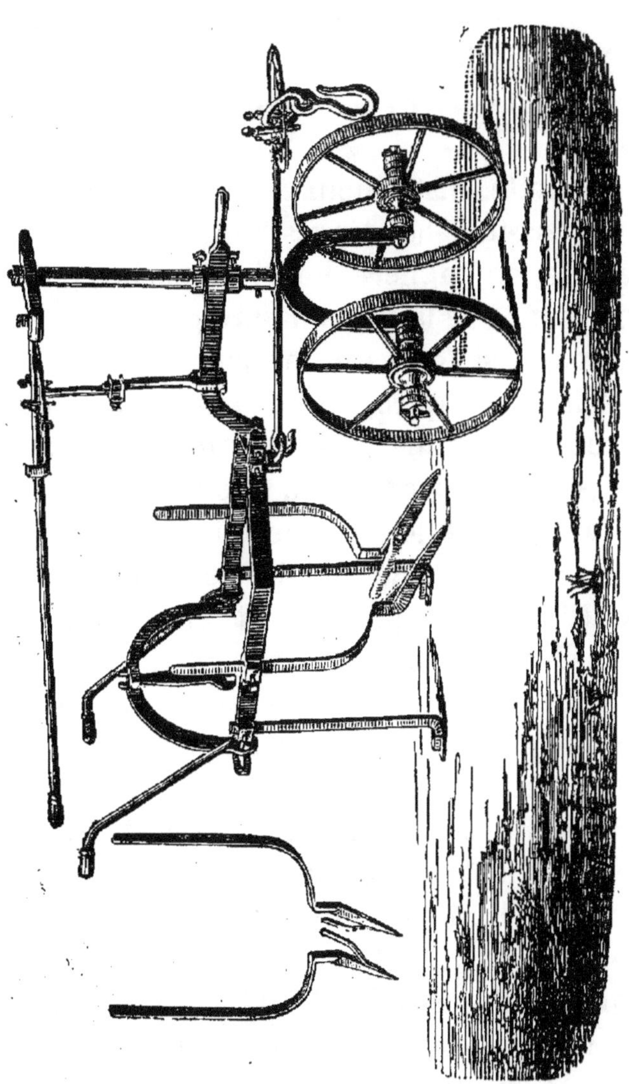

le sont pas. Ce serait bien heureux pour notre industrie si cet instrument pouvait engager les cultivateurs à semer des betteraves plus pivotantes. »

M. Hugo Decrombecque, de Lens, chez qui nous avons vu fonctionner cet instrument, nous a déclaré en être très satisfait.

D'après les renseignements recueillis chez MM. Collette, Decrombecque, de Lens, etc., la dépense comparée de l'arrachage à la bêche et à la machine coûterait :

Chez M. Decrombecque, de Lens, arrachage à la bêche : 40 fr. l'hectare ; à l'arrache-betteraves : 22 fr.; différence : 18 fr.

Chez M. Collette, distillateur à Seclin : arrachage à la main : 55 fr.; arrache-betteraves: 30 fr. différence : 25 fr.

En moyenne, on gagnera donc à l'hectare, avec cet instrument, 21 fr. sur la main-d'œuvre.

Et maintenant, si l'on veut compter la perte des betteraves qu'on laisse en terre, on ne peut estimer cette perte à moins de 15 grammes. 15 grammes sur 80.000 pieds à l'hectare (soit 8 betteraves au mètre carré) représentent au total 1,200 kilos à l'hectare, à 20 fr. les 1,000 kilos : 24 fr., soit un bénéfice total de 45 fr. à l'hectare. Avec la betterave riche, la perte est encore plus élevée.

Pour régler l'Arrache-betterave Olivier-Lecq, il faut se placer sur un terrain plat, creuser un trou de 11 centimètres de profondeur, poser l'instrument au-dessus de façon que l'extrémité des pointes soit au fond, relever ou baisser les patins, de manière que le dessus de l'extrémité des ailes soit au niveau du sol, et tenir les ailes des socs écartées l'une de l'autre de 4 centimètres.

L'Arrache-betteraves Olivier-Lecq à 1 rang comporte 2 pointes qui s'enfoncent de 10 à 12 centimètres en terre, selon qu'il fait plus ou moins sec. Ces pointes, écartées entre elles de 15 centimètres, passent de chaque côté de la ligne de betteraves presque horizontalement ; elles sont munies chacune d'une branche ou aile qui, formant plan incliné, sert de levier et force la betterave à passer dans l'intervalle des 4 à 5 centimètres qui les sépare. L'arrache-betteraves se construit aussi pour deux rangs.

Nous signalerons encore l'*Arracheuse Provins* (M. Provins, fabricant de sucre, à Bapaume, Pas-de-Calais). Cet instrument est nouveau. Nous ne l'avons pas encore vu fonctionner.

M. Florimond Desprez, de Cappelle, par Templeuve (Nord), préconise l'arrachage à la charrue ordinaire. Il applique ce système dans ses fermes. Nous l'avons vu fonctionner pour les betteraves destinées à la production de la graine. Les résultats sont excellents. Il en est de même chez M. J. Simon-Legrand, à Auchy.

M. A. Mahaux, à Eghezée (Belgique), a fait breveter une *double-déracineuse* pour l'arrachage des betteraves et autres racines pivotantes. Cet instrument fonctionne en Belgique et, d'après nos renseignements, il donne de bons résultats. Il aurait, d'après l'inventeur, les avanta ges suivants : 1º Economie de main-d'œuvre ; des femmes suffisent pour prendre à la main les betteraves déracinées ; 2º aucune betterave n'est cassée ni blessée ; très peu de terre adhérente aux racines ; 3º facilité de charrois, la terre ne portant presque pas l'empreinte du passage de l'instrument ; 4º l'instrument déracine deux lignes à la fois.

Il se compose essentiellement d'une lame métallique d'une longueur variable de 40 à 80 centimètres, sur 1 à 1 1/2 centimètre d'épaisseur, et montée sur un age en bois.

Pour utiliser cet instrument, il faut planter les lignes de betteraves deux par deux à 14 ou 15 centimètres, avec intervalles de 48 à 50 centimètres entre chaque groupe de lignes. L'instrument passe entre les deux lignes rapprochées. Il est accompagné de plusieurs pointes, de grosseur variable. On choisit celle qui s'adapte le mieux au champ à arracher. La double-déracineuse travaille à la manière de la taupe ; elle soulève le sol uniformément entre les deux lignes.

### CONSERVATION DES BETTERAVES.

La conservation des betteraves a une importance capitale dans la fabrication du sucre, surtout sous le régime de l'impôt sur la matière première. Le prix d'achat de la betterave s'augmente, en effet, du montant de l'impôt et dès lors les pertes de sucre pendant la conservation deviennent extrêmement coûteuses pour le fabricant. Celui-ci a donc un intérêt majeur à bien conserver ses betteraves.

Malheureusement, sous notre climat du Nord de la France, les déceptions ne sont pas rares : la température des mois de fabrication demeure souvent douce et pluvieuse au lieu de devenir sèche et froide ; les transports de betteraves sont retardés, la fabrication traîne, et la racine pourrit faute d'avoir été ensilée méthodiquement et d'une façon rationnelle aussitôt après l'arrachage.

La betterave, comme toutes les matières organiques, s'altère et se décompose sous l'influence des trois facteurs : l'eau, l'air et la chaleur. Par un temps humide et doux la betterave se trouve donc dans les conditions les plus défavorables. Les différentes méthodes de conservation qui ont été proposées reposent précisément sur l'atténuation de l'influence de ces trois facteurs. Lorsque des betteraves décolletées ont été mises en tas plus ou moins volumineux et que l'air confiné entre elles ne peut se renouveler, il se produit un échauffement de la masse accompagné d'une décomposition. Il se produit une oxydation de la matière organique aux dépens de l'oxygène de l'air confiné ; puis la putréfaction commence et envahit les racines. Si, au contraire, on renouvelle l'air, l'échauffement est moindre, et l'altération, au lieu d'aller jusqu'à la pourriture, se limite à une oxydation constante de la matière sucrée, avec dégagement d'acide carbonique. Il nous semble infiniment probable que la section que présente chaque betterave à son collet favorise cette oxydation et cette perte de sucre par le contact direct des tissus avec l'air. Sous ce rapport, toutes les méthodes de conservation basées sur le renouvellement de l'air sont affectées de cet inconvénient.

Le principe de ces méthodes consiste à établir à volonté, au sein des betteraves mises en tas, un courant d'air variable emprunté à l'atmosphère et par suite à maintenir la température de la masse au degré le plus favorable. Ce degré doit se rapprocher du point de congélation. Une température de 5° par exemple maintenue constamment dans un silo favorise la conservation.

Dans les hivers où la température atmosphérique s'écarte peu du point de congélation, il est aisé d'arriver à ce résultat au moyen d'un système de ventilation organisé à la base ou dans le corps du silo. L'air extérieur, appelé dans la masse des racines, suivant un courant facile à régler, abaisse leur température au point voulu. Il n'en est pas de même dans les hivers très doux, comme ceux que nous avons eus en France depuis plusieurs années. Il est difficile, en pareil cas, d'éviter l'échauffement, et ce n'est que par les plus grands soins, en faisant retourner les tas deux ou trois fois s'il le faut, qu'on parvient à réduire les pertes à un minimum d'ailleurs encore élevé. Etant donné le mode d'ensilage généralement usité en France, et qui consiste à faire de gros tas, très larges et très élevés, le plus souvent sans aucune ventilation, on peut estimer à plusieurs millions les pertes subies par les fabricants, du fait de l'altération des racines en silos (1).

D'après Marek (2), les betteraves mises en silos augmentent de poids. Cela tiendrait à ce que les racines perdent de l'eau par évaporation avant la mise en silos et en absorbent ensuite pendant la conservation. Il a constaté une augmentation de 2.06 % au bout d'un mois, 4.56 % au bout de 2 mois, 6.66 % au bout de 3 mois et 7 % au bout de 4 mois. Pour la fabrication, la meilleure période s'étend d'octobre à décembre inclusivement. A partir de ce moment, la teneur saccharine et la pureté baissent énormément.

L'opinion courante est que les betteraves perdent en poids en silos au lieu d'augmenter, comme l'a constaté le Dr Marek. Il nous paraît évident que si les betteraves ont été arrachées et ensilées par un temps sec et qu'il survienne ensuite de la pluie, elles devront augmenter de poids. Dans des conditions inverses, c'est le contraire qui devra se produire. Un fait constant, c'est la diminution de la richesse saccharine pendant l'ensilage.

Vivien considère la perte de poids comme étant fonction de la perte de sucre : « Par l'acte de la respiration, les betteraves, dit-il, consument du sucre en donnant lieu à un dégagement d'acide carbonique et d'eau. On

(1) Une perte moyenne de 2 % de sucre sur 7 milliards de kilogrammes de betteraves correspond à 140 mille tonnes de sucre, soit une perte de 60 à 70 millions de francs pour l'industrie française, sans compter les excédents dont elle est privée par suite de la diminution du rendement de la betterave. Ceci explique les précautions que prennent les fabricants allemands pour éviter l'altération des betteraves en silos. Il ne tardera pas à en être de même en France, sous l'influence de la nouvelle législation.

(2) *Journal de l'Association allemande.* Janvier 1883.

peut évaluer le sucre consumé pendant une période de 30 jours comme étant égal à 5 kg. par 1,000 kg. de betteraves. Cette proportion est exacte pour les deux premiers mois d'ensilage ; au delà, la proportion est plus grande, surtout quand la température moyenne de décembre et de janvier est élevée. En même temps qu'il y a diminution du sucre il y a altération de la pureté du jus et la quantité de sucre extractible descend de 60 à 58, 55, 51 et 45 % du sucre total (avec les presses hydrauliques), suivant que l'on considère chacun des mois de conservation, octobre, novembre, décembre, janvier, février. En 1867-68, après 100 jours d'ensilage, des betteraves qui contenaient primitivement 11.52 % de sucre n'en contenaient plus que 7.70, soit une perte de 3 k. 12 % et le sucre extractible n'était plus que de 5.20 %, soit 45 % de la quantité de sucre initial. »

Hanamann a fait à la station d'essai de Lobositz (Autriche) des expériences sur la conservation des betteraves (1) en silos. Des betteraves provenant d'un même champ ont été divisées en deux parties : les unes ont été *décolletées* à la serpe, au-dessous de la naissance des feuilles, les autres ont été simplement privées de leurs feuilles par torsion à la main. La conservation a eu lieu sur le même champ, du 1er novembre 1882 au 5 mai 1883. Jusqu'au commencement de février, il n'a pas été constaté de différence. De part et d'autre, les betteraves se sont également bien conservées ; leur composition a peu varié. A partir de cette époque jusque vers le mois de mai, on a constaté une diminution de valeur beaucoup moindre chez les betteraves décolletées à la serpe que chez les autres.

En France, on a jusqu'ici conservé les betteraves en gros tas ou silos.

(1) *Neue Zeitschrift*, de Scheibler. N° du 25 mars 1885.

Le meilleur système de conservation en gros tas, de 6 à 8 mètres de largeur à la base et sur une hauteur de 2 à 3 m., est celui préconisé par M. Champonnois. Ce système est applicable dans toutes les usines et répond parfaitement aux habitudes des fabricants français. Voici en quoi il consiste :

Sur le terrain destiné à recevoir un silo, on creuse de petits fossés de 30 à 40 cent. de largeur et de profondeur : ces fossés sont placés transversalement au tas. Ces conduits doivent dépasser la betterave de toute l'épaisseur de la terre qui doit les recouvrir pour que les ouvertures restent libres. Ils doivent aussi être espacés entre eux d'environ 2 mètres. On recouvre ces conduits de fagots ou de rondins. Puis on forme les tas, et on garnit les côtés avec de la terre et le dessus avec de la paille. Dans ces conditions, l'air extérieur pénètre dans les conduits, traverse le silo dans toutes ses parties et s'échappe par la partie supérieure en chassant l'air chaud confiné. La circulation est d'autant plus active que la température intérieure est plus élevée relativement à la température extérieure. Tant que la température atmosphérique reste au-dessus de zéro, on laisse tous les conduits ouverts ; dès qu'elle menace de descendre au-dessous de zéro, on tamponne toutes les ouvertures. Pour s'assurer du degré d'abaissement de la température dans la masse et connaître le point où il faut l'arrêter pour fermer définitivement les ouvertures et cesser toute surveillance, on établit, de place en place, dans la masse, de petits puits descendant environ à moitié de la hauteur et formés de clayonnages ou de petites planches assemblées à claire-voie pour soutenir la betterave et permettre d'y descendre un thermomètre. On peut constater tous les jours le progrès du refroidissement. Quand la température se maintient de 3 à 5 degrés au-dessus de zéro, on peut fermer toutes les ouvertures. Dans la cas de fortes gelées, on augmente l'épaisseur de la couverture supérieure.

C'est là une des meilleures installations que l'on puisse conseiller pour les silos de grandes dimensions. C'est le mode le plus simple et le plus économique. Il est basé, comme on le voit, sur le refroidissement par la ventilation. Mais, pour abaisser la température des silos ainsi établis à 3 ou 5 degrés au-dessus de zéro, il faut que la température atmosphérique soit elle-même à ce degré. Or, pendant les derniers hivers nous avons eu plusieurs séries de semaines chaudes dont la température très douce a évidemment nui au bon fonctionnement des silos à ventilation atmosphérique. Pour obtenir un refroidissement suffisant par tous les temps, on a proposé d'utiliser les procédés frigorifiques, en déterminant à travers les silos des courants d'air refroidi par ces procédés ; nous ne croyons pas que jusqu'ici aucune application réellement économique et pratique ait été faite dans ce sens. Jusqu'à plus ample expérience, nous considérons donc le système de ventilation décrit plus haut comme le plus avantageux. Il nous paraît absolument indispensable pour les silos de grande dimension.

En Allemagne, on établit les silos sur de très petites dimensions. Généralement, les cultivateurs dressent tout de suite leurs silos sur le bord du champ, après l'arrachage. Ces silos, sortes de petits prismes, sont recouverts de terre ; on en met une faible épaisseur au début pour éviter l'action des petites gelées, puis on augmente progressivement quand la température intérieure est assez basse pour n'avoir plus à craindre l'échauffement. Les cultivateurs allemands sont d'avis que la betterave ne doit sortir de terre qu'au moment d'être mise en fabrication.

Pour appliquer ce principe : *Aus der Erde in die Erde*, aussitôt la betterave arrachée, on dresse les silos et on les recouvre de terre, afin d'éviter la dessiccation de la racine. Cette dessiccation, très rapide à l'époque de l'arrachage, est très favorable à l'altération de la betterave ; aussi, dans tous les cas, quel que soit le mode d'ensilage, on doit éviter avec soin toutes les causes de fanaison. Ainsi mises sous une couche de terre, en petits tas, les betteraves se conservent très fraîches, très juteuses ; l'altération au bout de deux ou trois mois est très faible. Mais ce procédé n'est guère applicable dans les pays où il fait très froid, en Russie par exemple. Après une forte gelée, il devient impossible d'entamer les silos par les moyens ordinaires. Il faut avoir recours à la dynamite. Dans les pays à hivers doux, comme en France et en Belgique, le système des petits silos serait, sans aucun doute, excellent. Il est à désirer qu'il se substitue au système des gros silos, d'autant plus que, dans ces derniers, il est rare qu'on établisse une ventilation bien comprise.

Quelques fabricants disposent des cheminées d'appel verticales au sein des silos ; mais ce mode de ventilation est défectueux. Les racines qui avoisinent les cheminées gèlent et pourrissent très vite. Enfin la plupart des fabricants établissent leurs silos sans aucune ventilation ; ils se bornent à faire couvrir ou découvrir plus ou moins suivant les variations de la température. C'est le procédé le plus défectueux qu'on puisse imaginer.

Une opération des plus utiles, lorsque les betteraves tendent à s'échauffer en silos par suite de la douceur de la température ou de la mauvaise disposition des silos, c'est le *retournement des tas de betteraves*. Le coût de cette opération est insignifiant eu égard aux avantages qu'elle procure. On doit faire retourner les betteraves par des ouvriers soigneux, qui évitent de blesser les betteraves. Il ne faut jamais les retourner par un temps de gelée.

Nous avons dit qu'on apporte en Allemagne un grand soin dans la conservation des betteraves. On lira peut-être avec intérêt les renseignements que nous extrayons des résultats d'une enquête faite en 1882-83 chez les fabricants de sucre de l'Allemagne par le directeur de l'association.

Pour une longue conservation, les silos sont faits le plus souvent en forme de toit, parfois un peu arrondis vers le haut ; la sole du silo est au même niveau que la surface du sol, ou bien un peu en contrebas. Dans certains cas on a choisi une forme dont la section figure un rectangle. Nulle part on ne trouve indiqué que la forme du silos ait exercé quelque influence sur la conservation des betteraves ou que la forme dépende de la nature du terrain.

Nulle part on ne mentionne que des dispositions aient été prises pour évacuer les eaux qui se rassemblent.

Les dimensions des silos sont différentes surtout suivant que les silos sont situés sur le champ même ou bien à l'usine ou dans son voisinage. Dans les provinces de l'Est les grands silos prévalent ; dans l'Ouest on semble préférer les petits. La largeur et la profondeur varient moins que la longueur ; la largeur varie le plus souvent entre 1 1/2 et 2 1/2 m., la profondeur entre 1 et 2 m., dépassant rarement 2 m., et dans très peu de cas inférieure à 1 m. Tous les questionnaires n'indiquent pas à quelle profondeur les silos sont creusés dans le sol, lorsqu'ils le sont : pour autant qu'on puisse voir, ils sont le plus souvent enfoncés de 1/3 à 1/2 m., rarement moins. Ici encore, on ne dit pas si la nature du terrain ou d'autres circonstances ont déterminé le choix des dimensions.

La quantité de betteraves empilées dans un seul silo dépend très souvent de la longueur du silo. Les indications sur ce point varient entre 60 — 100 — 120 — 150 quintaux et d'autre part, entre 500 et 1000 quintaux et plus. Dans l'ensilage sur le champ même, on installe un silo particulier pour le rendement de chaque arpent ou demi-arpent. Souvent le contenu des silos est indiqué par mètre courant de la longueur des silos, et il varie le plus souvent de 20 à 40 quintaux par mètre. Lorsque les betteraves sont entassées selon la méthode belge, les tas contiennent des quantités considérables, même jusqu'à 25,000 quintaux.

Pour la couverture des silos, on ne procède pas d'une manière différente dans les différentes contrées. Elle se fait constamment avec de la terre remuée, plus épaisse au pied, et s'amoindrissant vers le faite. Dans les premières semaines on ne recouvre que légèrement, ou même pas du tout en-dessus ; on recharge lorsque le froid arrive. La force de la couverture varie entre 1 et 3 pieds ; ce n'est pas dans l'Est que prédominent les couvertures les plus fortes.

Nulle part en Saxe, en Hanovre, en Brunswick, dans l'Anhalt et l'Allemagne centrale, on n'a employé d'autre matière, telle que la paille, etc. ; en Prusse, en Posnanie, en Brandebourg, en Poméranie, en Silésie, dans la Province rhénane et l'Allemagne méridionale, une partie des fabriques a, sur ce point, répondu affirmativement, une autre négativement. Le mode d'emploi diffère. Dans l'Est, on met une mince couche de paille sur les betteraves, de la terre dessus, au sommet ou crête rien que de la paille. Dans certains cas, on étend aussi sur la sole une couche de paille. Dans une fabrique rhénane, on met de la paille aux deux têtes des silos, qui sont longs de 70 m. Dans une fabrique de l'Allemagne du sud, on emploie de la paille, de l'herbe et de la cendre ; dans certains cas, on emploie aussi, au lieu de paille, des fanes de pommes de terre ou des roseaux.

Quelques fabriques ont fait remarquer que des trous d'évaporation ou de conduites d'air ont été établis aux silos. Mais il serait désirable de savoir s'il ne s'en trouve pas de semblables à la plupart des silos, surtout aux grands. Une seule fabrique fait remarquer expressément que ses silos sont sans ventilation ; une autre, qu'elle n'établit qu'un petit nombre de trous d'air ; une fabrique fait 3 à 4 trous au faîte sur une longueur de 10 à 15 mètres ; une autre fait un trou à chaque 10 mètres ; une troisième mentionne enfin que dans un tas de betteraves à la mode belge, elle ménage des conduites d'air faites en lattes.

Les indications concernant l'importance de la baisse de la teneur en sucre sont différentes et elles ne sont accompagnées d'aucun détail sur la manière dont elle a été déterminée. La plupart des fabriques admettent une réduction de 1 % ; le nombre de celles où la diminution a été moindre est plus petit que celui des fabriques qui le fixent à 1 1/2 et 2 %.

M. Siégert, à Tschauchelwitz, emploie depuis de nombreuses années, pour l'ensilage des betteraves, une installation fixe qui, d'après ce qu'il rapporte, non seulement conserve bien les betteraves, mais facilite le remplissage et la vidange du silo. Cette installation est à la surface du sol ; elle a 6 pieds de large, 3 1/2 pieds de haut et une longueur illimitée ; elle contient 48 quintaux de betteraves par verge de longueur ; elle est construite tout près de la fabrique, en planches et en triangles de bois, qui donnent la forme au silo et le soutiennent ; on y verse les betteraves, sans cependant les empiler ; on ne recouvre qu'avec de la terre, très faiblement d'abord, et plus tard plus fortement ; on a ménagé sur les côtés des fenêtres de 6 pouces de large, distantes l'une de l'autre de 12 pieds. On obtiendrait, dit-on, par ce système que la température fraîche des nuits d'octobre pénètre dans le silo et s'y maintient, et que cette température empêche la pousse de la betterave.

M. E. Langen, de Cologne, a installé, il y a cinq ans, dans sa fabrique d'Elsdorf, des *silos à ventilation artificielle.*

Un de ces silos à ventilation artificielle avait une profondeur de 5 m. et une surface en carré d'environ 2 m. de côté. Jour et nuit on faisait passer de l'air dans le silo. Il était légèrement couvert de terre, et sur cette terre se trouvait, au milieu, une cheminée de sortie pour l'air. On constata alors que, à tous les endroits du silo où l'eau de l'extérieur n'avait pas pénétré, les betteraves s'étaient contractées, et que, dans ces endroits secs, les betteraves s'étaient très bien conservées — si bien conservées qu'on n'eut à constater aucune réduction de la polarisation. Par contre, aux endroits où l'eau de l'extérieur avait fait invasion, où il y avait eu, par conséquent, un changement de l'humidité et probablement un changement de la température, les betteraves étaient poussées, pourries ; bref, il s'y était produit tout ce que l'on doit éviter.

Depuis cette époque, M. Langen a fait installer des silos ventilés de dimensions toujours plus grandes ; l'an dernier on a, à Euskirchen, ventilé et conservé en 5 silos environ 70,000 quintaux de betteraves, travaillées à la fin de la campagne. Ces silos avaient à la sole une largeur d'environ 2 mètres, une profondeur d'environ 4 m. et à la couronne une largeur d'environ 6 m. Le fond était formé par une grille de fortes poutres en bois. Cette grille était placée à 1 m. au-dessus de la sole, de sorte qu'il se trouvait, sous les betteraves, une conduite d'air de 1 m. de haut. La ventilation était installée de différentes manières dans les différents silos. Quelques-uns étaient ventilés par aspiration, d'autres par refoulement ; ces derniers sont ceux où l'on chassait l'air en un endroit au-dessous de la grille en bois ; au contraire, dans les premiers, l'air était aspiré à la partie supérieure, tandis qu'on laissait naturellement pénétrer de l'air dans la partie sous la grille. Le mouvement de l'air n'était pas déterminé par un ventilateur comme cela s'était fait en petit dans les essais exécutés à Elsdorf ; mais il avait lieu sans l'application de moyens mécaniques, par des cheminées d'air qui faisaient saillie au-dessus des silos, et qui, suivant la construction et l'exposition au vent, agissaient par aspiration ou par insufflation. Pour les silos dans lesquels l'air était aspiré, il fallait naturellement une couverture étanche à la surface ; on eut pour ceci la difficulté de trouver une matière convenable. On a employé des résidus de défécation que l'on plaçait directement sur les betteraves et qui, bien égalisés, formaient un toit suffisamment étanche, de manière que l'eau pût s'écouler lestement. Les silos étaient situés à moitié en terre, à moitié sur le sol, suivant la qualité du terrain.

Les silos dans lesquels l'air était refoulé étaient munis d'une solide toiture de bois et de carton. Entre le toit et les betteraves, on avait placé une couche de genêt, afin que la gelée qui aurait pu pénétrer par en haut ne pût devenir nuisible aux betteraves. Ces silos ont donné les meilleurs résultats, et M. Langen a constaté qu'il n'y a eu qu'une réduction tout à fait insignifiante de la proportion de sucre, tandis que les silos dans lesquels l'air a été aspiré n'ont pas donné des résultats aussi favorables, vu qu'il n'était guère possible d'écarter absolument l'eau extérieure, et qu'on ne pouvait obtenir au même degré une circulation uniforme de l'air à travers le silo. Dans quelques endroits, où les betteraves n'étaient pas tassées il se trouvait des traces de pourriture sèche sur les betteraves qui avaient des blessures et même sur des betteraves qui paraissaient tout à fait saines. Ceci porte M. Langen à conclure qu'on peut aussi pécher par excès de bien ; c'est-à-dire qu'on commet une faute si l'on sèche trop bien, il pense qu'on enlève trop d'humidité à la betterave. On devra mesurer sagement jusqu'à quel point il faut pousser la ventilation. Le meilleur guide pour cela est d'observer constamment la température dans les silos, qui doit être *aussi basse que possible, mais toujours au-dessus du point de congélation.* La température de l'atmosphère, plus basse pendant les nuits, et le mouvement de l'air connexe au changement de température de l'atmosphère, qui se produit vers le matin et vers le soir, sont d'un grand secours.

Au début, on a soulevé de différents côtés l'objection que, avec des piles de betteraves aussi élevées, on ne pourrait compter sur une ventilation naturelle, sur une circulation de l'air à travers des couches aussi élevées. M. Langen a constaté que c'est une erreur. Quand une betterave est mise, avec un degré de siccité normal dans le silo, elle se place assez légèrement pour permettre l'aération complète d'une couche de betteraves do 4 m. de haut, par des moyens de ventilation naturels. Ces moyens de ventilation peuvent consister simplement en une prise d'air, qui se place automatiquement dans la direction du vent ou qu'un ouvrier peut placer selon les changements de vent, et en une cheminée descendante qui arrive jusque dans l'espace libre sur la sole du silo. On n'installe que deux de ces entrées d'air dans le silo monté pour insufflation, pour une longueur du silo d'environ 45 à 50 pieds.

Dans la province rhénane on se trouve dans de très mauvaises conditions en ce qui concerne la conservation des betteraves. On a à souffrir des changements de température plus que dans les régions du Nord et de l'Est ; en outre les fabricants sont dans cette situation désagréable de devoir accepter les betteraves à mesure que les fournisseurs les livrent : « Nous sommes ainsi forcés, dit M. Langen, de les ensiler en très grandes quantités près de la fabrique. Toutes ces conditions réunies nous ont engagé à nous occuper d'une manière approfondie de cette question. Lorsqu'on doit ensiler de grandes quantités de betteraves près de la fabrique, la question de frais n'est pas un obstacle. On peut, surtout là où les betteraves sont amenées par wagon, installer les silos de manière que les rails soient placés dans la sole du silo, et que l'on puisse charger directement du wagon d'un silo à l'autre. D'après notre calcul, les frais d'un ensilage de ce genre sont vite compensés, même en calculant à un taux élevé l'amortissement et l'intérêt de l'installation. — J'ajouterai que les talus du silo sont formés par des pierres plates, très faciles à assembler au mortier, qu'ils ont une inclinaison d'environ 45° et se sont parfaitement bien conservés dans notre terrain. »

Ajoutons enfin que la betterave, pour se bien conserver, doit satisfaire aux conditions suivantes :

1° *Être très riche en sucre.* Les racines récoltées sur forte fumure d'azote et par conséquent peu sucrées, très juteuses, d'une chair molle, manquant de maturité, se conservent très mal ;

2° *N'avoir subi aucune détérioration.* Les parties atteintes par le fer des outils ou instruments d'arrachage pourrissent avec rapidité ;

3° *Etre ensilée fraîche.* Si la betterave séjourne à l'air libre pendant quelques heures après l'arrachage et que le temps soit sec et tiède, il se produit une déperdition de poids sensible, la racine se fane et s'altère ensuite très vite en silos ;

4° *N'avoir pas été atteinte par la gelée.* Sous l'influence d'un froid inférieur à zéro degré, la betterave, surtout si elle est pauvre, gèle rapidement; ses cellules se crèvent. A partir de ce moment, le moindre échauffement provoque la pourriture.

# CHAPITRE X

## Culture sur deux lignes rapprochées.
## Culture en billons.

Méthode Derôme pour la culture sur deux lignes rapprochées. — Culture en billons. — Travaux de Champonnois. — Pratique, avantages de la culture en billons.— Instruments spéciaux. — Méthode Decrombecque. —Méthode Fouquier d'Hérouel. — Culture en billons dans le Laonnois. — Expériences de MM. Derôme et Ladureau dans le Nord.— Observations du professeur Wolny sur les billons.— Culture en billons d'après la méthode de Bertel. — Instruments spéciaux employés dans cette méthode. — Résultats des expériences du professeur Marek, à Kœnigsberg.

Le mode de culture le plus usité consiste à disposer les lignes de betteraves suivant des écartements réguliers. Cet écartement s'obtient aisément avec le semoir. Un semoir de 1 mètre 60 de largeur pourra nous donner 4 lignes de betteraves espacées de 0 mètre 40 centimètres, et si au plaçage nous laissons une distance de 0 mètre 25 entre les plants sur les lignes, il restera 10 betteraves au mètre carré, condition généralement favorable au développement qualitatif et quantitatif de la récolte. Mais s'il est reconnu que le degré de fertilité du champ comporte un écartement moindre et qu'en rapprochant les lignes à 20 ou 25 centimètres, par exemple, il serait·possible d'obtenir des betteraves plus sucrées, nous serons arrêtés par la difficulté de pénétrer librement entre les plants pour biner et entretenir la terre en état de propreté. Cette difficulté peut être tournée par la culture sur deux lignes rapprochées, préconisée par M. A. Derôme, de Bavay (Nord).

Avec le même semoir de 1 mètre 60 de largeur, au lieu de régler l'écartement sur 4 lignes à 0 mètre 40, on peut rapprocher ces 4 lignes deux à deux, en laissant entre chaque couple 0 mètre 20, et entre les deux couples un intervalle de 0 mètre 60. Dès lors, l'air et la lumière pénétreront sans difficulté jusqu'aux plantes ; il sera très facile de biner deux lignes à la fois, car l'ouvrier pourra se mettre à cheval sur ces deux lignes, un pied posé sur chaque intervalle ou bien dans les intervalles mêmes. Dans les intervalles, on fera passer des rasettes, des scarificateurs, des butteurs, etc., c'est-à-dire toute la série des instruments destinés au nettoyage économique et rapide du sol.

Ce mode de culture est appliqué depuis trois ans chez M. Derôme. Le semoir à double-effet Derôme se prête parfaitement à ce travail. Si l'on choisit, par exemple, l'écartement de 20 centimètres entre les lignes avec intervalles de 60 centimètres, chaque trait de semoir donnera 4 lignes de betteraves, dans lesquelles l'engrais enfoui en même temps que la graine sera tout à proximité de la plante. L'engrais pourra être distribué à volonté entre les deux lignes rapprochées, à égale distance des plantes, ou contre les plantes, à côté ou au-dessous, etc. La disposition du semoir à double-effet permet toutes les combinaisons.

Au point de vue de la facilité des travaux d'entretien du sol, l'avantage de cette méthode sur la culture à écartement réguliers n'est pas douteux. On se rapproche ainsi des conditions si favorables sous ce rapport de la culture en billons. Au point de vue du rapprochement des plants, il est aisé de voir qu'avec la nouvelle méthode, on peut atteindre à une limite extrême, impraticable dans la culture à écartements réguliers. Comme teneur en sucre, il ne semble pas, étant donné le faible écartement des lignes, que les betteraves obtenues dans les deux lignes rapprochées puissent être inférieures aux betteraves de la culture ordinaire. A *priori*, la méthode préconisée par M. Derôme paraît donc digne, sous tous les rapports, d'attirer l'attention des cultivateurs. L'écartement des deux lignes peut être réglé à 0 mètre 20 centimètres et 0 mètre 25 centimètres avec des intervalles de 50, 55 et 60 centimètres entre chaque couple de lignes. L'écartement des plants sur les lignes peut se régler à volonté au plaçage à 0 m. 25, 0 m. 20 et 0 m. 15, tout comme avec la méthode de culture ordinaire.

Mais pour un même nombre de plants par mètre carré au plaçage, M. Derôme estime que l'on devra, à l'arrachage, retrouver un plus grand nombre de betteraves avec la culture sur deux lignes rapprochées qu'avec la culture à écartements réguliers. Voici quelques exemples empruntés aux tableaux dressés par M. Derôme :

*Culture ordinaire.* — Écartement des lignes, 0. 40 ; sur 0. 25 dans les lignes : on aura au plaçage 10 betteraves par mètre carré, soit 100,000 à l'hectare ; à l'arrachage, il en restera 75,000 environ.

*Culture à deux lignes rapprochées.*— Ecartement des lignes, 0 m. 20, avec intervalles de 60 centimètres. Ecartement des plants dans les lignes 0. 20 : on aura encore au plaçage 10 betteraves par mètre carré, soit 100,000 à l'hectare ; mais à l'arrachage il en restera 90.000, au lieu de 75.000 dans la culture ordinaire. Si on rapproche les plants à 0 mètre 15 dans les lignes, on aura 16 betteraves 1/2 au mètre carré ou 165.000 à l'hectare, et à l'arrachage, on en retrouvera environ 140.000, tandis que le rapprochement à 16 1/2 betteraves dans la culture ordinaire ne laisserait à l'arrachage que 125.000 pieds.

En résumé, d'après les tableaux de M. Derôme, la culture sur deux lignes rapprochées donnerait *à l'arrachage un plus grand nombre de pieds* que la culture ordinaire.

En outre des avantages déjà indiqués, M. Derôme énumère les suivants :

1º L'arrachage peut se faire à l'aide des arracheurs mécaniques plus économiquement et plus facilement que dans la plantation ordinaire, laquelle, dans les temps pluvieux, rend l'opération impraticable ou onéreuse.

2º L'application des engrais complémentaires pulvérulents ou liquides peut se faire à volonté simultanément avec la graine ou après la plantation, que la levée soit faite ou non ; sous les lignes, à côté ou au centre des lignes rapprochées, avec ou après la plantation.

3º On obtient, par le rapprochement et la concentration des engrais complémentaires dans le moindre espace, des racines pivotantes qui sont toujours plus riches et plus pesantes que les betteraves courtes et ventrues.

4º Il est possible d'enfouir, le long des lignes rapprochées, un engrais insecticide capable de détruire ou d'éloigner les ennemis de la betterave.

5º Sur toutes les terres qui n'ont pas pu recevoir d'engrais substantiels, la nouvelle méthode permet d'obtenir des récoltes rémunératrices.

Tels sont les principaux avantages attribués par M. A. Derôme à la culture sur deux lignes rapprochées.

M. Derôme nous écrit cette année (juillet 1885) qu'il est très satisfait de ses plantations à deux lignes rapprochées. MM. Massignon et Dufour, à Crèvecœur-le-Grand (Oise), déclarent qu'ils obtiennent par cette méthode un rendement supérieur. M. Drapier, au Mont-St-Martin, par Fismes (Marne), cultive ainsi depuis trois ans. M. Daudré, à Dompierre (Somme), écrit à M. Derôme, en juin 1885 :

« Quant aux betteraves, mon opinion est faite depuis
» trois ans ; j'estime à 30 % au moins (pour les trois pre-
» miers mois) la différence existant avec les betteraves
» avec engrais dans le rayon, et celles avec engrais à la
» volée ; j'entends sur terre fumée de fumier de ferme
» avant l'hiver. Quant aux terres non fumées ou très lé-
» gèrement, cette différence s'est élevée jusque 80 % ; ces
» chiffres seront peut-être contredits par les cultivateurs
» au nitrate qui ne sont pas des gens pratiques, au moins
» à mon avis.

» Mes voisins, MM. Couplet et Cauvez, sont très satis-
» faits de votre méthode qu'ils ont appliquée en grand
» cette année. Nous nous proposons d'aller à nouveau vi-
» siter incessamment vos cultures. »

Ceux de nos lecteurs qui voudraient pratiquer cette méthode n'auront qu'à s'adresser à M. Derôme, qui leur donnera certainement avec plaisir les renseignements nécessaires (1).

## CULTURE EN BILLONS.

La culture en billons, préconisée en 1786 par Lacnée de Cessac, n'est guère pratiquée qu'en France, en Belgique et en Autriche. Si nos informations sont exactes, elle ne serait en usage ni en Allemagne, ni en Russie. En France, elle n'est appliquée que sur une partie relativement très restreinte des terres emblavées en betterave. La culture en billons exige beaucoup de soins ; mais, pratiquée avec

(1) Bavay est situé à la jonction des lignes de Valenciennes à Maubeuge et de Cambrai à Dour (Belgique).

l'outillage spécial qu'elle comporte, elle ne coûte pas plus cher que la culture à plat et permettrait même d'abaisser le prix de revient de la betterave à sucre.

La culture en billons est appliquée depuis très long-temps sur l'exploitation de M. Decrombecque, à Lens (Pas-de-Calais) ; dans le Laonnois, chez M. Fouquier d'Herouel, de Vaux-sous-Laon, chez M. Sarazin à Mesbre-court, Aumencourt, Crépy, etc.; dans les fermes qui ali-mentent la sucrerie de Chalon-sur-Saône. Cette culture a commencé à se répandre vers 1855, après la publication d'une brochure de M. H. Champonnois, où l'auteur ex-posait les avantages de la nouvelle méthode. En 1855, M. Giot, de Chevry-Cossigny, l'adopta ; en 1858, M. Mas-sez, en Belgique, M. Trousseau, du Plessis, près Met-tray et d'autres cultivateurs suivirent son exemple.

Si la culture en billons, appliquée depuis une trentaine d'années chez quelques rares agriculteurs, tend aujour-d'hui à se propager et triomphe enfin de l'indifférence professée à son égard par la généralité des producteurs de betterave à sucre, on peut dire que le mérite de ce re-virement appartient à M. Champonnois, qui n'a pas cessé, depuis son mémoire de 1845 à la Société d'agri-culture de Chalon-sur-Saône, d'appeler l'attention des intéressés sur les nombreux avantages du billon.

Les travaux de M. Champonnois sur la culture de la betterave à sucre en billons sont très nombreux (1). Nous allons en extraire la substance et présenter au lecteur un

(1) *Culture en billons*, publication de M. Champonnois, 1845. Mémoire à la Société d'agriculture de Chalon-sur-Saône, 1855, 1862-1864, brochure.— *Journal d'agriculture pratique*, nᵒˢ des 31 janvier, 7 mars, 4 et 11 avril 1878, du 13 février 1879, du 12 février 1880.— *Journal des fabricants de sucre*, diverses lettres, notamment l'exposé très complet de la méthode, dans le nᵒ du 13 mars 1878.

résumé aussi complet que possible des études auxquelles ce mode de culture a donné lieu.

Dans sa brochure de 1864, M. Champonnois précisait ainsi le but de la culture en billons :

« Mettre la betterave dans les conditions les plus favorables à son développement en longueur, pour en augmenter le poids, tout en réduisant la proportion du collet qui est la partie de la racine la moins riche en sucre ; réduire le travail à la main en facilitant l'emploi des instruments pour toutes les opérations de sarclage et de division du sol, qui ont une si grande influence dans la végétation de cette racine. »

Comme avantages de la culture en billons :

« Multiplication du nombre des plants, suivant la nature ou la fertilité du terrain, pour régler le poids des racines à 7 ou 800 grammes ; aération du sol par des cultures soignées et souvent répétées ; entretien facile des billons en relevant la terre au sommet pour éviter le déchaussement des racines. »

Dans la méthode suivie par M. Champonnois, les opérations se succèdent de la manière suivante : la fumure au fumier de ferme est répandue ou enfouie après les labours préparatoires. Puis on prépare les billons autant que possible avant l'hiver. Les terres fortes gagnent beaucoup par cette préparation, qui soulève le sol, multiplie ses points de contact avec l'air et facilite la pénétration des gelées, dont l'effet se traduit par l'ameublissement parfait de la couche remuée. Les billons préparés de cette façon séjournent dans cet état jusqu'au moment des semailles. A cette époque, il suffit de repasser dans le fond, entre les billons, avec la charrue à double versoir ou avec les buttoirs Pilter, construits spécialement pour ce travail, et dont nous reproduisons plus loin la disposition. S'il n'a pas été possible de former les billons avant l'hiver, si les terres n'ont pu être fumées et préparées qu'au moment des semailles, il sera nécessaire de tasser les billons avec les instruments. Dans ce cas, on formera les billons une première fois ; puis on les écrasera avec un fort rouleau ; on les relèvera une seconde et même une troisième fois, en faisant succéder un roulage à chacune de ces opérations. Les billons seront alors prêts à être semés.

Il est indispensable de bien tasser les billons, pour qu'ils conservent leur hauteur et fassent corps avec le sous-sol. L'ascension de l'eau par capillarité se fait alors dans de bonnes conditions, le desséchement est moins à craindre et la betterave trouve un milieu suffisamment ferme et consistant.

En ce qui concerne l'écartement des billons, M. Champonnois a reconnu que la distance la plus favorable entre les crêtes doit varier de 0^m80 à 1 mètre, suivant la nature du terrain. Cette dernière distance, certainement exceptionnelle, ne doit être appliquée que dans les terrains de faible valeur comme nature de sol, où il faut créer pour ainsi dire artificiellement le guéret ou la hauteur suffisante de la couche de terre, pour que la betterave puisse acquérir tout son développement, ou même dans un sol trop humide où la racine ne peut pénétrer utilement. La distance de 0^m80 est celle qui paraît le mieux convenir à la plupart des terres qui déjà sont appliquées à la culture de la betterave.

Quelle que soit du reste la distance à adopter — des expériences comparatives peuvent facilement permettre de la déterminer — le premier soin à prendre est de mettre les graines dans les meilleures conditions pour que leur germination soit aussi régulière que possible et que la levée se fasse simultanément. Le grand rapprochement qu'on est obligé de donner aux plants laisserait aux premiers levés trop de supériorité sur les derniers, qui en resteraient affaiblis jusqu'à la récolte.

Les semailles des billons peuvent se faire à la main ou avec des semoirs spéciaux. Dans les cultures de M. Decrombecque, à Lens, on se sert d'un semoir construit par Pilter, et qui donne un travail très régulier. Nous en reproduisons plus loin le dessin.

Les semailles à la main se font, d'après M. Champonnois, de la manière suivante : on se sert d'un rouleau composé de plusieurs poulies à gorge en bois ou en fonte et assez pesantes pour comprimer suffisamment le terrain en donnant au sommet des billons une forme arrondie. Le fond de ces gorges est garni de bosses coniques de la forme d'une pointe d'œuf, d'environ 3 centimètres de hauteur, pour former la place où l'on doit déposer la graine. Ces poulies, assemblées sur un axe autour duquel elles tournent, doivent avoir un peu de liberté dans leur écartement pour se prêter aux inégalités de distance entre les billons. Pour plus de simplicité, on peut se servir d'un rouleau léger pour écraser les arêtes des billons ; mais ce rouleau doit être garni dans toute sa longueur de liteaux arrondis de 3 à 4 centimètres d'épaisseur, placés aux distances qu'on veut donner aux plants. Ces rouleaux marquent sur les billons la place des graines, que des femmes et des enfants y déposent avec toute la régularité qu'on désire.

La réussite de la levée dépend beaucoup du degré de tassement de la terre. La pression du rouleau sur toute la surface, et plus encore celle du liteau ou de la bosse qui appuient plus fortement dans la place où doit être la graine est indispensable. La graine déposée sur ce sol bien tassé, on ramène la terre avec une palette en bois, et on comprime en frappant avec cette palette. Dans ces conditions, la semaille exige 5 kg. de graine par hectare et 4 à 5 journées de femmes.

L'écartement des plants doit varier, comme dans la culture à plat, en raison inverse de la fertilité du sol. Plus la terre est riche, plus on peut rapprocher les plants. En prenant pour point de départ un poids moyen des racines de 700 à 800 gr., comportant une richesse saccharine satisfaisante et un rendement de 40,000 kg. à l'hectare, il faudrait 5 à 6 plants par mètre de longueur sur le billon, soit un écartement de 16 à 20 centimètres dans la ligne, avec 1 mètre entre les crêtes des billons.

Si la récolte atteint un poids supérieur à celui qu'on attendait, il faudra rapprocher les billons à 80 cent. entre crêtes et serrer les plants dans les lignes, de manière à conserver 7 ou 8 plants par mètre de longueur, suivant la fertilité du sol.

Dans une terre ayant préalablement reçu du fumier de ferme, les billons écartés à 80 cent.; les plants rapprochés dans les lignes de façon à obtenir 11 betteraves au mètre carré, une fumure de 1,200 kg. d'engrais complet (formule Georges Ville) ayant été donnée en couverture, M. Champonnois a récolté plus de 90,000 kg. de betteraves à l'hectare, avec 13.50 % de sucre et 83 de pureté. Ce sont là des résultats merveilleux, qui montrent le parti qu'on peut tirer de la culture en billons.

Cette culture permet de rapprocher considérablement les plants dans les lignes. La betterave trouve sur les côtés tout l'espace dont elle a besoin pour le développement des feuilles, et dans la profondeur du guéret toutes les conditions utiles à son allongement ; ce qui lui fait perdre la largeur au collet qu'elle acquiert d'ordinaire dans les cultures à plat où elle est moins sollicitée à s'enfoncer, le sous-sol étant moins remué et moins aéré.

D'après M. Champonnois, on doit, aussitôt après la

semaille, répandre l'engrais en couverture et, sans attendre la levée, commencer le travail des instruments. L'effet
des instruments ne doit être que de gratter et de mélanger l'engrais à la terre ; et déjà, même avant la levée, les
réactions commencent et les produits dont s'imprègne le
sol atteignent facilement la jeune plante dans cette partie
étroite du billon. Aussi la levée est-elle vigoureuse, et
on peut, après peu de jours, travailler le sommet du billon et même procéder à l'éclaircissage, si ce n'est défini-
tif, au moins desserrer les plus grosses touffes. Cette
opération ne peut se faire qu'avec une petite binette,
qu'on tient d'une seule main pendant que, de l'autre, on
écarte les touffes ou on maintient le plant qu'il s'agit de
conserver. Tout le travail à la main se borne à cette opération, qu'on est rarement obligé de répéter ; car la végétation est si prompte, le développement des feuilles si
rapide que le sommet, qui n'est pas accessible à l'action
des instruments, se garnit difficilement de mauvaises
herbes. A partir de là jusqu'à la récolte, il n'y a pas
d'autres soins à donner que d'y promener les instruments.

La disposition de la betterave, quant à ses feuilles et à
l'écartement qui existe entre les deux rangs, permet en
tout temps le jeu des instruments et laisse à l'air la circulation facile ; et si on a fait en sorte que la profondeur
du labour étant de $0^m20$, le sommet du billon se trouve à
$0^m35$ au-dessus du fond du labour, on augmente ainsi de
plus de moitié l'épaisseur de la couche de terre cultivée.
La longueur de la racine gagne donc déjà par cette augmentation d'épaisseur de la couche de terre ; mais ce qui
doit aussi solliciter cet allongement, c'est la facilité qu'a
la betterave d'émettre du *chevelu* (1) sur une grande lon-

(1) Le billon faciliterait la formation du chevelu. Ceci a une
grande importance. Il semble exister, en effet, une relation assez

gueur de la racine. Le chevelu, en effet, ayant une tendance à se rapprocher de la surface, trouve, sous le fond du billon, comme sur les côtés, cette surface non seulement accessible à l'air, mais chargée d'une grande partie de l'engrais qui tend toujours à s'y réunir. On voit aussi, par cette disposition de la terre entre les billons, la facilité qu'elle donne pour le jeu et la direction des instruments ; ils se guident naturellement et peuvent être confiés aux ouvriers les plus ordinaires ; les instruments peuvent même être disposés pour approcher de la betterave aussi près que l'on voudra sans crainte de la toucher, ce qui n'a pas lieu avec la houe à cheval dans la culture à plat, et ce qui oblige dans celle-ci à laisser intacte une partie assez grande de terre près de la betterave.

Comme on l'a vu plus haut, par la faible action à exercer sur la terre, en n'ayant qu'à la frictionner comme on le ferait avec des fagots d'épines, l'effort à exercer ne sera pas très grand, et il est facile de disposer l'instrument pour travailler en même temps sur plusieurs billons à la fois, de façon à utiliser la force d'un cheval. Ce travail par les instruments ne peut donc pas dépasser en frais celui de la culture à plat ; car, dans celle-ci, quelle que soit l'utilité qu'on peut retirer des houes ou autres instruments, le travail de l'homme sera toujours nécessaire pour approcher de la betterave, et encore ce travail de la houe, qui pénètre trop profondément dans le sol, est-il limité aux premiers développements de la plante, quand ses chevelus n'ont pas encore pris possession de toute la surface du terrain ; autrement, ils seraient détruits au grand préjudice de la plante.

Les sarclages, grattages du sol entre les billons, doivent

étroite entre la teneur saccharine de la betterave et le développement du chevelu.

se faire fréquemment (1). Quelques personnes ont émis
des doutes sur la possibilité d'opérer ces travaux avec
économie. M. Champonnois a répondu à ces objections
en établissant les frais de culture. Il a pris pour base les
dépenses constatées à la ferme de Lens, où la culture en
billons est appliquée depuis longtemps avec les instruments spéciaux construits par Th. Pilter. Pour les opérations de grattage entre les billons, M. Decrombecque employait les sarcleuses de Howard (herse à billons) et un
assemblage de chaines (herses à chaines), formées de
mailles à dents, qu'il trainait simplement entre les billons et qui produisait tout l'effet désirable. Avec ces divers instruments, M. Decrombecque donnait 4 façons, de
1 fr. 50 chacune, à l'hectare, soit 6 fr. ; puis un binage
avec billonneur, soit 4 fr. ; enfin un remontage léger au
billonneur, soit 4 fr. ; total, 14 francs pour six façons.

Or M. Champonnois estime qu'il faut répéter les façons
tous les huit jours et en faire au moins une vingtaine : 20
façons à 1 fr. 50 (prix de Lens) coûteraient 30 fr., dépense
encore inférieure à celle que nécessitent les binages et
sarclages à la main et même avec la houe, et qui s'élèvent
généralement à 40 ou 50 francs par hectare. Si l'on compte
comme frais supplémentaires de culture, 14 à 15 façons
de plus que dans la culture simple et aussi un supplément de frais pour arrachage et chargements, soit 40
francs, plus l'addition de l'engrais complet, 1.200 kg. à
30 fr. les 100 kg., employé dans les expériences de M.
Champonnois, on trouve que les frais de culture et d'engrais qui ont permis d'obtenir 90,000 kg. de racine à

(1) Les sarclages, grattages ont une influence considérable sur
la betterave à sucre. Ils augmentent la richesse saccharine. Il
est bon de rappeler que ces opérations entretiennent la fraîcheur,
favorisent la décomposition des matières nutritives et leur absorption par la plante.

## INSTRUMENTS POUR LA CULTURE DES BETTERAVES EN BILLONS

*(Th. PILTER, 24, rue Alibert, Paris)*

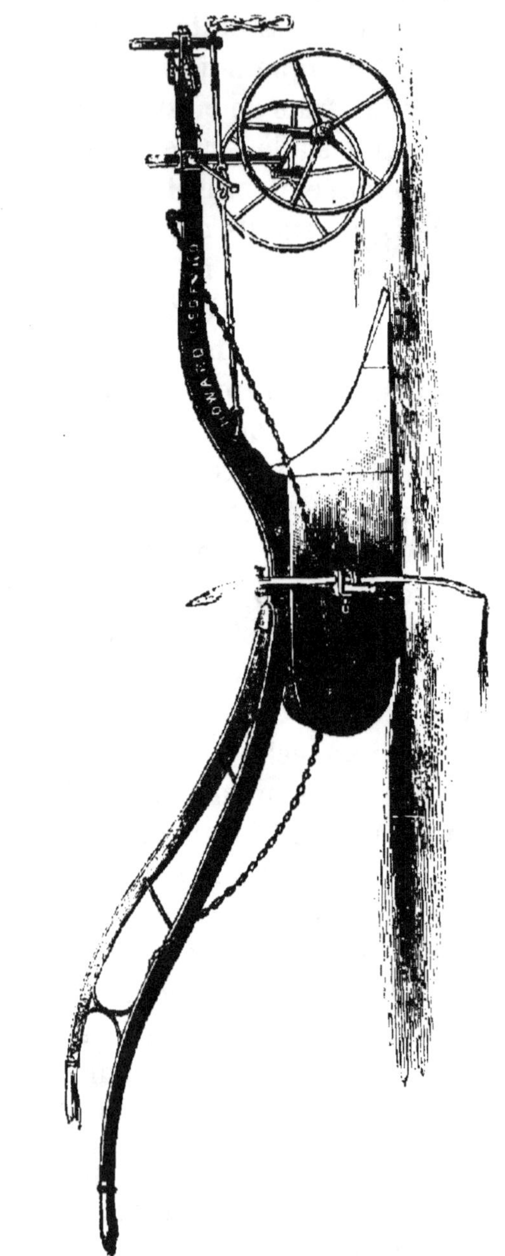

Buttoir ou billonneur Howard.

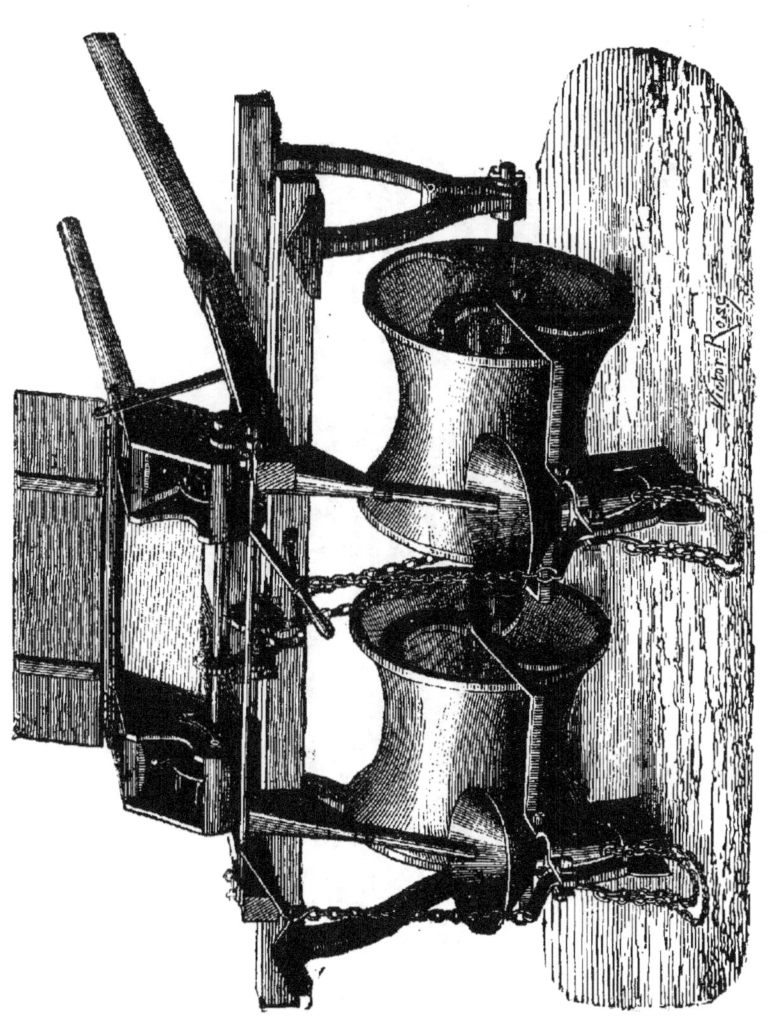

Semoir à billons

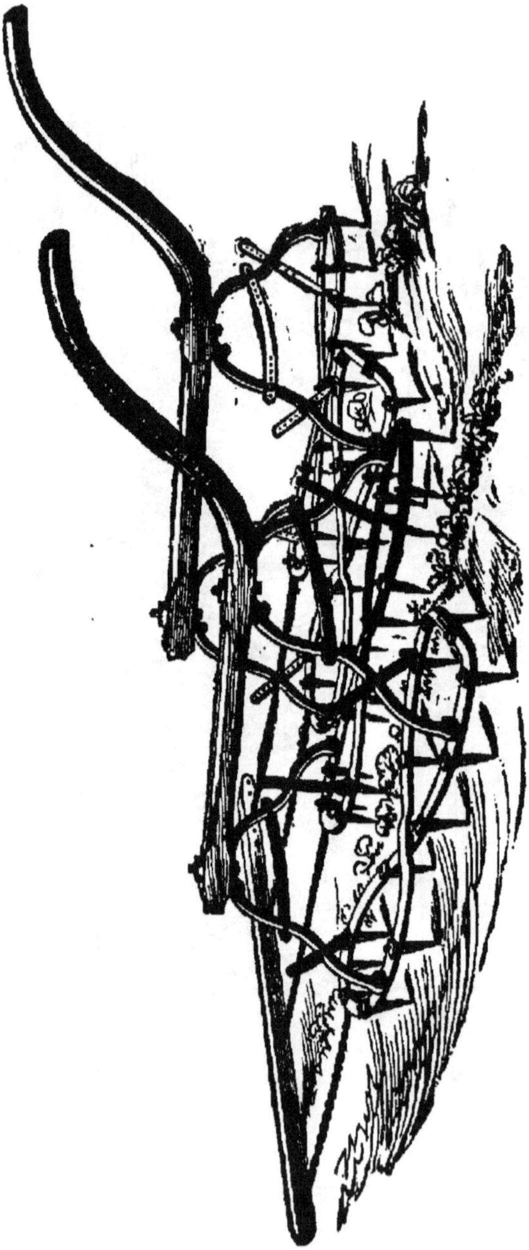

Herse à billons.

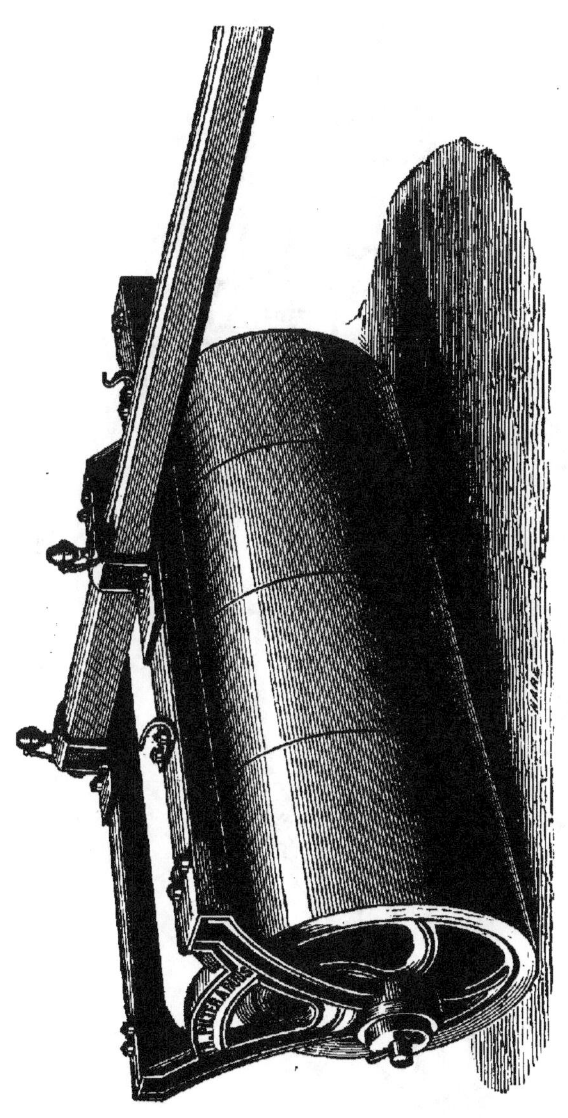

Rouleau en fonte.

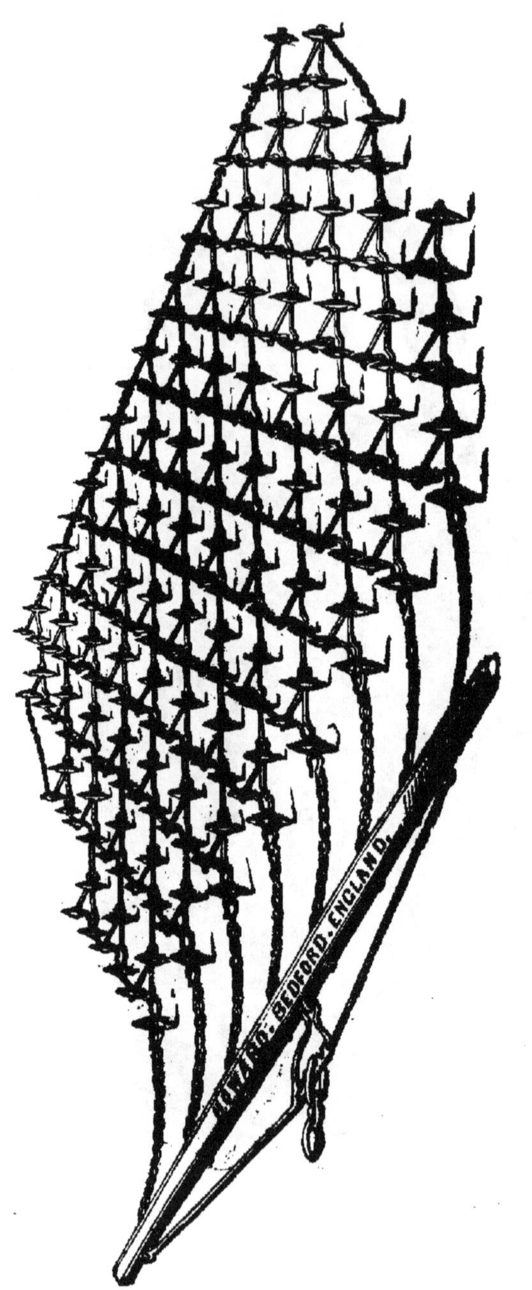



Herse à chaînons.

l'hectare ont été de 400 francs par hectare. Comme le produit moyen de la culture en billons accusé par M. Decrombecque est de 45 à 50.000 kg. à l'hectare, l'excédent obtenu par M. Champonnois est de 40,000 kg., ce qui donnerait de la betterave à 10 francs la tonne.

Ainsi la culture superficielle, c'est-à-dire les binages, les grattages, répétés jusqu'à 20 fois pendant le développement de la betterave, à partir de la seconde quinzaine d'avril jusqu'à la fin août et même partie de septembre, est largement rémunérée par l'excédent de récolte et la haute teneur saccharine du produit.

En 1884, M. H. Champonnois a proposé d'introduire dans la culture en billons une modification importante. Au lieu de semer une ligne de betteraves sur la crête du billon, on en semerait deux rapprochées de 15 à 20 centimètres. On laisserait, entre les centres des crêtes, une distance de 1 mètre, ce qui donnerait un écartement de 80 centimètres pour passer librement avec les instruments entre les billons. Les betteraves seraient espacées à 16 centimètres dans les lignes. Seulement, vu le rapprochement extrème des lignes placées sur la crête des billons, il faut, au démariage, faire en sorte que chaque betterave se trouve en face du vide existant entre les deux betteraves de la ligne voisine. Grâce à cette alternance dans la position des plants sur les deux lignes rapprochées, le sol peut être bien utilisé et le rapprochement extrème n'empêche pas les racines et les feuilles de se développer.

Des applications de ce genre de culture en billons ont eu lieu, en 1884, à la sucrerie de Méru, où on avait institué aussi des essais comparatifs de culture à plat. À la date du 13 octobre, M. Champonnois nous écrivait à ce sujet :

« On ne peut pas trouver de caractères plus tranchés et

plus frappants des avantages de cette culture sur celle à plat, toutes deux avec les mêmes graines, la semaille sur billons retardée même de plus d'un mois sur celle à plat. Dans celle-ci, des betteraves affreusement bifurquées, et, dans l'autre, pas la moindre apparence de déformation. Et, malgré les deux mois de retard sur la semaille, un poids et une richesse au moins égaux. »

La culture en billons à deux lignes rapprochées ne peut pas nécessiter plus de frais d'entretien que la culture sur une ligne, au contraire. Le travail avec les instruments est le même. Quant à l'entretien des lignes, il est clair que l'ouvrier, muni d'un outil convenable, peut biner aussi facilement deux lignes sur la crête du billon qu'une seule.

L'arrachage des betteraves sur billons ne présente aucune difficulté. L'opération peut s'exécuter avec une charrue ordinaire, même en supprimant le versoir ; on peut approcher la betterave de très près, et même de 5 à 6 cent., ce qui est facile, sans crainte de la toucher ; l'épaisseur de terre qui reste contre la racine cède facilement sous le moindre effort qui tend à incliner la betterave et à la dégager, ce qui ne laisse que son extrémité engagée dans la terre, d'où il est aisé de l'arracher en la prenant par le corps de la racine et en la tirant verticalement.

Indépendamment de l'avantage que présente ce mode d'arrachage sur la culture à plat comme économie de main-d'œuvre, M. Champonnois pense qu'il y en a plusieurs autres qui ont aussi leur valeur : c'est que, par l'arrachage à la bêche ou au crochet, il est difficile de ne pas atteindre quelques betteraves en y produisant des déchirures ou au moins des meurtrissures qui, dans la conservation, sont des foyers d'altération ; on a aussi moins à craindre de laisser en terre les extrémités des racines

qui, surtout dans les espèces longues et riches, sont su-
jettes à se casser, et donnent ainsi un déchet d'une certaine importance.

La ligne *a b* de la figure ci-après indique la tranche de
terre renversée dans le fond du billon par la charrue.

A Lens, dans l'exploitation de M. Decrombecque, on
pratique la culture de la betterave à sucre en billons au
moyen des instruments que nous avons décrits précédemment. Les opérations se font comme suit :

1° Vers fin janvier ou commencement de février, lorsque la terre est en état d'être travaillée, on forme les billons avec le buttoir attelé de deux chevaux. On laisse 60
à 62 centimètres entre les crêtes. Puis on abandonne le
sol au repos. On reprend ensuite les billons avec le même
buttoir, de façon que le sommet se trouve cette fois placé
là où était le fond dans la façon précédente. On laisse
alors reposer les billons jusqu'au moment de la semaille ; 2° au moment de la semaille, on passe dans le champ
avec un rouleau en fonte pour aplatir les billons et écraser les mottes de terre; 3° on reforme les billons avec le
buttoir ; 4° puis on fait agir un rouleau en tôle pour aplatir le sommet des billons et y faire une surface plane
d'environ 10 à 12 centimètres de largeur ; 5° on passe avec
le semoir spécial, déjà décrit, et disposé pour semer deux
billons à la fois ; 6° la graine déposée, on roule énergiquement avec le rouleau en fonte pour assurer la levée.

Dès que la betterave a levé, on fait agir entre les billons la herse Howard, qui ameublit les surfaces, détruit
les mauvaises herbes, chasse les insectes, etc. Lorsque la
plante est assez forte, on procède au démariage avec la
houe à main. L'écartement des plants dans les lignes est
de 20 centimètres. A partir de ce moment, on donne plusieurs façons avec les instruments pour ameublir les intervalles et les côtés des billons et enlever les mauvaises

herbes. Quand la betterave est bien développée, on remonte ou on reforme les billons. On se sert pour cette opération d'un buttoir petit modèle.

Selon M. Decrombecque, la culture en billons donne des betteraves supérieures à celles de la culture à plat. La différence, très sensible, s'explique par la profondeur de la racine. Enfin les façons intercalaires et profondes que reçoit le billon auraient, d'après le même agronome, une influence très marquée sur la récolte suivante ; elles constitueraient une sorte de demi-jachère.

A Lens, l'arrachage des betteraves s'effectuait jadis au moyen de la charrue Howard, dont les versoirs étaient enlevés et le soc approprié de manière à ne pas blesser la racine. Deux chevaux faisaient sans difficulté un hectare par jour. Les betteraves étaient ramassées par deux femmes, coupées et mises en petits tas couverts de feuilles.

Actuellement, on se sert de l'arracheur mécanique Olivier-Lecq, de Templeuve, qui est transformable en bineuse ou en buttoir.

M. Fouquier d'Hérouel, grand agriculteur, à Vaux-sous-Laon, pratique depuis des années la culture en billons : « Cette méthode, dit-il (1), m'a rendu de grands services dans *certaines terres à sous-sol peu perméable.* Les betteraves semées dans ces sols, arrivées au tiers de leur développement, languissent et se comportent comme dans les bois défrichés ; seulement la maladie provient d'une cause physique et non chimique. En billonnant ces terres, en doublant la profondeur de couche végétale, aérant le sous-sol par les rigoles de billons, permettant *ainsi l'évaporation de l'excès d'humidité contenu* (2) dans

(1) *Mémoire* rédigé à l'occasion du concours régional de Soissons 1884.

(2) Ces observations sont parfaitement confirmées par les expériences du professeur Wolny, de Munich, dont nous parlons plus loin.

la terre, la récolte ne se ressent plus des influences mal-
saines qui existaient auparavant.

Une terre engazonnée, remplie d'herbes parasites, est
énergiquement nettoyée par l'action répétée des herses
sur les billons, par la facilité d'enlever à la main le chien-
dent sur les ados, opération qui peut être faite à peu de
frais en augmentant le salaire des ouvriers chargés des
binages.

Dans les fermes cultivant spécialement betteraves,
céréales et luzernes, les fumiers du mois d'avril à la fin de
juillet et même maintenant de janvier pour les cultivateurs désireux de produire de bonnes betteraves, restent
forcément dans les cours. En ayant quelques hectares
de betteraves sur billons, ils seront utilisés avec grand
profit. Charriés dans ces pièces après les façons des premiers binages, ils seront déposés en petits tas et répandus
dans le fond des ados.

M. Fouquier d'Hérouel cultive environ 1/4 de ses
terres en billon, soit 50 à 60 hectares. Les labours se font
comme dans la culture à plat, et l'on donne les façons
nécessaires pour rendre le sol parfaitement meuble. Les
engrais chimiques sont distribués avant de former les
billons. Ceux-ci sont distants de 75 à 80 centimètres,
entre les crêtes. Les betteraves sont espacées sur les crêtes de 15 à 20 centimètres. On établit les billons perpendiculairement aux chemins. Le tassement des billons est
une condition essentielle de réussite. Il ne faut pas
craindre d'écraser fortement à l'aide du rouleau les billons
récemment faits. On les remonte ensuite avec la billonneuse et on roule de nouveau un peu plus légèrement
avant l'ensemencement. Il faut aussi passer un coup de
rouleau léger après l'ensemencement, quand même le
semoir serait muni de petits rouleaux adaptés à l'arrière.
Le semoir employé par M. Fouquier d'Hérouel est celui

de Howard, qu'on trouve chez Pilter. Dans le semoir de construction anglaise, les cuillères ne débitent pas assez de graines et il est nécessaire de les changer. Les billons faits en hiver n'ont pas besoin d'être aussi fortement tassés, étant rassis par l'action de la pluie, de la gelée, etc. Avant le démariage, on démonte les billons à la herse, puis on démarie et ensuite on reforme les billons. Les binages se donnent aussitôt que cela est jugé nécessaire. On en donne deux à la main.

M. Fouquier d'Hérouel met souvent du fumier dans ses billons. Pour cela, on dispose la terre en billons, puis on dépose le fumier dans les entre-billons et l'on roule ; ensuite on reforme les billons dans le fond, c'est-à-dire en recouvrant le fumier. Pour cette opération, il faut du fumier *bien fait*, et les travaux doivent être finis avant le mois de janvier. Si au contraire on emploie des fumiers *non consommés* et que la saison soit avancée, dans les années sèches on manquera la levée, parce que la terre se tiendra trop légère et trop chaude ; dans les années humides, la levée sera bonne, mais la qualité de la betterave dont le pivot plongera dans le fumier en souffrira.

En 1884, année de sécheresse, la culture de billons de M. Fouquier d'Hérouel a très bien résisté et n'a pas accusé de déficit sensible. Nous avons vu à Vaux des betteraves de billons très remarquables comme forme, poids et qualité.

En général, les billons rendent chez M. Fouquier d'Hérouel de 15 à 20,000 kg. de plus que la culture à plat. Les frais sont moindres, la betterave est mieux faite, plus longue. La richesse et la pureté sont supérieures. La culture en billons est excellente dans les terres humides. Malgré les résultats très remarquables obtenus chez M. Fouquier d'Herouel, le billon est encore peu répandu dans le département de l'Aisne. Le billon ne réussit pas dans toutes les terres et sous tous les climats, et c'est ce qui explique que certains cultivateurs en disent beaucoup de bien et d'autres beaucoup de mal. Les uns et les autres ont également raison.

Dans le Laonnois, chez M. Sarazin, de Mesbrecourt, la culture des betteraves à sucre sur billons se fait de la manière suivante :

1° Avant l'hiver, labour profond à 0$^m$30 ou 0$^m$40 pour enfouir l'engrais, fumier de ferme ou écumes de défécations, déchets de laine, avec addition de superphophate légèrement azoté. La dépense d'engrais varie de 150 à 180 fr. par hectare.

2° Au printemps, épandage en couverture de tourteaux, ou sulfate d'ammoniaque, ou nitrate de soude, ou autre engrais azoté d'une assimilation rapide. On passe avec le tricycle pour aplanir le sol et enfouir l'engrais.

3° On forme les billons avec le buttoir ou billonneur Howard, que nous avons déjà décrit. Le modèle varie suivant la nature des terres, le nombre de chevaux est également variable.

4° On fait passer un rouleau plat, ou un croskill, suivant l'état des mottes. Le rouleau plat mesure 3 mètres de longueur. Il porte sur 4 billons à la fois. Quatre ou six bœufs sont nécessaires pour le traîner.

5° Les billons étant aplatis, on les reforme avec un petit billonneur Garnier, à versoir en fonte. Ce versoir a, paraît-il, l'avantage de ne pas polir et lisser la terre comme fait l'acier, en empêchant la chaleur et l'humidité de pénétrer dans le sol.

6° On roule légèrement les billons avec un rouleau en bois, de 3$^m$ 40, portant sur cinq billons à la fois et traîné par deux à quatre bœufs.

La semaille se fait avec un semoir analogue à celui

dont nous avons parlé précédemment. La graine et l'engrais, du sulfate d'ammoniaque, peuvent être déposés en même temps. La semaille est suivie d'un coup de rouleau léger, portant sur cinq billons. Par un temps sec, on ne roule qu'au bout de quelques jours.

On donne ensuite un hersage, au moyen d'une herse double attaquant les deux côtés d'un billon à la fois. Cette opération a pour effet d'aérer le sol et de le réchauffer en facilitant l'accès de la chaleur. Puis, quand la betterave est levée, on démarie à la main, en laissant un écartement de $0^m12$ à $0^m 20$ entre chaque plant. On donne ensuite autant de binages qu'il est nécessaire pour maintenir le sol en état de propreté. En juillet, on reforme les billons avec le buttoir à versoir en fonte.

M. Sarazin suit la même pratique que M. Fouquier d'Hérouel. Cette pratique consiste à mettre du fumier dans le creux des billons pour conserver l'humidité et apporter une nouvelle dose de matières nutritives.

M. Sarazin prétend que sa méthode ne nuit en rien à la qualité de la betterave. Remarquons que cette théorie est absolument en contradiction avec celle de M. Champonnois. M. Champonnois recommande de gratter fréquemment les intervalles des billons, d'y donner une vingtaine de façons jusqu'en septembre même, époque à laquelle, dit cet agronome autorisé, les efforts de la plante pour atteindre à la perfection, à la formation du sucre, doivent être aidés, comme on le fait chez l'animal, dans les derniers temps de l'engraissement.

Ainsi, loin de couvrir les intervalles des billons avec un engrais, tel que le fumier qui empêche l'accès de l'air, de la chaleur et fournit à la plante un excès d'azote au moment où sa croissance doit cesser, il faut, au contraire, d'après M. Champonnois, multiplier les grattages et faciliter

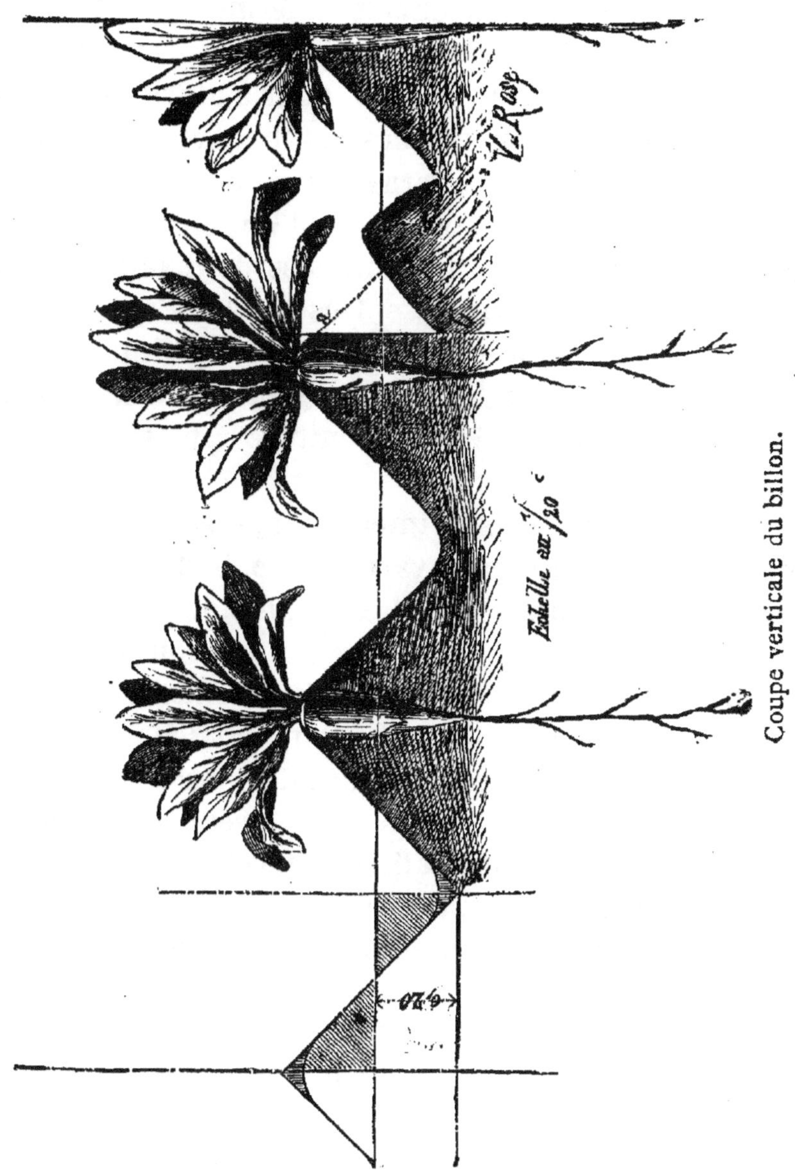


l'influence de l'oxygène, du calorique et de la lumière
sur toutes les parties des billons.

M. Sarazin attribue à sa méthode l'avantage de permettre d'épandre le fumier sur les terres en été, alors que

dans tout autre système de culture, on est obligé de l'accumuler en tas dans la cour de la ferme.

M. Fouquier d'Hérouel, qui a introduit cette pratique dans le département de l'Aisne, nous a affirmé que le fumier placé dans les intervalles des billons ne nuisait en rien à la qualité de la betterave. Il est de fait, nous le répétons, que nous avons trouvé, en 1884, chez cet agriculteur, des betteraves ainsi cultivées dont la forme était irréprochable et la richesse très élevée. Peut-être n'en serait-il pas de même dans une année très humide.

MM. A. Derôme et A. Ladureau ont fait, en 1879, des expériences comparatives de culture à plat et en billons (1).

Pour régler notre expérimentation, disent ces auteurs, nous avons pris deux variétés de betteraves, l'une médiocre, provenant d'un des planteurs les moins autorisés de la région, betterave connue comme généralement pauvre en sucre, mais d'un rendement élevé ; elle est rose, à petit collet et portant peu de feuilles.

La seconde variété est une race de Silésie, bien acclimatée et préparée avec soin. Elle possède généralement une richesse saccharine satisfaisante et un rendement en poids rémunérateur pour le cultivateur. Celle-ci est blanche et pourvue d'une quantité de feuilles triple de la précédente.

Le sol de ce champ d'expériences est argileux, de très bonne qualité, plutôt humide que sec. Le sous-sol est très profond.

Les betteraves semées le 1er juin n'ont été récoltées que le 15 novembre. Elles ont donc eu tout le temps nécessaire à une complète maturation.

L'écartement entre les billons fut de 0 m. 80 et les betteraves furent laissées à 0 m. 12 l'une de l'autre dans le

_______

(1) *Etudes sur la culture de la betterave à sucre.* Lille, 1879.

Voici le tableau des résultats obtenus dans ces circonstances :

*Etude sur la culture à plat et en billons.*

| Numéros d'ordre | MODE DE CULTURE | Racines à l'are | Rendem. en poids à l'hectare | Densité du jus | Sucre 0⁄0 | Sels 0⁄0 | Coefficient salin | Sucre produit à l'hectare |
|---|---|---|---|---|---|---|---|---|
| | **Betterave du pays, rose à petit collet.** | | | | | | | |
| 1 | Culture à plat. — Engrais mis à la charrue........... | 878 | 46.440 | 5.55 | 11.30 | 0.853 | 13 | 5 200 k. |
| 2 | Culture en billons. — Engrais mis à la charrue...... | 950 | 39.600 | 4.85 | 8.90 | 0.855 | 10 | 3.500 |
| 3 | id      Engr. dans la surface du labour | 937 | 38.660 | 5 | 9.43 | 0.657 | 14 | 3.600 |
| 4 | id.      Engrais sur le faîte........... | 925 | 34.850 | 5.3 | 10.41 | 0.672 | 15 | 3 600 |
| | **Variété de Silésie acclimatée.** | | | | | | | |
| 5 | Culture à plat. — Engrais mis à la charrue........... | 890 | 34.450 | 6.5 | 13.38 | 1.000 | 11 | 4.600 |
| 6 | Culture en billons. — Engrais mis à la charrue...... | 820 | 28.730 | 6.25 | 12.82 | 0.720 | 18 | 3.700 |
| 7 | id.      Engrais dans le labour......·. | 845 | 25.365 | 6.1 | 12.60 | 0.675 | 19 | 3.200 |
| 8 | id.      Engrais sur le faîte........... | 825 | 22.320 | 5.9 | 11.80 | 0.795 | 15 | 2.600 |

billon, distance très faible, mais nécessaire pour avoir environ 1,000 racines à l'are et être dans les mêmes conditions, à ce point de vue, que dans la culture à plat.

En même temps que l'influence du billon, on a étudié dans ce champ trois modes différents de répartition de l'engrais dans ce mode de culture :

1° A la charrue avant de former les billons ;

2° A la surface du labour ;

3° Sur le faîte des billons, après la plantation.

Il convient d'ajouter que l'engrais employé fut l'engrais chimique complet et que dans les trois cas, la quantité de ce produit fut rigoureusement la même, soit 1,200 kil. par hectare.

Dans la culture à plat, cette dose d'engrais avait été enfouie à la charrue.

Les résultats de cette étude, disent les expérimentateurs, nous paraissent très nets. La culture à plat a donné des résultats infiniment supérieurs à ceux de la culture en billons. Le rendement à l'hectare a été plus élevé dans les deux cas d'environ 6,000 kil. La production de sucre à l'hectare a été également plus forte de 900 à 1,700 kil.

Le mode d'emploi des engrais paraît présenter les mêmes différences dans la culture en billons que dans la culture à plat ; l'avantage y reste à l'enfouissement à la charrue qui donne environ 20 à 25 pour cent de plus en poids à l'hectare. La pratique de la culture en billons ne nous paraît donc devoir être avantageuse et recommandée que dans certains cas spéciaux, quand, par exemple, la couche arable est très faible, ne dépasse guère 30 à 40 centimètres de profondeur, comme c'est le cas dans une grande partie de la culture de M. Decrombecque, dans la plaine de Lens. Par ce moyen, on crée une couche arable artificielle, ou du moins on augmente dans une certaine mesure la profondeur de cette couche et l'on fa-

cilite ainsi la croissance et le développement des racines,
qui, sans cette précaution, demeureraient courtes, ramassées et irrégulières de forme.

Mais quand on possède un sol de bonne qualité et de
profondeur suffisante, nous croyons cette pratique tout
à fait inutile, à moins toutefois que l'on n'ait un terrain
bas, très humide, et qu'on ne veuille le dessécher partiel-
lement par ce moyen.

Le professeur Wollny a fait sur les conditions de température et d'humidité que présentent les billons des observations très ingénieuses. Il a constaté que pendant le
jour, sous l'influence des rayons solaires, la température
du sol disposé en billons est supérieure à celle du terrain
plat. Pendant la nuit, la température des billons est inférieure à celle du terrain plat. Les mêmes phénomènes
se produisent sur des sols cultivés, mais les différences
sont moins grandes, à cause des feuilles des plantes qui
couvrent le sol.

L'échauffement du sol en billons sous les rayons
solaires est plus intense que celui du terrain plat, par la
raison que les billons présentent une plus grande surface
à l'action du soleil. Par contre, les billons se dessèchent
plus rapidement. La nuit, les billons se refroidissent plus
vite que le terrain plat par suite de leur plus grande surface de rayonnement.

Dans les billons, sous l'effet d'une plus haute température, la décomposition des matières organiques et la formation de matières nutritives utiles aux plantes est plus
rapide que dans le terrain plat. Le professeur Wollny a
trouvé que la teneur d'acide carbonique de l'air contenu
dans le sol augmente avec la température. La décomposition plus rapide des matières organiques, jointe à une
plus grande somme de température, explique les rendements supérieurs que donnent les billons pour certaines

plantes. Mais il est nécessaire que le sol puisse conserver en même temps une quantité d'humidité suffisante pour les besoins de la plante. Or les terrains en billons se dessèchent plus vite que les terrains plats et d'autant plus rapidement que le sol possède, à l'égard de l'eau, un pouvoir absorbant moindre. Par exemple, si on suppose ce pouvoir absorbant égal à 100 pour le terrain plat, celui des billons variera, selon la nature du terrain, dans les proportions suivantes : argile, 93,5 ; terre arable, 88,6 ; tourbe, 85.2 ; sable calcaire, 84.5 ; sable quartzeux, 48.2. Si on a affaire à un terrain qui retient bien l'eau, un terrain argileux par exemple, et que le climat soit pluvieux, qu'il tombe parfois des quantités d'eau nuisibles aux récoltes, le billon aura des avantages certains, car ayant la propriété de se dessécher plus rapidement que le terrain plat, il annihilera l'influence nuisible des excès d'humidité. Si au contraire, on a affaire à un terrain doué d'un faible pouvoir absorbant, se desséchant facilement, le billon donnera des résultats inférieurs à ceux du terrain plat (1).

En Autriche, on applique dans les domaines impériaux une méthode de culture en billons ou plutôt en ados, imaginée par M. Bertel, qui donne, paraît-il, de bons résultats. M. Bertel emploie pour cette culture des instruments spéciaux construits par MM. Zimmermann (2). Ces instruments ont déjà fait leurs preuves dans la pratique ; environ 160 *cultivateurs* du système Bertel, dont on verra plus loin la description, fonctionnent dans les domaines privés impériaux en Bohéme. Nous ne saurions trop appeler l'attention de nos lecteurs sur cette méthode de culture qui a pour effet d'augmenter les rende-

---

(1) *Scheiblersche Neue Zeitschrift*, 1885, XVIᵉ vol., n° 2.

(2) On peut se les procurer chez M. Alfred Dudouy, à Paris.

ments en poids et en qualité, tout en simplifiant les opérations et en réduisant les frais habituels.

La méthode de culture de Bertel consiste à exécuter toutes les opérations de préparation du sol en vue des semailles non pas au printemps, mais à l'automne précédent, ou dans les mois d'hiver. A cette saison, on prépare, sur les terres destinées à recevoir la betterave, des billons élevés, qui subissent, durant la période des froids, l'effet de la gelée. Cette préparation s'effectue à l'aide d'une *billonneuse* d'un modèle spécial. Au printemps, on sème avec un *semoir distributeur d'engrais*, muni de rouleaux; puis on se sert, pour les binages et travaux de nettoyage du sol, d'un *cultivateur* ; ce cultivateur est disposé de telle sorte qu'il exécute en une fois tous les travaux.

La méthode de culture Bertel exige donc trois instruments. Nous allons les décrire successivement.

La *billonneuse* se compose d'un cadre en bois fixé sur un age de charrue muni d'un avant-train avec régulateur. Ce cadre porte deux mancherons et il est garni de plusieurs billonneurs ou sortes de butteurs à double oreille. Les corps de billonneurs sont espacés de 0,42, et l'écartement des oreilles est variable, suivant les dimensions à donner au billon. Aussitôt que les travaux des champs le permettent, on commence, en octobre ou en novembre, la préparation des billons, au moyen de la billonneuse. Trois des corps de billonneurs tracent les sillons, et le quatrième corps suit le dernier sillon tracé au tour précédent, de manière à obtenir des billons bien parallèles et en ligne droite. La billonneuse est tirée par deux chevaux ou deux bœufs. Lorsque le sol est compact, lorsqu'il se prête difficilement à cette préparation, on passe deux fois avec la billonneuse, de façon à obtenir des billons aussi élevés que possible.

D'après Bertel, il faut au moins 0m20 de hauteur, pour l'écartement adopté de 0m42. Dans ces conditions, le sol est parfaitement ameubli et rendu accessible à l'influence de l'air ; les travaux de labour en automne, et de hersage, roulage au printemps, deviennent inutiles. L'augmentation considérable de surface donnée au sol de cette façon, facilite l'influence de la gelée qui détruit les mauvaises herbes et les insectes nuisibles mis à découvert.

Billonneuse.

Lorsque la terre est suffisamment séchée et que le moment des semailles est venu, on fait usage du semoir distributeur d'engrais de Bertel, représenté par la figure ci-après.

Ce semoir est un perfectionnement de la machine Gower, qui s'est répandue depuis peu dans beaucoup de fermes de la Bohême. Dans cet instrument, nous trouvons : un distributeur d'engrais, un distributeur de graines et une série de rouleaux de forme concave. Les socs du distributeur d'engrais sont très étroits et en forme de

coins ; le billon demeure intact grâce à cette disposition,
et il n'en est que mieux comprimé, et d'une meilleure
façon, par des rouleaux qui aplatissent seulement sa
surface extrême, sa crête, et laissent aux côtés du billon
toute leur perméabilité. Cette compression exercée sur la
partie du billon qui reçoit la semence est très favorable à
la levée rapide des jeunes plantes. Les socs du distributeur de graine sont distants des précédents de 24 à 30 centimètres ; la position verticale de ces socs est variable à
volonté, de sorte que l'on peut laisser telle épaisseur de
terre que l'on juge convenable entre la graine et placer
ainsi l'engrais soit au-dessus, soit au-dessous, soit à côté
de la graine.

Lorsque la nature du sol ne permet pas aux sillons
récepteurs de se refermer d'eux-mêmes, ce qui se présente dans le cas d'un sol humide ou compact, on fait
suivre les socs de quelques anneaux de chaîne ou d'un

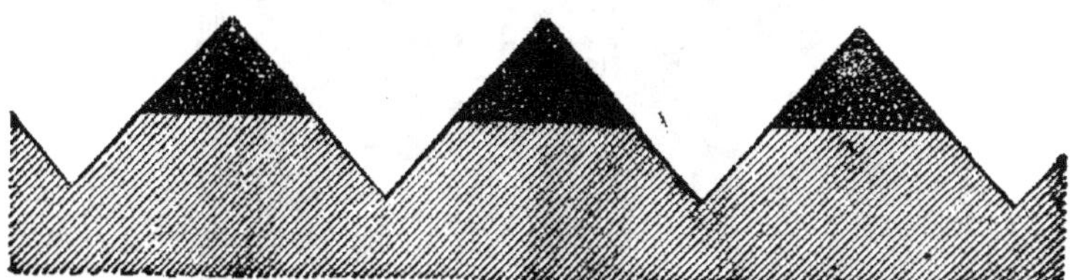

Billon avant les semailles.

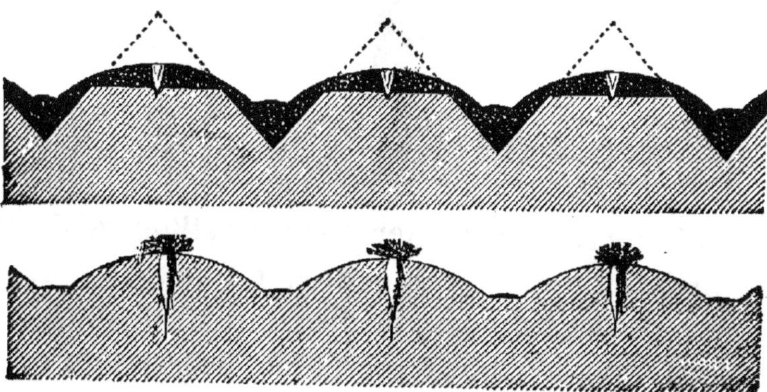

Billons ou ados après le passage du semoir.

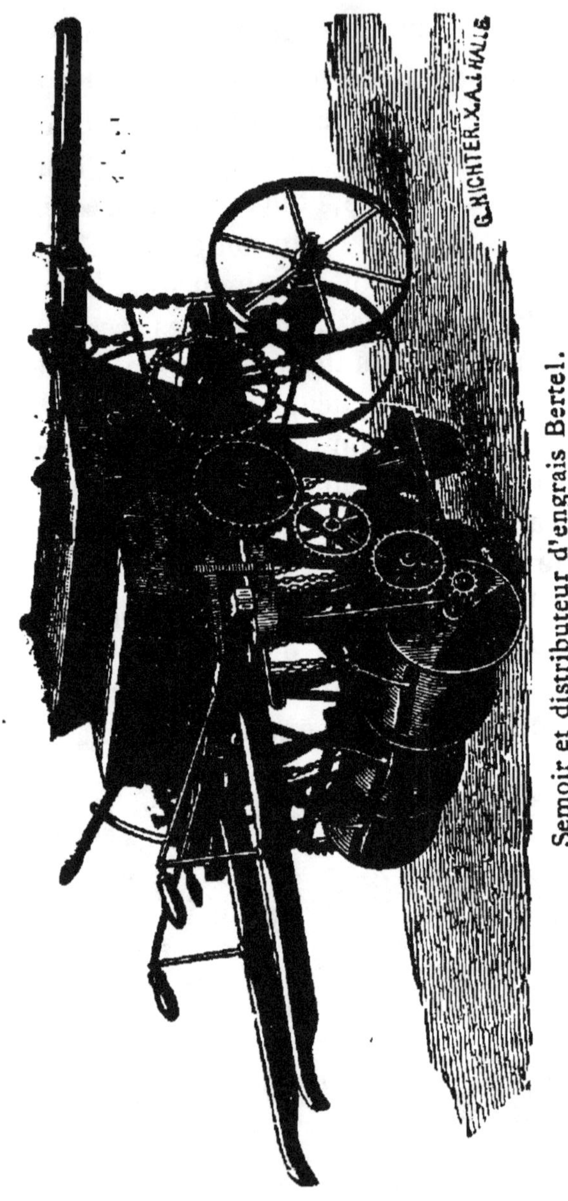

Semoir et distributeur d'engrais Bertel.

râteau, afin de ramener la terre sur les sillons et d'empê·
cher le mélange de l'engrais et de la graine.

Après le passage du semoir distributeur d'engrais, et la
levée étant faite, le champ présente  l'aspect indiqué par
les figures précédentes (p. 415).

L'avantage de ce semoir consiste en ce que tout le poids

des rouleaux, tout le poids des autres parties, en un
mot, tout le poids de l'instrument est utilisé pour couvrir
et pour rouler énergiquement l'engrais et la graine. Les
rouleaux, placés sur un même axe à l'arrière de l'instrument, remplacent les roues de derrière et supportent tout
le poids des divers organes. Avec cette opération se termine la préparation du sol ; tout roulage et hersage sub-
séquents deviennent inutiles. D'un seul coup, on opère
avec ce semoir tous les travaux généralement exécutés
depuis les semailles jusqu'à la levée des graines. Il accomplit donc en une fois les cinq opérations suivantes :

1° Epandage et enfouissement de l'engrais à la profondeur voulue ;

2° Distribution et enfouissement de la graine à la profondeur voulue ;

3° Division ou émiettement des mottes ;

4° Roulage énergique des graines ;

5° Formation de la surface en ados.

L'exécution en une seule fois des divers travaux nécessités au printemps par la culture de la betterave est
très rapide grâce à cet instrument, et l'on peut, avec un
nombre suffisant de ces engins, en commençant dès le
point du jour et en changeant les attelages, opérer en
quelques jours des travaux qui exigent des semaines
dans les conditions de culture ordinaires.

Après la levée des jeunes plantes, on se sert du *cultivateur* de lignes Bertel. Ce cultivateur, représenté par lafi-
gure suivante, se compose d'un age fixésur un avant-train
avec régulateur et de divers organes. Ces organes, portés
par un cadre en bois, sont des couteaux scarificateurs de
forme ovale, munis de deux tiges métalliques recourbées,
qui ont pour fonction d'écarter sur le passage de l'instrument les feuilles qui pourraient s'avancer dans l'entre-
billons. Ces couteaux peuvent s'enfoncer à volonté dans le

sol. Ils ont pour effet de couper les mauvaises herbes et d'ameublir l'entre-billons. Au premier binage, on règle les scarificateurs pour une profondeur de 0m12 à 0m15 dans le sol, de façon à maintenir entre les lignes de betteraves une épaisse couche de terre ameublie.

Les couteaux sont suivis de rouleaux. Ceux-ci ont la courbure d'un tonneau et sont armés d'une série de disques en acier, qui ont pour but de diviser verticalement le sol au fur et à mesure de sa division dans le sens horizontal par les couteaux.

Cultivateur Bertel.

Immédiatement après les rouleaux viennent des râteaux destinés à entraîner les racines et mauvaises herbes détachées du sol par les scarificateurs et les rouleaux. Au moyen d'un levier, le conducteur soulève de temps en temps les râteaux, et les mauvaises herbes que ceux-ci ont entraînées demeurent sur le sol, en plusieurs petits tas. Cette série d'organes accomplit le binage.

Les derniers organes, les butteurs, sont fixés à l'instrument au moment du buttage. Les butteurs sont placés de manière à opérer sur la couche de terre ameublie par les organes précédents. De cette façon, ils ne ramènent sur les côtés du billon que de la terre pulvérulente et bien divisée.

Les scarificateurs ovales sont employés dans la culture en ados ; dans la culture à plat, où le *Cultivateur Bertel* peut être utilisé, on les remplace par des couteaux plats ; de même pour les rouleaux.

Le cultivateur de lignes est tiré par un cheval ou un bœuf ; il exige, pour le travail sur deux lignes, une force de traction de 50 à 80 kilogrammes. L'animal suit l'entre-billon et un gamin le conduit ; il faut un homme à l'arrière-train de l'instrument. Dans ces conditions, on fait, avec un instrument, de 1.7 hectare à 2.3 hectares par jour. Grâce aux rouleaux qui donnent du poids à l'appareil et embrassent exactement la forme de l'entre-billons, le travail est très régulier ; les côtés du billon sont soumis à l'action des divers organes, et l'on peut réduire à très peu de chose le nettoyage à la main dans les parties du sol immédiatement voisines des plantes. Le transport du cultivateur se fait à l'aide d'un arrière-train facilement démontable au moment du travail.

Les avantages de la culture de la betterave en ados avec les instruments que nous venons de décrire sont, d'après M. Bertel, les suivants :

1º Les travaux préparatoires nécessaires pour rendre le sol prêt à recevoir la semence sont, au moyen des instruments spéciaux, terminés dans l'automne et les mois d'hiver qui précèdent l'époque des semailles.

2º La culture en ados réalisée par les instruments Bertel réunit les avantages de la culture à plat et de la culture en billons et n'offre pas les désavantages de ces deux méthodes ;

3º La culture de la betterave à sucre avec les instruments décrits s'effectue à moins de frais, procure d'une manière plus certaine des rendements en poids et en qualité supérieurs, et permet ainsi de livrer à meilleur compte des betteraves d'une plus grande richesse saccharine.

D'après M. Bertel, les inconvénients de la culture ordinaire, c'est-à-dire des travaux préparatoires du printemps, labours, hersages, roulage dans la culture à plat, et formation de billons dans la culture en billons, sont les suivants :

1° L'humidité accumulée dans le sol pendant l'hiver, et destinée à suppléer aux pluies manquantes dans les premiers mois de la végétation, est perdue par les travaux préparatoires ;

2° Lorsque l'époque des semailles est précoce, le sol humide, la terre est foulée par les pieds des animaux de trait, et, sous le poids des instruments, elle perd sa structure perméable, et l'action favorable des gelées de l'hiver est également perdue.

3° Pour opérer en temps utile les préparations du sol au printemps, il faut conserver les animaux de trait pendant tout l'hiver, afin de les avoir sous la main au moment convenable ; ou bien, s'il faut se les procurer à ce moment, il en résulte des frais considérables.

4° Dans la culture betteravière en grand, il est impossible, à cause du manque de temps, d'opérer les semailles dans le délai le plus propice ; une partie est semée trop tôt, l'autre trop tard ; un tiers seulement est semé en temps opportun.

Ces inconvénients sont évités lorsque l'on prépare dès l'automne les terres destinées à la betterave.

Grâce à l'emploi de la billonneuse, le sol est intimement mélangé et retourné ; les labours, hersage, roulage, formation des billons au printemps sont inutiles. Le sol offre, pendant l'hiver, une grande surface à l'action des gelées et devient meuble ; les herbes et les insectes nuisi-

bles sont détruits. L'humidité due aux neiges qui se rassemblent au fond des sillons est conservée, car le vent ne
peut balayer ces neiges comme sur un terrain plat.

Au printemps, on évite le piétinement des animaux,
qui ne peut être évité dans les conditions ordinaires ; or,
sur un sol encore humide, rien n'est plus propre que ce
piétinement à la formation des mottes. Les billons demeurent donc intacts, et leur sommet ameubli, rendu accessible à l'effet de l'air par les gelées, conserve la porosité si nécessaire au développement de la plante. En général, il n'y a pas lieu de reformer les billons après l'hiver.

L'avantage des instruments ci-dessus décrits est considérable au point de vue du maintien des propriétés
physiques du sol. En effet, on n'économise pas seulement
le temps en réunissant toutes les opérations en une seule : on évite aussi le piétinement du sol par les animaux,
piétinement renouvelé à chaque opération dans les conditions habituelles.

D'après des observations certaines, on compte qu'un
attelage de 4 bœufs à la charrue donne 4 pas par pied
carré, soit pour le labourage d'un hectare, 400,435 pas et
200,000 environ pour un attelage à deux bœufs.

Il est facile de voir que les instruments Bertel évitent ce grave inconvénient.

Quant aux engrais artificiels, ils sont répartis d'une
manière parfaite avec les instruments de M. Bertel.
Avec le semoir distributeur d'engrais, l'engrais est distribué seulement dans les lignes, et à proximité des
plantes qui peuvent, dès leur premier développement, se
l'assimiler facilement. La jeune plante, jusqu'au moment où elle est munie des organes destinés à puiser sa
nourriture, peut être considérée comme un nourrisson
auquel on doit fournir l'alimentation jusqu'à ce qu'il
puisse se la procurer lui-même.

Les racines de la plante, formées de fibres minces et délicates, doivent trouver leur nourriture toute préparée, pour être en état d'absorber dans le court espace de temps réservé à la végétation, toute l'énorme provision de substances nutritives destinées à former la plante. Et comme la surface absorbante des radicelles n'est pas de moitié aussi considérable que dans le froment ou l'avoine, il est nécessaire d'accumuler le plus d'aliment possible dans le voisinage le plus immédiat des racines de la betterave. Le semoir distributeur d'engrais Bertel atteint parfaitement ce but, car il permet de placer l'engrais choisi dans les lignes mêmes, et à telle profondeur voulue au-dessus ou au-dessous de la graine.

La dépense d'engrais est réduite au minimum. Avec le superphosphate de noir animal et le sulfate d'ammoniaque, M. Bertel a constaté, pour une dépense de 30 à 60 florins par hectare, une augmentation de rendement de 5,000 à 10,000 kil de betteraves et une supériorité de richesse saccharine de un demi à un pour cent au moins. M. Bertel emploie 25 kilos de graines de sa sélection par hectare, et l'écartement est de 42 centimètres sur 7 à 9 centimètres.

Exécutée dans les conditions prescrites par M. Bertel, la culture de la betterave à sucre devient d'une grande économie : on épargne à la fois et le temps et la main-d'œuvre, et l'on opère de la manière la plus rationnelle et en temps opportun les travaux de préparation, d'ensemencement et de fumure. L'avantage que l'on retire de la formation des billons avant l'hiver n'est pas un fait nouveau : on n'ignorait pas que la terre ainsi préparée à subir les influences atmosphériques hivernales est extrêmement propre au développement des récoltes ultérieures. Pour la betterave notamment, on savait depuis longtemps que l'ameublissement du sol, son expo-

sition à l'air sous une grande surface sont très favorables
à la production du poids et de la qualité.

Des expériences faites en Allemagne pendant trois années montrent que la culture en billons ou à dos suivant
la méthode Bertel, est bien supérieure à la culture à plat.
Le professeur Marek, dans ses expériences à l'Université
de Kœnigsberg, a obtenu en 1879, par exemple :

|  | Culture à plat. | Culture en billons |
|---|---|---|
| Rendement à l'hectare.... | 61.868 kg. | 66.000 kg. |
| Sucre % ................. | 12.55 | 13.24 |
| Pureté................... | 85.542 | 86.136 |
| Valeur proportionnelle .... | 10.9 | 11.4 |
| Sucre à l'hectare.......... | 6.744 kg. | 7.484 kg. |

Les résultats de la culture en billons avec les instruments Bertel sont donc bien supérieurs à ceux de la
culture à plat.

Les expériences de 1880 et de 1881 ont accusé la même
supériorité.

Dans une nouvelle série d'expériences, M. le Dr Marek
a constaté des résultats extrêmement curieux sur l'influence de l'orientation des billons. Les betteraves des billons placés dans la direction nord-sud et celles des billons
placés dans la direction est-ouest ont accusé un degré de
maturité et de richesse saccharine très différents. Les billons nord-sud ont pu être arrachés beaucoup plus tôt que
les billons est-ouest. Dans les premiers, en effet, une moitié des ados a été éclairée par le soleil du matin et l'autre
moitié par le soleil de l'après-midi ; par suite, l'échauffement du billon a été plus considérable et les betteraves
ont mûri plus vite. Les billons est-ouest, au contraire,
n'ont reçu l'action directe du soleil que sur la face
tournée vers celui-ci, tandis que la face nord est restée
plus froide et plus humide.

L'arrachage des billons nord-sud a pu avoir lieu en septembre, tandis que celui des billons est-ouest n'a pu se faire qu'en octobre, la maturité des betteraves de ces derniers ayant été retardée par la cause que nous venons d'indiquer. L'influence de l'orientation des lignes de billons est nettement mise en lumière par les nombreuses observations recueillies par M. le D<sup>r</sup> Marek. Il y a là un fait d'une grande importance et que nous signalons particulièrement à l'attention des cultivateurs.

# CHAPITRE XII.

## Les petits ennemis, les amis et les maladies de la betterave.

Ver blanc. — Taupins.—Silphes. — Atomaria.— Casside nébuleuse. — Altises. — Noctuelles. — Mouche de la betterave.— Lombrics-Iules. — Nématodes. — La prétendue fatigue betteravière et les nématodes ; travaux de Julius Kühn ; destruction des nématodes par les plantes-pièges, suivant les prescriptions de Kühn ; métamorphoses des nématodes ; moment propice pour leur destruction. — Les nématodes en France ; observations de M. Aimé Girard.— Opinions émises à la Société nationale d'Agriculture de France sur les nématodes. — Les petits amis de la betterave. — Maladies de la betterave : la brûlure ; pourriture cellulaire ; *maladie* de la betterave ; le blanc de la betterave ; la rouille ; la dessiccation des feuilles; la frisole.

Dès ses débuts, la betterave est en butte aux attaques d'une série de petits insectes : les uns détruisent de préférence la partie foliacée, les autres rongent et atrophient la racine. Les ravages causés par les parasites de la betterave sont plus ou moins considérables suivant les années et les localités. Mais il se passe rarement une saison sans qu'on n'ait à enregistrer des dégâts causés par les petits ennemis de la plante saccharifère (1).

(1) Plusieurs études très complètes ont été publiées en France et à l'étranger sur les insectes nuisibles aux betteraves : en France, nous citerons notamment le *Mémoire sur les insectes nuisibles aux betteraves*, présenté à la Société centrale d'agri-

VER BLANC. — Le *ver blanc* ou larve du hanneton est le plus connu parmi les nombreux ennemis de la betterave. Tous les cultivateurs de betteraves le connaissent et ont eu plus ou moins à souffrir de ses ravages. La larve du hanneton met trois ou quatre ans à se transformer en insecte parfait. Elle vit en terre, s'enfonçant pendant l'hiver et remontant au retour du printemps pour se nourrir. Le ver blanc affectionne les racines sucrées. Il détruit d'abord les radicelles de la betterave, puis s'attaque au pivot. Les caractères de ses ravages sont : l'ablation de tout ou partie du chevelu des racines et surtout du pivot. Le ver blanc, à son dernier degré de développement, mesure 45 millimètres de long. Couleur : blanc sale ou jaunâtre. Corps formé de 12 segments plissés transversalement, armés de spinules sur le dos ; le dernier est plus large que les autres et rempli d'une matière noirâtre. Tête couleur fauve, arrondie, armée de deux fortes mandibules et de deux petites antennes. Trois paires de pattes colorées. Neuf stigmates de chaque côté du corps.

TAUPINS. — *Taupins, elaters ou agriotes.* — La larve des taupins ou elaters s'attaque volontiers à la betterave. Elle ressemble aux larves qui vivent dans la farine : dure, filiforme, allongée, luisante, ondulée, peau écailleuse, 12 segments non compris la tête. Tête aplatie, deux petites antennes de trois articles et deux palpes de quatre articles. Au thorax, trois paires de pattes. Mamelon anal faisant office d'un septième pied. On admet que la larve des taupins vit cinq ans environ sous cet état. Les caractères

culture du Pas-de-Calais, par M. A. de Norguet (1885) ; le mémoire de M. F. P. J. Klotz, sur *les petits ennemis de la betterave,* qui a obtenu la médaille de vermeil de la Société centrale d'agriculture du Pas-de-Calais. L'auteur de ce mémoire s'est visiblement inspiré des travaux de Julius Kühn.

de ses ravages sont les suivants : les jeunes plantes se fanent, les radicelles sont détruites, une tache noire dure se trouve à la partie supérieure du collet. Les plantes et racines plus âgées présentent des lésions. Quelquefois aussi on remarque des excavations faites dans les diverses parties de la racine. On reconnaît les ravages des larves au moment des premiers binages et du démariage, en examinant les plantes flétries sur pied.

SILPHE ou *bouclier sombre*. — C'est encore la larve de cet insecte qui est à redouter pour la betterave. Cette larve attaque les feuilles. Ses caractères sont : dos noir, dur, ventre blanchâtre et mou, 12 segments aplatis sur les bords et donnant à la larve l'aspect du cloporte. Les trois premiers segments munis de pieds fourchus. Abdomen terminé en pointe arrondie et servant à la locomotion. Tête munie d'antennes ; six yeux. Très agile, très remuante, la larve du silphe cherche à s'échapper lorsqu'on s'approche d'elle. Elle change de peau plusieurs fois de suite et après la mue elle paraît blanche ; mâchoires brunes. Au bout d'une heure elle est noire sur le dos. Caractères de ses ravages : feuillles rongées sur leurs bords, plus ou moins déchiquetées, rarement squelettées.

ATOMARIA LINÉAIRE. — Cet insecte attaque les jeunes racines et les feuilles. Il est étroit, linéaire, long d'un millimètre et demi au plus. Couleur : roux ferrugineux ou brun noir, avec l'extrémité des élytres plus claire. L'atomaria apparaît de mai à juin. Il se loge entre les mottes qui entourent la graine et attend la levée pour attaquer la racine. Quand le temps est beau, il se porte sur les feuilles. Celles-ci sont trouées sur le revers de petits points ronds ; leur bord est finement déchiqueté.

CASSIDE NÉBULEUSE. — La larve de la casside naît sous les feuilles, où la femelle de l'insecte parfait dépose ses œufs. Cette larve attaque d'abord la page inférieure des feuilles de la betterave, puis plus tard elle ronge les bords. Ses caractères sont : forme ovale déprimée, d'un joli vert tacheté de blanc. Côtés du corps armés de six épines aiguës en forme de soies. Tête petite, écailleuse, deux dents, sept yeux, 12 segments, dont le dernier seul est visible sur le ventre. Six pattes cachées sous le thorax et fixées sur les trois premiers segments. Deux appendices à l'extrémité du corps et que la larve relève au repos et rabat en les étendant quand elle se met en marche. L'insecte parfait dévore la substance verte des feuillles. Il ressemble à une tortue en miniature, mesurant environ 6 millimètres de longueur. Il passe successivement par le vert clair, rouille brun, rougeâtre, cuivre et irrégulièrement tacheté de noir sur les élytres. Au bout d'un mois, le dos est parfaitement coloré ; le dessous est toujours noir, tête et pattes roux jaunâtre, cachées sous un corselet. On rencontre en même temps la larve, la chrysalide et l'insecte parfait. Caractères des ravages de la larve : feuilles squelettées sur le revers et fourragées sur les bords.

Les coléoptères que nous venons de décrire sont ceux qui causent le plus de dégâts dans les champs de betteraves. Les suivants sont moins nuisibles ; leurs attaques ne peuvent guère avoir d'influence sur le rendement des récoltes.

ALTISES. *Altise des bois, tiquet.* — Au printemps, l'insecte parfait dépose ses œufs sur les feuilles. Dix jours après, la larve naît et se loge dans les feuilles dont elle mange le parenchyme. Elle forme aussi des taches allongées, d'un jaune feuille-morte. L'altise, de son côté, attaque les feuilles et les perfore. Plusieurs générations éclosent en peu de temps, surtout dans les années sèches et chaudes.

Citons aussi un insecte de la famille des charançons,

qui attaque la betterave. Ses dégâts n'ont été observés jusqu'ici qu'en Russie et en Bohême, c'est le *cleonus punctiventris* : long de 15 millimètres, gris cendré passant au noir mat dans la vieillesse.

NOCTUELLES. — Parmi les lépidoptères ennemis de la betterave, on trouve :

La *noctuelle* du seigle, *moissonneuse, ver gris, agriote, noctuelle exclamation*, etc. La larve de la noctuelle des moissons a 18 millim. de longueur et 6 millimètres de largeur ; luisante, rouge jaunâtre, le haut de la tête penché en avant. Elle apparaît sur la betterave en juin-juillet. Généralement, elle coupe la racine au collet à partir du cœur et mange la partie supérieure, près de la surface du sol. Bientôt la plante tombe, coupée près de terre et ne tenant plus à la racine que par quelques fibres.

Il existe plusieurs espèces de noctuelles. Celle qui est le plus à redouter pour la betterave est la *noctuelle potagère*. Sa larve, nommée *ver vert*, n'attaque que les feuilles, de juin à septembre. Elle passe par les états suivants : d'abord verte, avec points blancs dont quatre sur chaque anneau. Tête jaune fauve. A la fin de sa croissance, la chenille est brun rougeâtre. Les points blancs deviennent noirs. Les deux lignes latérales jaunes pâlissent ; les trois lignes blanches disparaissent.

MOUCHE DE LA BETTERAVE. — La larve de ce diptère naît sur les feuilles où l'insecte dépose ses œufs en grand nombre, sur le revers. La larve se nourrit du parenchyme qu'elle mange avec voracité. Il y a deux générations par an. Vers le milieu de juin, la larve vient se cacher en terre et se transforme en insecte parfait au bout d'une dizaine de jours. Cette larve mesure 7 millim. de longueur. Couleur blanc jaunâtre sale. Corps mou, rétractile, conique, sans pattes. Onze segments ; les derniers de transparence verdâtre.

Aussitôt formée, la mouche pond sur les feuilles de la betterave et fournit une seconde génération avant l'arrachage de la plante. Caractères des ravages de la larve : feuilles attaquées et couvertes de larges taches blanc-jaunâtre, feuille-morte.

Lombrics.— Les *lombrics* ou *vers de terre* doivent être considérés aussi comme des ennemis de la betterave. Ils s'attaquent aux jeunes plantes. Les vers de terre sont très communs dans les terrains fortement fumés.

Iules.— Citons aussi les *blaniules à gouttelettes*, myriapodes imitant le serpent dans ses mouvements. Corps cylindrique, vermiforme, blanc jaunâtre, à reflets violets. Environ cinquante segments marqués de petites taches rondes d'un rouge vif, 24 pattes. Tête sans yeux. Un autre myriapode, l'*Iule terrestre*, corps cylindrique, strié longitudinalement, 45 segments brunâtres, pieds ocrés, yeux noirs granulés, figure aussi parmi les ennemis de la betterave.

Ces deux myriapodes attaquent surtout les graines de betteraves. Après la levée, ils attaquent également la jeune plante. L'iule guttulé creuse des galeries rousses dans les racines, à toutes les périodes de leur développement.

Nématodes. — Nous arrivons enfin aux ennemis les plus dangereux de la betterave à sucre : les *nématodes* ou *trichines* de la betterave. Le nématode de la betterave a été étudié spécialement par Schacht et par Kühn en Allemagne. Ce parasite, qui se présente sous la forme de petits corpuscules blancs attachés aux fines radicelles de la betterave, est devenu très commun en Allemagne. Pendant longtemps, on a ignoré l'existence de ces parasites dans des champs dont le rendement diminuait d'année en année, et on a attribué ce phénomène à la fatigue du sol, *la fatigue betteravière*. Comme cet état se traduisait par un abaissement considérable des récoltes, on n'hésitait point à croire qu'il était dû à l'appauvrissement de la terre en certains éléments, potasse, acide phosphorique, etc.

Une observation attentive a fini par démontrer que la prétendue *fatigue betteravière* est due non pas à l'appauvrissement du sol, mais à la présence des nématodes, parasites que la culture répétée de la betterave sur un même champ contribue à entretenir et à multiplier. Les nématodes vivent en grand nombre sur les radicelles des betteraves ; la plante ne meurt pas, mais elle est entravée dans son développement, et finalement, le poids de la récolte est très réduit, bien qu'il y ait dans le sol tous les éléments nutritifs nécessaires pour obtenir une forte récolte. Les nématodes sont de la grosseur d'une petite tête d'épingle ; ils se détachent facilement des radicelles. Le corps a l'aspect d'un sac de cornemuse ; il est membraneux, et se termine en pointe vers les deux extrémités anale et buccale.

Pour détruire les nématodes, Julius Kühn a employé diverses substances, la chaux vive par exemple. Mais il n'a pas obtenu de résultats.

On a essayé aussi de faire disparaître les nématodes en pratiquant des labours profonds à la charrue défonceuse ou à la bêche. Le résultat a été nul. On n'a pas constaté non plus que la gelée exerce un effet sensible sur les nématodes.

Les essais de Julius Kühn ont démontré que les nématodes s'attaquent à un très grand nombre de plantes (28 espèces appartenant à dix familles différentes). Comme ces plantes comprennent les espèces les plus cultivées, les céréales, l'avoine, les diverses variétés de choux, le colza, la navette, le cresson alénois, etc.., il en résulte qu'il n'est pas possible de combattre les nématodes par une modification de l'assolement rendant moins fréquent le retour de la betterave sur le même champ. Même après un retour de cinq ans, Kühn a observé les nématodes en quantité abondante, bien que la culture des plantes qu'ils préfèrent eût été totalement évitée et que le champ eût été abandonné à un repos de trois ans avant le labour.

Dans ces conditions, Julius Kühn fut amené à rechercher un moyen pratique de destruction des nématodes, et il le trouva dans la culture de plantes qu'affectionnent ces parasites. Il nomma ces plantes : *plantes-pièges* (1).

En effet, Kühn avait remarqué qu'à une certaine époque les nématodes à l'état de larves se trouvent rassemblés sur les racines de ces plantes. Si donc on arrache à ce moment toutes les plantes-pièges, on enlèvera en même temps tous les nématodes. En 1880, Julius Kühn cultiva diverses variétés de choux, en deux semailles, mélangées avec du cresson alénois ; 33 à 35 jours après la levée, les plantes-pièges de la première semaille furent enlevées. La seconde semaille leva bien, mais elle souffrit beaucoup des ravages des altises ; les choux et le cresson alénois furent également détruits en grande partie par les altises.

Pour éviter cet inconvénient, Kühn employa dans la suite la navette d'été. Cette plante-piège souffrit beaucoup moins des attaques de l'altise que les variétés de choux et le cresson. De plus, la navette a des radicelles plus fines, ce qui est préférable pour rassembler les nématodes. Après 3 récoltes de plantes-pièges opérées en 1880, le champ fut labouré à l'automne, jusqu'à 30 centimètres ; puis il reçut au printemps du superphosphate

______

(1) Voir la 4ᵉ livraison du *Rapport du laboratoire de physiologie et de l'Institut agronomique de Halle-sur-Saale,* par le prof. Dᵣ Julius Kühn.

et du nitrate de soude. Le 23 avril, on sema en lignes à raison de 40 kg. de graines de betteraves par hectare, et 35 jours après la levée on démaria. On bina 4 fois. Une différence frappante fut constatée entre le champ nettoyé par les cultures de plantes-pièges et le champ encore infecté de nématodes.

Le champ soumis en 1880 à la culture des plantes-pièges avait produit en 1879 par hectare, 12,724 kg. de betteraves seulement. En 1880, après enlèvement aussi complet que possible des nématodes par la culture des plantes-pièges, le même champ donna 36,692 kg. de betteraves à l'hectare. Cette récolte était de très bonne qualité ; les racines, d'ailleurs bien conformées, furent analysées. On trouva une richesse de 13,71 % sucre du jus avec un quotient de pureté de 89. Sur un champ voisin de même nature, séparé par le chemin de fer, et indemne de nématodes, on récolta, toutes conditions égales d'ailleurs, 38,030 kg. de racines, dont le jus accusait 14.09 % sucre avec 83.8 de pureté.

Ainsi on voit que, grâce à la culture de trois récoltes de plantes-pièges dans le cours d'une année, le sol dit en état de *fatigue betteravière* était redevenu tout aussi propre à la production de la plante saccharine que le sol voisin non fatigué ou plus exactement non envahi par les nématodes.

La récolte des plantes-pièges doit être faite dans un délai assez court, avant la fécondation des femelles, sinon on court le risque de multiplier les nématodes. La culture des plantes-pièges ne doit pas porter seulement sur les parties du champ visiblement attaquées, mais sur un rayon aussi étendu que possible. Kühn a trouvé des nématodes en grand nombre jusqu'à 11 mètres et même 30 mètres, en moindre quantité, il est vrai, de l'endroit infecté.

Julius Kühn avait conseillé, au début, de brûler les plantes-pièges, afin d'assurer la destruction des nématodes. A la suite de nouveaux essais, il a reconnu que les résidus de la décomposition de ces plantes peuvent être employés sans inconvénient comme engrais de prairies.

Le moyen de destruction des nématodes que nous venons de décrire est assez coûteux. Aussi Kühn en a-t-il cherché un autre, plus rapide et plus économique. D'après ses expériences, il suffirait de détruire les plantes-pièges sur le champ même, 28 jours environ après la levée. Il ne serait donc pas nécessaire d'opérer la récolte des plantes-pièges : il n'y aurait qu'à les détruire par un labour. Cependant Kühn ne recommande ce moyen qu'avec beaucoup de réserve, jusqu'à plus ample expérience.

Les nématodes ayant été observés en France, en 1884-85, par M. Aimé Girard, nous croyons utile de donner ici un résumé des dernières observations du professeur Kühn :

Il est à remarquer que l'enfouissement des plantes-pièges équivaut à un engrais vert, riche en azote, et que le sol ombragé par ces plantes feuillues, absorbe davantage d'ammoniaque atmosphérique. C'est un point dont il faut tenir compte dans l'application des engrais azotés complémentaires, qu'il faudra restreindre, à moins que, après la destruction des plantes-pièges, on ne fasse une récolte de céréale avant de semer la betterave. Comme céréale intermédiaire, l'orge est préférable à une céréale d'hiver, parce que les larves de nématodes qui subsistent encore ont, avec les grains d'hiver, le temps de produire deux générations, tandis qu'avec l'orge elles n'en peuvent produire qu'une, et que l'orge se récolte assez tôt pour permettre encore une semaille de plantes-pièges avant la betterave. Selon Kühn, la culture de l'orge, permettant de tenir les champs exempts de nématodes, est la meilleure pour alterner avec la betterave ; on peut aussi employer le lin, aussi souvent que le retour en est possible, parce que le lin paraît à l'abri des attaques des nématodes et se récolte assez tôt pour permettre une semaille de plantes-pièges.

La pousse des plantes-pièges semées sur l'éteule des céréales est parfois retardée par la sécheresse, tandis que les grains tombés sont davantage enfouis, germent et sont attaqués par les nématodes plus tôt que les plantes-pièges. C'est donc, dans ce cas, le degré de développement des larves dans les grains et non dans les plantes-pièges qui doit indiquer le moment propice pour la destruction des plantes quelconques poussées sur le terrain à purifier. De plus, les larves se développant plus lentement en automne, on pourra couper les plantes-pièges horizontalement, avec des houes à tranchants, sans les extirper, pourvu que le labour enterre profondément les plantes-pièges, ce qui se fait par un double labour ou au moyen de charrues retournant bien le sol.

La succession de l'orge à l'orge n'a pas d'ailleurs les inconvénients qu'on pourrait craindre. Il n'y a pas à redouter non plus que les betteraves succédant à l'orge, après une semaille de plantes-pièges perdent de leur richesse en sucre, pourvu qu'on donne un peu moins d'azote aux betteraves.

On ne peut pas toutefois conclure que quatre cultures de plantes-pièges succédant, en quatre ans, à des cultures d'orge, purifient un sol infecté de nématodes, comme le font quatre cultures de plantes-pièges effectuées la même année.

Résumons maintenant les règles établies par Kühn pour combattre les nématodes :

1° Combattre la propagation des nématodes :

*a*) en n'employant jamais pour les champs de betteraves le compost de fabriques ;

*b*) en n'employant les déchets de betteraves nématodées que mélangés dans le rapport de 6:1 avec de la chaux vive ;

*c*) en n'employant pas le fumier d'étable dans lequel ont pu s'introduire des betteraves nématodées, non digérées ;

*d*) en n'employant que des graines de betteraves provenant de champs non infectés ;

*e*) en nettoyant parfaitement les attelages et instruments de culture qui ont été employés dans des champs infectés ;

*f*) en ménageant l'écoulement des eaux pluviales de façon qu'elles ne puissent pas introduire de nématodes dans un champ sain ;

2° Lorsque les nématodes sont peu nombreux, faire une semaille automnale de plantes-pièges sur l'éteule de la récolte de grains succédant à la récolte de betteraves ;

3" Pour les terrains fortement infectés, pratiquer dans la même année quatre semailles successives de plantes-pièges ;

4° La navette d'été (*Brassica Rapsa oleifera annua*, Metzg), est la meilleure des plantes-pièges ;

5° Lorsque les plantes-pièges doivent être détruites avec des instruments traînés par des chevaux, il faut semer aussi dru que possible (38 k. de navette d'été par hectare) ;

6° La première semaille de plantes-pièges a lieu dans le courant d'avril en 4 ou 5 périodes, afin de répartir plus avantageusement le travail de la destruction de ces plantes ;

7° Les autres semailles suivent aussi rapprochées que

possible; si l'on se trouve avoir le temps de faire une 5ᵉ semaille de plantes-pièges en septembre, on la fera ;

8° Le moment propice pour la destruction des plantes-pièges est celui où la larve de nématode a pris la forme d'une bouteille, et où son extrémité abdominale, d'abord pointue, s'arrondit;

9° Le moment propice à la destruction des plantes-pièges étant arrivé, on y procède de suite, quel que soit le temps, bien qu'un temps sec accélère la mort des plantes ;

10° Pour détruire les plantes-pièges on fait d'abord passer une bineuse à couteaux bien tranchants et assez rapprochés pour qu'ils coupent également sur toute la surface du champ; peu importe d'ailleurs que les plantes soient coupées ou bien arrachées ; les couteaux ne doivent pénétrer qu'à 3 cm. environ de profondeur d'abord ; on repasse une seconde fois la *bineuse* dans une direction transversale à la première, en faisant pénétrer les couteaux à 5 cm. pour atteindre les plantes qui, placées dans des cavités, auraient échappé à la première opération : on évite avec soin que les couteaux s'engorgent et s'obstruent. Quelques femmes parcourent ensuite le champ avec des houes à main pour biner les plantes qui auraient échappé aux couteaux de la machine. Le terrain est ensuite fouillé deux fois en croix, ce qui se fait le mieux à l'aide de socs de forme spéciale. Ils ont une longueur de 38 cm. et sont recourbés transversalement comme le creux de la main, cette courbe s'élargissant vers le bas, tandis que la pointe du soc est recourbée en avant. De cette façon, il se forme en-dessous un tranchant du soc ayant la forme d'une parabole dont les extrémités sont écartées de 10.5 cm. et dont la courbe a 19 cm. Comme les socs sont ajustés à quatre traverses de façon que les lignes médianes de leurs voies soient écartées de 10 cm., toute la surface sur laquelle passe l'appareil est coupée dans le plan des extrémités des socs, tandis que les parties supérieures des socs rendent le sol si friable que toutes les racines sont jusqu'à cette profondeur, arrachées et détachées du sol. Cet instrument remplit très bien son but jusqu'à 18 cm. de profondeur ; après quoi on herse, puis on laboure en sillons larges de 15 c., au plus, mais profonds de 25 cm., en ajustant un versoir pénétrant à 10 cm,. qui déverse toutes les parties des plantes-pièges rapprochées de la surface au fond du sillon, où elles sont recouvertes d'une épaisse couche de terre, sous laquelle elles périssent. Si la herse a fait des amas, ce qui arrive parfois lorsque les plantes-pièges ont poussé plus haut que d'ordinaire, on défait les amas à la fourche et on enlève les plantes éparpillées.

11° L'examen microscopique indique nettement le moment propice pour la destruction de la première portée de plantes-pièges ; mais la rareté croissante des nématodes rend cette détermination plus difficile pour les portées subséquentes. On peut alors se guider sur le développement des plantes-pièges ; si c'est de la navette d'été, le moment de la détruire est arrivé lorsque les boutons jaunissent et que les premières fleurs vont s'ouvrir.

12° Les larves de nématodes émigrent souvent très loin ; il faut soumettre le terrain à l'épuration non par parcelles, mais tout en une fois, ou, tout au moins, isoler la partie désinfectée par un fossé profond de 70 à 90 cm. et large au fond de 50 cm.; le fond du fossé sera recouvert de chaux vive qu'on renouvellera de temps en temps, surtout après les pluies.

13° Lorsqu'un terrain désinfecté en un an par 4 cultures de plantes-pièges reçoit des betteraves l'année suivante, la dose d'azote usuelle sera réduite de moitié, celle d'acide phosphorique restant la même ; il vaut mieux toutefois, après l'année entièrement consacrée à la désinfection, semer d'abord de l'orge, puis, sur l'éteule de celle-ci, une portée de plantes-pièges, et ne semer la betterave que la seconde année.

14° Pour éviter que les nématodes recommencent à se multiplier, Kühn recommande de mettre une forte quantité de semence de betteraves, 40 kg. par hectare, semée en lignes distantes de 14 pouces, et d'arracher ce qu'il y a de trop 4 à 5 semaines après la levée ; avec les nombreux plants arrachés on détruit un grand nombre de nématodes. Les plantes arrachées peuvent rester sur le terrain, à condition d'être éparpillées, de façon qu'elles meurent vite. Après les betteraves, on devra semer sur le champ désinfecté des plantes peu favorables aux nématodes, et possédant une courte durée de végétation qui permette une semaille automnale de plantes-pièges. Parmi les céréales, l'orge est préférable ; le chanvre, le lin, les pois conviennent aussi parce qu'ils répugnent aux nématodes, et que les sarclages ou les binages répétés qu'exigent leur culture font disparaître les mauvaises herbes contenant des nématodes (faux raifort, sénevé, arroche, etc.).

15° Lorsque la navette semée sur éteule lève mal, le moment de détruire les plantes-pièges est déterminé par le degré de développement des larves de nématodes dans les plantes qui lèvent les premières, que ce soit du grain, du sénevé, du raifort, etc., ou bien quelques plantes de navette plus précoces que leurs congénères. La destruction de ces plantes-pièges automnales peut se faire sans binage ni labour superficiel, pourvu qu'on ait soin que les plantes soient profondément enterrées au fond des sillons qu'on fera aussi profonds que possible. Cela se fait par un double labour, le premier pénétrant à 10 cm. et le second très profondément, ou au moyen d'une charrue munie d'un bon coutre opérant à la profondeur de 10 cm. ; et d'un soc travaillant profondément ; une femme marche à la suite de deux ou trois charrues et rejette dans le sillon ouvert les quelques plantes apparaissant encore à fleur de terre.

16° Le terrain ramené par ces divers traitements à sa fécondité normale peut être cultivé de la manière ordinaire, même pour des denrées d'hiver, de l'avoine, etc. Seulement il est bon de faire, chaque année qu'on le peut, une semaille de plantes-pièges sur éteule, qui détruit des nématodes, tout en enrichissant le sol en azote.

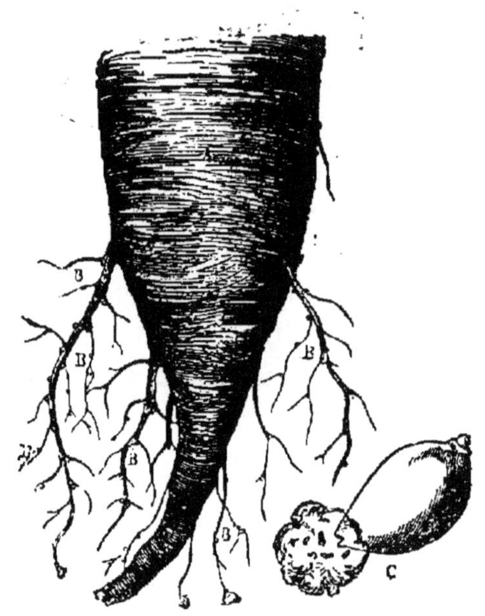

B. Nématodes fixés sur le chevelu de la betterave.
C. Nématode pondant et œufs dans leur écume.

Nous compléterons ce qui a été dit touchant le moment propice pour la destruction des nématodes par les observations suivantes que nous empruntons au rapport du professeur Kühn (1) :

(1) *Zeitschrift des Vereins für die Rübenzuckerindustrie des Deutschen Reichs.* Mars 1884.

Pour observer le moment le plus favorable pour détruire les plantes pièges, il faut tenir compte des considérations suivantes :

1. Les larves de nématodes qui se trouvent dans le sol conservent la forme vermiculaire grêle des embryons, ainsi qu'elle est représentée plus loin fig. 1. Elles sont faciles à distinguer des anguillules de terre qui leur ressemblent, par l'aiguillon buccal, qui, à la vérité, n'est pas nettement marqué, mais qui se reconnaît fort bien sous un grossissement plus fort, comme dans la fig. 2.

2. Lorsque des larves de nématodes ont pénétré dans les radicelles d'une plante nourricière, elles présentent encore ici, d'abord la forme vermiculaire grêle, et il est difficile de les reconnaître à l'intérieur des radicelles. Rechercher les larves à cette phase dans les plantes-pièges n'est pas de la compétence de l'agriculteur.

3. Au bout de peu de temps les larves qui se trouvent dans les plantes-pièges prennent une forme modifiée. Tout le corps se gonfle en forme de bouteille, et l'extrémité du corps primitivement en pointe s'arrondit. Dans cette phase, les vers se trouvent encore tout entiers à l'intérieur de la racine ; on ne peut par conséquent les reconnaître que peu distinctement ; mais comme, par suite de leur gonflement, ils soulèvent un peu la mince couche de tissu qui les recouvre, les radicelles paraissent inégales, chargées de saillies allongées, comme dans la fig. 3.

Il ne faut pas confondre les endroits des radicelles où se forment de nouveaux rameaux. Là où pousse un nouveau rameau de racine, on peut évidemment voir aussi une saillie latérale, mais celle-ci est d'abord hémisphérique, et non allongée dans le sens de l'axe de la racine, et plus tard elle a la forme d'un cone obtus, et, sous un grossissement un peu plus fort, on peut reconnaître distinctement une structure formée de petites cellules.

4. Par la suite du développement, le gonflement de la larve augmente ; mais, dans le sexe mâle, elle conserve la figure d'une bouteille, tandis que dans les individus femelles, elle se développe davantage en forme de poire. Par suite de ce grossissement, la couche de tissu qui la recouvre crève, et les larves font saillie avec leur partie postérieure en dehors de la racine. C'est surtout le cas chez les larves femelles, mais cela a lieu aussi en partie chez les mâles. Dans cette phase, les deux sexes sont faciles à reconnaître même sous un faible grossissement. Dans les larves mâles on voit plus ou moins distinctement des délimitations courant longitudinalement à l'intérieur de la larve ; à l'intérieur de la peau en forme de bouteille de la larve se forme le mâle long et grêle, qui, à son développement complet, s'y reconnaît distinctement, entrelacé plusieurs fois sur lui-même.

La fig. 4 représente une larve femelle gonflée en forme de poire, avec la partie postérieure saillante à l'extérieur ; la fig. 7 représente une larve mâle, avec des lignes longitudinales à l'intérieur ; la fig. 8 un mâle complètement développé à l'intérieur de la peau de la larve.

Après avoir atteint leur maturité sexuelle complète, les mâles abandonnent leur dépouille de larve, pour rechercher les femelles et accomplir la fécondation. Déjà à cette période, les femelles sont reconnaissables à l'œil nu, sous forme de très petits points blancs ; cependant il faut prendre garde de ne pas confondre avec elles de petits grains de quartz d'un blanc de lait ou de jeunes annonces de rameaux de racines un peu plus développés. — La fécondation accomplie, le corps des femelles gonfle encore davantage par suite des œufs très nombreux qui se développent, et elle paraît alors plus distinctement à l'œil nu, sous la forme d'un petit grain blanc, de près de 1 mm. de grosseur, qu'on pourrait à la vérité confondre encore avec de petits grains de quartz d'un blanc de lait. Mais ces derniers sont durs, tandis que la femelle de nématode s'écrase avec l'ongle par une légère pression. — La fig. 9 représente un mâle devenu libre. La fig. 5 montre une femelle à maturité sexuelle, la fig. 6 une femelle contenant des œufs, la fig. 10 des œufs à différentes périodes du développement, tels qu'ils se présentent lorsqu'on écrase une femelle pleine. Comme la fig. 6 est dessinée au même grossissement que la fig. 5, on voit par la comparaison des deux figures dans quel rapport la grandeur des femelles augmente depuis la maturité sexuelle jusqu'à leur pleine portée.

La durée du temps dans lequel s'opère le développement des nématodes de la betterave diffère suivant la nature des conditions météorologiques. Plus celles-ci sont chaudes et fécondes, plus vite ces parasites arrivent à leur développement complet. Il est donc nécessaire, à partir du 18e jour, à compter du commencement de la levée des plantes-pièges, de commencer à examiner des plantes-pièges fraîchement recueillies. Si l'on ne voit encore aucun gonflement sur le chevelu, on peut d'abord exécuter l'examen de deux jours l'un ; mais dès qu'on commence à en apercevoir, il faut examiner tous les jours des plantes fraîchement recueillies.

Pour cet examen, la meilleure manière de procéder est d'enlever les plantes avec leurs radicelles aussi complètes que possible, de ne pas les débarrasser sur le champ des particules de terrain adhérentes, mais de les remettre avec celles-ci à la personne chargée de recherches. Celle-ci lave alors les radicelles avec précaution et porte chaque portion de chevelu détachée sur un porte-objet ; on arrose abondamment avec de l'eau au moyen d'un pulvérisateur, ce qui fait que les diverses fibrilles des radicelles s'isolent, puis on recouvre avec une lame de verre.

Comme il suffit d'un grossissement de 70 à 90 fois pour l'examen ordinaire, la distance de l'objet est plus grande et l'on peut par conséquent employer des verres-couvercles de verre à vitre ordinaire, comme pour l'examen des trichines. Si l'on veut observer plus à fond un objet particulier sous un plus fort grossissement, il faut évidemment enlever le verre épais et le remplacer par un couvercle de verre plus mince. — Pour être sûr de trouver les larves les plus développées, qui seules peuvent servir de base pour juger du moment de la destruction, il ne suffit pas d'examiner les racines de plantes isolées, mais il faut en examiner chaque fois plusieurs — 8 à 10 plantes au moins.

Le moment le plus convenable pour détruire les plantes-pièges est arrivé lorsqu'on constate en grand nombre sur les radicelles les tuméfactions désignées au paragraphe 3 et lorsque quelques larves sont déjà entrées dans la phase caractérisée au paragraphe 4 sans que pourtant le développement complet du mâle à l'intérieur de la dépouille de la larve soit tout à fait accompli. Dès que, dans les larves mâles les plus avancées dans leur développement, on constate des différenciations nettes dans l'intérieur par l'apparition des lignes longitudinales mentionnées plus haut, lesquelles proviennent de ce que le mâle est en train de se former, et dès que les larves femelles, renflées en forme de poire, sont distinctement reconnaissables (comme dans la fig. 4), il faut commencer aussitôt la destruction et la terminer aussi rapidement que possible.

On tiendra compte que l'immigration des larves de nématodes dans les racines et par conséquent aussi leur développement dans ces racines ne se font pas juste au même moment. A l'époque où l'instant le plus favorable pour l'anéantissement des plantes-pièges est déjà de beaucoup dépassé, on trouve encore des larves de nématodes libres dans le sol, et on en observe qui viennent seulement de pénétrer dans une radicelle et dont l'extrémité caudale pointue fait encore saillie au dehors du tissu de celle-ci. Si donc on commence prématurément la destruction des nématodes, on obtient peu de succès ; mais si l'on exécute cette mesure trop tardivement, les mâles quittent leur dépouille larvaire, fécondent les femelles, et celles-ci produisent une postérité qui se chiffre par centaines, malgré la destruction de la portée de plantes-pièges. Pour éviter ces deux inconvénients, il faut donc que la destruction ait lieu lorsque les larves les plus développées présentent l'état de développement le plus avancé qu'on puisse permettre. Ceci se reconnaît le plus sûrement aux mâles et le moment est arrivé lorsque le développement des mâles n'est pas encore terminé, mais est assez avancé pour qu'on puisse reconnaître à l'intérieur de la peau de la larve les commencements de la formation d'une forme de ver entrelacée, comme le montre la fig. 7. Dès que l'on observe cet état sur les larves les plus développées, on doit détruire les plantes-pièges. Si d'ailleurs un mâle isolé se trouvait assez complètement développé pour qu'on reconnaisse distinctement la tête et l'extrémité caudale, comme dans la fig. 8, il n'y a encore aucun danger, mais il faut d'autant plus se hâter de pratiquer très rapidement la destruction des plantes-pièges. Les larves qui n'ont pas encore pénétré, ou celles qui ne se sont pas encore modifiées dans les radicelles à l'époque de l'anéantissement de leurs plantes nourricières, et qui par conséquent peuvent encore se mouvoir, seront détruites par une portée subséquente de plantes-pièges.


## Explication des figures.

Fig. 1. Embryon de nématode de betterave.

29,

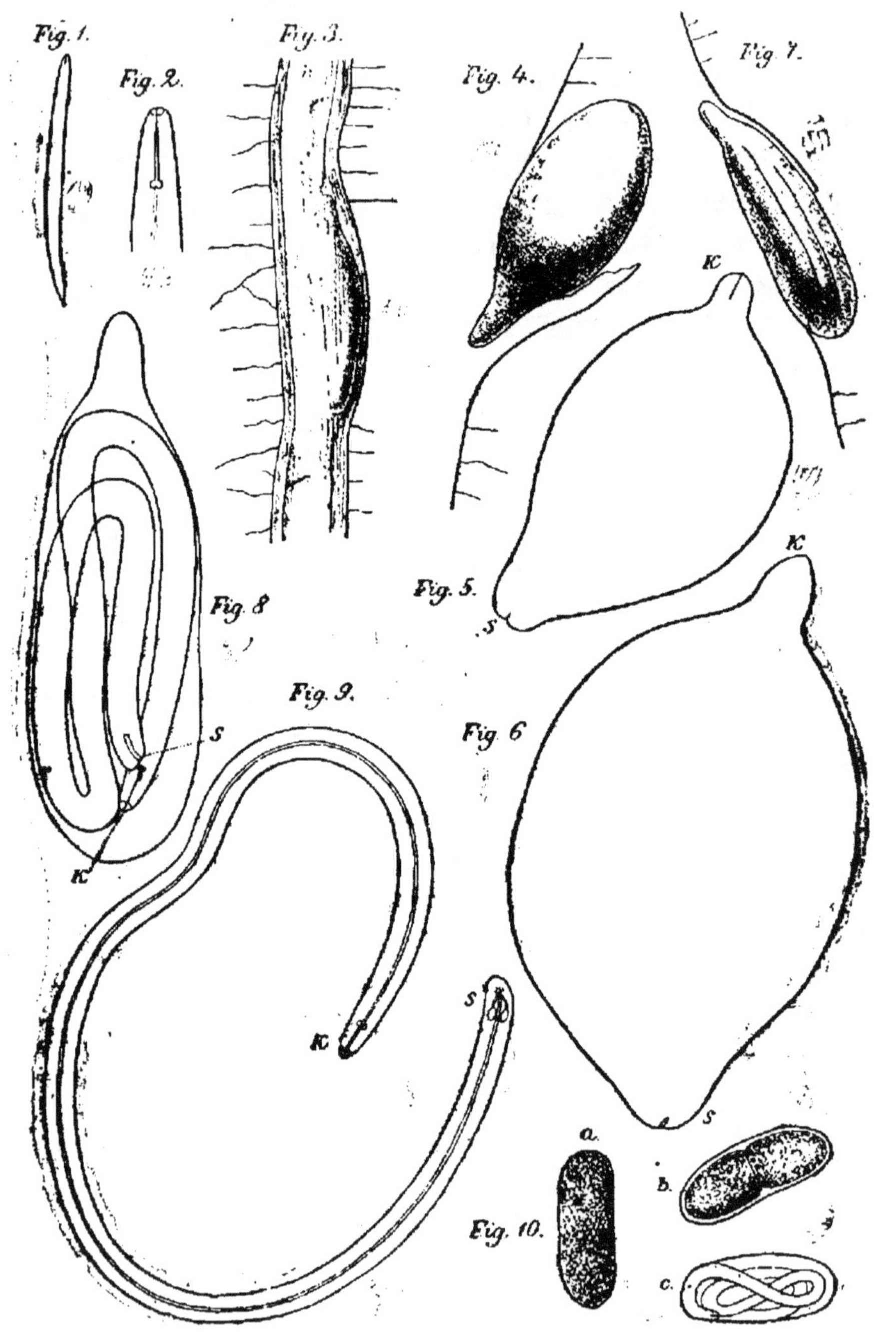



Nématodes, d'après Kühn.

Fig. 2. Extrémité antérieure (tête) d'un ver, montrant distinctement l'aiguillon buccal.

Fig. 3. Fibrille de racine d'une plante-piège (colza d'été) avec
une saillie allongée sous laquelle se trouve une larve de
nématode gonflée.

Fig. 4. Larve femelle plus avancée en développement.

Fig. 5. Femelle développée, sexuée, aussitôt après la fécondation
(tout au commencement de la formation des œufs), dessinée sous le même grossissement que fig. 4.

Fig. 6. Femelle entièrement pleine, remplie d'œufs nombreux,
dessinée sous le même grossissement que fig. 4 et 5.

Fig. 7. Larve de nématode pleine, au commencement de la dif-
férenciation du contenu ; il se produit des lignes longitudinales à l'intérieur. Grossissement de la fig 1.

Fig. 8. Mâle développé, encore dans la peau de la larve. K, Extrémité antérieure avec l'aiguillon buccal. S, Extrémité
caudale avec l'appareil sexuel.

Fig. 9. Mâle devenu libre. K et S comme dans la fig. 8. Grossissement de la fig. 8.

Fig. 10. Oeufs des nématodes de betteraves a) avant la formation
du sillon, b) au commencement de la formation du sillon, c) avec l'embryon développé. Grossissement de la fig. 9.

La destruction des plantes-pièges doit commencer lorsqu'apparaissent sur les radicelles de nombreuses saillies,
comme dans la fig. 3, et que les larves les plus développées sont arrivées à la phase du développement représentée par les fig. 4 et 7. La phase du développement que
représentent les fig. 5 et 8 est déjà trop avancée pour la
destruction des plantes-pièges ; des mâles libres, comme
fig. 7, et des femelles pleines, comme fig. 6, produisent
une multiplication au lieu d'une diminution des nématodes de la betterave.

En France, Aimé Girard a constaté la présence des nématodes pendant l'été de 1884 (1).

(1) Voir *Journal des fabricants de sucre*, du 26 novembre 1884.

« Peut-être, dit ce savant, les nématodes existent-ils depuis longtemps dans le sol de notre pays ; s'il en est ainsi, en tout cas, ils n'y avaient pas jusqu'ici rencontré, comme en Saxe, les conditions favorables à leur développement. Jusqu'ici, en effet, leur présence n'avait pas été signalée ; cette présence, j'ai eu le chagrin de la constater en 1884, en diverses régions, et de la trouver assez abondante pour qu'on puisse lui attribuer une influence déclarée sur les résultats fâcheux de la dernière campagne betteravière.

« C'est dans mes carrés d'expériences, à la ferme de la Faisanderie, à Joinville-le-Pont, que je l'ai pour la première fois constatée. Le 22 août dernier, en récoltant le chevelu de betteraves développées dans un terrain ameubli à une grande profondeur, j'ai trouvé les radicelles de ces betteraves toutes couvertes, même à une distance de un mètre de la couche, d'innombrables nématodes.

« A la même date, les feuilles de ces betteraves, jusqu'alors vivaces et d'un beau vert, se flétrissaient tout d'un coup en quelques jours ; ces feuilles, celles surtout des verticilles extérieures, jaunissaient, se piquaient de taches de rouille, et bientôt, devenues toutes noires, s'affaissaient sur le sol.

« Croyant, cependant, à un accident local, et désireux de ne pas causer une alarme inutile, je me proposais, sans rien publier à ce sujet, de combattre le mal sur place, lorsque, peu de temps après, je fus prié par un de mes amis, M. S. Tétard, grand cultivateur et fabricant de sucre, à Gonesse (Seine-et-Oise), de venir visiter des champs de betteraves, sur quelques-uns desquels une maladie, jusqu'alors inconnue, s'était développée.

« Cette maladie, c'était celle que détermine la présence des nématodes ; au milieu de pièces, saines en apparence, se montraient, tout analogues aux taches phylloxériques de nos vignobles, de grandes taches circulaires de dix, quinze et vingt mètres de diamètre, sur le sol desquelles les pieds de betteraves ne se reconnaissaient plus qu'à la présence de petits tas de feuilles mortes, noircies et étendues sur le sol. »

Aimé Girard a constaté également la présence des nématodes dans le Nord, à Seclin, Lille, etc. Quant à leur destruction, il s'exprime en ces termes :

« La destruction des nématodes, d'ailleurs, est, je crois, chose plus aisée qu'on ne le croit en Saxe : en leur présentant, sous le microscope, alors qu'elles sont à l'état d'anguillules agiles, une goutte d'eau battue au contact du sulfure de carbone, comme l'a conseillé M. Péligot, j'ai vu ces anguillules périr immédiatement. Déjà M. le Professeur Kuehn, en faisant subir aux terres nématodées, un traitement très modéré (0 gr. 040 de sulfure par kil. de terre) avait vu ces nématodes diminuer notablement. Augmenter ces faibles proportions, appliquer un traitement énergique aux taches nématodées aussitôt qu'elles sont reconnues, dût-on, sur ces taches, causer la mort de la betterave, est donc un moyen qui s'indique aussitôt » (1).

Cependant le professeur Kühn a renoncé à l'emploi des produits chimiques.

Les causes d'infection sont nombreuses. On a constaté que les collets, les boues et les eaux de lavage de betteraves nématodées employées comme engrais peuvent transmettre rapidement les nématodes. Les écumes de défécation sont tout à fait inoffensives. Les plants de betteraves et les betteraves-mères peuvent être l'agent de l'introduction de nématodes.

(1) Cependant, d'après nos renseignements, même avec une dose de 1000 kg. à l'hectare, M. Aimé Girard n'aurait pas réussi à tuer les nématodes.

« Si, dans la première année de leur croissance, dit Knauer, les plants et les betteraves-mères ont poussé dans un terrain nématodé, il s'établit sur eux des nématodes, qui, lorsque les plants sont transférés, l'année suivante, sur un terrain jusqu'alors exempt de nématodes, y propagent l'infection. De la même manière, les ustensiles agricoles, les sabots des animaux de trait, le fumier d'étable, de fortes averses qui entraînent de la terre chargée de nématodes et la déposent ailleurs, peuvent occasionner l'invasion des nématodes. Les petites betteraves arrachées par le démariage devraient être portées au bord des champs et mises en compost avec addition de chaux vive.

« Tout récemment on a émis en France l'opinion que les graines de betteraves sont aussi de nature à propager les nématodes, et beaucoup d'agriculteurs croient même que les nématodes ont été apportés en France par des graines de betteraves allemandes. »

Il est très facile, nous écrit le D$^r$ Hollrung, directeur de la station de physiologie végétale de Knauer, à Grobers, de démontrer que cette opinion est absolument fausse. Les nématodes étant un parasite des racines, comme on ne connaît pas un seul cas où l'on ait trouvé des nématodes sur aucune partie aérienne de la plante de betterave, il en résulte que le nématode ne peut pas avoir été introduit par les graines de betteraves. L'affirmation contraire a presque l'air d'une intrigue tramée contre les graines allemandes.

« Si l'on a remarqué d'une manière tout à fait soudaine la présence de nématodes sur un champ, nous croyons que cela peut s'expliquer d'une autre manière. M. F. Knauer avait acheté, pour agrandir ses propriétés près Grobers, un champ qui, jusque-là, n'avait jamais porté de betteraves ; on n'y avait cultivé que des céréales et surtout de l'avoine. L'an dernier, on cultiva des betteraves sur ce champ, et l'on constata qu'il était infecté de nématodes. La graine de betteraves ne pouvait naturellement pas avoir provoqué l'infection ; une partie de la même graine, semée sur un champ exempt de nématodes, produisit des betteraves parfaitement exemptes de nématodes. Le véritable motif de la présence soudaine des nématodes doit donc être cherché dans l'avoine, qui, comme un grand nombre d'autres plantes, favorise d'une manière surprenante la multiplication rapide des nématodes. Nous sommes certains que la présence soudaine de nématodes sur des champs français s'expliquera d'une manière analogue. »

D'après le même auteur, on pourrait détruire les nématodes par un moyen très simple. Ce moyen consiste à retourner le champ contenant des nématodes et à le laisser durant un an en jachère. Pendant ce temps, on doit veiller à ce qu'aucune plante, même la plus petite, ne pousse sur ce terrain. Dans une ferme à proximité de Grobers, on a pratiqué ce procédé sur un champ extrêmement infecté de nématodes, et qui ne pouvait plus porter de betteraves ; après ce traitement, le champ était redevenu propre à la culture des betteraves.

M. Cornu a émis devant la Société nationale d'agriculture de France l'opinion que les nématodes qui produisent la nielle du blé, la maladie du gros pied sur les avoines, seraient peut-être les anguillules que M. Aimé Girard a retrouvées sur les betteraves. Dans ce cas l'alternance des cultures, loin d'être un moyen de destruction, augmenterait les chances de propagation du fléau. Cette opinion a été vivement combattue par M. Prillieux :

« L'anguillule du blé (*Tylenchus tritici*) est fort différente de celle de la betterave et appartient à un autre genre ; elle ne saurait non plus être confondue avec celle qui attaque le chardon à foulon et le seigle, celle que j'ai observée sur les jacinthes, celle de l'oignon, qui vient d'être l'objet d'un excellent mémoire de M. Joannès Chatin. Dans les anguillules du chardon à foulon, de la jacinthe et de l'oignon, le mâle et la femelle sont filiformes et à peu près de même taille ; ces animaux ne produisent pas de galles, mais déterminent la décomposition des tissus dans lesquels ils vivent et se multiplient. Dans les anguillules du froment, la femelle et le mâle sont encore filiformes, mais la femelle est beaucoup plus grosse que le mâle ; leurs larves ne pénètrent pas dans les tissus et ne les font pas pourrir ; elles rampent seulement sur les feuilles, puis vont se nicher dans l'épi naissant, où elles causent la formation de galles qui les enveloppent et où elles se transforment en animaux sexués. Ces galles sont ce qu'on nomme les grains de blé cariés.

« L'anguillule de la betterave appartient au genre *Heterodera*, caractérisé par cela que la femelle fécondée se gonfle de façon à prendre une forme presque globuleuse et à se changer en un kyste rempli d'œufs.

« Dans l'*Heterodera* de la betterave, les femelles en se gonflant crèvent la peau de la petite racine qui les couvrait quand elles étaient à l'état de larves, et elles apparaissent au dehors avec l'aspect de très petits grains blancs en formes de citrons. Dans l'*Heterodera* des racines de luzerne, de poirier, de clématites, de caféier, etc., la femelle gonflée demeure cachée dans l'intérieur de la racine dont les tissus irrités par sa présence se multiplient de façon à former une galle. On a pensé d'après cela qu'il y a deux espèces distinctes d'*Heterodera* radicicoles. Celle de la betterave, qui a reçu le nom d'*Heterodera Schachtii*, attaque, outre la betterave, les choux, les navets, les moutardes cultivée et sauvage, la ravenelle, et aussi malheureusement, à ce qu'assure M. Kuehn, les racines de l'orge, du seigle, du froment et de l'avoine. L'autre espèce, celle qui produit des galles sur les racines, a reçu le nom d'*Heterodera radicicola* ; elle attaque un très grand nombre de plantes : c'est elle qui cause au Brésil la maladie des caféiers signalée par M. Jobert, et qui forme des galles sur les racines de beaucoup de plantes, soit de serre, soit des champs. »

M. Cornu pense que les cultures alternantes qui paraissent devoir supprimer les aliments nécessaires au nématode de la betterave (*Heterodera Schachtii*) ne remplissent qu'imparfaitement ce but. En effet, d'après le travail le plus récent sur ce sujet (1), nous voyons que cette anguillule peut vivre et se multiplier sur un certain nombre de plantes, sauvages ou cultivées; cette variété d'habitats a conduit M. Carl Müller à définir nettement son espèce.

Les végétaux divers qu'elle attaque sont :

La moutarde des champs (*Sinapis arvensis*) et la moutarde blanche (*S. alba*) : deux plantes sauvages : le cresson alénois (*Lepidium sativum*), le *Raphanus sativus* et ses nombreuses variétés (Radis de mai long blanc, Radis de Californie, de Russie ; d'été blanc rond; d'été noir rond ; d'automne rouge ; d'hiver long noir et blanc, rond noir, la navette, le colza (*Brassica napus oleifera*) ; la rave, le navet, le chou ordinaire et ses variétés, chou de Bruxelles, chou-fleur, chou de Savoie, chou-rave, chou-cabre, etc.

Il résulte de ces documents, ajoute M. Cornu, que la présence du nématode dans une région, dans une culture où il n'existait pas auparavant, se trouve expliquée sans difficulté. Il suffit, en effet, que les mauvaises herbes l'ap-

---

(1) Carl Muller, *Mittheilungen über unseren Kulturpflanzen schaedlichen Würmer. — Landwirthschaftliche Jahrbücher. Zeitschrift für wissensch. Landwirthschaft*, von Dr Thiel Berlin. 1884, p. I, 4 planches.

portent et les conservent ensuite pendant plusieurs années.

« Nous voyons en outre que les cultures de ces trois plantes, comme le colza, les navets, les raves, ou les végétaux de la même famille et appartenant au genre *Brassica*, constituent un vrai danger pour la betterave, et une cause sans doute très grave de contamination.

« Si l'on cultive des céréales sur le terrain ayant servi à la betterave, il est nécessaire de faire, pour éviter les chances ultérieures de maladie, des sarclages très complets, principalement dans le but de faire disparaître les mauvaises herbes appartenant à la famille des crucifères (*Sinapis alba* et *arvensis*, moutarde des champs et moutarde blanche).

« C'est cette considération qui est digne d'attirer l'attention de la Société et celle des producteurs de sucre ; elle mérite d'être connue, car elle a une grande importance.

« On voit ainsi comment peut être difficile à extirper un parasite tel que celui-ci, qui peut rester à l'état latent dans les cultures, dans les haies, le long des chemins, sans que rien fasse soupçonner son existence ; c'est de là qu'il partira pour envahir le champ de betterave, les colzas, les raves et autres plantes analogues.

« On pourrait donc traiter à fond et assainir complètement un champ déterminé, le purger de tous les parasites qui s'y montrent, sans qu'on arrive le moins du monde à garantir les plantes qui y sont ultérieurement cultivées. Les germes de la maladie nouvelle pourront venir du voisinage.

« Des faits de cet ordre sont souvent invoqués par les agriculteurs pour faire échec aux théories de ceux qui conseillent la vigilance, les traitements appropriés contre certaines maladies, les rouilles, les charbons.

« La maladie revient toute seule, dit-on, lors même qu'on a fait tout ce qu'il faut.

« C'est pour cette raison que l'agriculteur soigneux a instinctivement reconnu combien étaient préjudiciables les haies, les buissons, les terrains vagues avoisinant les cultures : ce sont, en effet, les repaires d'une foule d'ennemis : ils s'y retranchent et s'échappent de là pour aller tout contaminer. »

Si la betterave compte de nombreux ennemis, elle a, par contre, quelques amis que nous ne saurions passer sous silence. Ce sont, d'après les observations de Knauer : la taupe, le sansonnet, la corneille moissonneuse, la perdrix, la caille, l'alouette, le verdier, la belette, le hérisson et une série d'oiseaux chanteurs. La taupe est un auxiliaire des plus précieux pour la destruction du ver blanc. Les dégâts causés par la taupe sont insignifiants eu égard aux services qu'elle rend. Elle ne mange pas de végétaux, mais des vers, et lorsqu'une ligne de betterave a été retournée par une taupe, on peut avoir la certitude qu'elle a détruit les vers blancs qui s'attaquaient aux racines. La corneille détruit aussi le ver blanc. La belette, le putois, le hérisson détruisent plus particulièrement les mulots, qui, comme on sait, causent souvent de sérieux dégâts dans nos récoltes.

### MALADIES DE LA BETTERAVE.

Les maladies de la betterave ont été étudiées il y a déjà fort longtemps par le Dr Julius Kühn, qui a donné, en 1863, une description complète de leurs caractères et de leurs effets (1).

Parmi les maladies, les unes se manifestent par l'altération des feuilles, les autres par celle de la racine. Toutes se traduisent naturellement par le dépérisse-

---

(1) *Les maladies des plantes cultivées, leurs causes, moyen de les prévenir. Berlin* 1859, J. Kühn. Berlin, 1859.

ment de la plante et par la diminution de la teneur saccharine ainsi que du rendement cultural.

La *brûlure* de la betterave caractérisée par le noircissement et la pourriture de la racine crevassée dans sa longueur, tandis que les feuilles demeurent encore vertes, le collet sain et ne laissent deviner en aucune façon l'état maladif de la plante, se produit souvent chez les jeunes betteraves.

Les betteraves déjà fortes résistent à cette maladie. Elle est provoquée par les attaques de larves, couleur de rouille. Kühn pense qu'on peut éviter les inconvénients de cette maladie, en employant une forte quantité de graine, en semant de bonne heure et en ne démariant pas trop tôt, de façon à pouvoir distinguer les plantes saines des plantes malades. En général la brûlure de la betterave se produit dans les champs cultivés depuis longtemps en betterave.

La *pourriture cellulaire* ou *maladie* de la betterave a été observée en France en 1845 et décrite en 1846 par Payen. Kühn l'a observée en Allemagne depuis 1848. Elle apparaît en septembre et est caractérisée d'abord par le noircissement de quelques feuilles centrales. Puis toutes les feuilles centrales se dessèchent, se colorent en gris foncé et deviennent friables, tandis que les feuilles externes restent encore fraîches et vertes. Vers la fin de septembre, la racine accuse les premiers symptômes de la maladie : des taches foncées, proéminentes, rondes ou allongées, qui se colorent de plus en plus.

Le tissu cellulaire sous-jacent se colore en brun et pourrit progressivement. La racine finit par être envahie par cette pourriture qui la sillonne en tous sens.

Kühn a observé une autre forme de la maladie de la betterave. Elle résulte du développement d'un champignon (*Helminthosporium rhizoctonon*) qui serait identi-

que à celui qu'on observe sur les luzernes dans les régions méridionales. Kühn en a trouvé en grand nombre, en 1862, sous des climats et sur des terrains très
différents, en Silésie, dans la province de Saxe. Ce fait
est invoqué par Fühling pour combattre la théorie qui
consiste à attribuer la cause de la maladie de la betterave à la nature du sol et à sa composition chimique.
Kühn a constaté l'existence de la maladie sous ces deux
formes si différentes non seulement sur un même
champ, mais encore sur la même betterave.

Il est néanmoins incontestable que le milieu, les conditions de culture exercent une grande influence sur la
santé de la betterave. Kühn a observé que les maladies
de la betterave peuvent se produire dans une foule de
cas, quelles que soient les conditions de culture, l'assolement, la nature du sol, la variété de la betterave, etc.
Mais en général il a remarqué qu'elles attaquent surtout
les dernières semées ; en outre, la maladie est favorisée
par l'emploi de fumures au *fumier frais*, notamment
lorsqu'il est répandu au *printemps* ; les terrains humides,
mal drainés, constituent également un milieu favorable
à l'éclosion de la maladie. Il en est de même de la culture
trop fréquente de la betterave à sucre sur le même terrain.

Joulie a observé la maladie des betteraves à sucre dans
les terres de bois défrichés, et ses expériences l'ont conduit à attribuer cette maladie au défaut de potasse dans
le sol.

En 1863, dans une réunion de fabricants allemands, à
Halle, on discuta sur les causes de la *pourriture cellulaire* proprement dite et l'on inclina à croire que cette
maladie résultait de conditions de nutrition anormales.
Kühn, cependant, émit l'opinion qu'elle pouvait être
provoquée par des végétations cryptogamiques. On fit, à

Salzmünde, des analyses de betteraves saines et de betteraves malades. On trouva, par la comparaison des résultats, que les betteraves malades renfermaient un jus trop *aqueux*, que la formation du tissu cellulaire avait été insuffisante par suite de manque d'*azote* et de *matières salines*, notamment de *potasse* et *d'acide phosphorique*. Cependant Kühn exprima l'opinion que la pourriture pouvait être la conséquence des végétations cryptogamiques.

Les analyses accusèrent, entre autres résultats pour 100 de betteraves fraîches :

|  | Betteraves malades. | Betteraves saines |
|---|---|---|
| Matière sèche (1) ........ | 11.870 | 16.520 |
| Protéine............... | 0.445 | 0.743 |
| Cellulose............... | 0.590 | 0.890 |
| Graisses .............. | 0.078 | 0.056 |
| Cendres (2)............ | 0.409 | 0.555 |

*Pour 1.000 parties de betteraves fraîches :*

|  | Betteraves malades. | Betteraves saines |
|---|---|---|
| Chlorure de sodium..... | 7.57 | 4.23 |
| Soude................. | 2.48 | 2.92 |
| Potasse............... | 18.25 | 30 18 |
| Chaux................ | 5.36 | 4.20 |
| Magnésie ............. | 0.61 | 1.59 |
| Oxyde de fer........... | 1.06 | 1.76 |
| Acide sulfurique........ | 1.80 | 2.86 |
| Acide phosphorique. .... | 3.71 | 7.76 |
| Total ............ | 40.86 | 55.51 |

Pour 100 parties de jus de betteraves :

|  | Betteraves malades. | Betteraves saines |
|---|---|---|
| Densité............... | 1.0396 | 1.0587 |
| Matière sèche .......... | 9.09 | 14.01 |
| Protéine | 0.450 | 0.675 |
| Cendres | 0.492 | 0.388 |
| Sucre cristall. | 3.400 | 12.10 |
| Glucose | 5.710 | 0.00 |

(1) Non compris la silice et l'alumine.
(2) Non compris la silice, l'alumine et l'acide carbonique.

Ces résultats permettent de constater les modifications survenues dans la constibution chimique des  betteraves atteintes de la pourriture cellulaire. On voit que la teneur de matière sèche, potasse, acide phosphorique, est de beaucoup inférieure dans ces betteraves à celle des racines saines.

Le rapporteur  remarquait : « que les betteraves pourries n'accusaient sous le microscope aucune trace de champignon. La pourriture cellulaire résulterait donc de la constitution organique et chimique défectueuse de la racine, et si cela est exact, la maladie dépendrait d'un manque de nutrition, provenant probablement de l'épuisement du sol privé de certains principes essentiels par une culture répétée. On y obvierait par le repos du champ et de copieuses fumures. »

Ajoutons que, d'après les observations de  Vibrans, les betteraves pourries renferment très peu  d'acide phosphorique et de potasse, mais plus de chlore que les betteraves saines.

Le *blanc de la betterave* est une maladie produite par un  cryptogame, qui se développe à la superficie des feuilles (1). Il est composé d'un petit tubercule globuleux, d'abord jaune, puis noir, de la base duquel partent  des filets blancs, rayonnant en tous sens sur le disque de la feuille. Les filets partant de divers tubercules  s'entre-croisent quelquefois au point de couvrir la feuille entière d'une espèce de réseau blanc.

Le *blanc* détruit l'appareil foliacé et se traduit dès lors par un déficit qualitatif et quantitatif. Les feuilles attaquées ne sauraient être données sans danger au bétail. On doit les brûler, afin de prévenir le retour de la maladie.

(1) *Journal de la ferme et des maisons de campagnes.* Mémoire de J. P. Koltz, 1866.

La *rouille* de la betterave attaque les feuilles. Elle est provoquée par un champignon (*uredo betae*) qui se développe sur les deux pages des feuilles encore vertes et se présente sous l'aspect de taches couleur de rouille. Le parenchyme se crevasse et l'on remarque dans les crevasses une poudre brune, constituée par les spores ou la graine du champignon. Ce champignon se reproduit par trois sortes de spores (1) dont deux sont généralement réunies dans les taches.

L'une germe en quelques heures par les temps humides, et provoque dès lors le développement de la maladie à l'automne; l'autre ne germe que l'année suivante et a pour fonction de propager la rouille d'une année à l'autre. Elle produit la troisième forme de spore. Les feuilles doivent être soigneusement enlevées.

On peut en faire des composts pour prairies (Kühn).

Les porte-graines cultivés sur les champs où la rouille a été constatée devront être surveillés jusqu'au moment de la floraison. On enlèvera avec soin toutes les feuilles qui accuseront des traces de la maladie.

La *dessiccation des feuilles* de la betterave est une maladie produite par un champignon (*Depazea betaecola*) qui se présente (2) sous l'aspect de proéminences rougeâtres, se formant peu à peu en taches noirâtres, cerclées d'une bande grisâtre entourée elle-même d'une cible brun rougeâtre sur laquelle on aperçoit des points noirs, qui ne sont autre chose que les spores. Dans les années très humides, ce champignon finit par attaquer tout l'appareil foliacé, à l'exception des feuilles centrales. Les feuilles se dessèchent. On doit les brûler.

La *frisole des feuilles*, qui est une maladie de l'appareil

(1) Kühn, d'après Fuhling. *Der Praktische Rübenbauer*, p. 399.

(2) P. J. Koltz.

foliacé, serait produite par un champignon, le *Peronos-pora betae*. Les feuilles attaquées se racornissent; elles sont recouvertes de petits points jaunes, transparents, du diamètre d'un grain de millet. Ces points se multiplient et s'agrandissent. La chlorophylle ne se retrouve plus que le long des nervures. La chaleur et l'humidité sont indispensables au développement de la maladie. On devra brûler soigneusement les feuilles.

Les végétations cryptogamiques sont-elles la cause déterminante des maladies de la betterave ou bien ces végétations sont-elles le résultat de ces maladies? Les observations de Kühn tendent à faire rejeter cette dernière hypothèse. Quoi qu'il en soit, les germes des maladies peuvent être transportés d'un lieu à un autre par une foule de véhicules; mais il paraît logique d'admettre qu'ils trouvent un milieu favorable à leur développement là où la plante manque de vigueur, souffre d'une alimentation défectueuse ou se trouve dans des conditions de température et d'humidité défavorables. Une culture rationnelle, dans laquelle rien n'aura été abandonné au hasard, devra, sous ce rapport, procurer à la plante les avantages que recueille l'homme sain et robuste d'une bonne alimentation et d'un régime hygiénique sagement combiné. S'il n'est point absolument à l'abri des maladies, il a en revanche moins de chances de les contracter et plus d'aptitude à leur résister que l'individu chétif ou affaibli par un régime vicieux.

# CHAPITRE XIII.

## Analyse de la betterave.



La formation d'un échantillon représentant la moyenne exacte d'un lot de betterave quelconque est une opération d'une importance extrême. Si le fabricant achète ses betteraves à la densité ou à la richesse du jus, il aura, comme le cultivateur, un intérêt incontestable à savoir exactement quelle est la densité ou la richesse moyenne de ces racines, puisque c'est d'après ces éléments que la facture sera établie.

Deux cas peuvent se présenter :

1° Les parties contractantes décident que la constatation de la densité ou de la richesse n'aura lieu que sur une fraction de la quantité de racines prélevée sur les voitures, à la réception des betteraves, et ayant servi à faire la tare.

2° Les parties contractantes décident que la constatation de la densité ou de la richesse aura lieu sur des betteraves prises dans le champ, la récolte étant sur pied.

Dans le premier cas, si l'on a fait la tare de la terre, des boues, etc., sur une quantité de 50 kg. de racines, comprenant par exemple 83 betteraves, il faudra, pour obtenir un jus moyen, diviser chacune de ces racines en deux, trois ou quatre parties, en les découpant longitudinalement, puis râper 1/2 ou 1/3 ou 1/4 de chaque racine et en extraire le jus. Mais cette opération ne sera pas très pratique, elle exigera du temps par suite du grand nombre de morceaux à râper et fournira beaucoup plus de jus qu'il n'en faut.

Ce que le fabricant qui achète à la densité recherche avant tout, c'est une méthode rapide et aussi exacte que possible. Celle que nous venons d'indiquer, applicable pour de petites quantités, ne l'est pas lorsqu'il faut opérer sur une grande échelle. Que l'on opère sur une fraction de chaque betterave découpée comme il a été dit ou qu'on emploie même la sonde, qui évite le découpage et fournit rapidement un échantillon moyen de chaque sujet, il faut toujours beaucoup de temps à cause du grand nombre de betteraves.

Il est donc avantageux de réduire l'échantillon qui a servi à faire la tare, à 20 ou 25 kg., et de prélever sur cet échantillon un autre échantillon moyen qui sera découpé ou sondé, râpé, pressé et analysé.

Comment composer exactement cet échantillon moyen?

Plusieurs méthodes sont appliquées. Dans beaucoup de cas, on prend dans tout le panier 3 grosses betteraves, 3 petites et 3 moyennes. On extrait le jus de ces 3 betteraves et l'on croit avoir un jus moyen exact, que l'on pèse et qui sert de base à la facture. Il peut arriver que cette méthode donne un résultat exact ; mais il arrive fréquemment aussi qu'elle donne des indications erronées.

Elle est basée sur ce fait, assez général, que les petites betteraves sont plus riches que les moyennes et les moyennes plus riches que les grosses. En introduisant les trois valeurs dans l'échantillon on pense obtenir une moyenne exacte. Mais on trouve parfois de grosses betteraves très riches, plus riches que les petites, par la raison que, quelques soins que l'on prenne, il y a toujours dans un même champ, pour une même graine, des variations dans les conditions de végétation qui se traduisent par des différences notables dans la richesse des divers plants. Il n'est donc pas toujours possible de composer un échantillon moyen exact en prenant une grosse, une moyenne et une petite betterave.

La méthode la plus rationnelle, à notre avis, est celle qu'emploie Maercker, directeur de la station de Halle. Cette méthode est préconisée par Pellet ; elle est en usage dans plusieurs sucreries belges qui achètent à la richesse. Voici en quoi elle consiste :

Si le panier de betteraves ayant servi à faire la tare renferme 25 à 40 racines par exemple, on prélève seulement 10 à 20 betteraves en prenant un *nombre de racines de chaque grosseur proportionnellement* à ce qu'il y en a dans tout le panier. A cet effet, on range les betteraves les unes à la suite des autres, soit 40 racines sur lesquelles on prélève 10 à 12 betteraves, en prenant la 1re, puis la 4me, puis la 8me et ainsi de suite. On obtiendra ainsi un lot de 11 racines qui représentera la moyenne aussi exactement que possible.

Ou bien on divisera les 40 betteraves en 3 lots, que l'on rangera sur le sol : les grosses, les moyennes et les petites. On prendra dans chaque division un *nombre de betterave proportionnel* à la quantité totale de chaque grosseur. Sur 40 betteraves, s'il y en a 10 petites, 15 moyennes et 15 grosses, on prélèvera 2 petites, 3 moyennes et 3 grosses, total 8 racines.

Ces 8 racines seront découpées, ou sondées, et le jus exprimé sera soumis à l'analyse dans les conditions que nous indiquerons plus loin.

Dans le second cas, si les parties contractantes ont décidé que la constatation de la densité ou de la richesse se fera sur des betteraves prises dans le champ, la récolte étant sur pied, lorsque la récolte paraîtra mûre, ou bien à une date fixée d'avance, la prise d'échantillon devra se faire sur un grand nombre de betteraves. Dans une expérience facile à répéter, on a constaté que sur 17 betteraves ayant poussé sur le même carré, en terre bien homogène, bien préparée, même graine, même fumure, on n'a pas trouvé deux sujets du même poids, de la même richesse, de la même pureté. Il est donc indispensable de prendre un grand nombre de betteraves pour arriver à composer un échantillon moyen exact.

Le directeur de la station de Bernbourg, en Allemagne, le professeur Hellriegel, procède de la manière suivante : il prend dans le champ 10 betteraves ou plus (suivant l'étendue de la pièce) de *grosseur moyenne*, bien saines, bien conformées, ayant bien la forme et les caractères de la variété cultivée. Toutes celles qui ne remplissent pas ces conditions sont laissées de côté. Les 10 betteraves choisies sont analysées et le résultat indique autant qu'il est possible la valeur moyenne de la récolte.

Cependant, Maercker et Pellet contestent l'exactitude de cette méthode. Ils préfèrent la suivante : Selon l'étendue du champ, on prélève un certain nombre de betteraves sur chaque ligne ou toutes les deux, trois ou quatre lignes. L'échantillonneur marchant au bord de la pièce, perpendiculairement aux lignes, s'arrête toutes les 4 lignes par exemple. Il suit la ligne dans toute sa longueur et prend tous les dix pas la betterave qui se trouve à côté de son pied droit. Cela fait, toutes les betteraves arrachées sont triées par ordre de grosseur : les grosses, les petites et les moyennes. Dans chaque catégorie, on prélève un nombre de betteraves proportionnel à la quantité totale de chaque grosseur, comme il a été dit plus haut. On obtient ainsi un échantillon moyen aussi exact que possible.

Lorsque l'échantillon moyen est constitué, on procède à l'analyse. Nous avons vu que la betterave peut être considérée comme composée de deux parties très distinctes : le jus et le marc ou pulpe. On a admis pendant longtemps que la proportion moyenne de jus était de 95 % du poids de la racine.

Ce jus renferme les matières solubles, le sucre, les sels, et des matières organiques diverses.

Pour déterminer la teneur en sucre, sels et matières organiques, on peut opérer soit directement sur la betterave, soit sur le jus.

En général, on opère ces déterminations sur le jus et on multiplie les résultats obtenus par la proportion de jus supposé contenu dans la betterave, soit par 0.95. Le produit donne la teneur pour 100 de betterave.

## ANALYSE DU JUS DE LA BETTERAVE.

On détermine en général : la densité du jus, son degré Brix, sa teneur en sucre, en sels, et on calcule, à l'aide de ces données, son coefficient de pureté et son coefficient salin.

Il n'est peut-être pas inutile d'entrer ici dans quelques explications, pour ceux de nos lecteurs auxquels ces expressions ne sont point familières.

*Densité ou poids spécifique.* — La densité d'un corps solide ou d'un liquide est le rapport qui existe entre le poids de ce corps ou de ce liquide et le poids d'un égal volume d'eau distillée à la température de 4° centigrades. Par exemple, un décimètre cube d'eau ou un litre pèse 1,000 grammes, tandis qu'un décimètre cube de cuivre pèse 8.900 gr. et un décimètre cube d'or 12 kilogr. La densité du cuivre est de 8.9 et celle de l'or, 12. Le sucre pur cristallisé a une densité de 1.6, c'est-à-dire qu'un décimètre cube pèse 1.600 grammes.

Il est évident que si l'on fait dissoudre du sucre dans un litre d'eau, le litre de la solution ne pèsera plus 1,000 grammes, mais un poids supérieur, qui sera d'autant plus élevé qu'on aura fait dissoudre une plus grande quantité de sucre.

Au lieu de peser 1,000 grammes, le litre pèsera par exemple 1.050 ou 1.060 ou 1.075 grammes, et dès lors la densité du liquide ou son degré densimétrique sera de 1.050 ou 5°, ou 1.060 ou 6° ou 1.075 ou 7°5.

Dans la pratique, les fabricants de sucre déterminent la densité d'un jus sucré, jus de betterave ou autre liquide sucré, au moyen d'un instrument bien connu appelé *densimètre*.

Si un densimètre pesant 20 grammes est plongé dans de l'eau pure, il s'y enfoncera jusqu'à ce qu'il ait déplacé 20 gr. ou 20 cent. cubes d'eau ; mais si on le plonge dans un liquide plus dense que l'eau, du jus de betterave, par exemple, il déplacera moins de 20 cent. cubes de liquide, il s'enfoncera moins dans ce liquide que dans de l'eau pure. En d'autres termes, plus le liquide sera dense, moins le densimètre s'y enfoncera.

C'est en se basant sur ce principe : *que les volumes immergés sont en raison inverse des densités*, qu'on a établi la graduation des densimètres. A la partie supérieure, le densimètre porte un trait accompagné d'un zéro ou du chiffre 1.000 ou 100, jusqu'où s'enfonce l'instrument quand on le plonge dans de l'eau pure, à la température de 15° centigrades. Sur la tige du densi-mètre se trouve une échelle portant les nombres 1010, 1020, 1030, 1040, 1050, 1060, etc., qu'on exprime par abré-viation en disant 1°, 2°, 3°, 4°, 5°. 6', etc. Chaque degré est divisé lui-même en dix parties ou *dixièmes*.

Si le densimètre est plongé dans un jus de betterave d'une densité de 1.055, pesant 1.055 grammes le litre, il s'enfoncera jusqu'à la division correspondante, soit 5°5.

On dit alors que le jus a une densité de 1.055 ou qu'il pèse ou marque 5°5 au densimètre.

*Relation entre la densité du jus de la betterave et sa teneur en sucre.*— Le jus de la betterave contenant en so-lution des matières salines et étrangères au sucre, il est clair que ces matières concourent, de même que le su-cre, à donner de la densité au liquide. Plus la densité est élevée, plus le jus est chargé de matières solubles, sucre, sels.

D'une manière générale, pour des betteraves cultivées dans des conditions normales, on peut dire que plus la densité est élevée, plus le jus est riche en sucre, et on a admis jusqu'ici que la densité devient un critérium assez sûr de la richesse saccharine dès qu'elle dépasse 5 degrés 1/2. Au-dessous de ce chiffre, la densité ne renseigne que d'une manière très inégale et fort imparfaite sur la teneur saccharine des jus.

D'après Ladureau, quand un jus de betterave a une densité comprise entre 1045 et 1055, on a sensiblement sa richesse saccharine en multipliant par 2. Ainsi un jus qui, à la température de 15° centigrades, pèse 1048, renfermerait environ $4.8 \times 2 = 9$ gr. 6 de sucre ou 96 grammes par litre. Au-dessus de 105°5, la proportion de sucre est plus élevée ; il faut multiplier par 2.08 et de 1060 à 1070 de densité, il faut multiplier par 2.20. Au-dessous de 1045, le multiplicateur n'est que de 1.90 et au-dessous de 1035, il devient 1.80. Evidemment l'emploi de ces multiplicateurs ne saurait donner le chiffre exact de la teneur saccharine, mais ils peuvent rendre des services, notamment aux cultivateurs qui n'ont ni laboratoire, ni instruments de précision et se bornent à déterminer les densités.

Voici un tableau que nous recommandons au même titre et qui a été dressé par H. Pellet ; il contient les densités, les degrés Balling, que nous définirons plus loin, et les teneurs saccharines correspondantes en volume et en poids.

On voit, par exemple, qu'un jus à 1060 ou 6° de densité contiendrait 12.5 % de sucre en volume ou 11.80 % en poids.

Cependant, la relation entre la densité du jus de betterave et la richesse saccharine varie suivant les années, la nature du terrain, de la graine, etc. Ainsi Pellet a souvent constaté que les betteraves de l'Aisne ont une richesse supérieure à celle indiquée par son tableau. Au

contraire, les racines du Nord ont une richesse inférieure.
Exemple : des betteraves du Nord accusent par l'analyse :

| Densités. | Richesse réelle. | Richesse d'après le tableau de Pellet. |
|---|---|---|
| 4.5 | 8.0 % | 8.5 |
| 4.8 | 9.0 | 9.3 |
| 5.1 | 9.1 | 9.7 |
| 26.1 | | 27.7 |

Le rapport est donc $\frac{26.1}{27.5} = 0.948$.

Pour les betteraves de la même provenance, il faudrait donc multiplier les richesses indiquées sur la table de Pellet par 0.948. Par exemple, une densité de 4°9 correspondant sur la table à 9.5 % de sucre ne correspondrait en réalité qu'à $9.5 \times 0.948 = 9$ %. Pellet appelle le chiffre 0.948 un *coefficient de réduction*. On comprend qu'il y ait aussi des *coefficients d'augmentation*.

Il sera donc prudent, avant de se servir de cette table, de faire quelques dosages de sucre et de calculer le coefficient de réduction ou d'augmentation correspondant.

*Manière de prendre la densité des jus.* On peut extraire le jus de la betterave de différentes façons : soit en râpant l'échantillon au moyen d'une râpe à main ou autre, soit en extrayant des racines, au moyen d'une sonde, des morceaux ou de la râpure que l'on soumet ensuite à une pression plus ou moins élevée, à l'aide de presses spéciales.

Parmi les instruments les plus usités, nous citerons la *râpe conique rationnelle* de Pellet et Lomont (1). Cette râpe prélève directement sur chaque betterave un échantillon moyen exact. Elle le réduit en bouillie. Une presse adaptée sur la table de la râpe permet d'extraire immédiatement le jus. Cet instrument est très répandu en

(1) Construite par M. Lomont, mécanicien, à Albert. (Somme).

*Relation entre la densité des jus, leur degré Balling ou Brix et leur richesse saccharine par 100 cent. cubes ou par 100 gr.*

| 1<br>Densité<br>ou<br>poids spécifiq. | 2<br>Balling<br>ou<br>Brix 0⸍0 cc. | 3<br>Balling<br>ou<br>Brix 0⸍0 gr. | 4<br>Sucre<br>par 0⸍0 cc<br>de jus. | 5<br>Sucre<br>par 100 gr.<br>de jus. |
|---|---|---|---|---|
| 1035 | 8.98 | 8.7 | 6.0 | 5.80 |
| 1036 | 9.24 | 8.9 | 6.2 | 6.00 |
| 1037 | 9.50 | 8 2 | 6.4 | 6.15 |
| 1039 | 10.04 | 9.7 | 6.8 | 6.55 |
| 1040 | 10.30 | 9.9 | 7.0 | 6 75 |
| 1041 | 10.50 | 10.1 | 7.3 | 7.00 |
| 1042 | 10.82 | 10.4 | 7.6 | 7.3 |
| 1043 | 11.08 | 10.6 | 7.9 | 7.6 |
| 1044 | 11.34 | 10.9 | 8.2 | 7.85 |
| 1045 | 11.60 | 11.1 | 8.5 | 8.15 |
| 1046 | 11.86 | 11.4 | 8.8 | 8.40 |
| 1047 | 12.02 | 11.6 | 9.0 | 8.60 |
| 1048 | 12.36 | 11.8 | 9.3 | 8.85 |
| 1049 | 12.64 | 12.0 | 9.5 | 9.05 |
| 1050 | 12.91 | 12.3 | 9.7 | 9.25 |
| 1051 | 13.16 | 12.5 | 10.0 | 9.50 |
| 1052 | 13.42 | 12.8 | 10 3 | 9.75 |
| 1053 | 13.66 | 13.0 | 10.6 | 10.05 |
| 1054 | 13.94 | 13.0 | 10.9 | 10.35 |
| 1055 | 14.21 | 13.4 | 11 2 | 10.60 |
| 1056 | 14.47 | 13.7 | 11.5 | 10.90 |
| 1057 | 14.74 | 13.9 | 11 8 | 11.15 |
| 1058 | 15.00 | 14.2 | 12.0 | 11.35 |
| 1059 | 15.27 | 14.4 | 12.3 | 11.6) |
| 1060 | 15.54 | 14.6 | 12.5 | 11.80 |
| 1061 | 15.81 | 14.9 | 12.8 | 12.05 |
| 1062 | 16.08 | 15.1 | 13.1 | 12.35 |
| 1063 | 16.35 | 15.3 | 13.3 | 12.50 |
| 1064 | 16.60 | 15.6 | 13.6 | 12.80 |
| 1065 | 16.88 | 15.8 | 13.8 | 12.95 |
| 1066 | 17.17 | 16.0 | 14.1 | 13.20 |
| 1067 | 17.44 | 16.2 | 14.3 | 13.40 |
| 1068 | 17.61 | 16.5 | 14.5 | 13.60 |
| 1069 | 17.90 | 16.7 | 14.7 | 13.75 |
| 1070 | 18.19 | 16.9 | 15.0 | 14.10 |
| 1071 | 18.45 | 17.2 | 15.3 | 14.30 |
| 1072 | 18.71 | 17.4 | 15.6 | 14.55 |
| 1073 | 18.98 | 17.6 | 15.9 | 14.80 |
| 1074 | 19.24 | 17 8 | 16.2 | 15 10 |
| 1075 | 19.50 | 18 1 | 16.5 | 15.35 |
| 1076 | 19.77 | 18.3 | 16.8 | 15.50 |
| 1077 | 20.03 | 18.5 | 17 0 | 15.75 |
| 1078 | 20.29 | 18.7 | 17.3 | 16.05 |
| 1079 | 20.56 | 19.0 | 17.5 | 16.25 |
| 1080 | 20.82 | 19.2 | 17.7 | 16.40 |
| 1081 | 21.08 | 19.4 | 18.0 | 16.65 |
| 1082 | 21.34 | 19.7 | 18.3 | 16.90 |
| 1083 | 21.60 | 19.9 | 18.7 | 17 20 |
| 1084 | 21.87 | 20.1 | 19.0 | 17.50 |
| 1085 | 22.13 | 20.3 | 19.3 | 17.80 |
| 1086 | 22.39 | 20.5 | 19.6 | 18.05 |
| 1087 | 22.65 | 20.8 | 20.0 | 18.40 |
| 1088 | 22.90 | 21.0 | 20.3 | 18.70 |
| 1089 | 23.17 | 21.2 | 20.7 | 19.0 |

France. Il a été récemment perfectionné par M. Armand Le Docte. Le même chimiste a imaginé une *râpe à tambour* qui donne d'excellents résultats, *une râpe à main*, des presses de différentes grandeurs, etc. (1).

M. Possoz a imaginé, pour l'essai rapide des betteraves, une *sonde-râpe* (2), qui mérite d'être recommandée aux cultivateurs pour la détermination rapide de la densité des jus. La sonde-râpe se compose d'un foret auquel on imprime un mouvement de rotation en même temps qu'on présente à son extrémité la racine à essayer; on la perfore au tiers de la hauteur à partir du sommet.

La râpure est recueillie, dans un vase quelconque, mise dans un sac et pressée. Le jus est versé dans une éprouvette, et on constate son degré au moyen d'un densimètre. L'instrument est placé dans une boite, avec une série de densimètres, etc.; le tout est portatif, de façon à permettre de faire des essais dans les champs.

M. Vivien a imaginé un foret et une presse (3) pour la détermination rapide des densités.

Les appareils pour obtenir la densité se composent d'un foret et d'une presse. Le foret est une lame en acier, dentée, contournée en hélice et d'une forme spéciale, calculée pour avoir une pulpe fine. Il est actionné au moyen d'une roue héliçoïde et d'une vis sans fin permettant d'obtenir une vitesse de 1,200 tours par minute. Il peut être mû à bras ou par transmission.

(1) On peut se procurer, chez M. O. Puvrez, 9, place des Enfants de Chœur, à St-Quentin, les râpes et presses à betteraves de M. Le Docte.

(2) M. V. Daix, ingénieur à St-Quentin, construit cet instrument.

(3) Ces instruments se trouvent chez M. H. Vivien, à Paris, 100, rue de Maubeuge.

Le foret est double ou simple avec lame d'acier d'un diamètre différent, de façon à pouvoir prélever un échantillon sur une ou deux betteraves à la fois, avoir une moyenne proportionnelle, selon la grosseur de la betterave.

Cet appareil permet en outre d'opérer très rapidement sur chaque betterave ayant servi à faire la tare de réception, soit sur 20 à 25 kilos. La presse se compose d'un bâti en fonte et d'un levier agissant en pression sur un chapeau ou couvercle mobile muni d'une vis de réglage et d'un boisseau rectangulaire perforé dans lequel on met le pressin obtenu par le foret. Le pressin est préalablement renfermé dans un linge ou dans un petit sac et par suite de la pression exercée, par main d'homme, sur le levier, le jus est extrait et recueilli dans un vase ou dans une éprouvette.

A l'aide d'un pèse-jus spécialement construit pour ces sortes d'opérations, portant une échelle double et des degrés fractionnés par dixièmes suffisamment espacés pour permettre une lecture facile et prompte, on a la densité exacte.

On peut enfin employer pour des essais rapides une simple râpe à fromage. On divise les betteraves à essayer en deux, trois ou quatre parties égales, en les coupant par leur axe ; on prend un morceau de chaque betterave, on râpe au-dessus d'une terrine et on brasse le pressin de façon à rendre la masse bien homogène. On met une ou deux poignées de ce pressin dans une toile et on presse à la main, ou au moyen d'une presse, ce qui est préférable. Le jus est recueilli dans une éprouvette et essayé au densimètre.

Nous n'entrerons pas dans la description des divers systèmes de presses. Il en existe de très puissantes, la presse sterhydraulique de Thomasset, la presse de Putsch, qui produit jusqu'à 300 atmosphères, etc. Tous ces instruments se trouvent dans les maisons qui s'occupent de la fourniture des laboratoires.

*Précautions à prendre pour déterminer exactement la densité.* — Dès que l'on a obtenu, par l'un des procédés indiqués plus haut, une quantité de jus suffisante pour remplir une éprouvette, on verse ce jus dans l'éprouvette. Il est bon de le filtrer au préalable sur un tamis en toile métallique ou une passoire.

L'éprouvette doit être assez grande pour permettre l'emploi d'un densimètre-étalon, à longue tige, les instruments de ce genre donnant les indications les plus exactes. Le jus, au moment où il est introduit dans l'éprouvette renferme une certaine proportion de pulpe folle, de sable fin, et d'air émulsionné, provenant du mélange de l'air ambiant avec le pressin pendant le râpage et plus tard pendant l'expression du jus. Cet air emprisonné dans le jus exerce une notable influence sur la densité.

Pellet a constaté qu'il faut seulement 5 à 6 centimètres cubes d'air émulsionné par litre de jus pour que la densité soit abaissée de 5 dixièmes de degré. Pour éviter cette cause d'erreur, il faut laisser reposer le jus dans l'éprouvette, afin que l'air émulsionné ait le temps de monter à la surface du liquide et de s'échapper. D'un autre côté, le jus renferme des pulpes folles, débris très fins des cellules, du sable, de la terre sous un état de division extrême et qui, pour cette raison, ne se précipite pas immédiatement au fond de l'éprouvette. Il est donc nécessaire d'abandonner celle-ci au repos pendant 15 à 30 minutes et plus longtemps si l'on peut. Il est bon d'employer une éprouvette munie d'un robinet placé à quelques centimètres au-dessus de sa base. Après le temps de repos jugé suffisant, on soutire le jus clair par ce robinet, tandis que les substances terreuses, la pulpe folle restent au fond et la mousse au-dessus.

*Correction à faire subir au degré densimétrique constaté lorsque l'on opère à une température différente de 15° centigrades.*

**Les densimètres** employés en France sont gradués à la température de 15° centigrades. Lorsqu'on opère à une température supérieure, les indications sont trop faibles et elles sont trop fortes quand on opère au-dessous de 15° C.

Il est toujours préférable de ramener le jus à la température de 15° C. Pour cela, lorsque l'eau dont on dispose est assez froide, on place le vase contenant le jus au milieu d'une terrine remplie d'eau et dès que le jus accuse 15° au thermomètre, on fait la détermination de la densité.

En été, au mois d'août ou de septembre, on n'a pas toujours de l'eau assez fraîche. Dans ce cas, on constate la température du jus au moment de la prise de la densité et l'on fait un calcul de correction.

Les chimistes ne sont pas d'accord sur le coefficient de correction. En général, cependant, les fabricants et les chimistes français augmentent ou diminuent les indications du densimètre de *un dixième* de degré par 3 degrés de température au-dessus ou au-dessous de 15°. Si un jus pèse 5°6 à 21° centigrades, on aura 6 degrés en sus, à un dixième de densité par trois degrés, soit 2 dixièmes à ajouter, soit 5°6 + 0, 2 = 5°8.

C'est la correction admise dans les fabriques de sucre par les employés de l'administration des contributions indirectes.

Pellet propose les corrections suivantes :

Nombre de *décigrammes* à ajouter ou à retrancher de la densité trouvée pour la ramener à 15° de température :

| | | | | | |
|---|---|---|---|---|---|
| 0 | 20 | | 16 | 2 | |
| 1 | 19 | | 17 | 5 | |
| 2 | 18 | | 18 | 7 | |
| 3 | 17 | | 19 | 10 | |
| 4 | 16 | | 20 | 12 | |
| 5 | 15 | | 21 | 15 | |
| 6 | 14 | | 22 | 17 | |
| 7 | 13 | à retrancher. | 23 | 20 | à ajouter. |
| 8 | 12 | | 24 | 22 | |
| 9 | 11 | | 25 | 25 | |
| 10 | 10 | | 26 | 28 | |
| 11 | 9 | | 27 | 31 | |
| 12 | 7 | | 28 | 34 | |
| 13 | 5 | | 29 | 37 | |
| 14 | 2 | | 30 | 40 | |
| 15 | 0 | | | | |

Ceux de nos lecteurs qui voudraient étudier plus spécialement cette question pourront se reporter à un important travail de Dupont, sur les corrections à faire subir aux indications du densimètre et du saccharimètre (1), suivant la température,

*Degré Balling.* — Aussitôt que l'on a constaté le degré densimétrique du jus, on retire le densimètre et on met de côté une portion du liquide si l'on veut déterminer la richesse saccharine au moyen du polarimètre. On sait que le jus de betterave s'altère rapidement à l'air. L'échantillon de jus destiné à l'essai du saccharimètre ou polarimètre doit être mis dans un matras jaugé à 100 et 110 centimètres cubes. On remplit jusqu'au trait de 100 c. cubes, puis on complète le volume de 110 avec une solution de sous-acétate de plomb, une goutte ou deux de solution alcoolique de tannin. On bouche le matras avec la paume de la main gauche et on le retourne sens dessus dessous de façon à bien mélanger le tout. Cela fait, on peut mettre le matras de côté, le jus ainsi traité pouvant se conserver plusieurs jours sans altération. Nous

(1) *Bulletin de l'Association des chimistes de sucrerie et de distillerie*, 15 avril 1883.

verrons plus loin comment se fait l'essai au polarimètre.

Le *degré Balling* ou *Brix* ou *degré saccharométrique* (1) du jus se détermine en général au moyen d'aréomètres, dont la graduation a été établie avec des solutions sucrées pures. On plonge un de ces instruments dans le jus et s'il marque 12 par exemple, on dira que le degré Balling est de 12. Le degré Balling représente, dans une solution de sucre pure, la quantité de sucre pour 100 en poids, ou la proportion centésimale de matière dissoute.

S'il s'agit d'une dissolution de sucre pure, on dira que le liquide renferme 12 % de sucre, mais s'il s'agit de jus de betterave, qui renferme du sucre, des sels, etc., on dira qu'il contient 12 % de matières dissoutes totales. Nous verrons plus loin quelle est l'utilité du degré Balling.

Si l'on voulait obtenir avec plus de précision la proportion de matières dissoutes totales d'un jus de betterave, il faudrait avoir recours à une autre méthode. On pèserait dans une capsule bien propre et sèche une petite quantité de jus, 10 ou 20 cent. cubes par exemple, et on évaporerait à une température douce jusqu'à dessiccation de la masse, en évitant l'altération des matières organiques et autres facilement décomposables par la chaleur. Le résidu pesé indiquerait la proportion de matières dissoutes dans le jus. Mais cette méthode est longue, délicate, et exige des précautions qui lui ôtent toute valeur au point de vue pratique. Les aréomètres Brix, Balling ou autres fournissent des indications bien suffisantes dans la pratique courante.

On peut remplacer ces instruments par des tables de concordance qui indiquent, pour les différentes densités,

_______

(1) On dit aussi *saccharimétrique,* mais nous croyons que l'expression degré saccharométrique est préférable.

les degrés Balling correspondants. Ces tables sont établies à l'aide de solutions sucrées pures.

Voici, par exemple, quelques chiffres extraits de la table de Stammer indiquant les poids spécifiques ou densités et les degrés Balling ou Brix correspondants pour des solutions de sucre, à la température de 17°5 centigrades :

| Densités. | Degré Brix ou sucre % |
|---|---|
| 1058 | 14.3 |
| 1059 | 14.5 |
| 1060 | 14.7 |

Un liquide sucré pur à 1060 de densité (ou 6°) renfermerait, d'après cette table, 14,7 % de sucre. S'il s'agit d'un jus de betterave, nous dirons qu'il renferme 14,7 % de matières dissoutes totales, ou marque 14.7 Brix.

Vivien a construit aussi des *saccharo-densimètres* qui portent à la fois sur leur tige l'indication des densités et des degrés saccharométriques correspondants, ou la teneur de matières dissoutes totales pour 100 de jus en *volume.*

Les saccharomètres de Vivien sont gradués à la température de 15° centigrades.

Les saccharomètres Brix et Balling, les seuls usités en Allemagne, sont gradués à 14° Réaumur ou 17°5 centigrade. Il en résulte que les indications des instruments français gradués à 15° ne sont pas comparables à celles des instruments allemands gradués à 17°5. Par exemple, on commettrait une erreur en prenant la densité d'un jus de betterave avec un densimètre français et en déterminant le degré saccharométrique correspondant au moyen d'un aréomètre Balling ou Brix.

Pour obvier à cet inconvénient, Dupont a fait construire des saccharomètres qui portent son nom, gradués à 15° C. et qui indiquent en regard des degrés saccharométriques, les densités correspondantes. Nous verrons plus loin comment, à l'aide de ces instruments, on détermine le quotient de pureté des liquides sucrés.

*Détermination directe du sucre cristallisable.* — Les jus de betterave renferment des proportions de sucre cristallisable très variables, depuis 3 à 4 % jusqu'à 18 et 20 %, selon la variété et le mode de culture. Les indications du densimètre ne sont point suffisantes, nous l'avons vu, pour permettre de déterminer exactement d'après le poids spécifique du jus sa teneur en sucre cristallisable.

Pour cette détermination, on fait usage de *saccharomètres* ou mieux *polarimètres*, instruments basés sur la propriété que possèdent les liquides sucrés d'influer sur la lumière polarisée. Il n'entre pas dans notre cadre de décrire le polarimètre.

On trouvera la description des polarimètres et saccharomètres les plus usités en sucrerie dans les ouvrages spéciaux, traités de physique, traités de la fabrication du sucre, etc.

Nous donnerons cependant quelques indications sur la manière de procéder pour doser le sucre du jus de betterave par le saccharomètre.

Le saccharomètre le plus répandu en France est celui de Laurent. Chaque degré de l'échelle du saccharomètre correspond à 16 gr. 20 de sucre chimiquement pur. Le jus de betterave à essayer est d'abord clarifié dans un matras avec du sous-acétate de plomb et une goutte de tannin, comme il a été dit plus haut (voir page 476); cela fait, on verse le contenu du matras sur un filtre, et on recueille le liquide filtré dans un verre. Il peut arriver que le jus filtré ne soit pas clair, mais *louche*. Dans ce cas, on y ajoute deux gouttes d'acide acétique. Puis on rince le tube du saccharomètre avec quelques centimètres cubes du liquide clair, on jette cette portion, et on remplit le tube. On le ferme et on fait la lecture au saccharomètre. Si on a lu 70 degrés par exemple, on écrira 70 $\times$ 0,1620 $=$ 11.34. Mais comme on a dilué le jus avec 1/10 de sous-acétate de plomb, il faut augmenter ce résultat de 1/10, soit 11.34 $+$ 1.134 $=$ 12.474 qui représente la richesse du jus *en volume*. Si on a trouvé que le jus sortant de la presse avait une densité de 1.060, on obtiendra la richesse saccharine du jus en poids en divisant 12,474 $\times$ 100 par 1060 $=$ 11.76 0/0 (sucre pour 100 gram. de jus) (1).

On a observé en Allemagne, il y a plusieurs années, que le pouvoir rotatoire spécifique du sucre de canne (ou sucre cristalisable) augmente à mesure que la concentration des solutions diminue. Les chimistes ont dû tenir compte de ce fait important et, à cet effet, on a construit en Allemagne et en France des tables spéciales de polarisation. Les tables pour le saccharomètre Laurent ont été calculées par Dupont et Sidersky (2).

On trouve par exemple qu'un jus marquant 13° saccharométriques Dupont, clarifié au sous-acétate de plomb filtré, polarisé, marque au polarimètre Laurent 73°8. La table indique que ce degré correspond à 12.49 de sucre pour 100 grammes de jus. Une autre table indique la teneur pour 100 centimètres cubes de jus. Dupont et Sidersky ont rendu un réel service à l'industrie en calculant ces tables qui permettent de déterminer avec la plus

----

(1) Il y a lieu, d'après plusieurs chimistes, de tenir compte de l'influence du précipité plombique, qui occupe dans le jus un certain volume et réduit le volume du liquide à moins de 110 c. cubes. Pellet conseille de retrancher du chiffre de la polarisation 0,15 pour des betteraves de richesse moyenne et 0,20 pour des betteraves riches.

(2 *Bulletin de l'Association des chimistes de sucrerie et de distillerie*. N° 6 du 15 juin 1885, et *Journal des Fabricants de sucre*, du 9 septembre 1885.

grande exactitude possible la richesse sacharine des jus
de betterave.

*Dosage des cendres ou sels.* — Il est souvent utile de
connaître la teneur saline des jus de betterave. Pour cela, on mesure avec une pipette 10 cent. cubes de jus brut,
qu'on met dans une capsule de platine tarée bien sèche.
On porte au bain-marie pour évaporer la majeure partie
de l'eau, puis on ajoute quelques gouttes d'acide sulfurique pur et on calcine dans un moufle ou sur une forte
flamme de gaz ou d'alcool. L'incinération est terminée
lorsque les cendres sont blanches ou rosées et ne présentent plus de points noirs. On pèse la capsule et son contenu, on retranche le poids de la capsule et on a le poids
des cendres sulfatées. Soit par exemple, 0 gr. 87.

Pour avoir le poids des cendres ordinaires, on retranche 1/10 soit 0,0783 de cendres pour 10 cent. cubes de jus
ou 0.783 milligrammes pour 100 cent. cubes. Si le jus
pèse 1.060 au densimètre, il contiendra en poids $\frac{78.3}{106}$
$= 0.738$ % de cendres.

*Coefficient de pureté.* — Le coefficient ou quotient de
pureté des jus de betterave est le rapport qui existe entre
le *sucre* et les *substances dissoutes totales* contenues dans
100 grammes de jus. Par exemple, nous trouvons qu'un
jus accuse au saccharomètre 14.5 0/0 de matières dissoutes totales et qu'il renferme, d'après la lecture polarimétrique, 12 gr. 37 de sucre en poids. Le quotient de pureté
sera de : $\frac{12.37}{14.5} = 85.21$. Le jus aura une pureté de 85.
Naturellement plus ce quotient est élevé, plus le jus de
betterave est pur et plus la racine a de valeur. Le quotient de pureté déterminé d'après le degré Brix est dit
quotient de pureté *apparent*. Il ne serait réel, on le conçoit, que s'il s'agissait d'un liquide ne renfermant que
du sucre, puisque les saccharomètres sont gradués avec

des solutions sucrées pures. Si on voulait avoir le quotient réel, il faudrait doser la matière dissoute totale par dessiccation. Dans la pratique courante, le quotient apparent est suffisant.

*Non-sucre.* — Les Allemands entendent par non-sucre (*Nicht-Zucker*) toutes les matières étrangères à l'eau et au sucre contenues dans le jus de betterave. Un jus accuse par exemple 14°5 Brix et 12.37 0/0 sucre. Le non-sucre est égal à la différence entre ces deux chiffres, soit 2.13 0/0.

*Quotient salin.* — Le quotient salin est le rapport qui existe entre le sucre et les sels contenus dans 100 grammes de jus de betterave. Si le polarimètre accuse 11.10 0/0 de sucre et l'incinération 0.730 0/0 de sels, le quotient salin sera $\dfrac{11.1}{0.738}$ 15.04

*Valeur proportionnelle.* — Pour établir la valeur comparative de plusieurs jus de betterave, il suffit de multiplier leur coefficient de pureté par leur teneur saccharine. Plus ces deux facteurs sont élevés, plus leur produit ou valeur proportionnelle est élevée et plus le jus a de valeur.

### DÉTERMINATION DE LA TENEUR SACCHARINE DE LA BETTERAVE

Pour passer de la teneur saccharine du jus de la betterave à celle de la racine elle-même, on opérait jusqu'ici d'une manière très simple. On admettait que les betteraves contenaient de 94 à 96 0/0 de jus, soit en moyenne 95 0/0. Il suffisait donc de prendre les 0,95 centièmes de la richesse du jus pour avoir celle de la betterave. Ainsi un jus accuse 12 0/0 de sucre en poids. La betterave renfermerait 12 × 0.95 = 11.40 0/0 de sucre. Or, d'après les observations faites depuis plusieurs années, il semble certain que la proportion de jus de la betterave varie entre des limites très écartées. Il devient dès lors impossible de calculer la teneur saccharine de la betterave d'après celle de son jus en se basant sur une moyenne de 95 à 96 0/0 de jus.

D'un autre côté, on ne connaît pas de méthode rapide permettant de déterminer d'une façon exacte la teneur de jus de la betterave. Enfin il a été reconnu que les résultats de la polarisation du jus de betterave varient dans une large mesure, pour une même racine, suivant le procédé employé pour extraire ce jus. Ainsi on n'obtient pas la même polarisation quand on extrait le jus sous une faible ou une haute pression, ou quand on opère sur de la râpure fine ou grosse. La finesse de la râpure et l'intensité de la pression influent sur le résultat polarimétrique. Nous n'entrerons pas dans le détail de ces questions que nous avons longuement traitées ailleurs (1). Il nous suffira de résumer les méthodes employées et d'indiquer les causes d'erreur dont elles sont affectées.

*Méthode de Viollette*. — M. Viollette a proposé une méthode qui consiste en ceci : diviser un échantillon de betterave débarrassée de son épiderme, en fines lanières, et en peser environ 10 grammes, pour les soumettre ensuite à l'action d'une solution d'acide sulfurique, à la température du bain-marie. Au bout de 15 à 20 minutes, le sucre cristallisable est transformé en incristallisable, on filtre et on dose ce dernier au moyen de liqueurs cupro-potassiques titrées.

Cette méthode, appliquée dans un certain nombre de laboratoires, ne fournit pas des résultats absolument exacts. L'acide sulfurique exerce une influence nuisible sur les tissus de la betterave ; en outre, la liqueur cuivrique est réduite par des principes autres que le sucre et

(1) *Quelques réflexions à propos des pertes de sucre en fabrication* dans le *Journal des Fabricants de sucre* des 17-24-31 décembre 1884.

qui paraissent se rencontrer dans toutes les betteraves (1).

*Méthode de Vivien.* — On divise complètement 30 grammes de betterave dans un mortier, avec du gros sable pur et sec et 15 à 20 gr. d'eau. La bouillie qu'on obtient ainsi est additionnée de quelques gouttes de tannin et de 10 à 15 gr. de sous-acétate de plomb. On jette le tout sur un filtre, avec les eaux de lavage du mortier ; on lave le filtre. Le liquide filtré, complété à 300 c. cubes est examiné au polarimètre.

Ce procédé exige beaucoup de temps et en outre il faut un soin extrême pour diviser toutes les cellules et mettre la totalité du sucre en liberté.

*Méthode de Scheibler.* — Ce chimiste transforme la betterave en une fine râpure et la traite par l'alcool dans un appareil d'épuisement, en verre. Le liquide qui résulte de ce traitement contient tout le sucre de la betterave et est examiné au polarimètre.

Cette méthode exige beaucoup de temps et de soin.

*Méthode de Pellet.*—Pellet pèse 16 gr. 20 (poids norma du polarimètre Laurent) et verse dans un ballon spécial. Celui-ci est surmonté d'un tube étranglé à la partie inférieure, soudée au col du ballon. A l'intérieur de ce ballon, lequel est rempli d'eau avec 2 à 4$^{cc}$ de sous-acétate de plomb, on projette un petit bouton de porcelaine percé de trous, qui s'arrête à la partie étroite du col, puis on verse les 16 gr. 20 de betterave pesée. Celle-ci occupe presque tout le volume compris entre le bouton et le trait de jauge tracé sur le tube et indiquant 100 c. cubes. On complète avec de l'eau ordinaire le volume de 100 c. cubes et on porte au bain-marie bouillant. Au bout d'une heure, on suspend l'ébullition, on fait refroidir et on complète le volume de

---

(1) *Dosage du sucre à l'aide des liqueurs titrées*, par Ch. Viollette.

100 c. c. On agite, on filtre et on passe au saccharomètre.

Pour des racines très riches, il faut 1 heure 1/2 à 2 heures d'ébullition.

Cette méthode exige encore un certain temps et en outre elle serait affectée d'une cause d'erreur qui mérite d'être signalée.

Les dernières observations faites en Allemagne semblent démontrer que dans toutes les betteraves il existe, en proportion variable, des substances étrangères au sucre cristallisable et qui agissent néanmoins dans le même sens que lui sur la lumière polarisée. On admet aujourd'hui que l'influence de ces substances peut être atténuée par l'emploi de l'alcool dans la préparation de la liqueur sur laquelle doit s'effectuer la polarisation.

Le docteur Degener, directeur du laboratoire de l'Association allemande, estime que sans l'emploi de l'alcool, il est impossible d'obtenir des résultats exacts. D'un autre côté, le même chimiste a observé que le sous-acétate de plomb en léger excès modifierait, développerait le pouvoir rotatoire de quelques-unes de ces substances, même en présence de l'alcool.

Si ces faits sont exacts, on voit que les méthodes d'où l'alcool est exclu ne sauraient conduire à des résultats absolument précis.

*Méthode de Stammer.* — Ce chimiste, se basant sur cette série d'observations, ainsi que sur ses propres recherches, a proposé la méthode suivante : la betterave, préalablement divisée en petits morceaux, cossettes ou râpure, est soumise à l'action d'un moulin spécial qui la transforme en une pulpe impalpable d'une consistance rappelant celle de la crème. On pèse le poids normal 16 gr. 20, ou le double pour plus d'exactitude, on dilue avec de l'alcool à 92°, on ajoute 8 c.c. sous-acétate de plomb et on complète le volume dans un ballon jaugé à cet effet. On agite, on filtre, et on fait la lecture au polarimètre dans un tube en laiton de 200 m. m.

La teneur ainsi trouvée n'est, d'après Stammer, sujette à aucune correction ni aucune incertitude résultant soit de substances étrangères optiquement actives, soit des différences dans la proportion du jus, soit de sa qualité dans les différentes cellules, soit enfin de la méthode de préparation de ce jus.

Cette méthode, qui présente des garanties au point de vue de la polarisation, demande du temps, du soin, et peut présenter certaines difficultés dans la pesée du poids normal, notamment avec les betteraves à chair tendre, qui sont très aqueuses et dont le jus ne reste pas mélangé avec le marc.

On voit, d'après ce qui précède, que la chimie sucrière ne nous offre pas encore de méthodes de dosage du sucre de la betterave à la fois *rapides* et *rigoureusement exactes.*

Il découle en outre des faits relatés plus haut que si la teneur saccharine de la betterave ne saurait être déterminée avec précision en se basant sur la richesse du jus et sa proportion moyenne de 95 ou 96 0/0, il peut n'être pas sans inconvénient de pratiquer l'achat ou la vente de la betterave d'après la densité ou la richesse du jus.

Soit une betterave dont le jus accuse 1068 de densité et 13.5 sucre 0/0 gr. de jus. Si on admet le quotient jus de 95, on aura pour richesse de la betterave $13.5 \times 0.95 = 12.82$ 0/0. Or si la betterave ne renferme que 92 0/0 de jus, sa richesse ne sera que de 12.42, soit 0.40 0/0 de moins.

Il est évidemment plus rationnel d'acheter la betterave d'après sa teneur en sucre déterminée directement sur la racine.

Pellet a fait un grand nombre d'essais qui lui ont permis d'établir le tableau suivant, à l'aide duquel on peut calculer approximativement la richesse d'une betterave d'après la densité du jus.

« D'après ce tableau, remarque cependant Pellet, nous n'affirmons pas qu'une betterave dont le jus est à 1073 ou 1075 renfermera 10 0/0 de marc, mais les coefficients que nous avons indiqués sont le résultat d'un certain nombre d'essais dans lesquels on a dosé le sucre dans le jus et le sucre dans la betterave au moyen de l'alcool (procédé Scheibler, Soxhlet, etc.). »

| Densité du jus. | Sucre 0/0ᶜᶜ de jus. | Sucre 0/0 gr. de jus. | Proportion de jus adoptée par 100 k. racines. | Sucre 0/0 kil. de betterave |
|---|---|---|---|---|
| 1055 | 11.2 | 10.6 | 95 | 10.0 |
| 1056 | 11.5 | 10.8 | 95 | 10.2 |
| 1057 | 11.8 | 11.1 | 94 | 10.4 |
| 1058 | 12 | 11.4 | 94 | 10.7 |
| 1059 | 12.3 | 11.6 | 94 | 11 |
| 1060 | 12.5 | 11.8 | 94 | 11.1 |
| 1061 | 12.8 | 12 | 93 | 11.2 |
| 1062 | 13.1 | 12.3 | 93 | 11.4 |
| 1063 | 13.3 | 12.5 | 93 | 11.6 |
| 1064 | 13.6 | 12.7 | 93 | 11.8 |
| 1065 | 13.8 | 12.9 | 92 | 11.9 |
| 1066 | 14.1 | 13.1 | 92 | 12.2 |
| 1067 | 14.3 | 13.3 | 92 | 12.4 |
| 1068 | 14.5 | 13.5 | 92 | 12.5 |
| 1069 | 14.7 | 13.7 | 91 | 12.6 |
| 1070 | 15 | 14 | 91 | 12.7 |
| 1071 | 15.3 | 14.3 | 91 | 12.9 |
| 1072 | 15.6 | 14.5 | 91 | 13.1 |
| 1073 | 15.9 | 14.8 | 90 | 13.3 |
| 1074 | 16.2 | 15.0 | 90 | 13.5 |
| 1075 | 16.5 | 15.3 | 90 | 13.7 |
| 1076 | 16.8 | 15.5 | 90 | 13.9 |
| 1077 | 17 | 15.8 | 89 | 14.1 |
| 1078 | 17.3 | 16 | 89 | 14.2 |
| 1079 | 17.5 | 16.2 | 89 | 14.4 |
| 1080 | 17.7 | 16.4 | 89 | 14.6 |
| 1081 | 18 | 16 7 | 88 | 14.8 |
| 1082 | 18.3 | 17.0 | 88 | 15 |
| 1083 | 18.7 | 17.3 | 88 | 15.2 |
| 1084 | 19.0 | 17.5 | 88 | 15.3 |
| 1085 | 19.3 | 17.7 | 87 | 15.4 |

Pour terminer ce chapitre, nous donnerons une description d'un instrument très ingénieux imaginé par M. Alfred Trannin, docteur ès sciences à Arras, et qui a déjà rendu de grands services dans les sucreries : le *Saccharomètre des râperies* (1).

### SACCHAROMÈTRE TRANNIN OU DES RAPERIES

Construit exclusivement dans le but de doser très rapidement, instantanément pour ainsi dire, le sucre contenu dans la betterave, le saccharomètre des râperies a sa place marquée dans toutes les fabriques de sucre et dans les grandes fermes qui consacrent à la culture de la betterave une quantité considérable des terres quelles exploitent.

Mais pour qu'un saccharomètre puisse rendre les services qu'on est en droit de lui demander dans les essais rapides et un peu sommaires qu'on fait des betteraves lors de leur arrachage ou de leur livraison en fabrique, il est nécessaire que cet instrument soit très robuste, d'un réglage facile et d'un maniement commode. Il faut que les ouvriers ou employés chargés de peser les voitures, de faire les tares et de prendre les densités puissent aussi se servir, sans études préalables, du saccharomètre et cela sans craindre de le briser, de le dérégler ou de se tromper dans la lecture.

A ces différents points de vue spéciaux, nous croyons que M. Trannin a résolu le problème et que son saccharomètre des râperies est appelé à rendre les plus grands services à l'industrie sucrière.

Bien que la sensibilité soit un peu sacrifiée aux condi-

(1) Constructeurs, MM. Th. et A. Duboscq, 11, rue des Fossés-St-Jacques, à Paris. Dépositaires pour la région du Nord, MM. Salamon et Leduc, à Lille, 103, boulevard de la Liberté.

tions spéciales de maniement et de bon marché, elle est encore bien suffisante pour établir la valeur sucrière d'une betterave. L'échelle est divisée par 1/4 de centième; l'instrument donne donc sans calcul, à la simple lecture, les quarts de centième de sucre contenus dans le jus de la betterave.

Par exemple 9, 9 1/4, 9 1/2... 12 1/4, 12 1/2, 12 3/4 p. 100 de sucre en volume.

Une plus grande précision ne servirait qu'à rendre les calculs plus longs et ne pourrait être obtenue qu'avec des saccharomètres d'un prix très élevé et fort peu pratiques dans les mains des ouvriers et employés.

Nous pourrions d'ailleurs citer une centaine de fabriques qui ont employé le saccharomètre des râperies pendant la campagne dernière et qui ont été fort satisfaites de son usage.

### PRINCIPE DE L'APPAREIL.

Le *saccharomètre des râperies* est fondé, comme tous les instruments destinés à la mesure de la quantité de sucre, sur l'annulation de la rotation du plan de polarisation des rayons lumineux produite par la liqueur sucrée et sur l'observation d'un phénomène critique qui annonce qu'on peut faire la lecture de la richesse saccharine sur l'échelle de l'instrument.

Mais, contrairement à tous ses congénères, qui annulent la rotation du plan de polarisation produite par la liqueur sucrée, soit par une rotation inverse du polariscope ou du polariseur, soit par l'introduction d'une épaisseur de quartz gauche, inverse comme épaisseur optique de la liqueur sucrée, le saccharomètre des râperies possède par construction et quand le tube à liquide est vide, une *rotation gauche constante*, égale à une colonne de 10 c. de longueur de liquide sucré à 10 pour 100 d'un sucre qui ferait tourner le plan de polarisation avec la même puissance que le sucre ordinaire, mais en sens inverse.

Le sucre ordinaire, ou dextrogyre, faisant tourner le plan de polarisation à droite, l'appareil est donc réglé, constitué de telle façon qu'il fasse tourner le plan de polarisation à gauche et de la quantité constante définie comme ci-dessus.

Si on introduit alors dans le tube un liquide contenant en dissolution du sucre ordinaire, faisant par conséquent tourner à droite le plan de polarisation, la rotation droite du liquide se retranchera de la rotation gauche et constante de l'instrument et pour une richesse en sucre déterminée, une certaine longueur de liqueur sucrée pourra contrebalancer exactement la rotation de l'instrument. Alors les rotations droite et gauche s'annulant, le zéro sera rétabli et le phénomène critique apparaîtra. On conçoit dès lors que plus un liquide sera riche en sucre, moins la longueur traversée par les rayons lumineux devra être longue ; en d'autres termes, la richesse saccharine est en raison inverse de la hauteur du liquide dans le tube. L'instrument est disposé de façon que la longueur du liquide traversée par la lumière est variable, et peut être amenée à contrebalancer la rotation gauche de l'instrument ; cette longueur ainsi obtenue donne, sans calcul, simplement par la lecture d'une échelle, la richesse en sucre du liquide étudié.

Quant au phénomène critique, il peut être produit par tous les polariscopes rotatoires connus, pourvu que dans leur construction on introduise cette rotation à gauche constante qui doit être annihilée par la rotation à droite de la liqueur sucrée.

Après de nombreux essais et dans le but de faciliter l'emploi de l'appareil aux yeux les moins exercés, l'auteur a choisi comme phènomène critique la mise bout à bout de deux franges noires A et B, *Fig.* 2, qui sont d'autant plus écartées que la compensation de la rotation gauche constante de l'instrument, par la rotation droite de la liqueur sucrée, est plus imparfaite, et qui se mettent exactement bout à bout quant, au contraire, la compensation est atteinte. A et B, *Fig.* 3.

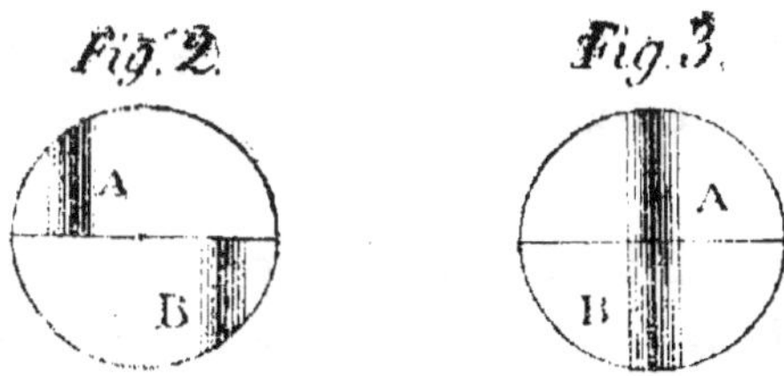


Ce phénomène est tellement facile à saisir que les personnes les moins faites aux observations n'éprouvent jamais la moindre hésitation à le reproduire.

Chacun observe avec ses moyens habituels de voir. Celui qui a une vue normale n'a besoin d'aucun intermédiaire. Quant aux myopes et aux presbytes, ils conservent les lunettes qui leur sont habituelles. L'appareil est ainsi toujours au point pour tout le monde.

La lecture se fait directement sur une échelle divisée en *quarts de centième* de sucre.

La question de l'éclairage est souvent une cause d'ennuis et de difficultés. Tantôt c'est la lumière monochromatique qui est exigée pour l'emploi de certains instruments, et avec elle, son mode de production si gênant, la fatigue pour les yeux, etc. ; tantôt c'est l'appréciation si délicate de l'égalité lumineuse de deux plages, des *pénombres*, comme on dit généralement ; tantôt c'est une égalisation chromatique impossible à atteindre pour des yeux affectés de daltonisme.

Dans cet appareil, la lumière d'une lampe quelcon-

que, d'un bec de gaz (1) ou celle du jour peut être employée indifféremment.

En ce qui concerne les organes optiques de l'appareil,
on a cherché à les réduire au strict nécessaire en éliminant complètement les cercles divisés, compensateurs et
autres pièces optiques mobiles. L'appareil est ainsi réduit
aux trois pièces fondamentales et indispensables : le *polariseur*, le *polariscope*, et l'*analyseur*, Toutes ces pièces sont fixes, à l'exception de l'analyseur, qui porte une
pince de réglage.

Il n'est pas possible, en thèse générale, de construire
des appareils de polarisation assez solides, assez indiffé-
rents aux flexions et aux dilatations calorifiques pour
que, réglés une fois pour toutes par le constructeur, on
puisse espérer conserver ce réglage exact indéfiniment.

En vain goupille-t-on toutes les pièces, un jeu, si faible
qu'il soit, se produit toujours, les sections principales du
polariseur et de l'analyseur perdent leur parallésime et
l'appareil est inexact.

A l'instrument est joint une lame de quartz droit qui
contrebalance exactement la rotation gauche produite
par l'instrument et permet ainsi la vérification et le réglage exact de l'appareil.

(1) On a remarqué toutefois que le sensibilité, l'exactitude, par
conséquent, est plus grande avec la lumière artificielle et un
peu jaune d'une lampe, qu'avec la lumière naturelle et blanche
du jour.

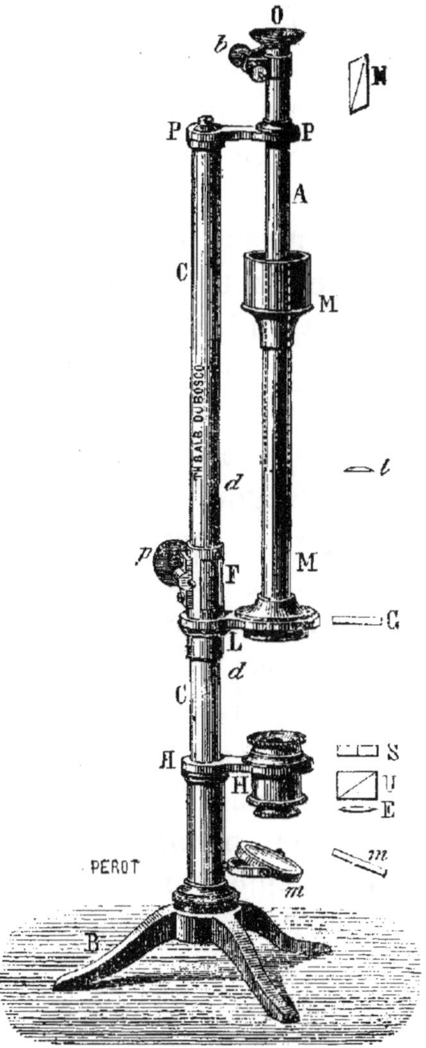



Saccharimètre des râperies.

## DESCRIPTION

Le dispositif optique  est ainsi constitué : *Fig.* 1.

*m* — Miroir destiné à renvoyer  verticalement de haut en bas à travers l'appareil  les rayons  lumineux  émanés d'une lampe.

E — Lentille collectrice.

U — Prisme polariseur fixé à demeure.

S — Polariscope.

G — Glace qui termine le tube mobile M et qui délimite par en bas la longueur de la colonne de liquide sucré.

$l$ — Lentille plan convexe fixée à demeure. Elle délimite par le haut la longueur de la colonne liquide ; elle termine le tube fixe A au bas duquel elle est sertie.

N — Nicol analyseur fixé sur le tube A par une pince de réglage.

L'appareil se compose essentiellement d'une colonne CC fixée sur un pied B et qui supporte par des potences P, L, R, les diverses pièces optiques.

En commençant par le haut on trouve :

O — Ouverture ou œilleton du porte-nicol analyseur.

$b$ — Pince de réglage.

A — Tube plongeur fermé en bas par la lentille $l$.

MM — Tube mobile fermé en bas par la glace G. Ce tube est destiné à renfermer le liquide sucré. Il repose à la partie inférieure sur une lunette L guidée et mobile sur la colonne CC à l'aide d'une crémaillère et d'un pignon $p$. Une fenêtre F permet de lire la graduation $dd$ de la tige.

H — Tube contenant le polariscope, le polariseur et la lentille collective.

M — Miroir.

*La graduation de la colonne donne, sans aucun calcul, la quantité de sucre contenue dans le jus ; il n'y a aucune correction à faire si on emploie le procédé de décoloration indiqué ci-après.*

MANIÈRE DE SE SERVIR DE L'APPAREIL.

(MIROIR). Il faut, avant tout, amener les rayons lumineux dans l'axe de l'instrument. Pour cela, on place la lampe ou le bec de gaz à environ 40 cent. du pied, puis on dirige le miroir de telle manière que les rayons lumineux, après leur réflexion sur sa surface, soient renvoyés suivant l'axe ; ce dont on est averti, l'œil étant à l'œilleton, par l'apparition d'une vive lumière dans l'instrument. On donne finalement au miroir la position qui fait paraître les franges avec le plus de netteté et de régularité.

(RÉGLAGE). — Après avoir enlevé le tube à liquide, on remplace ce tube par la pièce de contrôle qui se compose d'une lame de quartz droit de 0 mill. 301 d'épaisseur, serti dans une monture. Si l'appareil est exactement réglé, les deux franges A et B, *fig.* 3, seront exactement en ligne droite. Si, au contraire, l'une déborde l'autre tant soit peu, il faudra, en faisant mouvoir la vis $b$ de la pièce de réglage placée au haut de l'instrument, ramener les deux franges à être exactement bout à bout.

Cette vérification, extrêmement rapide et facile, doit être faite de temps en temps.

(MESURE). — On enlève la pièce de contrôle, puis on verse dans le tube mobile une quantité de liquide suffisante pour emplir la partie étroite, 20 à 25 cent. ; par conséquent, on replace le tube sur son support et ensuite on fait mouvoir la crémaillère jusqu'à ce que la mise bout à bout des deux franges soit parfaite. On fait alors la lecture de la richesse saccharine sur l'échelle au point qui est en regard d'un index tracé sur le biseau de la fenêtre.

Il est important, pour bien juger de la mise bout à bout des deux franges, de faire mouvoir assez rapidement le tube ; on dépasse un peu la position cherchée, puis on revient en arrière ; on arrive ainsi à limiter les écarts des franges des deux côtés de la mise bout à bout exacte et à atteindre sans hésitation cette position.

La lecture faite, on abaisse suffisamment le tube pour le dégager et le retirer ; on vide le tube et on recommence l'opération en procédant de la même manière que précédemment.

Il suffit, quand on change de liquide, de rincer le tube avec quelques gouttes du liquide qu'on va examiner. Comme les jus ont, à peu de chose près, la même composition, ce mode de lavage est bien suffisant en pratique.

### TRAITEMENT DU JUS AVANT L'OPÉRATION.

*Il est de toute nécessité que le jus soit parfaitement décoloré et bien transparent.*

Les divers procédés employés pour la décoloration des jus de betteraves reposent sur l'emploi de solutions métalliques qui ont pour effet de précipiter les matières colorantes et mucilagineuses et aussi d'étendre la solution et, par conséquent, son degré. De là, l'emploi obligatoire de fioles jaugées de 100 et 110 c. L'opération de décoloration devient elle-même une opération de précision et ajoute aux difficultés de l'analyse saccharimétrique, l'ennui des jaugeages et des mesurages. Il faut, en outre, tenir compte de la dilution de la liqueur, soit par le calcul, soit par une construction particulière de l'instrument.

*Voici une méthode qui supprime les fioles jaugées et les corrections.*

Dans le fond d'un verre à expériences, on jette une pincée de sous-acétate de plomb *solide*, environ 1 gramme, puis on y verse, sans mesurer, le jus sortant de la presse ; on remue fortement avec un agitateur en verre et on jette le tout sur un filtre. Si le liquide ne passe pas immédiatement clair, on le reverse dans l'entonnoir jusqu'à ce qu'il passe bien limpide.

Ce mode opératoire est simple et rapide. Il ne serait pas

à conseiller dans le cas d'analyses très exactes qui, d'ailleurs, exigent les grands saccharimètres de précision.

Il est utile d'avoir, dans les laboratoires des râperies, une douzaine de verres à expériences (1), autant d'entonnoirs et de bouteilles destinées à recevoir le liquide filtré et qu'on numérote avec de la cire rouge dissoute dans de l'alcool, en ayant soin de répéter les mêmes numéros sur les verres à expériences, les entonnoirs et les bouteilles. De cette façon, on n'a pas à craindre la confusion des essais quand on en a un grand nombre à faire.

### THÉORIE DE L'APPAREIL.

Ainsi qu'on a pu le voir plus haut, le saccharimètre se compose essentiellement de deux nicols à l'extinction, d'un tube contenant une longueur variable de liquide sucré et d'un polariscope construit de telle manière que son excès constant de rotation gauche doit être contre-balancé par une même rotation droite de la liqueur sucrée. Cette rotation droite est égale à celle que produit une colonne de 10 cent. d'un liquide sucré contenant 10 % de sucre. Elle est aussi égale, *mais inverse* de celle qui est produite par une lame de quartz gauche épaisse de $0^{mm}301$.

Le polariscope est formé en principe comme celui de Sénarmont, c'est-à-dire que des prismes droits sont placés sur des prismes gauches de même angle (fig. 6) et forment ainsi des plaques parallèles (fig. 7) qu'on accole par leur face contenant l'axe optique et les hypothénuses, de telle manière que les dièdres formés par les prismes de même nature soient disposés en sens contraire dans chacun des deux systèmes (fig. 7) (fig. 8).

(1) On peut se procurer le sous-acétate de plomb solide, ainsi que les verres, entonnoirs..., etc., chez MM. SALAMON et LEDUC, *Boulevard de la Liberté*, à *Lille*.

Dans des lames ainsi constituées et placées entre deux nicols à l'extinction, on observe deux franges droites AB (fig. 9) exactement sur le prolongement l'une de l'autre.

Ces franges se forment, comme on sait, aux points où les épaisseurs de quartz gauche et droit étant égales, la rotation du plan de polarisation est nulle. Si on introduit alors une substance douée d'un pouvoir rotatoire, droit, par exemple, les franges se déplacent et viennent occuper des positions telles que, ainsi que le montre le calcul, les épaisseurs des quartz, aux points traversés par les franges, soient encore égales si on a soin d'ajouter au quartz droit l'épaisseur en quartz de la substance interposée. Comme les deux systèmes de prismes sont accolés en sens inverse l'un de l'autre, les franges s'y déplacent également en sens inverse, A et B (fig. 10).

A l'inverse des prismes de Sénarmont, dont les quartz droits et gauches ont les mêmes épaisseurs, les quartz gauches des prismes Trannin ont une épaisseur $0^{m}301$ plus forte que les quartz droits (fig. 11) (fig. 12) et (fig.13).

Les franges, au lieu de se former entre deux nicols à l'extinction au milieu des prismes, comme en A et B (fig. 9) sur le prolongement l'une de l'autre, sont, dans le cas actuel, séparées comme A et B de la fig. 10.

Pour ramener les franges au milieu des prismes sur le prolongement l'une de l'autre, il faut encore interposer une épaisseur de quartz droit de $0^{m}301$ qui vient détruire l'épaisseur du quartz gauche en excès ou une liqueur sucrée équivalente.

Il est inutile de revenir sur la disposition qui permet de faire varier l'épaisseur du liquide traversé par le rayon lumineux et de compenser ainsi l'épaisseur constante ou excès de quartz gauche.

L'épaisseur $0^{m}301$ en quartz répond exactement à une épaisseur de 10 cent. en liquide sucré à 10 %.

Fig. 6.

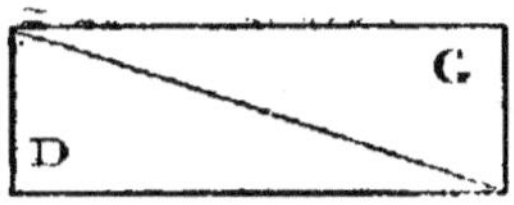

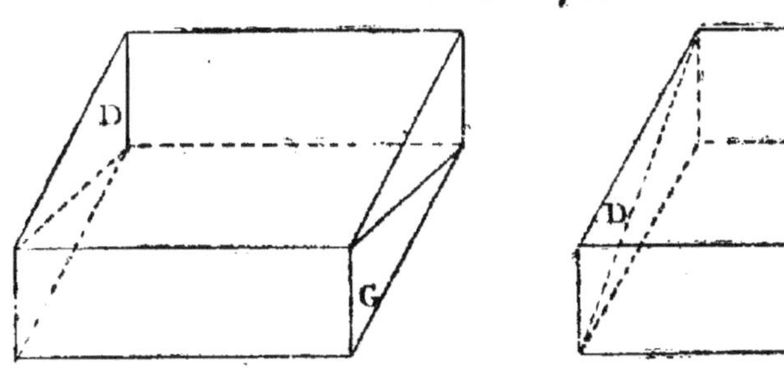

Fig. 7.
*Lames séparées.*

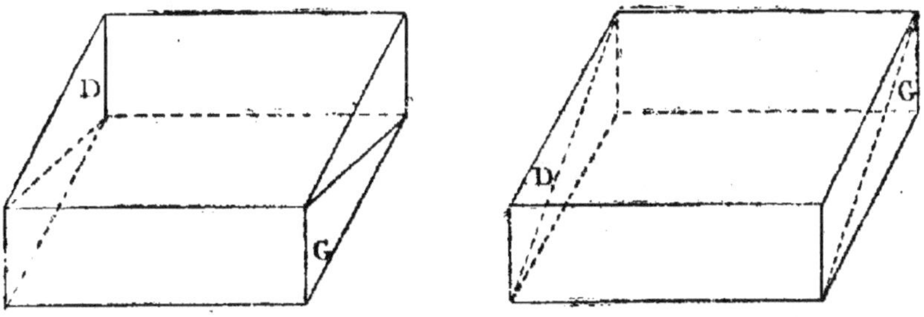

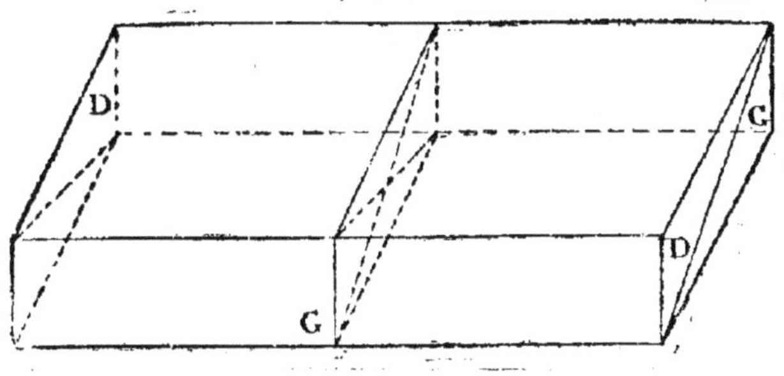

Fig. 8.
*Lames réunies.*

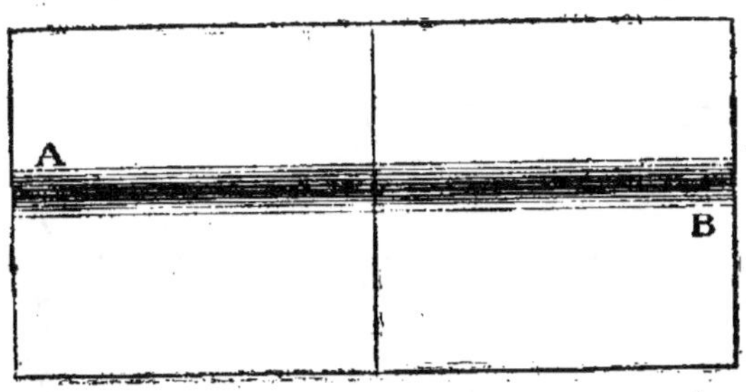

Fig. 9.

Fig. 10.

Fig. 11.

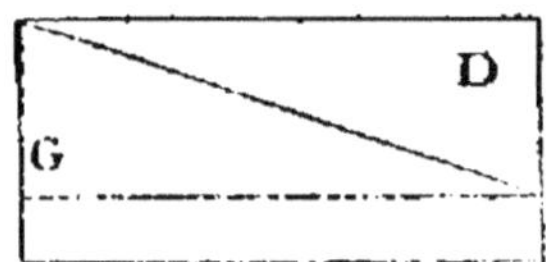


Fig. 12.

Lames séparées

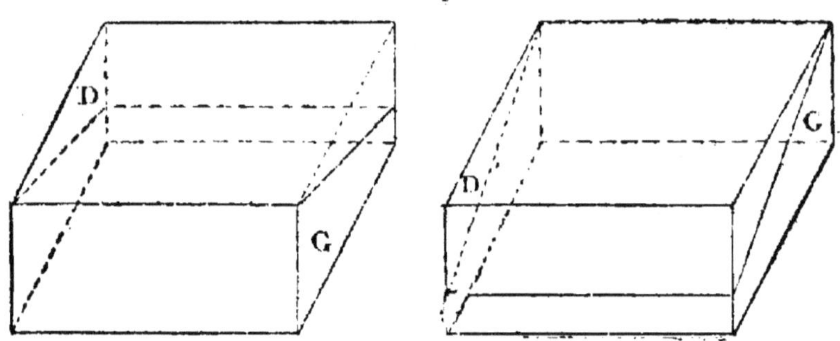


Fig. 13.

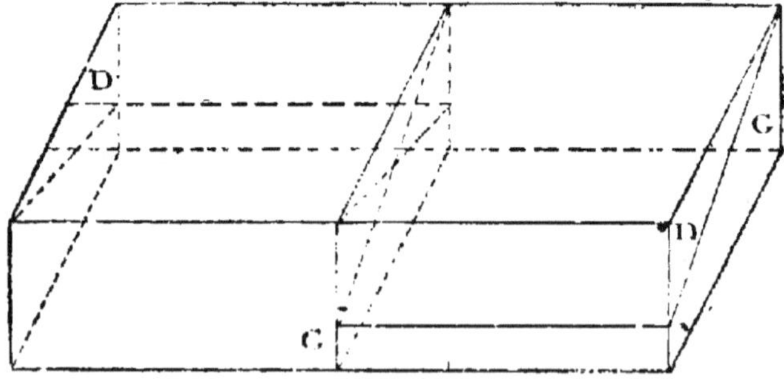

## BALANCE DE MOHR.

Cette balance, employée depuis longtemps en Allemagne pour déterminer les densités de jus de betteraves, repose sur un principe de physique bien connu : tout corps plongé dans un liquide perd une partie de son poids égale au poids du volume de liquide déplacé.

La perte de poids varie avec la densité du liquide.

Voici comment fonctionne cette balance. On règle la vis du support de manière à rendre le pied de l'appareil bien horizontal. Le fléau est en équilibre et si la balance est juste, les deux aiguilles doivent se correspondre. Si on place alors une éprouvette remplie d'eau de telle sorte que le flotteur plonge complètement dans le liquide comme l'indique la figure, l'équilibre se trouve rompu par suite de la perte de poids du flotteur, et pour le rétablir il faut suspendre au point $O$ un poids égal à celui perdu. Ce poids, représenté sur le dessin, fait partie du nécessaire. Le fléau est alors en équilibre et la densité du liquide à 17°5 C, est égale à l'unité. S'il s'agit d'un jus de betterave ou sirop, on réglera la hauteur de la tige $B$ et du fléau de telle sorte que le flotteur et son fil plongent dans le liquide et on placera le poids déjà indiqué en $O$.

Il sera insuffisant pour rétablir l'équilibre et l'aiguille $N$ descendra au-dessous de la contre-aiguille. Pour rétablir l'équilibre, il faudra mettre des poids sur le bras $MO$ du fléau. Ces poids, ou cavaliers, sont au nombre de 4. Le poids le plus lourd (placé à la division 2 sur la figure) pèse autant que le poids destiné à compenser la perte du flotteur dans l'eau. Les 3 autres pèsent respectivement 1/10, 1/100, 1/1000 du premier. Le poids placé en O étant insuffisant, on placera dans les échancrures la série des autres cavaliers, en commençant par le plus lourd. On le mettra d'abord sur l'échancrure n° 1, puis, 2, 3, 4,

5.... jusqu'à ce que l'on arrive à faire remonter l'aiguille *N* au-dessus de la contre-aiguille. On fera de même pour les autres cavaliers, en commençant par le plus lourd pour terminer par le plus léger. Il peut arriver que l'on soit obligé de placer un cavalier dans une échancrure déjà occupée, comme l'indique la figure. L'équilibre étant

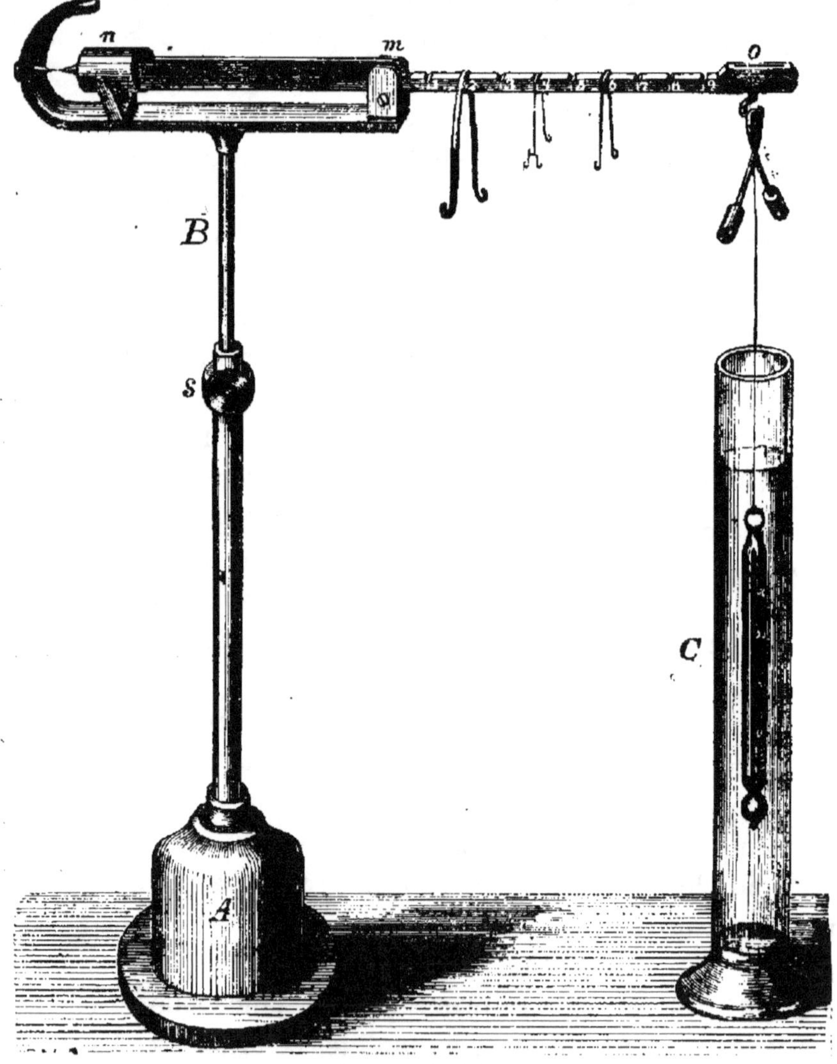

Balance de Mohr.

rétabli, on lira la densité de la manière suivante (voir la figure).

| Poids en O | $= 1$ |
|---|---|
| Poids le plus lourd | $= 0.2$ |
| Suivant | $= 0.06$ |
| Suivant | $= 0.004$ |
| Le plus petit | $= 0.0004$ |
| Densité | $= 1.2644$ |

Pour un liquide à 10644 de densité par exemple, le poids le plus lourd deviendrait inutile; il serait réprésenté par zéro dans l'exemple ci-dessus et l'addition donnerait 1.0644.

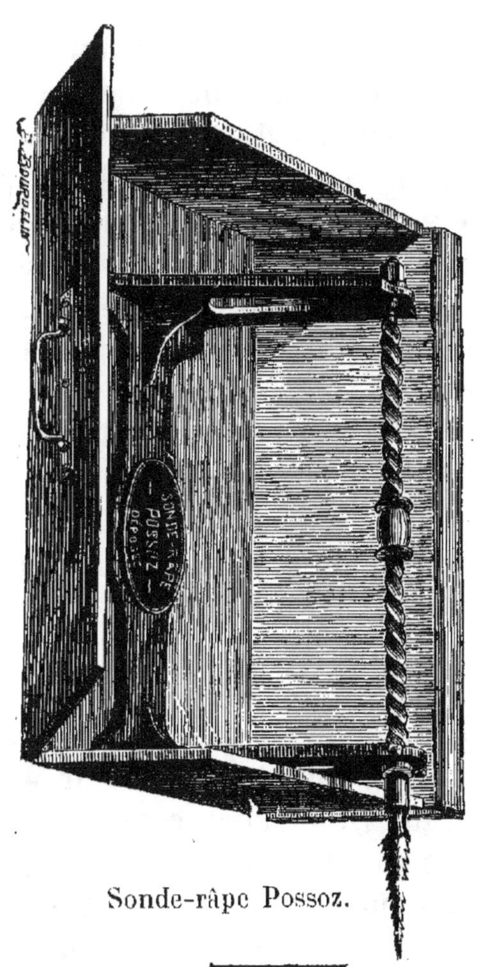


Sonde-râpe Possoz.

# CHAPITRE XIV.

## Valeur relative des différentes variétés de betteraves.

On sait que les graines de variétés différentes donnent sur une même terre et dans des conditions de culture identiques, des résultats différents, soit comme rendement en poids, soit comme richesse saccharine. Il est de la plus grande importance pour le cultivateur de se rendre compte de la valeur relative des variétés qu'il est appelé à cultiver, afin de choisir celle qui lui donnera le maximum de profit tout en donnant satisfaction au fabricant de sucre.

La meilleure betterave est incontestablement celle qui donne le bénéfice net le plus élevé et au cultivateur et au fabricant.

Or il résulte des nombreux résultats publiés jusqu'à ce jour que sur une même terre et dans les mêmes conditions de culture, le rendement quantitatif le plus élevé ne correspond presque jamais à la richesse la plus élevée.

Telle variété qui donne le maximum de poids et réduit dès lors le prix de revient du cultivateur au minimum, ne tient qu'un rang secondaire comme qualité ; et réciproquement telle variété qui accuse la richesse la plus élevée fournit rarement le poids maximum.

On peut dire d'une manière générale que le rendement en poids baisse à mesure que la qualité s'élève. Quelques exemples à l'appui de cette assertion ne seront pas inutiles.

Voici un extrait des résultats constatés dans les essais institués par le professeur Maercker dans plusieurs domaines de la province de Saxe. Ces essais, faits en 1884, ont eu lieu dans des conditions identiques sur chaque domaine; la nature de la graine a seule varié. Sur 115 résultats, nous avons relevé les rendements quantitatifs les plus élevés et les rendements les moins élevés. En regard nous avons indiqué la richesse de la betterave, d'après les analyses du professeur Maercker. En examinant les maxima et les minima, on voit que, dans aucun cas, la récolte la plus abondante n'a été en même temps la plus riche. Aux petites récoltes correspondent les grandes richesses. Évidemment il y a entre les extrêmes des moyennes très satisfaisantes comme poids et qualité; mais nulle part nous ne trouvons une variété qui donne à la fois au cultivateur et au fabricant le maximum de rendement.

*Champ de MM. Nagel frères, à Trotha.*

| Variétés. | Rendement à l'hectare. | Sucre o|o gr. de betterave |
|---|---|---|
| Kl. Wanzleben originale . . . | 48.800 kg. | 14.3 |
| Blanche am. la plus riche de Dippe | 34.800 | 15 4 |
| IIᵉ SÉRIE. | | |
| Imp. rose Knauer. . . . . . | 50.200 | 12.6 |
| Bl. am. la pl. riche de Dippe. . . | 38.000 | 15.1 |

*Champ de M. Rudloff, à Domnitz.*

| | | |
|---|---|---|
| Vilmorin collet vert race française | 59.600 | 13.0 |
| Kl. Wanzleben originale. . . . | 38.400 | 12.8 |
| IIᵉ SÉRIE. | | |
| Vilmorin collet vert. . . . . . | 68.000 | 12.0 |
| Imp. amél. Dippe frères. . . . | 38.000 | 14.2 |

### *Domaine Gnetsch.*

| | | |
|---|---|---|
| Klein Wanzleb. originale . . . | 45.000 | 13.9 |
| La plus riche de Dippe frères. . | 33.600 | 14.6 |

II<sup>e</sup> SÉRIE.

| | | |
|---|---|---|
| Impériale rose Knauer. . . . | 51.000 | 11.8 |
| La plus riche Dippe. . . . . | 36.000 | 14.6 |

### *M. Strube, à Schlanstedt.*

| | | |
|---|---|---|
| Imp. rose Knauer. . . . . | 38.000 | 12.2 |
| Vilmorin bl. améliorée. . . . | 25.000 | 15.3 |

II<sup>e</sup> SÉRIE.

| | | |
|---|---|---|
| Imp. rose Knauer. . . . . | 45.200 | 11.1 |
| Vilmorin bl. amél. . . . . | 27.200 | 14.4 |

### *M. Heine, à Emersleben.*

| | | |
|---|---|---|
| Kl. Wanzleben reproduct. . . . | 38.000 | 14.0 |
| Vilmorin bl. améliorée. . . . | 29.000 | 14.6 |

### *M. Wesche, à Raunitz.*

| | | |
|---|---|---|
| Vilmorin collet vert . . . . | 34.400 | 13.2 |
| Vilmorin bl. amél. reprod. . . | 27.000 | 14.1 |

II<sup>e</sup> SÉRIE.

| | | |
|---|---|---|
| Kl. Wanzleb. reproduct. . . . | 37.800 | 13.7 |
| Vilmorin bl. amél. reprod. . . | 25.800 | 14.6 |

### *M. Schaeper, à Rossla*

| | | |
|---|---|---|
| Vilmorin collet rose. . . . | 49.600 | 13.3 |
| Vilmorin blanche reproduct. . . | 31.600 | 14.2 |

### *M. Wilke, à Gross-Mohringen.*

| | | |
|---|---|---|
| Kl. Wanzleb. reprod. . . . | 26.400 | 13.1 |
| Vilmorin blanche amél. . . . | 25.600 | 14.0 |

II<sup>e</sup> SÉRIE.

| | | |
|---|---|---|
| Klein. Wanzleb. reprod. . . . | 26.600 | 13.0 |
| Vilmorin blanche amél. . . . | 24.200 | 13.6 |

*Sucrerie de Leipnick (Moravie).*

| | | |
|---|---|---|
| Impériale rose Knauer. . . . | 34.400 | 12.5 |
| La plus riche de Dippe. . . . . | 22.000 | 15.4 |

II<sup>e</sup> série.

| | | |
|---|---|---|
| Vilmorin collet vert. . . . . | 37.800 | 11.9 |
| Vilmorin reprod. . . . . . | 23.400 | 14.7 |

*Ensemble des résultats en 1884 :*

| | | |
|---|---|---|
| Kl. Wanzleb. originale. . . . | 43.940 | 13.6 |
| La plus riche de Dippe. . . . . | 33.040 | 14.9 |

Si l'on se base sur ces faits, il est logique d'admettre que le cultivateur qui voudra obtenir des betteraves extra-riches devra se résoudre à voir baisser ses rendements quantitatifs, mais qu'il devra, par contre, trouver une compensation à cette diminution dans les prix supérieurs qui lui seront offerts par le fabricant.

Nous n'avons point à nous préoccuper ici des avantages que la betterave riche procure à la fabrication. Ils sont suffisamment connus. Nous nous bornerons à indiquer les points dont le cultivateur de betterave riche devra tenir compte lorsqu'il s'agira de choisir les meilleures variétés.

Pour établir la valeur relative des différentes variétés, le cultivateur devra cultiver soigneusement et dans les conditions voulues les graines dont il voudra faire l'essai. D'après les rendements quantitatifs obtenus, il calculera la valeur de chaque variété en faisant entrer en ligne de compte les facteurs suivants :

1° Rendement à l'hectare ;

2° Richesse saccharine de la betterave par 100 kg. ;

3° Prix payé à l'usine pour cette richesse ;

4° Produit brut argent de la récolte ;

5° Frais de culture fixes ;

6° Frais de transport à l'usine ;

7° Épuisement du sol par la récolte (racines), les feuilles restant dans le domaine ;

8° Achat et transport des pulpes ;

9° Frais totaux par hectare (comprenant les articles 5, 6, 7 et 8) ;

10° Bénéfice net par hectare (obtenu en retranchant les frais totaux du produit argent de la récolte) ;

Pour le calcul de l'épuisement du sol, on peut admettre les données de Pellet :

Si on adopte une valeur de 30 francs les 100 kg. de sels dans la betterave, et 2 francs le kilog. d'azote, pertes comprises, transport, manipulation, on calcule que 1000 kg. de betteraves à 10 0/0 retiendront environ 5 fr. 40 de sels et d'azote pour 100 kg. de sucre formé, tandis que la betterave à 15 % ne retiendra que pour 5 fr. 80 de matière environ par 150 kg. de sucre.

Et en résumé, qu'il y a un épuisement de :

5 fr. 40 par 100 k. de sucre lorsque la betterave est à 10 0/0 sucre.

5 fr. 12 par 100 k. de sucre lorsque la betterave est à 11 0/0.

4 fr. 66 par 100 k. de sucre lorsque la betterave est à 12 0/0.

4 fr. 38 par 100 k. de sucre lorsque la betterave est à 13 0/0.

14 fr. 12 par 100 k. de sucre lorsque la betterave est à 14 0/0.

3 fr. 86 par 100 k. de sucre lorsque la betterave est à 15 0/0.

Quant aux pulpes, il est reconnu que la betterave riche fournit plus de pulpes que la betterave pauvre. D'après Pellet, la proportion de pulpes fournie par 100 k. de betteraves à diverses richesses saccharines est la suivante :

Betteraves à 10 % de sucre.     35 %
  —              11     —              38 »
  —              12     —              41 »
  —              13     —              44 »
  —              14     —              47 »
  —              15     —              50 »

# CHAPITRE XV.

## Saccharogénie.

Le phénomène de l'élaboration du sucre dans la bet-.
terave, désigné sous le nom de *genèse* du sucre (Dubrunfaut) ou *saccharogénie* (Aimé Girard) a été étudié par de
nombreux observateurs. MM. Mehay, Sachs, Corenwinder, Viollette, Godefroy, Dehérain, Duchartre, Pagnoul, etc., partageant l'opinion émise dès 1865 par Bous-
singault, considèrent la feuille comme la première étape
des principes sucrés répartis dans les diverses parties du
végétal.

D'après M. Godefroy, sous l'influence de la lumière solaire et de la chlorophylle, l'acide carbonique de l'air serait réduit ; l'eau serait décomposée en même temps et
son oxygène joint à celui de l'acide carbonique serait
mis en liberté et se dégagerait, tandis que l'hydrogène se
porterait sur l'oxyde de carbone provenant d'une réduction incomplète de l'acide carbonique, pour donner naissance à un hydrate de carbone susceptible de se transformer dans le corps même de la racine en amidon, sucre, cellulose ou autres dérivés, suivant les besoins de la
plante.

M. Méhay croit que l'acide carbonique ne se transforme pas directement en sucre ; si c'est dans la racine que
cette transformation a définitivement lieu, c'est dans les
feuilles que doit se trouver le produit des premières
réactions et dans les pétioles les produits intermédiaires.

M. Méhay n'a pas rencontré de sucre dans les feuilles, il en a toujours trouvé une petite quantité dans les pétioles. Le sucre incristallisable n'existerait qu'en quantité minime dans les racines et les feuilles et dominerait dans les pétioles où paraît être le siège de sa formation.

M. Sostmann a trouvé que le sucre cristallisable existait en plus grande quantité dans les feuilles que dans les pétioles. La quantité contenue dans les feuilles et les pétioles irait en augmentant proportionnellement à l'accumulation du sucre dans la racine elle-même.

L'incristallisable existerait en proportions plus grandes dans les feuilles et surtout les pétioles.

D'après Dubrunfaut, le sucre est très certainement formé aux dépens de l'acide carbonique et il peut être considéré comme résultant de la combinaison de l'acide carbonique avec l'eau ou ses éléments : de là le nom d'hydrate de carbone qu'on lui a donné. Mais comme l'atmosphère ne renferme pas assez d'acide carbonique (4/10.000 en volume) pour satisfaire aux besoins de toutes les plantes, il faut admettre, d'après le même savant, que le sucre se forme aussi avec le concours de l'acide carbonique confiné dans le sol, résultant de la décomposition des fumures (1), des carbonates calcaires sous l'influence des acides minéraux et végétaux.

Cet acide carbonique serait absorbé par les racines, transmis aux feuilles par les fibres radicellaires et réduit sous l'influence de la lumière solaire. Les produits élaborés descendraient par d'autres vaisseaux pour venir s'accumuler dans les petites chambres constituant le tissu cellulaire.

M. Duchartre pense que le sucre cristallisable que l'on

---

(1) Une fumure de 50.000 kg. de fumier de ferme contient une quantité de carbone qui correspond à près de 7.000 mètres cubes d'acide carbonique.

rencontre dans la betterave existe d'abord dans les feuilles à l'état d'amidon résultant de la réduction de l'acide carbonique de l'air sous l'influence de la chlorophylle et des rayons solaires; cet amidon se liquéfie ensuite en sucre incristallisable qu'on rencontre dans les pétioles, et descend dans les racines où se trouvent les cellules spéciales qui opèrent sa transformation finale en sucre cristallisable.

M. Pasteur n'admet pas la possibilité de la transformation de l'amidon en sucre cristallisable. Le sucre cristallisable serait plutôt en relation d'origine avec les acides tartrique et malique.

Hugo de Vries, en Allemagne, a émis l'opinion que l'hydrate de carbone ou amidon ne se forme d'acide carbonique et d'eau sous l'influence de la chlorophylle et de la lumière solaire, que lorsque la feuille puise directement l'acide carbonique dans l'atmosphère aérienne. L'intensité du phénomène dépendrait de la richesse de l'atmosphère en acide carbonique et de l'intensité des rayons solaires.

L'amidon produit pendant le jour devient soluble la nuit, est transporté par les nervures et le pétiole dans la racine même et se transforme au cours de cette migration en sucre de raisin ou glucose, puis en sucre de canne. Les cellules de la betterave renfermeraient, au début de la croissance, un ferment particulier qui a la faculté de transformer le glucose en sucre de canne ; le protoplasma de ces cellules, tout en étant perméable au glucose, serait imperméable au sucre de canne et au ferment ; le glucose amené par les feuilles se transformerait en sucre cristallisable à mesure qu'il arrive dans les cellules.

Vivien, s'appuyant sur les observations de M. Blondeau, prétend que la feuille ne saurait être le siège de la formation du sucre. Il lui paraît plus logique d'admettre que le sucre se forme dans les radicelles, puisque, dit-il, de toutes les parties de la racine ce sont elles les plus sucrées. Le sucre produit dans les radicelles serait utilisé en partie pour le développement de la plante et l'excédent mis en réserve pour subvenir à ses besoins dans la deuxième phase de la végétation ; les feuilles n'auraient qu'une fonction analogue à celle des poumons, qui rejettent les résidus de l'évaporation.

Dans ces derniers temps, Aimé Girard a repris l'étude de cette importante question et il est arrivé à cette conclusion que les feuilles sont bien le laboratoire où les matières sucrées prennent naissance.

Conformément aux observations de Péligot, Aimé Girard a constaté que la souche (racine) de la betterave ne renferme à tout moment que du saccharose (sucre cristallisable) et que le saccharose se rencontre à côté des sucres réducteurs non seulement dans les pétioles et les nervures, mais encore dans les limbes mêmes des feuilles.

Tenant compte des observations de Pagnoul, qui établissent l'influence de la lumière solaire sur la richesse saccharine de la betterave, Aimé Girard a pensé que le fait de la production et de l'accumulation du saccharose par cette plante devait être, comme tous les autres grands phénomènes de la vie végétale, placé directement sous la dépendance de la lumière. Pour vérifier cette théorie, Aimé Girard a fait une série d'observations, de juin à octobre, et il a constaté :

1° Que les quantités de sucre réducteur contenues dans les limbes sont, à une date donnée, sensiblement les mêmes au déclin du jour et à la fin de la nuit. On les voit seulement augmenter au fur et à mesure qu'avance le développement de la plante.

2° Que les quantités de saccharose contenues dans

les limbes, indépendantes de l'âge du végétal, se montrent, au contraire, intimement dépendantes de la quantité de lumière que la plante a récemment reçue. Si la journée a été lumineuse, ces quantités se montrent considérables à la fin du jour ; quelquefois elles atteignent près de 1 o[o ; si la journée a été sombre, elles sont moindres. Mais qu'elles soient abondantes ou faibles, on voit, dans tous les cas, la plus grande partie du saccharose formé dans le jour disparaître pendant la nuit. Le plus souvent la disparition est de moitié, quelquefois elle est plus marqué encore.

3. Que la composition des pétioles joints aux nervures médianes ne semble pas, sous les mêmes influences, subir de modification sérieuse : les variations proportionnelles du saccharose et du glucose y sont trop faibles pour qu'on puisse y voir autre chose que des écarts accidentels.

De ces résultats, dit A. Girard, comme aussi de ceux que m'a fournis l'analyse aux mêmes moments des autres parties de la plante, il semble permis de conclure que, *formé directement dans les limbes sous l'influence de la lumière, le saccharose est ensuite à travers les pétioles, transporté jusqu'à la souche, où il s'emmagasine peu à peu.*

« Et, comme d'ailleurs on voit, avec l'âge, le bouquet des feuilles augmenter de poids, en conservant sensiblement la même teneur en matières minérales, il n'est peut-être pas téméraire d'admettre qu'à travers les tissus de la plante s'accomplit constamment un double mouvement osmotique en sens opposé, d'où résulte l'apport à la feuille de matières minérales empruntées au sol, *l'apport à la souche de saccharose développé dans la feuille sous l'influence de la lumière.* »

D'après les observations de Nobbe. la présence de la potasse est une condition *sine qua non* de formation de l'amidon dans la feuille par la transformation de la chlorophylle. La potasse jouerait donc un rôle des plus importants dans la saccharogénie, si l'on admet, comme cela paraît établi, que la feuille est bien le siège de la formation du sucre et que celui-ci résulte de la transformation de l'amidon qui prend naissance dans cet organe.

# CHAPITRE XVI.

## De la vente de la betterave. — Frais de culture. — Valeur des pulpes. — Conservation des pulpes.

Base des futurs marchés. — Conditions proposées par le Comité central des fabricants de sucre de France ; vente à prix ferme, d'après richesse ; vente à prix progressif ; livraisons échelonnées.— Marchés allemands.— Achat à la richesse en Allemagne. — Sucreries par actions. — Frais de culture de la betterave à sucre en France, en Allemagne. — Valeur des pulpes de presses hydrauliques, presses continues, de diffusion ; leur composition chimique. — Proportions de pulpes pour 100 de betterave. — Pertes en silos. — Prix des pulpes de diffusion. — Conservation des pulpes de diffusion ; observations de Maercker.

La crise provoquée par le bas prix exceptionnel des sucres pendant la dernière campagne et qui a si rudement atteint l'industrie française et étrangère, ne pouvait manquer de peser aussi sur l'agriculture. Les prix offerts aux producteurs de betterave, qui variaient en France de 18 à 22 francs la tonne et en Allemagne de 25 à 30 francs, ont été subitement réduits de 25 à 30 % dans tous les pays d'Europe qui se livrent à la fabrication du sucre, et, en présence de l'incertitude de l'avenir, les marchés de betterave passés entre cultivateurs et fabricants ont été ou résiliés ou complètement remaniés.

En ce qui concerne la France, il est bien évident que sous le nouveau régime fiscal, qui établit l'impôt sur la betterave et oblige dès lors le fabricant à ne travailler qu'une matière première de bonne qualité, il est bien évident, disons-nous, que les anciens errements ne sauraient être continués sans les plus graves inconvénients.

Les nouveaux marchés stipuleront que la betterave ne pourra être acceptée au-dessous d'une certaine richesse et ils accorderont une bonification à toutes celles qui seront au-dessus de cette limite. Il est probable qu'il se fera des marchés — il s'en est fait déjà — sur la base du prix du sucre, de façon à associer en quelque sorte les cultivateurs au fabricant.

Dans d'autres marchés, les fabricants détermineront les conditions dans lesquelles les cultivateurs devront préparer, fumer les terres, etc., afin d'obtenir régulièrement des racines d'une bonne richesse saccharine.

Dans tous les cas, le cultivateur aura intérêt à produire de la betterave riche, car la nouvelle loi des sucres permettra au fabricant d'accorder aux racines très sucrées des prix très rémunérateurs.

Quels seront ces prix, pour une qualité déterminée ? C'est là une question que nous ne sommes pas en état de résoudre : en effet, les différents facteurs qui figurent dans le prix de revient de la betterave sont très variables d'une localité à l'autre ; tels sont la main-d'œuvre, les transports, la nature des terres, l'emploi plus ou moins étendu des instruments de culture perfectionnés, etc. D'autre part, toutes les fabriques ne sont pas outillées de la même façon : leurs frais généraux, dépenses de main-d'œuvre, houille, transports, etc., sont éminemment variables. Il en résulte que le prix de revient de la betterave à sucre et ses frais de transformation en sucre varient de localité à localité, de fabrique à fabrique, et dès lors il est impossible de fixer d'une manière absolue la valeur moyenne d'une betterave de richesse donnée.

Il appartient au fabricant de faire au cultivateur la part la plus large possible, et à ce dernier d'apporter dans la production de la betterave le maximum de soins, de façon à tirer de la nouvelle loi des sucres tous les profits que le législateur a entendu assurer à notre grande industrie agricole.

Voici quelles sont les conditions dans lesquelles le Comité central des fabricants de sucre français conseille d'acheter désormais les betteraves, suivant leur richesse et les cours du sucre :

La betterave de sucrerie devra accuser une densité minima de 5°5 à 6° (densité de jus, 1,050 à 1060 grammes le litre) soit 11 et 12 % de sucre dans le jus, chaque degré devant correspondre à 2 de sucre à l'analyse. Au-dessus de 6°, une majoration de 60 centimes par dixième de degré semble suffisante. En dessous de 6, une réduction égale serait admise jusqu'à 5°5.

Au-dessous de 5°5, la réduction serait de 80 centimes ou 1 fr. par dixième de degré. Au-dessous de 5° (10 % de sucre) la betterave n'est plus recevable. Dans les conditions actuelles (janvier 1885) le cours du sucre semble devoir osciller entre 45 et 50 fr. le n° 3. Il semble indiqué d'accorder au cultivateur une majoration de prix suivant la hausse du prix du sucre. Le comité pense qu'une majoration (ou une réduction) de 0,25 centimes à partir du cours de base par franc de hausse ou de baisse du sucre est équitable. Toutefois, il y aurait lieu de convenir d'un maximum et d'un minimum.

Le prix de base reste à fixer d'un commun accord entre fabricants et cultivateurs.

Voici quelle serait la teneur d'un marché établi dans ces conditions :

Les betteraves seront livrées saines, non gelées et décolletées à plat au-dessous de la dernière foliole.

Les betteraves dont la tare (collets compris) dépasserait ....... 0/0 pourront être refusées.

### *Vente à prix ferme, et d'après la richesse.*

Le prix des betteraves sera de... fr. par mille kilos, sur la base de 6° de densité du jus, ou d'une richesse saccharimètrique de 12 0/0 du volume du jus. Ce prix sera majoré de 0,60 cent. par chaque dixième de degré au-dessus de 6°, et diminué d'autant par chaque dixième en dessous, jusqu'à la limite de 5°5, puis de 0,80 à 1 fr. jusqu'à celle de 5°, au-dessous de laquelle les betteraves ne seront pas reçues.

### *Vente à prix progressif.*

Les betteraves seront payées proportionnellement à leur richesse et au cours du sucre, en prenant pour base la moyenne des cours du sucre blanc n° 3 à la Bourse de Paris pendant les trois mois de fabrication, octobre, novembre et décembre. Si le cours moyen de cette période est de... fr. le prix des betteraves sera de... par mille kilos. Ce prix de base sera majoré ou diminué de 0,25 centimes par franc de hausse ou de baisse au-dessus ou au-dessous du cours de... francs.

Le prix résultant du cours moyen ainsi établi sera appliqué aux betteraves sur la base de 6° de densité du jus ou d'une richesse saccharimétrique de 12 0/0. Ce prix sera majoré de 0,60 centimes par chaque dixième de degré au-dessous de 6°, et diminué d'autant par chaque dixième de degré en dessous, jusqu'à la limite de 5°5, puis de 0,80 à 1 fr. jusqu'à celle de 5°, au-dessous de laquelle les betteraves ne seront plus reçues.

Les livraisons faites avant le 20 septembre donneront lieu à un supplément de prix de.... Celles faites du 20 septembre au 15 ou 20 novembre seront payées au prix simple; celles faites après le 15 ou 20 novembre jusqu'au...

donneront lieu à un supplément de prix de... destiné à indemniser le cultivateur des frais de mise en silos.

En cas de modification de la légistation des sucres, le présent traité pourra être annulé sur la demande du fabricant.

En Allemagne, on n'a guère pratiqué jusqu'ici l'achat de la betterave à la richesse. Les cultivateurs s'engagent dans la plupart des marchés à observer les prescriptions des fabricants touchant les méthodes de culture.

Voici quelques formules de marchés allemands.

Je m'engage pour l'année 188... à livrer à la sucrerie de........, la récolte de betteraves à sucre de......, arpents de Magdebourg (1[4 hectare) de terre, aux conditions suivantes pour la culture des betteraves et leur livraison :

1º Le champ ne doit pas contenir de terrain marécageux ; l'engraissement au fumier de ferme ne peut être effectué qu'en automne, et le champ doit être notamment préparé par un labourage profond (autant que possible à 12 pouces) en automne, de manière qu'il produise les betteraves de la qualité la plus convenable pour la fabrication du sucre (1).

Ensuite, il faut que, en plantant serré, en démariant à temps, en binant en temps voulu trois fois au moins, en buttant après le binage, on obtienne — comme l'exige aussi mon propre intérêt—un développement convenable des betteraves et qu'on les empêche de pousser hors de terre.

2º L'espacement des plants ne doit pas être de plus de 10 pouces sur 14, ou bien de 12 pouces en carré, c'est-à-dire que les lignes doivent être espacées de 14 pouces, et les plantes de 10 pouces dans la ligne, ou bien les deux espacements doivent être de 12 pouces.

3º Les betteraves doivent provenir de graines provenant de l'usine pour lesquelles il sera déduit au règlement de comp-

(1) Le pouce allemand = 2 2[3 centimètres.

te... centimes par livre ; les betteraves ne doivent pas être effeuillées avant la récolte et doivent être exemptes de terre, de racines gelées, etc. Elles doivent être décolletées à plat à la naissance des feuilles.

4° La livraison doit être faite à l'usine, sans frais, dans des voitures à parois formées de planches, à fonds étanches, dans la période qui sera fixée par l'usine et, après déduction de 5% pour la terre, etc., le quintal de betteraves cultivées et livrées selon les conventions, sera payé à raison de...., comptant. — Si cependant un brossage ou lavage d'essai donnait plus de 5% de terre, cet excédent devrait être également décompté. En échange d'un rabais de cinq pfennig (6 1|4 centimes) par quintal sur le prix, l'usine accorde, sur les betteraves livrées nettes, 30 % de cossettes prises à la fabrique.

5° Le paiement se fait immédiatement comptant, après livraison complète de toutes les betteraves cultivées sur la surface de champ visée.

6° Il est loisible au fabricant, ainsi qu'à ses fondés de pouvoir, de surveiller en tout temps la culture des betteraves, et le cultivateur s'engage à toujours indiquer les champs.

7° S'il se trouve que les engagements contractés ne soient pas remplis par le cultivateur, que, par exemple, les betteraves n'aient pas été plantées serrées selon les règles, n'aient pas été buttées ou aient été effeuillées, etc., le fabricant sera libre de refuser les betteraves ou de ne les accepter qu'à des conditions à déterminer par lui.

8° Par contre, le fabricant s'engage à accepter les betteraves cultivées et livrées de la manière indiquée ci-dessus et à les payer comptant sans délai. S'il arrivait que l'usine fût, avant la livraison des betteraves, détruite par la guerre ou d'autres événements, ou empêchée de travailler, ou bien si les betteraves à livrer par le cultivateur étaient détruites par des phénomènes naturels, l'une des parties devrait en donner immédiatement avis à l'autre.

### *Autre formule.*

Entre le sieur.... à ........ près de.... et la *Sucrerie* de.... il a été conclu aujourd'hui le traité suivant :

Monsieur... à ..... cultive pour la sucrerie de .... sur ses terrains propres à la culture betteravière, situés dans la campagne de..... environ ..... arpents de Magdebourg pour l'année 188...... pour laquelle culture la sucrerie lui fournira gratuitement les graines nécessaires à raison de 12 livres par arpent de Magdebourg (24 kg. par hectare).

Le terrain destiné à la culture des betteraves ne peut être un pré labouré, un défrichement de luzerne, d'esparcette ou de trèfle, et doit être préalablement labouré à 32 centimè-tres de profondeur avec attelage à quatre bêtes de trait et préparé sans emploi de fumier de ferme.

La plantation ne doit pas dépasser l'écartement de 10 pouces (26 1/2 centimètres) dans les lignes et 14 pouces entre les lignes (37 cent.) Le nitrate de soude ne doit pas être employé en couverture, et le purin dans aucun cas ; l'emploi du premier est permis comme engrais de fond avant la semaille. On ne s'oppose pas à l'emploi d'autres engrais artificiels sous n'importe quelle forme et la sucrerie les livre, sur demande, au prix d'achat. Le paiement de ces engrais n'a lieu qu'en automne après la fourniture des betteraves.

Pendant la période de végétation, les betteraves doivent être binées au moins trois fois et buttées après le troisième binage. L'effeuillage des betteraves est interdit.

La récolte ne peut avoir lieu qu'après maturité complète, et si les betteraves ne peuvent être livrées de suite, elles doivent être faiblement recouvertes de terre.

La sucrerie détermine ou convient de l'époque de la livraison ; mais elle tiendra compte, dans la limite du possible, des désirs des fournisseurs de betteraves. On devra éviter autant que possible de transporter les betteraves pendant les fortes gelées.

A la livraison, qui doit être faite à la fabrique, il faut que les betteraves soient débarrassées de leur collets verts comme le demande la fabrique, et les chargements devront être d'au moins 200 quintaux (1000 kg.) par voiture.

Le poids brut des betteraves est déterminé sur la bascule de l'usine et il en sera déduit comme tare, de la manière généralement usitée, le tant pour cent de terre ou autres corps étrangers.

La sucrerie paie... par quintal (50 kg.) net de betteraves n'ayant pas moins de 11 % de sucre, jusqu'au 15 novembre franco à l'usine, ou, avec reprise de 33 1/2 p. c. de cossettes prises à la fabrique. . . . . à, . . . par quintal net. Pour la fourniture après le 15 novembre, les betteraves ayant été mises à l'abri pour l'hiver, la fabrication paye 5 pf. (6 1/4 centimes) de plus par quintal (50 kg.) net. Les betteraves ayant moins de 11 % de sucre sont payées 10 pf. (12 1/2 centimes) en moins par chaque pour cent de moins. La fabrique n'est pas obligée de prendre des betteraves pourries ou commençant à se décomposer.

La sucrerie paie mensuellement après livraison des betteraves et a le droit de décompter des premiers acomptes tous ses débours, engrais artificiels, transports différés, etc.

S'il est prouvé que le temps défavorable ne permet pas la mise en culture qu'on se proposait des champs de betteraves prévus, les contractants sont dégagés totalement ou en partie de ce contrat. Des événements extraordinaires, feu, guerre, etc., dégagent également du contrat.

Monsieur. . . . . permet à la fabrique d'envoyer l'un de ses employés sur les lieux pour reconnaître la stricte exécution des conditions indispensables indiquées ci-dessus en vue de l'obtention d'une betterave de haute teneur saccharine.

*Marchés passés par M. Jordan, agriculteur et fabricant de sucre à Oppin, avec les cultivateurs producteurs de betteraves.*

Je soussigné m'engage, par la présente, à entreprendre la culture des betteraves pour la fabrique d'Oppin.

Je m'oblige à bien préparer les champs, à ne pas y conduire de fumier frais ; à n'employer les engrais chimiques azotés qu'à la condition qu'ils contiendront toujours de l'acide phosphorique ; à mettre ces engrais en terre, au moins en proportions égales, avant le dernier labour, et à ne pas effectuer un épandage plus tardif. Le labourage doit être fait de bonne heure, et je m'oblige à faire soigneusement les hersages qui suivront ; à ne pas effeuiller la betterave avant l'arrachage qui ne sera effectué qu'après complète maturité ; à protéger les racines arrachées jusqu'à leur livraison, contre la pluie, le soleil et surtout contre le froid et, par dessus tout, je m'engage à cultiver la betterave de la façon la plus avantageuse pour la production du sucre.

La fabrique me paiera, en échange, après complète livraison des betteraves, en octobre et novembre, déduction faite de la terre et du collet, le prix de.......pfennig par 50 kilog. poids net. Elle s'engage à me donner, pris à l'usine, 20 kilog. de graines par hectare et à me rendre en pulpe.... .. pour cent du poids net des betteraves.

AUTRE FORMULE.

Par la présente, nous chargeons Monsieur....... de la culture des betteraves pour notre fabrique à la condition que le champ sera bien préparé, et non fumé avec du fumier frais. Si l'on fait usage d'engrais chimiques, l'azote doit être employé avec l'acide phosphorique en proportions égales. A aucun prix on ne doit l'épandre après semaille faite.

Le labourage tardif doit être exécuté avec beaucoup de soins ; les betteraves ne devront pas être effeuillées avant d'être récoltées. Elles ne devront pas être arrachées avant leur complète maturité.

Une fois arrachées, les betteraves devront être complètement abritées et protégées contre la pluie, le soleil et le froid. Toutes les précautions, en un mot, devront être prises pour que les betteraves rendent le plus de sucre possible.

Par contre, nous paierons, après livraison complète, faite en octobre et novembre, déduction faite du poids de la terre et des collets. . . . . . par 50 kilog., nets, franco.

Nous accordons, en outre, 20 kilog. de semence par hectare, pris à la fabrique et. . . . ., pour cent de pulpe, sur le poids net des betteraves.

En résumé, on voit que dans les marchés de betteraves allemands on insiste sur les points suivants :

1° Labour profond avant l'hiver ;

2° Exclusion de fumier sur betterave ;

3° Application au printemps des engrais artificiels, notamment nitrate de soude, superphosphate de chaux ; interdiction d'effeuiller avant l'arrachage ;

4° Exclusion du nitrate de soude en couverture ;

5° Rapprochement des plants ;

6° Emploi de la graine de l'usine ;

7° Binages fréquents et buttage ;

8° Arrachage après maturité complète ;

9° Livraison des betteraves aux époques fixées par le fabricant ;

10° Conservation soigneuse des betteraves par le cultivateur jusqu'à l'époque fixée pour ses livraisons ;

11° Décolletage à la naissance des feuilles ;

12° Faculté accordée aux fabricants de surveiller les cultures et de refuser les betteraves qui n'ont pas été cultivées conformément aux prescriptions du marché.

Parmi les fabriques allemandes qui achetaient à la

richesse dans ces dernières années, nous citerons la sucrerie d'Erdeborn, en Saxe.

La sucrerie d'Erdeborn divise les livraisons de betteraves de ses cultivateurs en trois périodes. Dans la première période, du commencement de la campagne jusqu'au 15 novembre, elle paie le prix de base.

Dans la deuxième période, du 15 novembre au 1er janvier, elle augmente son prix de base de 10 pfennig.

Dans la troisième période, du 1er janvier jusqu'à la fin de la campagne, elle augmente encore le prix de base de 10 pfennig.

Cette augmentation est motivée par ce fait que dans la dernière partie de la fabrication, la polarisation baisse et que les betteraves en silos occasionnent plus de frais.

Les bases adoptées sont : betterave à 11 0/0 de sucre, soit environ 5°5 de densité, par quintal de 50 kg., pour les trois périodes de livraison : 85, 95 et 105 pfennig (1), ou 21 fr. 25, 23 fr. 75 et 26 fr. 25 par 1,000 kg.

Par chaque 1/2 p. 100 de sucre en moins, on diminue le prix de base de 5 pfennig par quintal, ou 1 fr. 25 par 1,000 kgr. de betteraves.

Par exemple, dans la première période, le prix de base de la betterave à 11 0/0 de sucre étant de 21 fr. 25, la betterave à 10,5 0/0 de sucre ne sera payée que 20 f. De même pour les autres périodes la diminution est de 1 fr. 25.

Au-dessus de 11 0/0 de sucre, l'augmentation est de 1 fr. 25 par chaque chaque 1/2 p. 100 de sucre en plus. Ainsi, par exemple, dans la troisième période, la betterave à 11 0/0 de sucre valant 95 pfennig ou 23 fr. 75, la betterave à 12 0/0 vaudra 26 fr. 25. Et ainsi de suite.

Voici le tableau des prix, en pfennig, par 50 kg. de betteraves. Il suffit de multiplier ces prix par 0,25 pour obtenir le prix correspondant en francs par 1,000 kg.

(1) Le pfennig = 0 fr. 0125.

| POLARISATION | | | PÉRIODES DE LIVRAISON | | |
| --- | --- | --- | --- | --- | --- |
| | | | 1re | 2e | 3e |
| 8 % | — | pfennig. | 55 | 65 | 75 |
| 8 1/2 | — | | 60 | 70 | 80 |
| 9 | — | | 65 | 75 | 85 |
| 9 1/2 | — | | 70 | 80 | 90 |
| 10 | — | | 75 | 85 | 95 |
| 10 1/2 | — | | 80 | 90 | 100 |
| 11 | — | | 85 | 95 | 105 |
| 12 | — | | 95 | 105 | 115 |
| 13 | — | | 105 | 115 | 125 |
| 14 | — | | 115 | 125 | 135 |
| 15 | — | | 125 | 135 | 145 |

En outre, toutes les betteraves cultivées en sus du
quantum convenu reçoivent une bonification de dix
pfennig ou 2 fr. 50 par 1000 kg. Par exemple, si un cultivateur s'est engagé pour 10 arpents à 120 quintaux de
l'arpent, soit un quantum de 60,000 kgr. de betteraves,
toutes celles qu'il fournira en sus seront payées 2 fr. 50
de plus que les autres.

La prise d'échantillons a lieu, dans les grosses livraisons, sur une voiture sur quatre et pour les petites livraisons, sur une voiture sur deux ou sur chaque voiture. Les betteraves d'échantillon servent à déterminer la
tare et la polarisation. Elles sont numérotées et le chimiste ignore le nom du producteur.

Ce système permet de laisser plus de liberté au cultivateur. Celui-ci finit par reconnaître quel est le meilleur
mode de culture dans les conditions où il opère. Mais
l'achat à la densité ou à la richesse porte surtout ses
fruits là où le cultivateur connaît déjà les principes de la
culture rationnelle de la betterave à sucre.

Les prix pratiqués par cette sucrerie ont dû être réduits
dans une large mesure par suite de l'avilissement du
cours des sucres en 1884-85.

Depuis quelques années, il s'est fondé en Allemagne un grand nombre de sucreries par actions. Les actionnaires sont des cultivateurs qui fournissent tout ou partie du capital et s'engagent à livrer de la betterave en proportions déterminées.

La sucrerie de Wasserleben (province de Saxe) compte 200 parts dans 32 mains ; chaque part est de 18 arpents ou 4 1/2 hectares. Les betteraves sont achetées à prix ferme et le cultivateur-actionnaire participe en outre aux bénéfices. Il a droit aux pulpes, écumes et résidus du traitement des mélasses qui lui sont fournis gratuitement.

La sucrerie d'Artern compte 32 parts dans 58 mains, à 2 1/2 hectares la part ; la sucrerie de Uefingen, 183 parts de 1 1/4 hectare dans 21 mains ; la sucrerie de Nortern, 473 parts de 3 hectares l'une, dans 78 mains, etc.

Tous ces établissements sont alimentés par des cultivateurs qui ont intérêt à produire de la betterave riche, puisqu'ils se partagent les bénéfices de l'exploitation qu'ils alimentent.

Il est à remarquer cependant que, dans bon nombre de cas, les cultivateurs-actionnaires sont obligés de s'engager à suivre les prescriptions de la fabrique en ce qui concerne les méthodes de culture, l'emploi des engrais, etc.

### FRAIS DE CULTURE.

Les dépenses de culture de la betterave à sucre sont très variables. Nous donnerons cependant quelques comptes de culture.

Voici un compte de culture pour un hectare cultivé en betteraves à sucre de qualité ordinaire dans le département de l'Aisne(1) et rendant 40,000 kgr. à l'hectare :

(1) Vivien, *Traité complet de la fabrication du sucre.*

Loyer annuel. . . . . . . . . . . . . 100.00
Impôts . . . . . . . . . . . . . . . 15.00
Graines, 18 k. à 0.90 . . . . . . . . . 16.20
Déchaumage d'automne . . . . . . . . . 5.00
Labour de défoncement . . . . . . . . . 30.00
Labour léger de printemps . . . . . . . 22.50
Hersage, roulage . . . . . . . . . . . 30.00
Ensemencement. . . . . . . . . . . . . 8.00
1er binage à la houe . . . . . . . . . . 3.40
1er binage à la main . . . . . . . . . . 10.00
2e binage et démariage à la main . . . . . 30.00
2e      »      à la houe . . . . . . . . . . 3.40
3e      »      à la main . . . . . . . . . 10.00
3e      »      à la houe. . . . . . . . . . 3.40
Arrachage et chargement de voiture . . . . 35.00
Transport de 40.000 kg. de betteraves . . . 100.00
Fumier . . . . . . . . . . . . . . . . 160.00
Engrais chimiques . . . . . . . . . . . 90.60
Intérêts, amortiss., entretien de la houe . . 4.70

Total . . . . . . 677 20

Voici un compte de culture pour la région de Brunswick (1), d'où il résulte que, vu le haut prix accordé à la
betterave allemande, prix motivé par sa richesse, le rendement de 28 à 30 mille kilogrammes à l'hectare procure
au cultivateur un bénéfice satisfaisant. Il est utile de
dire que ces prix n'étaient pratiqués qu'antérieurement
à la crise sucrière.

*Dépenses.*

Déchaumage. . . . . . . . . . . . . fr. 15.00
Deux hersages d'automne. . . . . . . . 5.00
Labour de défoncement d'automne. . . . 50.00
Deux hersages de printemps. . . . . . . 5.00

*A reporter.* . . . . . . . . 75.00

(1) Dr Burstenbinder. *Die Zuckerrübe.*

|  |  |
|---|---:|
| *Report*. | 75.00 |
| Un trait de herse à cuillère. | 12.50 |
| Deux hersages. | 5.00 |
| Un trait de rouleau à disques. | 3.00 |
| Un trait de rouleau lourd uni. | 3.00 |
| Deux hersages. | 5.00 |
| Roulage au petit rouleau uni. | 1.50 |
| Ensemencement au semoir. | 5.00 |
| Graines, 30 kg. à 100 francs. | 30.00 |
| 1$^{er}$ binage à la main. | 8.75 |
| Démariage. | 10.00 |
| 2$^e$ binage à la main. | 12.50 |
| 3$^e$ binage à la main. | 15.00 |
| Deux binages à la houe et buttages. | 10.00 |
| Couverture des betteraves avec 30 à 35 centimètres de terre y compris l'arrachage. | 50.00 |
| Couverture des silos avec 80 cent. de terre. | 7.50 |
| Transport à l'usine, déchargement, garniture des silos. | 75.00 |
| Engrais artificiel | 150.00 |
| Aplanissement de la place des silos. | 2.50 |
| Fermage et amortissement. | 150.00 |
| **Total.** | **631.25** |

### *Recettes*

|  |  |
|---|---:|
| 28.000 kg. betteraves à 27 fr. 50 la tonne. | 770.00 |
| Feuilles et collets. | 50.00 |
| Pulpes, 35 % à 10 fr. | 98.00 |
| **Total.** | **918.00** |

Le bénéfice net est donc de 286 fr. 75 par hectare, bénéfice très satisfaisant eu égard au faible rendement cultural. Voici un autre compte de culture, qui représente la moyenne de plusieurs exploitations allemandes. d'après M. Wrede, fermier à Ringelheim :

Par hect.

Travaux d'attelages, à bras, déchaumage,
aplanissement des emplacements des silos . fr.   300.00
Engrais . . . . . . . . . . . . . .   375 »
Semailles. . . . . . . . . . . . .   30 »
Frais généraux, voirie, amortissement. drai-
nages, taxes, assurances, etc. . . . . .   80 »
Fermage. . . . . . . . . . . . . .   150 »
Intérêt du capital d'exploitation. . . . .   32.50
Total. . . . .   967.50

Comme rendement, la moyenne est d'environ 30.000
kg. à l'hectare, betteraves lavées et décolletées.

### VALEUR DES PULPES DE BETTERAVES.

Les pulpes de betteraves obtenues dans les sucreries et
livrées aux fournisseurs de betteraves constituent, comme on sait, un aliment précieux. Actuellement, les pulpes
produites dans le ssucreries françaises sont de trois sortes :

1º Les pulpes de presses hydrauliques ;

2º Les pulpes de presses continues ;

3º Les pulpes de diffusion.

Le prix généralement attribué aux pulpes de presses
hydrauliques est de 10 francs les 1,000 kg. lorsqu'elles
sont cédées aux fournisseurs de betterave, à raison de
1/5 du poids de leur forniture de racines, et de 20 fr. les
1,000 kg. pour ceux qui ne fournissent pas de betterave.

Les pulpes de presses hydrauliques sont les mieux
pressées : elles renferment environ 75 0/0 d'eau. Les
pulpes de presses continues sont moins sèches. Les
pulpes de diffusion sont les plus humides.

Mais il est établi, par de nombreuses analyses de Pagnoul (1), Pellet (2), Maercker, etc., et par des expériences

(1) *Bulletin de la station agricole du Pas-de-Calais* pour
1882, Arras.

(2) *Etudes sur les jus et les pulpes de diffusion*, par H. Pellet.
Paris.

faites sur des animaux par MM. Simon-Legrand, Gallois, Dupont, etc., que la teneur d'azote nutritif est plus élevée dans la matière sèche des pulpes de diffusion que dans celle des pulpes de presses.

Voici, d'après Pagnoul, quelques moyennes obtenues a vec des pulpes normales.

*Moyennes obtenues avec les pulpes normales.*

| | Eau | Sucre. | Cendres insolubles | Matières azotées pour 100 de sec | MATIÈRE SÈCHE | | | VALEUR PROPORTIONNELLE | | | POIDS équivalent à 200 kilos de pulpes hydrauliques | | |
|---|---|---|---|---|---|---|---|---|---|---|---|---|---|
| | | | | | Totale (1) | Moins cendres insolubles (2) | Moins cendres insolubles et sucre (3) | (1) fr. | (2) fr. | (3) fr. | | (2) | (3) |
| Presse hydraulique | 75.71 | 6.82 | 1.95 | 6.08 | 24.29 | 22.34 | 15.52 | 10.00 | 10.00 | 10.00 | 200 | 200 | 200 |
| Presses continues | 81.21 | 5.77 | 0.83 | 6.30 | 18.79 | 17.96 | 12.19 | 7.74 | 8.04 | 7.85 | 258 | 248 | 254 |
| Diffusion | 87.61 | 0.70 | 0.54 | 6.83 | 12.39 | 11.85 | 11.15 | 5.10 | 5.30 | 7.18 | 392 | 377 | 278 |
| Macération | 92.54 | 0.48 | 0.99 | 12.33 | 7.46 | 6.47 | 5.99 | 3.07 | 2.90 | 3.86 | 651 | 690 | 518 |

*Proportions de pulpes pour 100 de betterave, d'après Pellet* (1).

|  | Variations. | Moyennes. |
|---|---|---|
| Presses hydrauliques. | 20 à 25 0/0 | 22.4 0/0 |
| Presses continues.  . | 20 à 32 | 26.2 |
| Diffusion  .  .  .  . | 25.8 à 45 | 34.5 |

*Pertes en silos pour 100 de pulpe.*

|  | Par mois : | variant de : |
|---|---|---|
| Pulpes de presses hydrauliques | 4.1 | 3 à 5.5 |
| —        —        continues | 3.5 | 1 à 2.8 |
| —    de diffusion | 6.00 | 2 à 12. |

Pour durées d'ensilage de 5 à 6 mois, on a constaté des pertes de 17 à 20 % de leur poids pour les pulpes de presses hydrauliques et de 40 % sur la pulpe de diffusion.

Cette perte, rapportée à la matière sèche utile, n'est pas plus considérable pour la pulpe de diffusion que pour la pulpe de presses hydrauliques. Elle résulte d'une oxydation de la matière organique, qui se transforme en produits gazeux. Il y a donc destruction de la pulpe. C'est, en somme, pour employer l'expression de Pellet, de la pulpe qui se perd comme si on en enlevait du silo. Nous verrons plus loin comment on peut éviter cette perte.

*Prix des pulpes de diffusion.*

Le prix de ces pulpes a varié dans ces dernières années de 5 à 8 fr. les 1000 kg.

La moyenne est de 6 fr. pour une production de 35 à 38 % de la betterave.

En admettant 10 fr. les 1000 kg. pour la pulpe de diffusion au rendement de 25 % et 5 fr. seulement au rendement de 45 %, et en tenant compte de l'augmentation des frais de transport qui croît avec le rendement en pulpes, Pellet a établi l'échelle suivante :

(1) Rapport présenté au *Congrès sucrier de* 1882

| Rendement en pulpe. | Prix des 1.000 kg. | A déduire par tonne et par kilom. |
| --- | --- | --- |
| 25 | 10 fr. | » |
| 27.50 | 9.60 | 0.03 |
| 30.00 | 8.75 | 0.04 |
| 32.50 | 8.15 | 0.06 |
| 35.00 | 7.50 | 0.08 |
| 37.50 | 6.87 | 0.10 |
| 40.00 | 6.25 | 0.125 |
| 42.50 | 5.67 | 0.15 |
| 45. | 5.00 | 0.175 |

Ainsi un cultivateur distant de 10 kilom. payerait sa pulpe, au rendement de 40 %, 6.25 moins 0,125 par tonne et par kilomètre ou 1.25 = 5 fr. 00 par tonne.

En ce qui concerne la qualité des produits, il est reconnu que la pulpe de diffusion donne d'excellente viande et d'excellent lait.

Le lait, le beurre et les fromages obtenus avec la pulpe de diffusion sont même de qualité supérieure à celle des produits obtenus avec la pulpe de presses.

Les bœufs au travail et à l'engrais réussissent également bien avec les trois pulpes lorsqu'on tient compte de l'analyse respective pour déterminer la quantité à donner aux animaux et que l'on complète les rations de pulpe de diffusion par des tourteaux, menue paille, son, vivres hachés, féverolles, foins, etc.

### CONSERVATION DES PULPES DE DIFFUSION.

On s'est beaucoup occupé en Allemagne de cette importante question. Toutes les sucreries de ce pays sont en effet montées avec la diffusion et livrent leurs pulpes aux fournisseurs de betteraves.

Dans une série d'expériences, le professeur Maerker a constaté que :

1° Les pulpes de diffusion perdent, pendant leur séjour dans les silos en terre ou en maçonnerie, une grande partie de leurs matières organiques ;

2° Ces pertes se répartissent comme suit :

Matières organiques . . . . . . . 34.8 % pertes.
Cellulose. . . . . . . . . . . 29.6   »        »
Matières azotées . . . . . . . 24.0   »        »
Matières extractives non azotées (1)  37.8   »        »

Seules les matières solubles dans l'éther (les graisses) subissent une augmentation.

3° La cause de ces pertes réside, d'une part, dans la fermentation des hydrates de carbone en solution dans les pulpes : d'autre part, dans l'oxydation de la matière organique, qui se transforme en acide carbonique et se volatilise sous cette forme. La cellulose elle-même n'échappe point à cette transformation.

4° Il n'y a pas de pertes considérables de matières nutritives par l'écoulement des eaux à travers les parois poreuses des silos.

5° *Les pertes des pulpes en silos sont d'autant plus élevées que les silos sont plus poreux et que leur couverture est moins impénétrable à l'air. Ces résidus doivent donc être mis dans des silos complètement étanches, en bon ciment, ne laissant pas passer ni l'air ni l'eau, soit par la couverture, soit par les parois.*

*Une simple couverture en terre ne suffit pas : il faut une couche d'argile bien tassée. Les crevasses qui se forment dans la couverture par l'affaissement des pulpes doivent être bouchées sur-le-champ. Le silo ne doit émerger que très peu au-dessus du ni-*

(1) Amidon, sucre, etc.

*veau du sol, juste assez pour empêcher les eaux pluviales de s'accumuler en cet endroit.*

6° On n'a pas constaté d'une manière générale que le degré d'humidité plus ou moins élevé des cossettes exerce une influence notable sur les pertes ;

7° L'ensilage des cossettes avec de la courte paille et des balles est certainement une excellente méthode; mais ce mélange ne met point à l'abri des pertes en silos. Au contraire, on a constaté des pertes plus fortes dans ces conditions qu'avec les pulpes ensilées pures. En effet, la paille hachée et les balles ont pour effet d'augmenter la porosité de la masse et par suite d'activer son oxydation et sa décomposition.

8° Jusqu'ici, les agents employés pour conserver les pulpes n'ont pas donné de bons résultats ; tels la mélasse, le sel.

9° Pour éviter les pertes subies durant l'ensilage, il est bon de faire consommer une partie des cossettes à l'état frais, pendant la campagne sucrière. Il n'est nullement établi que les pulpes fermentées sont plus agréables et plus faciles à digérer que les pulpes fraîches.

10° Il y aurait avantage à soumettre à la dessiccation la portion des pulpes de diffusion qu'il est impossible de faire consommer fraîches pendant la campagne.

# CHAPITRE XVII

## Statistique de la production de la betterave à sucre en Europe (1884).

FRANCE

D'après les statistiques du ministère de l'agriculture, la production de la betterave en France a présenté les résultats suivants dans les deux dernières années :

| *Betteraves à sucre :* | 1883 | 1884 |
|---|---|---|
| Hectares ensemencés........ | 226.365 | 233.878 |
| Quantités récoltées.,......k. | 8.337.826.800 | 7.080.729.300 |
| Rendement à l'hectare...k. | 36.568 | 30.275 |
| *Betteraves fourragères :* | | |
| Hectares ensemencés........ | 261.143 | 271.543 |
| Quantités récoltées.......k. | 8.040.553.200 | 7.327.088.000 |
| Rendement à l'hectare... k. | 30,789 | 26.083 |

La France produit donc de 7 à 8 milliards de kilogrammes de betteraves à sucre et une quantité égale de betteraves fourragères, soit au total 15 à 16 millions de tonnes de racines destinées aux sucreries, aux distilleries et à l'alimentation du bétail.

Il n'est pas sans intérêt de se rendre compte de la répartition de cette énorme masse de betterave. C'est dans la région du nord que l'on cultive la majeure partie des betteraves à sucre et fourragères produites en France ; voici quelle a été la répartition en 1884 :

|  | Betteraves à sucre. | Betteraves fourragères. |
|---|---|---|
|  | hect. | hect. |
| Nord .................... | 42.885 | 4.057 |
| Pas-de-Calais............ | 25.424 | 2.779 |
| Somme .................. | 39.700 | 6.380 |
| Oise ................... | 22.943 | 5.553 |
| Aisne................... | 49.700 | 7.455 |
| Eure.................... | 3.300 | 2.518 |
| Seine-et-Oise ........... | 6.687 | 7.985 |
| Seine-et-Marne.......... | 12.781 | 12.181 |
| Ardennes............... | 5.565 | 2.105 |
| Marne.................. | 2.376 | 3.804 |
| Deux-Sèvres........... | 1.210 | 10.130 |
| Puy-de-Dôme........... | 2.393 | » |
| Autres départements ( au nombre de 71)............ | 18.914 | 206.596 |
| Total, hect........ | 233.878 | 271.543 |

Les 8 principaux départements sucriers, le Nord, le
Pas-de-Calais, la Somme, l'Oise, l'Aisne, Seine-et-Oise,
Seine-et-Marne, cultivent environ 200 mille hectares de
betteraves à sucre sur un total de 233,878 hectares. Par
contre, ils ne cultivent que 46 mille hectares de betteraves
fourragères, sur un total de 271,543. Ce chiffre de 46
mille hectares est néanmoins très élevé si l'on considère
qu'il se rapporte à une région où il existe de nombreuses
fabriques de sucre et où toutes les terres propres à la production de la betterave à sucre devraient, en bonne logique, être affectées à cette plante. Il est, selon nous, très
regrettable que la région sucrière par excellence se livre
encore dans une aussi large mesure à la culture de la
betterave fourragère. C'est là une cause d'infériorité aussi
bien pour l'agriculture que pour l'industrie.

En dehors de ces départements, il y en a un grand
nombre d'autres qui se livrent à la culture de la betterave
fourragère, laquelle ne leur donne que de maigres
profits, et où l'on pourrait produire de la betterave à su-

cre avec tout autant de succès que dans la région du Nord.

Parmi ces départements, nous citerons les suivants : Seine-Inférieure, Eure-et-Loir, Aube, Côtes-du-Nord, Ille-et-Vilaine, Calvados, Orne, Mayenne, Sarthe, Loire-Inférieure, Maine-et-Loire, Indre-et-Loire, Vendée, Charente-Inférieure, Deux-Sèvres, Charente, Vienne, Nièvre, Allier, Côte-d'Or, Haute-Saône, Saône-et-Loire.

Quelques-uns produisent déjà un peu de betterave à sucre ; ils offrent tous, à notre avis, un milieu favorable à la culture de cette plante.

Il serait aisé, croyons-nous, de trouver dans ces départements 100 à 150 mille hectares de terres propres à la culture de la betterave à sucre. D'un autre côté, les principaux départements de la région du Nord pour raient facilement consacrer 50 à 60 mille hectares de plus à cette culture. Dans ces conditions, la France ferait bien près de 400,000 hectares de betteraves, qui rendraient, avec les procédés de fabrication perfectionnés, plus de 1 milliard de kilogrammes de sucre. Nous n'avons pas besoin d'insister sur l'heureuse influence que ce développement de la culture de la betterave à sucre exercerait sur la richesse nationale.

### RUSSIE.

La Russie consacre à la culture de la betterave à sucre une surface bien supérieure à celle que la France affecte à la production de cette plante. Les surfaces cultivées en Russie et en Pologne dans l'année 1884 ont été de 291,725 déciatines (1 déciatine = 1 hectare 092 ou plus exactement 10,925 mètres carrés). En 1883, la Russie-Pologne avait cultivé 276,131 déciatines de betteraves à sucre, soit 301,533 hectares, contre 318,566 hectares en

1884. Les surfaces ensemencées en 1885 dépasseraient 300 mille déciatines ou 327,750 hectares. La culture de la betterave en Russie-Pologne est donc en voie de développement et il est probable que ce mouvement s'accentuera encore sous l'influence de la prime d'exportation que le gouvernement russe vient d'accorder aux sucres indigènes et qui s'élève à 15 francs par 100 kilogrammes, non compris le drawback.

La quantité de betterave provenant de la récolte 1884, travaillée dans les 243 fabriques de sucre que possède la Russie-Pologne, s'élève à 24,631,235 berkowetz (1 berkowetz de 10 puds = 163 kg. 800), soit 4 milliards 34 millions 596 mille 293 kilogrammes, ce qui fait moins de 13.000 kg. à l'hectare. En 1882, le rendement avait atteint 17,500 kg. à l'hectare. Ces rendements sont extrêmement faibles. Ce n'est pas que la qualité des terres soit médiocre ; bien au contraire : les terres noires de la Russie sont capables de donner de grosses récoltes, mais les procédés de culture sont encore très imparfaits et l'emploi des engrais chimiques est peu répandu.

Si les méthodes rationnelles étaient appliquées en Russie, la surface actuellement cultivée en betteraves à sucre permettrait à ce pays de produire un million de tonnes de sucre, au lieu de 350 à 400 mille tonnes qu'il produit en ce moment.

### AUTRICHE-HOGNRIE.

La production betteravière de l'Autriche-Hongrie est difficile à déterminer d'une façon précise. On sait que dans ce pays l'impôt est perçu sur les quantités de betteraves travaillées, calculées d'après la capacité et le mode de fonctionnement des appareils d'extraction du jus. Nous calculons que l'Autriche-Hongrie aurait travaillé en

1884-85 une quantité de betterave  égale à 5 milliards 640 millions de kilogrammes.

Le rendement cultural ne figure pas dans les statistiques officielles ou  privées qui parviennent à notre connaissance. Nous croyons que le  rendement moyen est d'environ 30,000 kg. Par suite,  la  surface emblavée serait de 190,000 hectares, chiffre rond.

La Bohême produit environ 65  0/0, la Moravie 23 0/0, la Hongrie 6 0/0,  la Silésie 4 0/0 de la quantité totale de betterave récoltée dans la  monarchie.  Les fabriques de sucre en activité étaient au  nombre de 229 pendant la campagne 1884-85.

### ALLEMAGNE.

En Allemagne, la production de la  betterave  à  sucre a, comme on sait, pris un essor considérable depuis quelques années. Stimulée par l'impôt sur la  betterave, établi depuis 1840, l'industrie s'est développée  progressivement et la production a dépassé en 1884-85 le chiffre de 1  milliard 150 millions de kilogrammes de sucre. Voici  quelles  ont été les surfaces cultivées depuis 1877 :

|  | Hectares cultivés. | Rendement à l'hectare |
|---|---|---|
| 1877-78 | 149.807 | 27.415 kg. |
| 1878-79 | 160.092 | 28.935 » |
| 1879-80 | 190.534 | 25.225 » |
| 1880 81 | 193.339 | 32.700 » |
| 1881-82 | 221.624 | 28.300 » |
| 1882-83 | 254.278 | 34.400 » |
| 1883-84 | 292.500 | 30.400 » |

Pour 1884-85. on ne connaît pas encore le chiffre exact des surfaces ensemencées. On peut admettre sans grande erreur une augmentation de 5 0/0 sur les emblavements de 1883-84, ce qui fait 336,375 hectares, dont le produit a été d'environ 10 milliards 400 millions  de  kilogrammes de betteraves (betteraves imposées) soit 31,000 kg. de racines (lavées et décolletées) à l'hectare.

· La production de la betterave a subi cette année en Allemagne un mouvement de recul très notable provoqué par le bas prix des sucres pendant la dernière campagne. La réduction des emblavements serait en moyenne de 20 0/0, ce qui ramènerait à 270 mille hectares la superficie consacrée dans l'Empire d'Allemagne à la culture de la betterave à sucre.

Les provinces de Saxe, Silésie, Hanovre et la Prusse rhénane produisent à peu près les 65 centièmes de la quantité totale.

### BELGIQUE.

La production de la betterave à sucre est, d'après les déclarations de l'Association des fabricants de sucre, de 1,220,000 tonnes pour 1884-85. Le sucre produit, de 87 mille tonnes, le nombre des fabriques de 150. La superficie emblavée peut se calculer approximativement d'après le rendement à l'hectare, que nous estimons à 30 ou 35.000 kg. en moyenne, soit, en prenant le minimum, environ 40,000 hectares. Mais nous avons lieu de croire que les chiffres réels des emblavements et de la quantité de betteraves travaillées sont supérieurs à ces données.

Les fabriques sont groupées principalement dans les provinces de Hainaut, du Brabant et de Liège ; le reste est disséminé dans les provinces de la Flandre orientale, Anvers, Limbourg, Namur.

### HOLLANDE.

La Hollande compte une trentaine de sucreries de betteraves. Sa production varierait de 30 à 35.000 tonnes. Si on admet un rendement en sucre de 8 % de la betterave, la récolte atteindrait 437,500 tonnes. Et si le rendement cultural est de 35,000 kg. à l'hectare, la superficie emblavée serait de 12,500 hectares.

## SUÈDE, DANEMARCK.

Il existe en Suède 4 sucreries de betteraves dont la production aurait atteint en 1883 le chiffre de 221,437 sacs, soit 22 mille tonnes. Le Danemark possède 4 sucreries de betteraves qui ont produit, en 1882, environ 6 millions de kilogrammes. Nous n'avons pas malheureusement de données précises sur la production et les emblavements de ces pays. Nous estimons la superficie cultivée en betteraves à 11,000 hectares.

## ITALIE, ESPAGNE, ROUMANIE, ANGLETERRE.

Il existe en Italie 3 sucreries de betterave en activité : une dans la province d'Arezzo, une dans celle de Perugia et une dans celle de Vérone. Leur production totale est estimée à 7 ou 8 mille sacs. En Espagne on fait depuis quelques années des tentatives en vue d'introduire l'industrie du sucre de betterave. Quant à la Roumanie, l'industrie du sucre de betterave y est exercée depuis longtemps dans une ou deux fabriques, mais sans grand succès. Cependant, le gouvernement n'a pas hésité à lui accorder de sérieux encouragements. L'Angleterre a vu renaître l'année dernière l'ancienne sucrerie de Lavenham, montée il y a quelques années par un grand raffineur de Londres. La production de la betterave à sucre dans ces quatre pays est, on le voit, insignifiante, et ne mérite d'être citée que pour mémoire. En résumé, pour l'ensemble de l'Europe, nous trouvons les résultats suivants :

*État de la production de la betterave à sucre en Europe en 1884.*

| PAYS | Nombre de fabriques de sucre de betterave. | Hectares cultivés. | Quantités de betteraves. tonnes. |
|---|---|---|---|
| France. | 470 | 233.878 | 7.080.000 |
| Russie-Pologne. | 245 | 318.566 | 4.031.000 |
| Allemagne. | 408 | 336.375 | 10.400.000 |
| Autriche-Hongrie. | 229 | 190.000 | 5.640.000 |
| Belgique. | 150 | 40.000 | 1.220.000 |
| Hollande | 30 | 12.500 | 437.000 |
| Danemark }<br>Suède } | 8 | 11.000 | 500.000 |
| Italie, Espagne }<br>Roumanie }<br>Angleterre } | 6 | Pour mémoire. | Pour mémoire. |
| Totaux, chiffre rond. | 1.546 | 1.140.000 | 30.000.000 |

L'Europe aurait donc produit en 1884 environ 30 millions de tonnes de betteraves, sur une superficie de un million 140 mille hectares. L'Allemagne et l'Autriche ont travaillé à elles seules plus de la moitié de cette énorme quantité de racines et la France à peine le cinquième ou le sixième, attendu qu'il faut tenir compte des betteraves absorbées par la distillerie, et de celles refusées par suite du manque de qualité, etc.

La France ne tient évidemment pas le rang que ses ressources naturelles et son outillage industriel lui permettraient d'occuper. Cet état d'infériorité est éminemment regrettable, car il faut bien se persuader que la betterave, le sucre, les pulpes, les mélasses que l'on ne produit pas en France sont produits de l'autre côté du Rhin au détriment de notre agriculture et de notre industrie.

Cultivateurs et fabricants ont dans les mains un outil excellent, un levier puissant : la loi du 29 juillet 1884, qui

leur assure les avantages de l'impôt sur la matière première, et le sucrage des vendanges, qui ouvre à l'industrie un débouché immense. Qu'ils se hâtent d'en tirer parti, car la France n'a plus de raison de céder le pas
à l'Allemagne.

*Production du sucre de betterave en Europe en 1884-85,*
*(d'après F. O. Licht).*

| | | |
|---|---:|---|
| Allemagne.......................... | 1.150.000 | tonnes. |
| France............................ | 315.000 | » |
| Autriche-Hongrie.................. | 540.000 | » |
| Russie-Pologne.................... | 380.000 | » |
| Belgique.......................... | 90.000 | » |
| Hollande et autres pays........... | 50.000 | » |
| Total............................. | 2.525.000 | » |

## *Note additionnelle.*

Au sujet de la maturité de la betterave, M. Olivier-Lecq, de
Templeuve, nous a communiqué la note suivante :

« Il y a un moyen des plus simples et des plus sûrs pour constater cette maturité, et pas n'est besoin d'arracher les racines et
encore moins de les travailler comme l'a fait M. Briem. Il suffit tout simplement de diviser verticalement et par moitié d'abord
le collet de la betterave, puis horizontalement en dessous de la
naissance des feuilles. On enlève cette moitié de collet pour voir
si les sels qui y sont renfermés commencent à se dissiper. Si
leur disparition complète a laissé un trou vulgairement appelé
*salière*, la betterave est bien mûre. Si la matière saline prend
une teinte roussâtre, si elle devient sèche, spongieuse et se fend,
elle est en voie de maturation. Si, au contraire, les sels sont encore très aqueux, la betterave n'est pas mûre.

« Il en est des betteraves comme de toutes les autres plantes ;
elles ne mûrissent pas également, mais il est aisé de reconnaître
ainsi les pièces les plus avancées. »

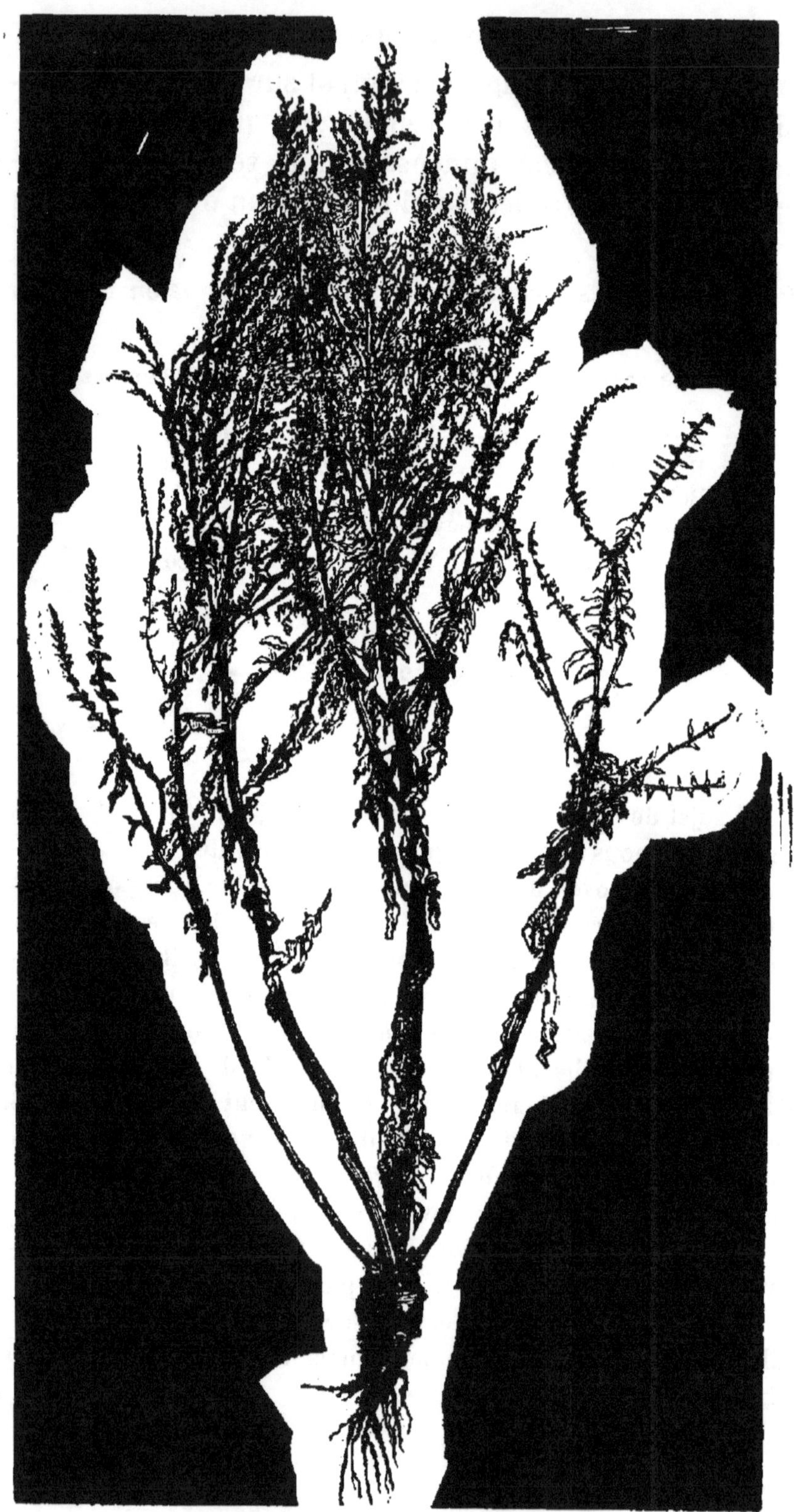

Porte-graines Simon-Legrand.

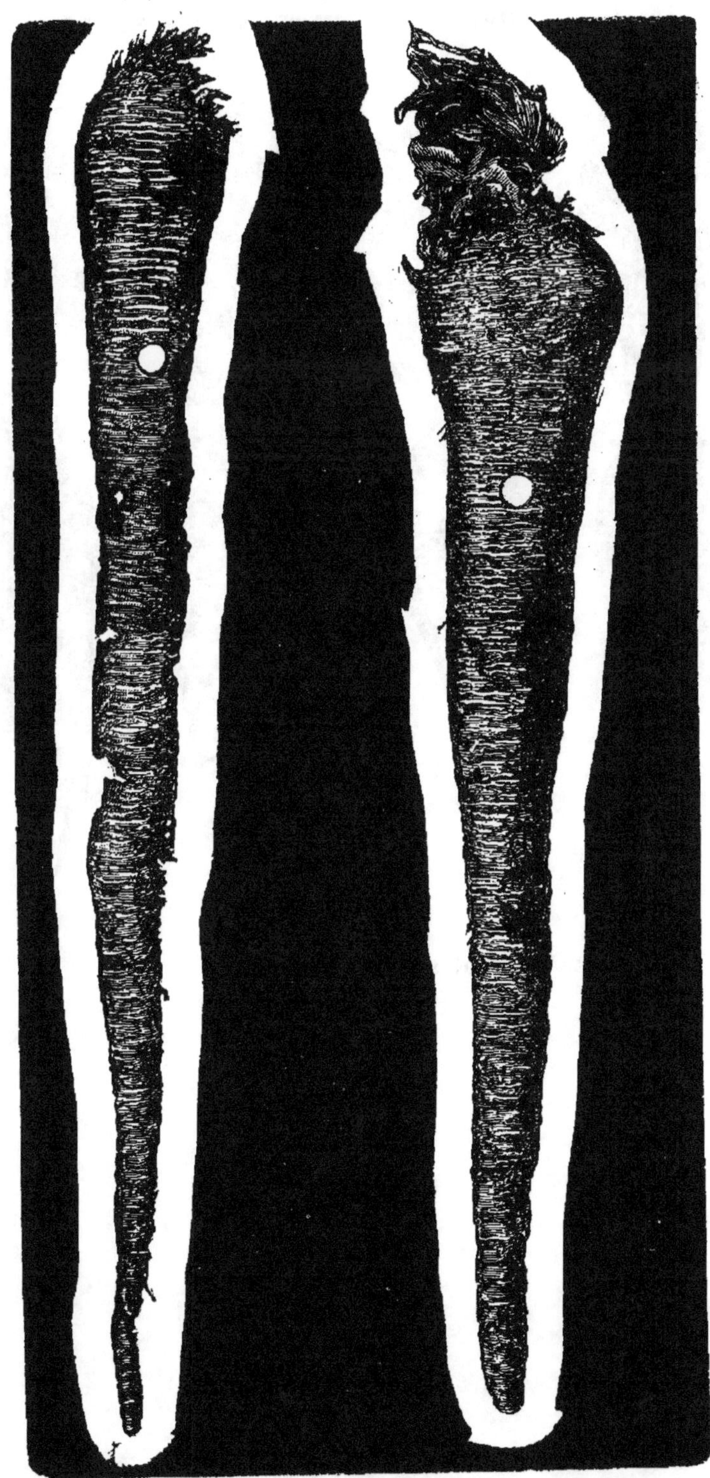

Porte-graines Simon-Legrand après la prise d'échantillon

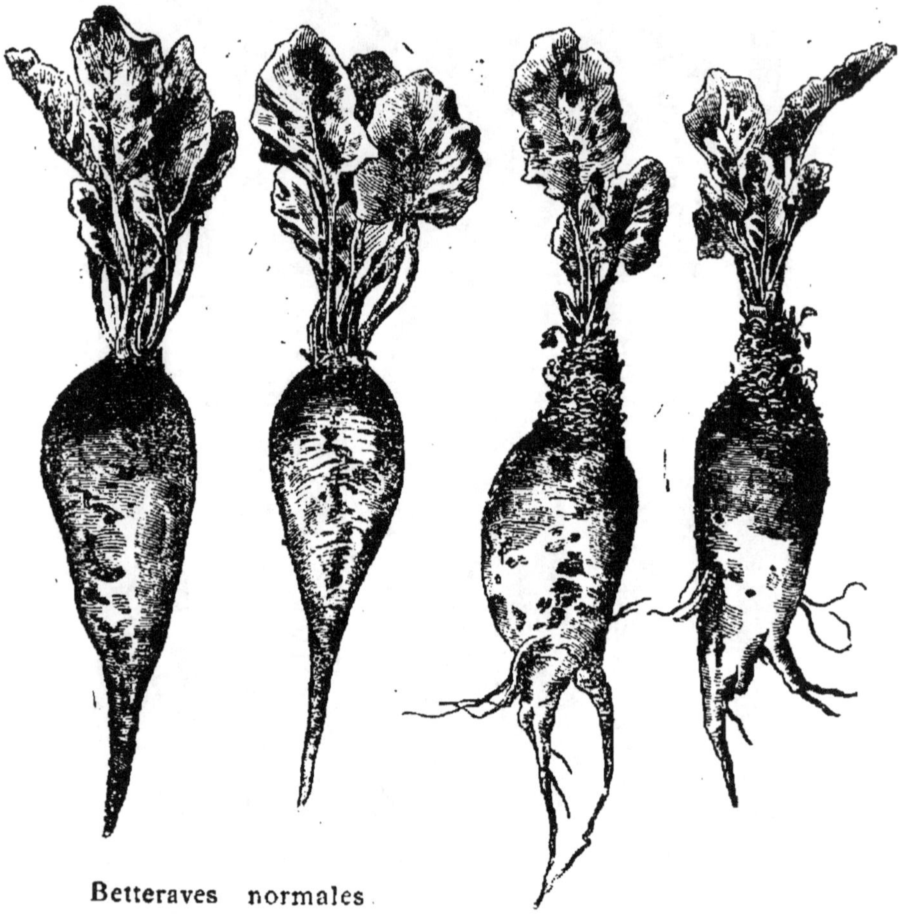

Betteraves normales.

Betteraves ayant été effeuillées.

# TABLE DES MATIÈRES

# CHAPITRE III.

### La Graine de Betterave.



# CHAPITRE IV.

### Du Sol et du Climat.



# CHAPITRE V.

### Préparation du Sol.

## CHAPITRE IX.

### Démariage. — Binages. — Effeuillage.



## CHAPITRE X.

### Maturité. — Arrachage. — Conservation.



## CHAPITRE XI.

### Culture sur deux lignes rapprochées. — Culture en billons.

## CHAPITRE XII.

### Les petits ennemis, les amis et les maladies de la betterave.



## CHAPITRE XIII.

### Analyse de la betterave.

## CHAPITRE XIV.

### Valeur relative des diverses variétés de betterave.



## CHAPITRE XV.

### Saccharogénie.



## CHAPITRE XVI.

### De la vente de la betterave. — Frais de culture. — Valeur des pulpes. — Conservation des pulpes.



## CHAPITRE XVII.

### Statistique de la production de la betterave à sucre en Europe.



Clermont (Oise).— Imprimerie Daix frères, place Saint-André, 3.

# SPÉCIALITÉ DE GRAINES DE BETTERAVES

## A SUCRE

Demander Catalogue explicatif et illustré.

## LA BETTERAVE RICHE

Varb. Imp. rosa.

# FERDINAND KNAUER

A GROEBERS (ALLEMAGNE), MAISON FONDÉE EN 1850.

# KLEIN-WANZLEBENER ORIGINALE

CULTURE

DE

## GRAINES

DE

**BETTERAVES RICHES**
KLEIN-WANZLEBENER
**Originale**
Sucrerie de Klein-Wanzleben,
vorm. Rabbethge et Gie-
secke. A.-G.

—

Dans un discours pu-
blic fait à l'occasion du
jubilé de l'Université de
Giessen, le célèbre pro-
fesseur A. Thaer, rec-
teur de cette Université,
a cité la betterave de
Klein-Wanzleben d'une
manière très honorable.
Il dit : « Nous trouvons
de même un progrès très
prononcé dans le choix
des variétés des princi-
paux fruits des champs.
C'est ainsi qu'il a été possible d'atteindre à Klein-
Wanzleben une récolte
par hectare de 50,000
kilos de betteraves avec
15,2 0/0 de sucre dans le
jus, et avec un rende-
ment de 7150 k. de sucre
par hectare. »
*(Hannoversches Land-
und Forstwirthschaftli-
ches Vereinsblatt, 1885,
n° 35).*

**KLEIN WANZLEBENER**
Originale

—

CULTURE

DE

**M. C. GÉRARD**

**à Remicourt**

—

Récolte 1884 :

57,461 kil. à l'hectare.
14,54 % sucre du poids
de la betterave.

———

CULTURE

DE

**MM. CARTUYVELS**

**à Waleffes**

—

Récolte de 1883 :

58,000 kil. à l'hectare.
13,33 % sucre du poids
de la betterave.

—

Clermont (Oise). — Imprimerie Daix frères, place Saint-André, 3.

www.ingramcontent.com/pod-product-compliance
Lightning Source LLC
Chambersburg PA
CBHW050655070726
47595CB00014B/47